COURS ÉLÉMENTAIRE

DE CHIMIE

COURS ÉLÉMENTAIRE
DE CHIMIE

A L'USAGE

DES ÉLÈVES DE L'ENSEIGNEMENT SECONDAIRE CLASSIQUE

ET DES CANDIDATS AU BACCALAURÉAT

OUVRAGE RÉDIGÉ CONFORMÉMENT AU DERNIER PROGRAMME OFFICIEL

et illustré de 220 gravures intercalées dans le texte

PAR

P. LUGOL

AGRÉGÉ DES SCIENCES PHYSIQUES
PROFESSEUR AU LYCÉE DE CLERMONT-FERRAND

DEUXIÈME ÉDITION, REVUE ET CORRIGÉE

PARIS
LIBRAIRIE CLASSIQUE EUGÈNE BELIN
BELIN FRÈRES
RUE DE VAUGIRARD, 52

1898

Tout exemplaire de cet ouvrage, non revêtu de notre griffe, sera réputé contrefait.

Belin Frères

SAINT-CLOUD. — IMPRIMERIE BELIN FRÈRES.

AVERTISSEMENT

Le présent ouvrage répond aux programmes de l'enseignement secondaire classique. Nous nous sommes efforcé d'exposer aussi simplement que possible la notation dite *atomique*, adoptée aujourd'hui par la presque unanimité des chimistes ; l'indication des principes théoriques sur lesquels elle repose a été réduite au strict nécessaire ; nous avons cru utile de signaler les schémas si commodes que l'on a appelés *formules de constitution*, et d'en faire quelquefois usage, ainsi que de la notion des *radicaux*, dont ces schémas sont la traduction.

Nous avons donné quelque développement à l'explication d'un certain nombre de réactions, telle que la donnent les principes de la thermochimie.

Enfin, nous avons donné à la partie historique une importance inusitée jusqu'à présent, en vue de répondre aux instructions qui engagent les professeurs à *rattacher l'histoire des découvertes à la démonstration des vérités scientifiques.*

Certaines parties de l'ouvrage répondent à la fois aux programmes des deux classes de philosophie et de mathématiques élémentaires : elles sont imprimées en gros caractères ; celles, moins nombreuses, qui répondent uniquement au programme de la classe de mathématiques élémentaires, sont en caractères plus petits.

P. LUGOL.

AVERTISSEMENT

DE LA DEUXIÈME ÉDITION

Cette nouvelle édition diffère notablement de la première. En dehors de quelques améliorations ou corrections introduites partout où cela nous a semblé utile, nous avons cru devoir refondre l'exposition des lois et des notions fondamentales, les chapitres de l'air, du carbone, de l'acétylène, et ceux qui sont consacrés à la Chimie organique.

Nous adressons ici nos bien sincères remerciements à tous ceux qui ont accueilli favorablement la première édition, et aussi à ceux qui ont bien voulu nous adresser leurs observations.

P. LUGOL.

PROGRAMME DE LA CLASSE DE PHILOSOPHIE

(Les chiffres renvoient aux numéros des paragraphes.)

Corps simples et corps composés, 22.

Eau : Analyse et synthèse, 75-82. Hydrogène, 53-60; 62-65. Oxygène, 66-73.

Air : Analyse, 94-102. Azote, 89-93.

Combustion, 68-69; 74. Notions générales sur la combinaison chimique; chaleur dégagée; changement de propriétés. 25; 44-46; 49-52.

Principes de la nomenclature et de la notation chimiques, 34-43.

Acides; bases, 37, 37 *bis*.

Oxydes de l'azote, 206-236. Acide azotique, 238-245; 248-251. — Gaz ammoniac, 253-264.

Lois des combinaisons en poids et en volumes, 26-33.

Chlore, 111-119; 121-122. Acide chlorhydrique, 123-128; 130-134. Eau régale, 252. Iode, 143-148.

Soufre, 152-160. Acide sulfureux, 162-172. Acide sulfurique, 173-182; 188-190. Acide sulfhydrique, 191-202.

Phosphore, 265-277; 291. Acide phosphorique, 279-227; 290. Hydrogène phosphoré, 292-298.

Carbone, 302-318. Acide carbonique, 330-339. Oxyde de carbone, 319-326; 328-329. Sulfure de carbone, 340-347. Cyanogène et acide cyanhydrique, 348-363.

Carbures d'hydrogène, 364. Acétylène, 382-388. Gaz oléfiant, 373-381. Gaz des marais, 365-372. Benzine, 389-395. Gaz de la houille, 409-413. Flamme, 414-420.

Silice, 397-404.

Généralités sur les métaux, les oxydes et les sels, 421-424; 427-429; 430-433; 445-450; 453-460; 479.

Généralités sur les principales matières organiques, au double point de vue de leur extraction des êtres vivants et de leur formation artificielle, 523-527; 529-534; 537-540; 542, 543; 545-549.

PROGRAMME DE LA CLASSE DE MATHÉMATIQUES ÉLÉMENTAIRES

Corps simples et corps composés, 22.

Cristallisation, 6-10. Isomorphisme et dimorphisme, 11-12.

Analyse et synthèse, 23.

Nomenclature, 34-43.

Métalloïdes et métaux, 35.

Acides, bases, sels, corps neutres, 37, 37 *bis*.

Proportions multiples, 26-29.

Équivalents chimiques, 30 : 464 *a*.

Notions générales sur le dégagement ou l'absorption de chaleur dans les combinaisons chimiques, 25 ; 44-52.

Hydrogène, 53-65.

Eau : analyse et synthèse, 75-82. Loi des volumes, 31.

Oxygène, 66-73. Combustion, chaleur dégagée, 74.

Air : analyse, 94, 102.

Azote, 89-93. Oxydes de l'azote, 206-236. Acide azotique, 237-251. Ammoniaque, 253-264.

Chlore, 111-122. Brome, 135-142. Iode, 143-150. Fluor, 105-110. Acide chlorhydrique, 123-134.

Soufre, 152-160. Acide sulfureux, 162-172. Acide sulfurique, 173-190. Acide sulfhydrique, 191-202.

Phosphore, 265-277 ; 291. Acide phosphorique, 279-281 ; 283-290. Hydrogène phosphoré, 292-298.

Carbone, 302-318. Oxyde de carbone, 319-329. Acide carbonique, 330-339. Sulfure de carbone, 340-347.

Carbures d'hydrogène, 364. Acétylène, 382-388. Formène, 365-372. Ethylène, 373-381. Gaz de la houille, 409-413. Flamme, 414-420.

Classification des métalloïdes en familles naturelles, 151 ; 203-205 ; 299-301 ; 396 ; 405 ; 406 ; 408 ; 408 *bis*.

Métaux en général ; propriétés, 421-424. Classification, 426. Alliages, 427-429.

Principaux modes de production des oxydes métalliques, 434. Action de la chaleur, du charbon, de l'eau, 431-433.

Potasse, 436-438 ; soude, 439 ; chaux, 440-444.

Sulfures, 465-469. Chlorures, 470-474. Sel marin, 475-480.

Sels : Propriétés générales, 445-458.

Action des acides, des bases et des sels sur les sels, 459-463 ; 464 *b*.

Principaux genres de sels : Carbonates, 499. Carbonates de potasse, de soude, de chaux, 500-511.

Sulfates : Aluns, 481-490.

Azotates, 491. Azotate de potasse et poudre, 492-498.

Eau potable, 83.

Principes de la métallurgie du fer, 512-515, 517. Fontes, 516. Aciers, 518-522.

Généralités sur les matières organiques existant dans les êtres vivants ou produites artificiellement, 523-527 ; 529-533. Méthodes générales : Analyse et synthèse, 526 ; 528 ; 548.

Principes généraux de la classification : fonctions, 534-547.

COURS ÉLÉMENTAIRE DE CHIMIE

CHAPITRE PREMIER

PRÉLIMINAIRES

ÉTATS DIVERS DE LA MATIÈRE. — BUT DE LA CHIMIE

1. Phénomènes, propriétés. — Les objets extérieurs se montrent à nous comme doués de qualités ou *propriétés* qui se manifestent par des *phénomènes*. Ainsi, un morceau de fer est suspendu par un cordon; on coupe le cordon, le morceau de fer tombe; voilà le phénomène. La propriété du fer qu'il manifeste, c'est la tendance à se précipiter vers la terre quand on l'abandonne à lui-même; cette propriété est la *gravité*.

2. Matière. — Les corps doivent être considérés comme des *formes* diverses d'un élément primordial, que l'on apappelle *matière*. Parmi les propriétés d'un corps, il en est certaines qui lui sont *spéciales*, lui donnent son caractère particulier, et d'autres qu'il partage avec les autres corps; la gravité est l'une de celles-ci. Ces propriétés générales sont celles qu'on attribue à la matière. Elles constituent d'ailleurs tout ce qu'on sait sur la matière envisagée en elle-même, en dehors des formes qu'elle peut revêtir.

3. Les trois états de la matière. — Quel que soit le corps que l'on considère, il réalise l'une des conditions suivantes :

1° Il a un volume et une forme bien définis, comme un morceau de marbre, par exemple; on dit qu'il est *solide*, ou *à l'état solide*.

2° Il a un volume déterminé, mais prend la forme des

vases dans lesquels on le met, comme l'eau ; on dit qu'il est *liquide*, ou à *l'état liquide*.

3° Non seulement il n'a pas de forme lui appartenant en propre, mais son volume peut être considérablement augmenté ou diminué. Si l'on a, par exemple, un tube contenant de l'air et muni d'un piston fermant juste, on pourra enfoncer ou soulever le piston de quantités notables, et faire ainsi varier le volume de l'air contenu dans le tube ; on dit que l'air est un corps gazeux, ou qu'il possède l'état gazeux (*fig.* 1).

Fig. 1. — Briquet à air.

L'état solide, l'état liquide et l'état gazeux sont appelés *les trois états de la matière ;* ce sont les seuls dont l'existence ait été jusqu'ici révélée par le témoignage direct des sens.

Un certain nombre de corps sont connus sous les trois états. Ainsi, la glace n'est que de l'eau solidifiée ; et l'air contient, à l'état de vapeur transparente et invisible (1), de l'eau qui se dépose en été, sous forme de buée, sur les parois d'une carafe très fraîche.

En général, un corps solide, suffisamment chauffé, prend l'état liquide, et un liquide, suffisamment chauffé, prend l'état gazeux.

L'étude complète des changements d'état des corps sous l'action de la chaleur est du domaine de la physique. Nous nous contenterons d'en énoncer rapidement les résultats principaux, qu'il est indispensable de connaître.

4. Fusion, solidification. — Le passage de l'état solide à l'état liquide, ou *fusion*, commence à se produire,

(1) Les brouillards et les nuages ne sont pas constitués par de la vapeur d'eau ; ils résultent de la réunion d'un nombre immense de fines gouttelettes d'eau, dont chacune s'est formée par condensation de la vapeur autour d'un grain de poussière microscopique.

pour chacun des corps que nous aurons l'occasion d'étudier, à une température qui est toujours la même dans les mêmes conditions ; cette température est le *point de fusion*.

Le corps étant amené à son point de fusion, le changement d'état se poursuit *sans élévation de température;* la chaleur fournie par le foyer ayant pour seul effet de déterminer ce changement, il faut donc, pour produire la fusion d'un corps, préalablement amené à la température de fusion, lui fournir une certaine quantité de chaleur; cette quantité est proportionnelle au poids à fondre.

Pour certains corps, parmi lesquels le verre, le fer, le point de fusion n'est pas bien déterminé parce qu'ils passent par un état intermédiaire entre l'état solide et l'état liquide, qu'on appelle état pâteux.

Quand on refroidit un corps fondu, il se *solidifie*. La *solidification* commence en général quand la température est redescendue au point de fusion, et se poursuit *sans variation de température* tant qu'il reste une parcelle de liquide non solidifié; la température est maintenue invariable grâce au dégagement d'une quantité de chaleur juste égale à celle qu'il avait fallu fournir au corps pour le fondre (1).

Cependant un grand nombre de corps, quand on les refroidit lentement et à l'abri de toute agitation, peuvent atteindre, sans se solidifier, une température notablement inférieure au point de fusion; ainsi l'eau, comme l'a montré Gay-Lussac (2), peut arriver à — 12° sans se solidifier si on la met dans des tubes de verre suffisamment étroits. Dans cet état, on dit que les corps sont *surfondus*. La *surfusion* cesse d'elle-même si la température descend jusqu'à une

(1) Un corps placé dans une enceinte plus froide que lui perd constamment de la chaleur par *rayonnement;* si on constate un arrêt dans le refroidissement, bien que le corps conserve une température supérieure à celle du milieu ambiant, il faut en conclure qu'il se produit un phénomène qui rend au corps, à chaque instant, une quantité de chaleur égale à celle qu'il perd par rayonnement.

(2) Gay-Lussac (1778-1850) est un des plus illustres savants français. Ses travaux sur diverses questions de physique et de chimie ont fait époque dans la science, et on lui doit plusieurs découvertes capitales. Nous aurons souvent l'occasion de citer son nom.

certaine limite (qui est — 12° pour l'eau); mais entre cette limite et le point de fusion, on peut la faire cesser à volonté : il suffit de laisser tomber dans le liquide un fragment — même microscopique — du corps solidifié; la solidification est alors brusque, et la chaleur dégagée, se produisant tout d'un coup, est capable de ramener la température au voisinage du point de fusion.

5. Dissolution. — Certains corps, mis en contact avec des liquides appropriés, disparaissent comme le sucre disparaît dans l'eau. On dit qu'ils *se dissolvent*. La dissolution a été quelquefois appelée *fusion aqueuse*, parce que le corps dissous paraît prendre l'état liquide.

La dissolution d'un solide refroidit le dissolvant (1); le changement d'état correspondant à la dissolution absorbe de la chaleur, et cette chaleur est empruntée au liquide lui-même, en l'absence de toute source calorifique. Quand on dissout dans une certaine quantité d'eau le tiers de son poids de sel ammoniac, on voit les parois du vase se recouvrir de buée; un thermomètre placé dans le liquide indique un refroidissement notable. Nous verrons plus loin une application de ce fait à la préparation de *mélanges réfrigérants*.

A une température déterminée, le poids d'un corps qui peut se dissoudre dans l'unité de poids du dissolvant ne peut dépasser une certaine limite qu'on appelle *coefficient de solubilité*. En général, ce coefficient croît quand la température s'élève; Ainsi :

100 grammes d'eau dissolvent à	0°	13	grammes de salpêtre.
—	—	50°	85	—
—	—	100°	246	—

Il existe cependant des corps, comme le sel marin, dont

(1) Le refroidissement est toujours observé quand il y a dissolution simple, sans action chimique; si la dissolution est accompagnée d'une action chimique dégageant de la chaleur, on observera un abaissement ou une élévation de température, suivant que la chaleur nécessaire au changement d'état sera supérieure ou inférieure à la quantité de chaleur dégagée par l'action chimique. Ainsi, la *potasse* se dissout dans l'eau en dégageant de la chaleur.

la solubilité est à peine plus grande à chaud qu'à froid, et un petit nombre, comme la chaux, dont la solubilité diminue quand la température s'élève.

Une solution est dite *étendue* si elle contient beaucoup moins de solide qu'elle n'en pourrait contenir dans les conditions de l'expérience; *concentrée* si elle approche de la limite, *saturée* enfin si elle contient tout le solide qu'elle peut contenir. On pourra toujours augmenter la concentration d'une dissolution en chassant une partie du dissolvant, soit au moyen de la chaleur, soit en faisant le vide au-dessus d'elle, soit en l'abandonnant à l'évaporation spontanée. Mais lorsqu'on a affaire à un corps analogue au salpêtre, le simple refroidissement jusqu'à 0° d'une solution aqueuse étendue, faite à 50° par exemple, pourra donner une solution concentrée, à cause de la différence des coefficients de solubilité à 50° et à 0°.

6. Cristallisation. — Imaginons que nous concentrions une solution par un des moyens qui viennent d'être indiqués. A un certain moment nous verrons apparaître à la surface une pellicule ou croûte solide, dont l'épaisseur ira en augmentant; de même, le solide se déposera sur les parois du vase qui se refroidit. Au moment de l'apparition de cette couche, on a atteint le point de saturation de la solution; un accroissement de concentration ne laissant plus dès lors qu'une quantité de dissolvant insuffisante pour dissoudre tout le solide contenu dans la liqueur, l'excès de sel se dépose.

Dans ces conditions, les sels prennent en général des formes géométriques nommées cristaux; on dit qu'ils *cristallisent*. On peut déduire de ce qui précède deux moyens de déterminer la cristallisation d'un corps, quand on connaît un liquide capable de le dissoudre. Si le corps est beaucoup plus soluble à chaud qu'à froid, il suffira de refroidir une dissolution saturée faite à chaud (exemple : salpêtre dissous dans l'eau); si le sel n'est pas plus soluble à chaud qu'à froid, on évaporera la dissolution (exemple : sel marin, marais salants).

L'eau n'est pas le seul liquide capable de dissoudre des corps. Ainsi, le soufre peut cristalliser de sa dissolution dans le *sulfure de carbone*, le *silicium* de sa dissolution dans l'*aluminium* fondu.

7. Sursaturation. — La *surfusion* a son analogue dans la *sursaturation*. Un assez grand nombre de corps ne cristallisent pas quand on refroidit leur solution saturée à chaud. Un des exemples les plus remarquables est fourni par le *sulfate de soude* ou *sel de Glauber*. Une solution aqueuse saturée, faite à 100°, peut descendre à la température ordinaire sans cristalliser, si le refroidissement se fait lentement et à l'abri de l'air ; on peut même conserver indéfiniment la dissolution *sursaturée*, si la température ne descend pas au-dessous de — 8°. Mais au-dessus de — 8°, on provoque la cristallisation immédiate du sel en laissant tomber dans la solution un petit cristal, même microscopique, de sulfate de soude. Cette cristallisation est accompagnée d'un dégagement de chaleur assez abondant pour qu'il soit difficile de maintenir la main appliquée contre le vase où on fait l'expérience (1).

8. La cristallisation, moyen de purifier les corps. — Purifier un corps c'est le débarrasser d'autres substances avec lesquelles il peut être mélangé ; ainsi, dans la fabrication du salpêtre (493) on obtient ce corps mélangé à de petites quantités de sel marin. Si on dissout le salpêtre brut dans une petite quantité d'eau bouillante et si on laisse refroidir la solution, le salpêtre se séparera pendant le refroidissement, parce que la solubilité du salpêtre dans un mélange de salpêtre et de sel dissous diminue avec la température, tandis que celle du sel reste à peu près constante. Le salpêtre obtenu après cette cristallisation contiendra donc beaucoup moins de sel marin qu'il n'en conte-

(1) Les phénomènes que présentent les dissolutions sursaturées de sulfate de soude seront exposés en détail ultérieurement (448).

nait d'abord; cependant il pourra encore en être souillé, pour deux raisons : le refroidissement détermine le dépôt d'une très petite quantité de sel marin, et de plus les cristaux, en se formant, emprisonnent toujours entre leurs particules de l'eau qui contient naturellement du sel marin; une nouvelle cristallisation augmentera la pureté du salpêtre, surtout si on a soin d'éviter la formation de gros cristaux, ce qui se fait en rendant le refroidissement rapide ou en agitant le liquide. Les cristaux, en effet, sont d'autant plus gros que l'élimination du dissolvant est plus lente et que le liquide est moins agité (1).

9. Autres procédés pour faire cristalliser les corps. — Il n'est pas toujours nécessaire, pour obtenir les corps cristallisés, de les dissoudre et d'éliminer ensuite peu à peu le dissolvant. Un assez grand nombre de corps cristallisent quand on les laisse refroidir lentement et sans agitation après les avoir fondus. Le soufre, le bismuth sont dans ce cas.

Lorsqu'on reçoit la vapeur d'un corps sur une paroi dont la température est inférieure au point de fusion, le corps passe directement de l'état de vapeur à l'état solide. C'est ce qui a lieu pour l'iode, par exemple. Quand on chauffe des paillettes d'iode dans un petit ballon, on voit se dégager assez rapidement d'épaisses vapeurs d'une magnifique couleur violette, et un dépôt miroitant se forme sur les parties du ballon qui ne sont pas exposées au feu. On dit que l'iode se *sublime;* le plus souvent, la sublimation est accompagnée de la cristallisation du sublimé. — L'iode, le camphre, le sel ammoniac, peuvent cristalliser par sublimation.

En résumé, nous possédons trois moyens d'obtenir les corps cristallisés : la dissolution, la fusion, la sublimation.

(1) On obtient aisément des cristaux volumineux en plongeant l'extrémité d'un fil dans un vase long et assez étroit contenant une dissolution saturée du corps à obtenir : les cristaux se forment sur le fil, et grossissent au sein de la dissolution. C'est ce qu'on appelle *nourrir* les cristaux.

10. Systèmes cristallins. — Les cristaux sont toujours limités par des plans.

Ces plans sont les *faces;* leurs intersectious, les *arêtes;* l'angle de deux faces contiguës est un *dièdre;* les angles formés par plusieurs arêtes aboutissant au même point sont les *angles solides* du cristal.

Quelque compliquée que soit la forme d'un cristal, on peut la rattacher à une des *sept formes types* suivantes, qui portent le nom de *systèmes cristallins.*

1° Système *cubique* (*fig.* 2) : la forme type ou *primitive* est le cube.

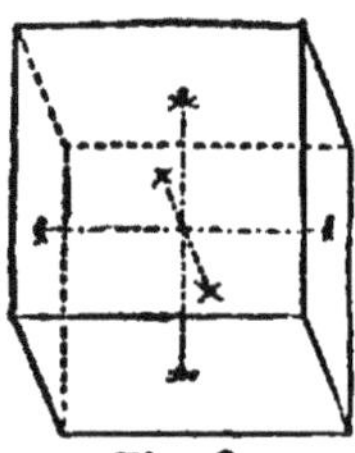

Fig. 2.
Système cubique.

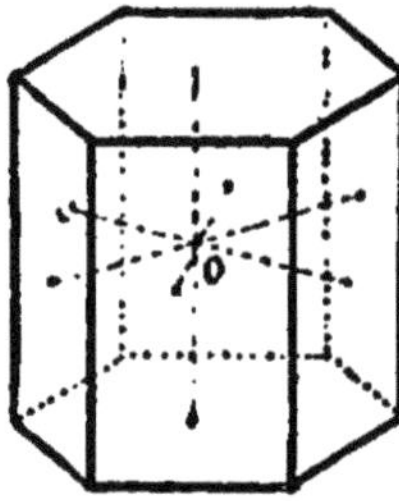

Fig. 3.
Système hexagonal.

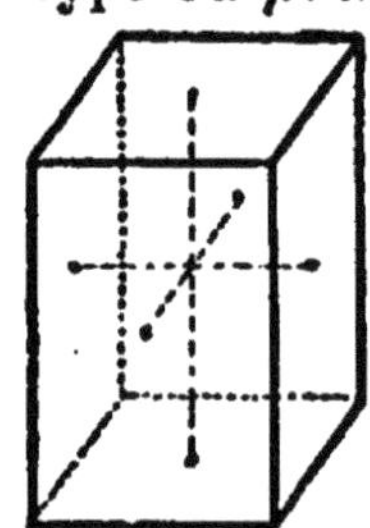

Fig. 4.
Système quadratique.

2° Système *hexagonal* (*fig.* 3) : la forme primitive est un prisme droit à base d'hexagone régulier.

3° Système *rhomboédrique* (*fig.* 4) : la forme type est un *rhomboèdre*, solide limité par six losanges (rhombes).

4° Système *quadratique* (*fig.* 4) : la forme type est le prisme droit à base carrée.

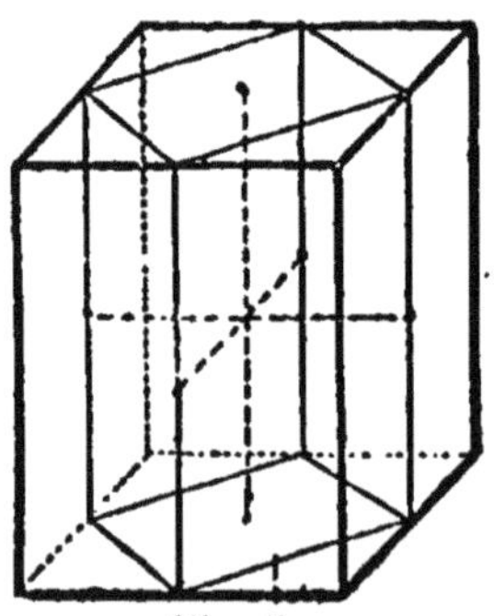

Fig. 5.
Prisme droit à base rectangulaire.

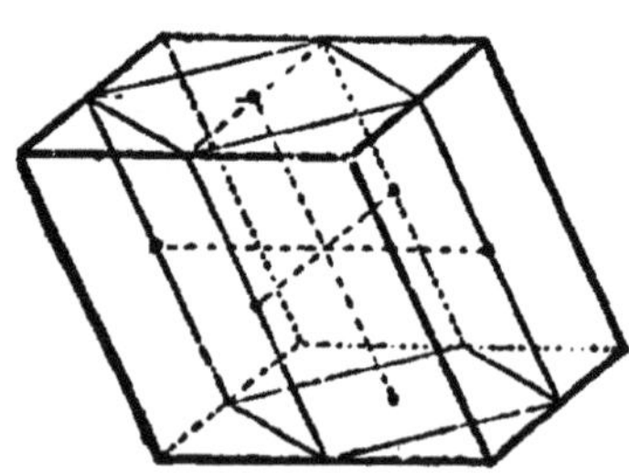

Fig. 6.
Système clinorhomoïque.

5° Système *orthorhombique;* la forme type est un prisme

droit à base losange (*fig.* 5), ou rectangle; ces deux formes sont équivalentes : la figure montre le prisme à base rectangle à l'extérieur, le prisme à base losange à l'intérieur.

6° Système *clinorhombique* (*fig.* 6): prisme oblique à base rectangle ou losange (même remarque).

7° Système *clinoédrique* (*fig.* 7) : prisme oblique à base parallélogramme.

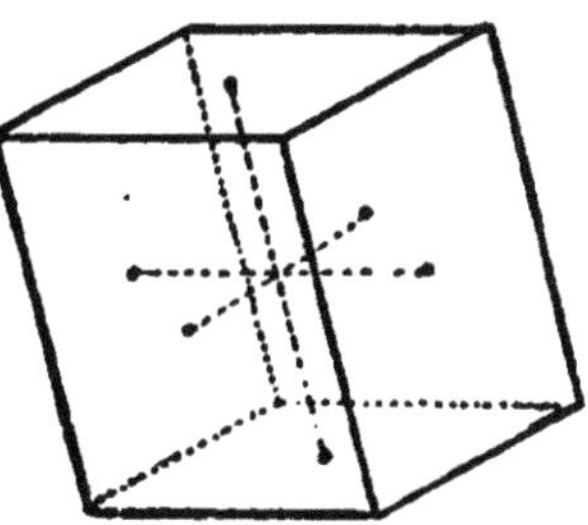

Fig. 7. Système clinoédrique.

On définit quelquefois les systèmes cristallins au moyen des *axes cristallographiques*, droites idéales que l'on imagine dans le cristal, et qui sont les *axes de symétrie* des formes primitives. Ces axes sont dessinés dans les figures ci-contre. Les propriétés connues des polyèdres types montrent qu'il y a dans le premier système trois axes rectangulaires égaux : dans le deuxième et le troisième systèmes, quatre axes, dont trois égaux, dans un même plan, et faisant entre eux des angles de 120°, le quatrième perpendiculaire au plan des trois autres : dans le quatrième système, trois axes rectangulaires, dont deux seulement égaux entre eux : dans le cinquième système, deux axes rectangulaires inégaux, le troisième oblique sur le plan des deux autres : dans le septième système, trois axes obliques inégaux.

Ces axes sont des directions, non des lignes fixes, et peuvent être imaginés n'importe où dans le cristal, ou même hors de lui.

Il existe dans tous les cristaux des directions de facile rupture, ou *plans de clivage.* Si on prend un rhomboèdre de *spath d Islande* (variété de carbonate de calcium) (*fig.* 8) et qu'on donne un coup sec parallèlement à l'une quelconque des faces, on détachera une tablette telle que A'E'H'D'CBFG. Le mica, minéral d'aspect vitreux qui constitue un des éléments du granit, se *clive* avec la plus grande facilité;

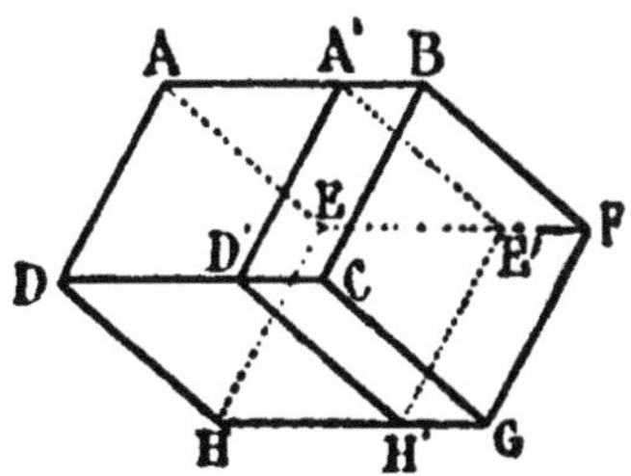

Fig. 8. — Rhomboèdre.

on peut, au moyen d'un canif, réduire un fragment de mica en lamelles très minces. La direction des plans de clivage par rapport aux arêtes peut souvent être utilisée pour la détermination du système. Dans le cas du spath, le clivage n'altère pas la forme générale du cristal; mais il n'en est pas toujours ainsi, et c'est justement l'étude des clivages qui a conduit l'abbé Haüy à la découverte des lois fondamentales de la *cristallographie*.

Les modifications qui permettent de rattacher à un système cristallin les formes qui en dérivent obéissent à la loi suivante, appelée *loi de symétrie*.

Toute modification se produisant sur une arête, une face, ou un angle solide d'un cristal, est reproduite de la même manière sur toutes les parties du cristal cristallographiquement semblables.

Exemples : Soit un cube (*fig.* 9), et supposons que l'angle A soit abattu, et remplacé par une facette triangulaire; les huit angles du cube étant identiques, le cristal devra porter huit facettes telles que *abc*, également inclinées sur les trois arêtes. On a un *cubo-octaèdre*.

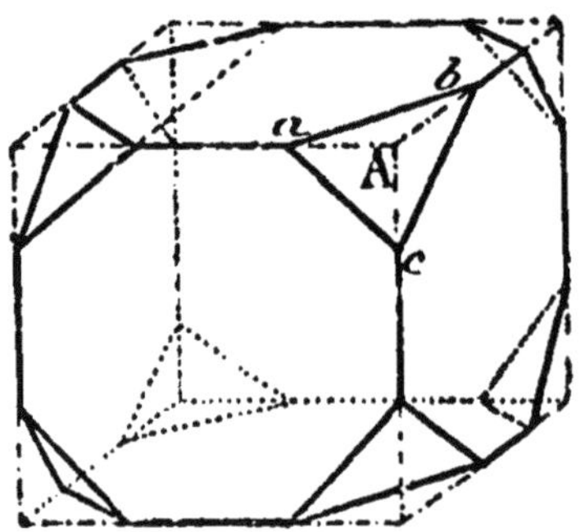

Fig. 9. — Cubo-octaèdre.

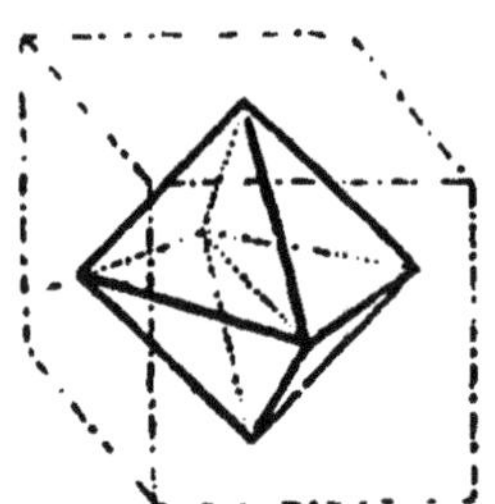
Fig. 10. — Octaèdre.

Si la facette passe par le centre des trois faces formant l'angle solide supprimé, le cristal nouveau n'a plus que huit faces comme l'ancien. C'est l'octaèdre régulier (*fig.* 10), formé de deux pyramides quadrangulaires régulières accolées par leurs bases. Ces deux formes ont été observées dans l'alun. Soit un prisme orthorhombique (*fig.* 11); abattons une des arêtes PP_1 aboutissant à un angle obtus de la base losange. Il faudra abattre la seconde arête PP_1, mais les arêtes QQ_1 ne seront pas *nécessairement* abattues, car elles ne sont pas semblables aux arêtes PP_1, puisque les angles dièdres correspondants ne sont pas égaux. On obtient une sorte de tablette biseautée. Cette forme a été observée sur certains échantillons cristallisés de *sulfate de baryte* naturel (*barytine*).

Nous nous bornerons à ces exemples. Mais il ne faudrait pas croire que les modifications donnent toujours naissance à des formes aussi régulières. Le plus souvent certaines faces sont très déve-

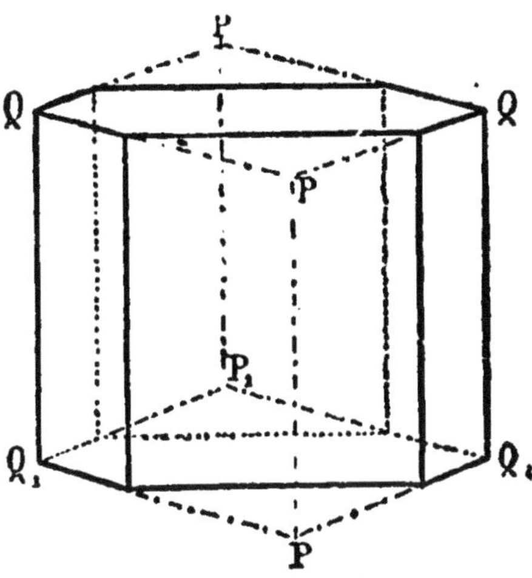

Fig. 11. — Barytine.

loppées, d'autres très réduites. Aussi la grandeur des faces n'entre jamais en considération pour la détermination de la forme d'un cristal. On ne tient compte que des angles; des clivages accidentels ont pu, en effet, altérer la régularité primitive de la forme

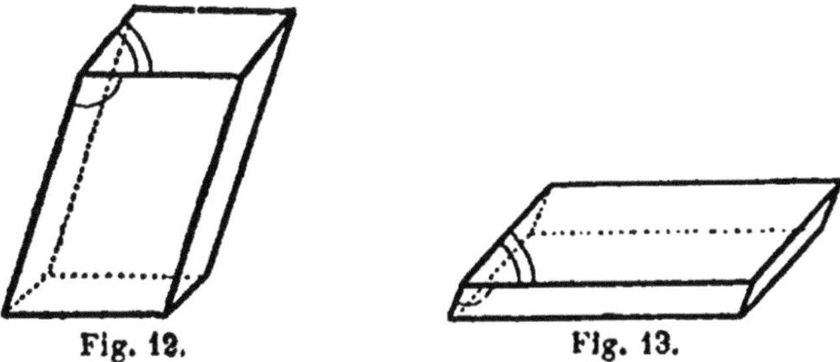

Fig. 12. Fig. 13.

d'un cristal; le développement du cristal a pu encore se trouver arrêté d'un certain côté. Ainsi, pour le cristallographe, les formes représentées figures 12 et 13 seront les mêmes si les angles plans et les dièdres sont égaux deux à deux.

Dans le premier système cristallisent notamment le sel gemme, l'alun et le diamant;

Dans le deuxième, l'émeraude;

Dans le troisième, le spath d'Islande;

Dans le quatrième, le zircon (pierre précieuse), la cassitérite (minéral d'étain);

Dans le cinquième, la topaze, les micas, le sulfate de baryte naturel;

Dans le sixième, le gypse, un carbonate de cuivre naturel (azurite);

Dans le septième, le sulfate de cuivre, la plupart des feldspaths.

11. Polymorphisme. — La forme cristalline est une des qualités caractéristiques des corps, et une même substance, placée dans les mêmes conditions, cristallise toujours de la même manière. Cependant certains corps se montrent sous plusieurs formes *incompatibles*, c'est-à-dire se rattachant à des systèmes différents; mais cela ne peut avoir lieu que si les conditions qui ont présidé à la cristallisation ont été différentes; ces corps sont dits *polymorphes*. Ainsi le soufre, qui montre deux formes incompatibles, est *dimorphe;* les cristaux qui se forment par évaporation de sa dissolution dans le sulfure de carbone sont des octaèdres (*fig.* 14) appartenant au quatrième système; en cristallisant par fusion, il donne des prismes allongés (*fig.* 15) se rattachant au cinquième système. On connaît un assez grand nombre de variétés de carbonate de chaux cristallisé; l'une d'elles est l'*aragonite*, qui se rattache au quatrième système

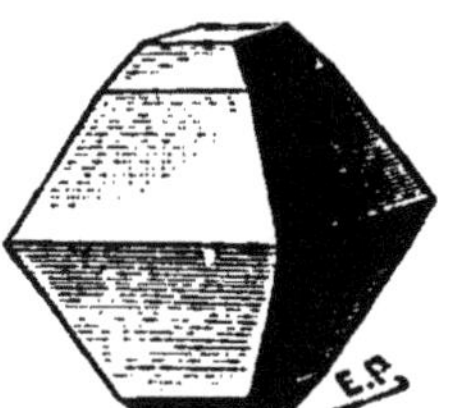

Fig. 14. — Soufre octaédrique.

Fig. 15. — Soufre prismatique.

Fig. 16. Aragonite.

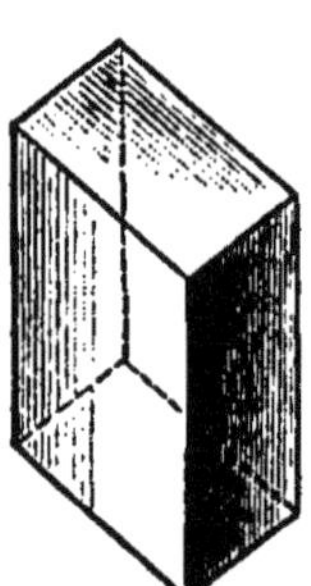

Fig. 17. Rhomboèdre. Scalénoèdre. (Dent de cochon.)

(*fig.* 16); toutes les autres, d'aspect très différent quelquefois, se rattachent au deuxième système comme le spath d'Islande (*fig.* 17); le carbonate de chaux est *dimorphe.*

12. Isomorphisme. — Inversement, il arrive que des substances ont la même forme cristalline sans avoir la même composition chimique. On dit qu'elles sont *isomorphes.* Il ne suffit pas, pour que deux corps soient dits isomorphes, qu'ils aient même forme générale; il faut encore qu'ils aient les angles égaux ou très peu différents, et qu'en outre ils puissent cristalliser ensemble en toutes proportions.

On a remarqué que les corps isomorphes ont entre eux une analogie chimique prononcée, non seulement de propriétés, mais de composition, et sont constitués par des assemblages analogues de composés analogues. Nous aurons à utiliser cette notion.

Un des exemples les plus remarquables d'isomorphisme est offert par les aluns (486). Un cristal d'alun de potasse (incolore) peut être nourri dans une dissolution d'alun de chrome (violet), puis dans une dissolution d'alun de soude (incolore); de sorte que, si on le sectionne, on aura une section présentant au centre une couleur blanche, avec autour une sorte de cadre violet, entouré lui-même d'un cadre blanc. D'ailleurs, si on mélange en proportions quelconques deux ou plusieurs dissolutions d'aluns différents, on retrouvera tous ces aluns dans chacun des cristaux qui se formeront. De même, quand on fait cristalliser une dissolution de sulfate de protoxyde de fer additionnée de sulfate de cuivre, les cristaux qui prennent naissance ont la forme du sulfate de cuivre et contiennent du sulfate de fer. M. Gernez a montré qu'une dissolution sursaturée d'un sel cristallise très bien au contact de tout autre sel *isomorphe* (1).

13. Allotropie. — Les corps non cristallisés sont dits *amorphes* (c'est-à-dire dépourvus de forme). Il arrive fréquemment que des corps amorphes présentent plusieurs va-

(1) Voy. note historique.

riétés douées de propriétés différentes; par exemple, on connaît deux phosphores, l'un blanc, l'autre rouge; de même, l'étain soumis pendant longtemps à une basse température se modifie. On dit que ces corps présentent plusieurs états *allotropiques*. A propos de chacun des corps qui ont des modifications allotropiques, nous décrirons ces modifications. Leur caractère commun, c'est que dans le corps qui passe de l'un à l'autre état, la transformation est accompagnée d'un phénomène thermique (absorption ou dégagement de chaleur).

14. Ebullition. — Lorsqu'on élève graduellement la température d'un liquide, il se transforme en vapeur, il prend l'état gazeux. A un certain moment, on voit des bulles de vapeur se former sur les parois du vase qui contient le liquide; ces bulles augmentent de volume et finissent par venir crever à la surface. On dit alors que le liquide bout, et le phénomène porte le nom d'*ébullition*.

Il y a pour chaque liquide, à pression donnée, une température à laquelle ce liquide commence à bouillir. C'est le *point d'ébullition*, qui est d'autant plus élevé que la pression est plus forte.

Quand un liquide bout, la température de la vapeur qui s'en échappe est égale au point d'ébullition *correspondant à la pression* que supporte ce liquide, et sa force élastique est égale à cette pression.

Un liquide amené à la température d'ébullition ne peut passer à l'état gazeux que s'il reçoit de la chaleur; cette chaleur détermine le changement d'état sans élévation de température; la quantité à fournir est proportionnelle au poids du liquide qui se vaporise.

Les bulles dont la formation caractérise l'ébullition prennent toujours naissance sur les parois du vase, ou au contact de corps solides plongés dans le liquide, s'il y en a; les corps solides, en effet, condensent presque toujours des gaz sur leur surface, et ces gaz constituent une sorte d'atmosphère intérieure au contact de laquelle la vapeur se forme.

De nombreuses expériences ont établi la nécessité absolue de la présence d'un gaz *libre* au sein d'un liquide, pour que l'ébullition se produise; ainsi, dans un vase de verre bien nettoyé et bien mouillé par l'eau, l'eau peut être amenée au-dessus de 100° sans bouillir, la pression étant de 760^{mm}. Toutes les fois qu'on voudra faciliter et régulariser l'ébullition d'un liquide, il pourra être bon de le placer dans un vase qu'il ne mouille qu'imparfaitement, ou d'introduire au sein du liquide des fils métalliques destinés à produire l'atmosphère intérieure nécessaire à la bonne marche du phénomène (1). On verra une application de ce fait à la distillation de l'*acide sulfurique*.

15. Vaporisation, évaporation. — Il n'est pas toujours nécessaire de chauffer un liquide pour le réduire en vapeur. On peut même dire que le passage spontané d'un liquide à l'état gazeux est un fait très général.

Ainsi, lorsqu'on introduit une petite quantité d'un liquide dans un espace vide d'air, ce liquide disparaît, il s'est *vaporisé;* si la quantité de liquide introduite est suffisante, la vaporisation n'est que partielle; elle s'arrête dès que la force élastique de la vapeur formée atteint une certaine valeur, caractéristique de la température de l'expérience, et qu'on appelle *tension maxima;* la vapeur est dite *non saturante* lorsqu'il ne reste pas de liquide en contact avec elle (la vaporisation ayant été totale); elle est dite *saturante* lorsqu'il reste au-dessous d'elle un excès du liquide générateur (la vaporisation n'ayant été que partielle). Il s'établit au contact d'un liquide et de sa vapeur, à température déterminée, un état d'*équilibre stable* caractérisé par la valeur de la force élastique de la vapeur. Si on enlève de la vapeur, la vaporisation du liquide reprend et ne cesse que lorsque la vapeur produite a rétabli la force élastique maxima; si on comprime la vapeur, une partie de cette vapeur repassera à l'état liquide, de manière que la force élastique conserve sa valeur; donc la force élastique d'une vapeur saturante *ne peut*

(1) Les métaux condensent des gaz sur leur surface.

prendre, à température déterminée, qu'une valeur unique; c'est celle de la tension maxima, qui, en raison de cette circonstance, est souvent appelée tension de la vapeur saturante.

Si l'expérience était faite dans un espace clos rempli d'air, les phénomènes seraient les mêmes que dans le vide; leur durée seule serait modifiée, la vaporisation étant lente dans les gaz et immédiate dans le vide.

Dans une atmosphère illimitée, la tension maxima ne peut jamais être atteinte. Un liquide abandonné dans ces conditions doit donc perdre constamment de la vapeur par sa surface libre; si l'expérience se prolonge assez longtemps, le liquide doit disparaître entièrement. On dit qu'il s'est *évaporé*. L'évaporation est d'autant plus active que l'atmosphère qui surmonte le liquide est plus éloignée de l'état de saturation.

La disparition complète du liquide pourra même avoir lieu dans une atmosphère limitée si on enlève constamment la vapeur qui se forme, au moyen d'une machine pneumatique par exemple; dans ces conditions, l'évaporation sera même considérablement accélérée. On peut également enlever de la vapeur en plaçant à côté du vase qui contient le liquide, dans une enceinte hermétiquement close, une substance qui absorbe la vapeur. C'est ce que l'on fait pour dessécher les substances qui retiennent de l'eau, ou évaporer rapidement de petites quantités de dissolutions aqueuses. On les abandonne sous une cloche, à côté d'un vase contenant soit de l'*acide sulfurique concentré*, soit du *chlorure de calcium* desséché, soit de la *chaux vive*, soit de l'*anhydride phosphorique*. La dessiccation est plus rapide si on a fait le vide dans la cloche (*fig.* 18).

Fig. 18. — Dessiccateur à vide.

Dans ces conditions, on ne fournit pas de chaleur au

liquide. Il doit donc emprunter à sa propre substance la chaleur nécessaire au changement d'état. Un liquide qui se vaporise ou s'évapore se refroidit toujours, et le refroidissement est d'autant plus marqué que l'évaporation est plus rapide. La couche de vapeur qui est en contact immédiat avec le liquide peut être considérée comme presque saturée, si sa formation est assez rapide et assez abondante ; sa force élastique est donc voisine de la force élastique maxima correspondant à la température du liquide. Il en résulte que, si on fait le vide au-dessus d'un liquide pour en activer l'évaporation, la température de ce liquide descendra *au moins* à la valeur pour laquelle la force élastique de la vapeur saturante est égale à la basse pression qu'entretient le jeu de la machine pneumatique ; en d'autres termes, la température du liquide finira par devenir inférieure ou égale au point d'ébullition sous la pression considérée (14). Nous verrons de nombreuses applications de ce fait.

16. Condensation des vapeurs ; distillation. — Lorsqu'on reçoit une vapeur sur une paroi dont la température est inférieure à celle à laquelle la vapeur serait saturante (c'est-à-dire à une température correspondant à une valeur de la tension maxima inférieure à sa tension actuelle), la vapeur repasse à l'état liquide, en restituant sa chaleur de vaporisation. La condensation d'une vapeur échauffe les corps sur lesquels elle a lieu.

Faire bouillir un liquide et recueillir sa vapeur dans un récipient froid constitue l'opération que l'on nomme distillation. Quand on distille un liquide, il faut avoir soin de s'opposer à l'échauffement du récipient où la vapeur se condense, en l'entourant d'eau froide constamment renouvelée. Le plus souvent la vapeur se rend dans un tube en hélice appelé serpentin plongé dans un vase où circule de l'eau, que l'on fait arriver par en bas et qui s'écoule par en haut ; c'est la disposition que l'on peut voir dans l'*alambic* (*fig.* 19). Dans les laboratoires, on se contente souvent de recueillir la vapeur dans un *ballon* plongé dans une terrine pleine d'eau froide, le ballon étant séparé du vase où on fait

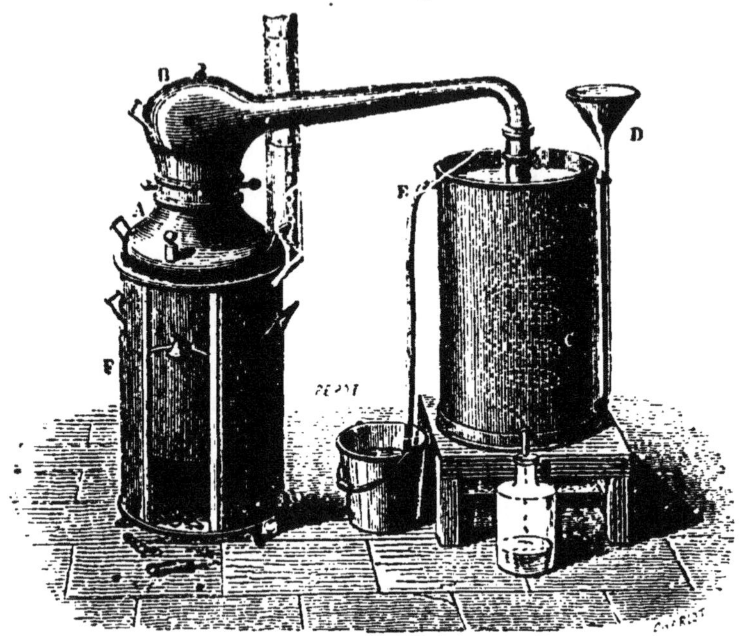

Fig. 19. — Alambic.

bouillir le liquide par une *allonge* en verre (*fig.* 20). Ou

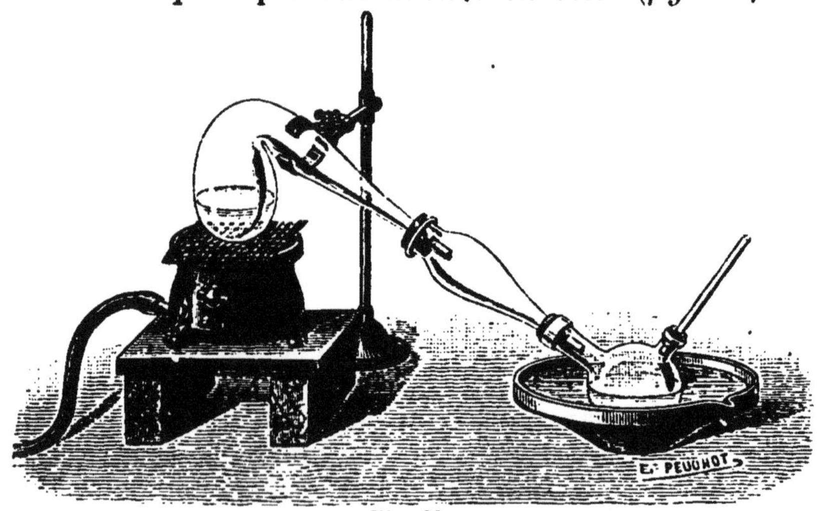

Fig. 20.

bien le récipient est séparé du bouilleur par un tube entouré d'un manchon dans lequel circule un courant d'eau froide (réfrigérant de Liebig, *fig.* 21).

Fig. 21. — Réfrigérant de Liebig.

17. La distillation, moyen de purifier les liquides. Distillation fractionnée. — Lorsqu'un liquide tient en dissolution de petites quantités de corps solides (comme l'eau de source par exemple), on l'en débarrasse par distillation; la vapeur qui se forme va se condenser dans le réfrigérant, les corps solides restent. En réalité les vapeurs entraînent toujours de petites quantités de solides, surtout si le liquide est chargé de matière. Aussi, lorsqu'on distille de l'eau, faut-il arrêter l'opération quand on a recueilli environ les 9/10 du liquide traité. Il est quelquefois bon de faire plusieurs distillations.

La distillation permet aussi de séparer des liquides inégalement volatils. En général, la vapeur qui s'échappe d'un mélange liquide homogène n'a pas la même composition que le liquide. Le corps le plus volatil s'y trouve en plus grande proportion. Si on fait passer la vapeur dans un tube à boules (*fig.* 22), les boules étant d'abord froides, les vapeurs se condenseront, mais celles du liquide le moins volatil en plus grande proportion. Le récipient recevra donc un liquide beaucoup plus riche en substance volatile que le liquide distillé. La condensation des vapeurs élèvera peu à peu la température, de sorte que la composition du mélange gazeux variera à chaque instant; mais les parties les plus volatiles passeront seules, les autres se condensant sur les boules et retombant dans le ballon. Si on met à part les liquides qui

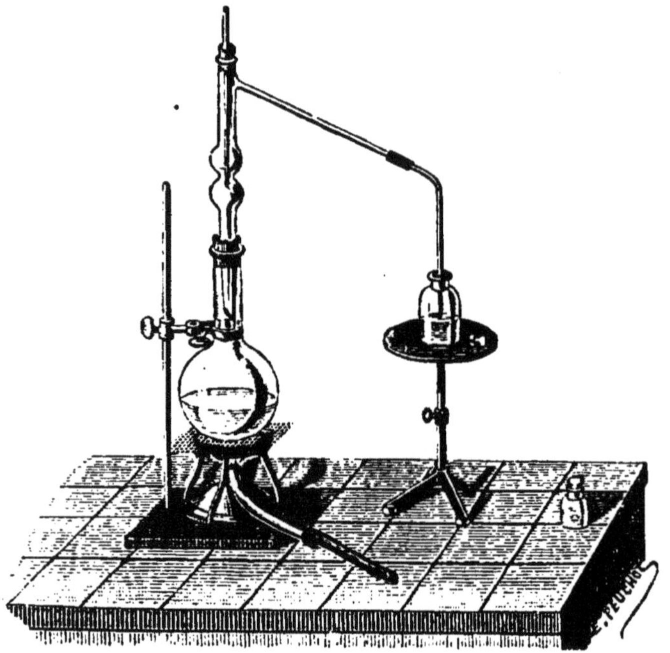

Fig. 22. — Tube à boules.

ont passé entre 50° et 60°, 60° et 70°, 70° et 80°, par exemple, on aura une série de mélanges dont la richesse en liquide volatil ira en diminuant. On répétera l'opération sur ces mélanges, et on réunira entre eux les liquides qui auront passé à la même température, et présentent par conséquent la même composition; on redistillera encore de la même manière. On peut arriver ainsi à séparer presque complètement deux liquides dont les points d'ébullition sont notablement différents. S'ils sont voisins, la séparation est beaucoup plus difficile.

La différence entre les points d'ébullition de deux liquides augmente souvent beaucoup quand la pression s'abaisse; dans ce cas la distillation dans le vide conduira rapidement à une séparation plus complète que dans l'air.

18. Les gaz (1). — Les *gaz* sont les corps qui dans les conditions ordinaires de température et de pression possèdent l'état gazeux. Le volume d'un gaz dépend essentiellement de la pression qu'il supporte; *à température constante, le volume varie en raison inverse de cette pression*, et *le poids spécifique du gaz est proportionnel à cette pression* (loi de Mariotte). Quand nous aurons à comparer entre eux des volumes gazeux, il faudra donc avoir soin de les ramener *toujours à la même pression :* cette précaution omise, les comparaisons n'auraient aucun sens.

On appelle *densité* d'un gaz le rapport du poids spécifique de ce gaz au poids spécifique de l'air pris dans les mêmes conditions de température et de pression. Ainsi définie, la densité n'est pas une constante, à cause des différences que présentent entre eux les divers gaz au point de vue de la dilatation par la chaleur et de la compressibilité. On définit pour chaque gaz une *densité normale;* cette densité n'est autre chose que la valeur, à 0° et sous la pression 760^{mm}, du rapport spécifié plus haut.

Soit d la densité d'un gaz. On évalue le poids d'un volume V de gaz sec, à la température t et à la pression H, par la formule :

$$P = V \times 1,293 \times d \times \frac{1}{1+\alpha t} \times \frac{H}{760}\ (2).$$

Si le gaz est humide, et si f représente la force élastique

(1) Voy. Notice historique.
(2) $1^{gr},293$ est le poids du litre d'air à $0°, 760^{mm}$.

de la vapeur d'eau dans le mélange (la pression totale étant H), le poids du gaz *sec* est :

$$P' = V \times 1,293 \times d \times \frac{1}{1+\alpha t} \times \frac{H-f}{760}.$$

Nous aurons à constater et à interpréter, dans un certain nombre de cas, des variations importantes subies par la densité de corps à l'état de gaz ou de vapeur.

On doit considérer les gaz comme des vapeurs non saturantes, très éloignées du point de saturation. Toute action tendant à les rapprocher de ce point les rapprochera donc de l'état liquide. Une vapeur peut être amenée au point de saturation de deux manières; par compression (on se rapproche de la tension maxima), ou par refroidissement (la force élastique maxima s'abaissant avec la température, il arrive un moment où, avec la force élastique qu'elle possède, la vapeur devient saturante; ainsi, la vapeur d'eau qui n'est pas saturante à 50° sous la pression de 10^{mm} de mercure, le devient à 12° sous cette même pression). En refroidissant et en comprimant un gaz, ou en associant les deux actions, on pourra donc en général l'amener à l'état de vapeur saturante, c'est-à-dire le liquéfier. Mais, tandis qu'un refroidissement suffisamment énergique permettra toujours d'atteindre le point de saturation sous la pression ordinaire, la compression seule ne pourra conduire à ce résultat que si la température du gaz est inférieure à une certaine limite, que l'on appelle *point critique*. C'est une température telle qu'au-dessus d'elle le gaz ne peut pas être amené à l'état liquide, aussi fortement qu'on le comprime. Pour liquéfier sûrement un gaz, il faut donc avoir soin de maintenir sa température au-dessous du point critique. Pour connaître complètement les conditions de liquéfaction d'un gaz, il faut indiquer, outre la température et la pression sous lesquelles on produit ordinairement la liquéfaction, le point critique et la pression de liquéfaction correspondante, qui porte le nom de *pression critique*. Il est à remarquer que *la pression de liquéfaction à une tempéra-*

ture donnée n'est autre chose que la tension de la vapeur saturante du gaz liquéfié à cette température, et aussi que *la température de liquéfaction sous une certaine pression n'est autre chose que le point d'ébullition, sous cette pression, du gaz liquéfié.*

19. Dissolution des gaz. — Certains gaz, agités en présence de liquides convenables, sont absorbés par ces liquides; si on verse quelques centimètres cubes d'eau dans une éprouvette contenant du *gaz sulfureux* (*fig.* 23), et si on agite, on constate que l'éprouvette reste appliquée contre la main par la pression atmosphérique, l'absorption du gaz par l'eau ayant déterminé un vide partiel. Les lois de ce phénomène sont les suivantes :

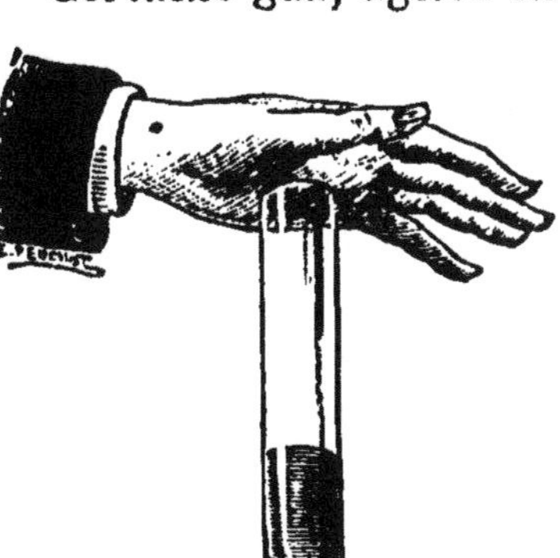

Fig. 23. — Absorption de l'acide sulfureux par l'eau ; l'éprouvette forme ventouse.

1° *Loi de Henry* (1). — *Le* **volume** *du gaz absorbé par l'unité de volume du liquide, ce volume étant supposé mesuré sous la pression finale exercée par le gaz sur la dissolution, est une constante pour chaque gaz à une température déterminée* (2), *quelle que soit, d'ailleurs, cette pression.* Cette constante est le *coefficient de solubilité;* il diminue quand la température s'élève; à une température assez élevée, il est nul, c'est-à-dire que le liquide ne retient plus de gaz. On peut déduire de l'énoncé précédent que *le poids de gaz dissous dans l'unité de volume du liquide est proportionnel à la pression finale* (3).

(1) Henry (1775-1836), habile chimiste anglais. La loi qui porte son nom a été publiée en 1803.

(2) On suppose qu'il n'y ait pas d'action chimique entre le gaz et le dissolvant.

(3) On trouvera la démonstration de ce fait dans tous les traités de physique.

Lorsqu'on diminue la pression supportée par une solution gazeuse (lorsqu'on verse de l'eau de Seltz ou du vin de Champagne dans un verre, par exemple), le gaz dissous ne se dégage pas tout entier; il se produit une *sursaturation* gazeuse; l'introduction d'une atmosphère artificielle au sein du liquide détermine alors un nouveau dégagement (expérience du couteau qu'on laisse tomber dans un liquide mousseux); en sucrant l'eau de Seltz on détermine toujours le dégagement d'une notable quantité de gaz.

2° *Loi de Dalton.* — *Quand un mélange de gaz est amené au contact d'un liquide, chacun des gaz se dissout comme s'il était seul et occupait le volume entier du mélange.*

20. Phénomènes physiques et phénomènes chimiques. — Si nous faisons passer un corps à l'état liquide, puis à l'état gazeux, sous l'action de la chaleur, aucun de ces changements n'altérera son poids; de plus, après être revenu à sa température initiale, il se retrouvera identique à lui-même.

Chauffons maintenant du soufre dans l'air, il commencera par fondre; à 250° nous verrons apparaître à sa surface une flamme bleuâtre, en même temps qu'il se dégagera un gaz d'une odeur suffocante. Si nous recueillons le gaz qui s'est produit quand tout le soufre aura disparu, et si nous le pesons, nous trouverons un poids supérieur au poids du soufre employé. Le gaz, en revenant à la température ordinaire, ne se condense pas. Si nous versons de l'eau dans le flacon qui le contient et si nous agitons, le gaz disparaît, absorbé par l'eau; cette dissolution rougit la teinture de tournesol (1). Ce gaz contient le soufre primitif (on pourrait l'en retirer), mais sous un état très différent; les propriétés caractéristiques du soufre ne se retrouvent plus dans le gaz.

Les changements d'état ne produisent aucun changement intime et durable dans les propriétés de la substance qui les

(1) Liquide bleu obtenu en faisant bouillir dans de l'eau une matière colorante naturelle, le tournesol, qu'on extrait de certains lichens.

subit et n'altèrent pas son poids; ce sont des *phénomènes physiques;* la combustion, au contraire, apporte une modification profonde et durable dans les propriétés du corps qui la subit et augmente son poids; c'est un *phénomène chimique.*

La distinction entre les phénomènes physiques et les phénomènes chimiques est quelquefois difficile à établir.

Chauffons à 300°, dans le vide, du phosphore ordinaire et maintenons, pendant quelques jours, cette température; le corps, de blanchâtre et translucide qu'il était au début, devient amorphe et rougeâtre; le premier était soluble dans le sulfure de carbone, le second ne l'est pas; le premier était vénéneux, le second ne l'est pas; leur poids spécifique n'est pas le même. Mais ces deux corps peuvent brûler, et des poids égaux brûlant dans l'air sec donnent naissance à des poids égaux d'une matière pulvérulente blanche, qui est la même pour les deux. D'ailleurs, il reste, à la fin de l'opération, un certain poids de phosphore blanc qui ne s'est pas transformé (266); et, si on ajoute ce poids à celui du phosphore rouge recueilli, on retrouve le poids du phosphore initial. Par certains côtés, la transformation du phosphore ordinaire en phosphore rouge semble appartenir aux phénomènes physiques; par d'autres, aux phénomènes chimiques. Cependant, à cause de la permanence du poids et de l'identité des produits de la combustion des deux phosphores dans l'oxygène, nous rangerons cette transformation parmi les phénomènes physiques.

21. Propriétés physiques et propriétés chimiques. — Parmi les propriétés des corps, celles dont les phénomènes physiques peuvent déterminer une modification — temporaire ou durable, d'ailleurs — sont appelées *propriétés physiques;* telles sont la densité, l'état physique dans les conditions ordinaires, la structure, la forme cristalline, la solubilité, la fusibilité, la volatilité. Celles que ne modifient pas les phénomènes physiques sont appelées *propriétés chimiques;* la manifestation de ces propriétés donne lieu à des phénomènes chimiques; ainsi, à aucun moment, pendant ses changements d'état, le soufre ne cesse d'être capable de brûler au contact de l'air, si sa température est suffisamment élevée, en donnant naissance au gaz que nous avons caractérisé au paragraphe précédent. Les deux phosphores sont combustibles et donnent le même produit; la combustibilité est une propriété chimique.

22. Corps simples. Corps composés (1). — Chauffons dans un petit tube A, fermé à un bout et muni d'un

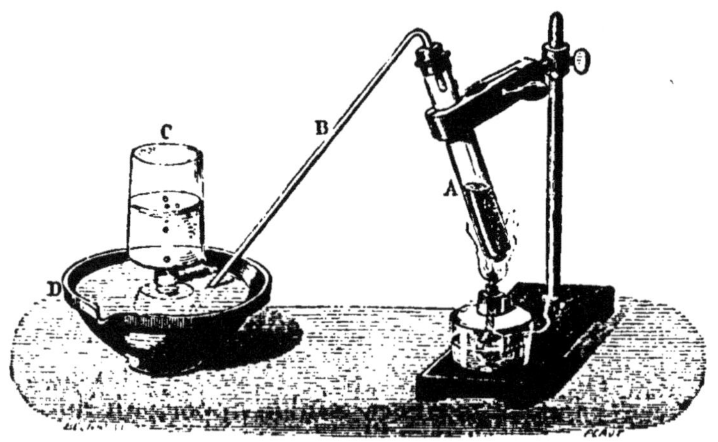

Fig. 24. — Décomposition de l'oxyde de mercure.

tube abducteur B (*fig.* 24), un corps pulvérulent rouge appelé *oxyde de mercure*, le *précipité per se* des anciens chimistes. Nous verrons bientôt se déposer, sur les parois du tube, un anneau miroitant, facile à reconnaître pour du mercure métallique; à la partie supérieure du flacon C, vient se rassembler un gaz incolore, capable de rallumer une allumette présentant seulement quelques points rouges. Ce gaz est celui que nous nommons *oxygène*.

Dans cette expérience, nous avons *décomposé* l'oxyde de mercure en deux corps nouveaux : le mercure et l'oxygène.

(1) Voy. Notice historique.

Jusqu'à présent personne n'a pu décomposer l'oxygène et le mercure en corps nouveaux. C'est ce qu'on exprime en disant que le mercure et l'oxygène sont des *corps simples*, tandis que l'oxyde de mercure est un *corps composé*. Les corps simples, ou *éléments*, sont donc des corps *que l'on n'a pu décomposer jusqu'ici*.

23. Analyse et synthèse. — Dans l'expérience indiquée au paragraphe précédent, on fait l'*analyse* de l'oxyde de mercure. Chauffons maintenant du mercure dans de l'oxygène. Vers 350° nous verrons apparaître, à la surface du liquide, des pellicules rouges, identiques à l'oxyde de tout à l'heure. Nous avons fait la *synthèse* de l'oxyde de mercure.

Faisons passer le courant d'une pile dans de l'eau acidulée par un peu d'acide sulfurique, en reliant les deux pôles de la pile à deux fils de platine traversant le fond du vase qui contient le liquide, ces deux fils étant couverts de cloches pleines d'eau (*fig.* 25). Nous verrons se dégager des bulles gazeuses le long des fils et, quand l'expérience aura duré assez longtemps, nous pourrons constater que le gaz qui s'est dégagé sur le fil relié au pôle négatif de la pile a un volume double de celui qui s'est dégagé sur l'autre fil. Le premier gaz s'enflamme si on approche une allumette et brûle avec une flamme pâle. On l'appelle *hydrogène*. Le second rallume une allumette présentant quelques points rouges : c'est l'*oxygène*. Nous avons fait une *analyse* de l'eau.

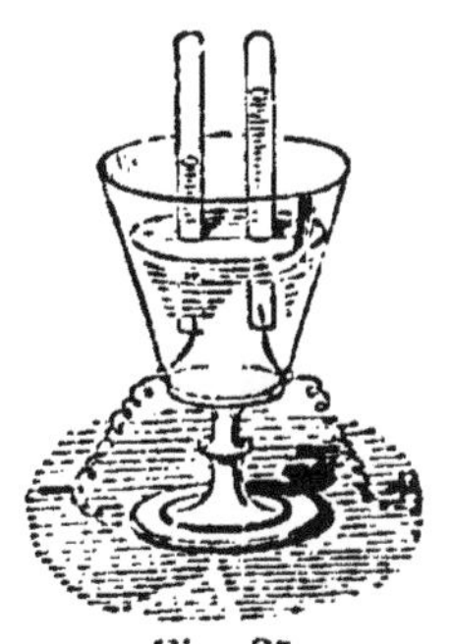
Fig. 25.
Voltamètre.

Introduisons 200 centimètres cubes d'hydrogène et 200 d'oxygène dans un tube fermé à un bout (*fig.* 26) dont le fond livre passage à deux fils de platine, et qui est dressé sur une cuve à mercure. A l'un des fils attachons un fil de cuivre dont l'autre extrémité est tenue appliquée avec la main contre l'armature externe d'une *bouteille de Leyde* chargée. Approchons du deuxième fil le bouton de la bouteille : une étincelle éclate, des gouttelettes d'eau apparaissent dans le tube ; si nous mesurons le gaz qui reste, nous ne trouvons plus que 100 centimètres cubes et ce gaz est de l'oxygène pur ; il a fallu deux fois plus d'hydrogène que d'oxygène (en volume) pour former de l'eau. Nous avons fait la *synthèse* de l'eau.

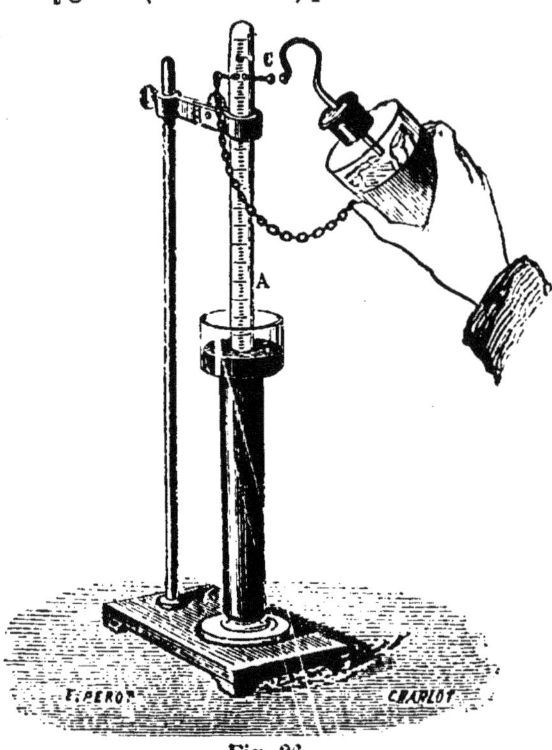

Fig. 26.

L'analyse consiste donc à réduire un composé en ses éléments simples ; la synthèse à reproduire un corps composé à partir de ses éléments. Ces deux opérations, qui se complètent l'une l'autre, nous font connaître la *nature* des éléments qui forment les corps ; quand elles nous indiquent seulement cela, elles sont dites *qualitatives*. Mais il faut joindre à ces données la connaissance des proportions dans lesquelles les corps sont unis. Tel est le but de l'analyse *quantitative ;* on peut aussi résoudre la question en procédant par synthèse. Les expériences, avec l'oxyde de mercure, décrites ci-dessus, sont qualitatives, les expériences sur l'eau sont quantitatives.

24. Objet de la chimie. — La chimie a pour objet l'étude des propriétés chimiques des corps, pour s'élever, de là, à la connaissance des lois particulières régissant les diverses espèces de matières et leurs relations mutuelles. Si les corps sont composés, il faut y joindre l'étude de leur composition. On étudiera successivement les corps simples en rattachant, à chacun d'eux, ses principaux composés. Cette étude ou *histoire* devra aussi comprendre les propriétés physiques, car elles contribuent à bien déterminer les corps et peuvent, quelquefois, servir à les faire immédiatement reconnaître.

Note historique sur la cristallographie

24 a. — Ce n'est qu'au seizième siècle qu'on commença à donner quelque attention à la forme cristalline; le naturaliste danois Sténon (1638-1687) semble être le premier qui ait songé à mesurer les angles des cristaux. Cette étude occupa plusieurs savants, notamment Romé de l'Isle (1736-1790), le chimiste suédois Bergmann (1735-1784), qui entrevit en quelque sorte la cristallographie, et le grand minéralogiste allemand Werner (1750-1817), qui ébaucha un système cristallographique. Mais c'est à René Haüy (1743-1822) que revient l'honneur d'avoir réellement créé cette branche de la science. Il étudiait depuis quelque temps la minéralogie et cherchait à se rendre compte des lois qui régissent la forme des minéraux, lorsqu'en examinant un jour, chez un de ses amis, un bel échantillon de spath calcaire cristallisé en prismes, il le laissa tomber : une portion de l'échantillon se détacha et le fragment avait la forme rhomboédrique. Rentré chez lui, il chercha à briser d'autres échantillons de spath, de formes différentes, et trouva toujours des rhomboèdres comme fragments. Il venait de découvrir le clivage et de trouver, du même coup une des formes types. Ce fut pour lui un trait de lumière. Partant de cette découverte, s'appuyant à la fois sur l'expérience et sur le calcul, et guidé par des considérations originales sur la structure des cristaux, il posa les lois fondamentales de la cristallographie et indiqua, en même temps que six types cristallins, la manière dont s'y rattachent les formes des cristaux. On a dû modifier dans ses détails, perfectionner et compléter l'œuvre de Haüy (scinder en deux, notamment, son deuxième système, qui comprenait le système hexagonal et le système rhomboédrique actuels), mais elle reste entière dans ses grandes lignes et place son auteur parmi les illustrations de la science française.

Le premier cas de dimorphisme a été signalé sur le soufre par le chimiste allemand Mitscherlich (1794-1863). Quelques minéralogistes, Werner notamment, avaient signalé un certain nombre de cas isolés de corps ayant la même forme cristalline sans avoir la même composition, mais c'est Mitscherlich qui, le premier, a fait une étude méthodique et complète de la question. On lui doit encore la première définition exacte de l'isomorphisme, et le mot lui-même (1820).

Notice historique sur les gaz

24 *b*. — La notion de gaz est relativement récente. Le médecin et chimiste belge Van Helmont (1577-1644) signala le premier l'existence de corps invisibles et impalpables quoique matériels et les appela *gas*, mais il ne sut pas les recueillir; il les formait dans des vaisseaux clos et eut des explosions terribles qui lui firent croire à l'impossibilité d'enfermer ces corps dans des vases. Cependant il distingua plusieurs sortes de gaz, reconnut que certains étaient inflammables et que d'autres ne l'étaient pas. Il alla même jusqu'à apercevoir l'analogie des vapeurs et des gaz, et dit que « la vapeur d'eau, qui existe dans l'air d'une manière invisible et se résout, dans certaines conditions, en pluie, est celle qui se rapproche le plus de la nature du gaz » (Hœfer). C'est Robert Boyle (1626-1691) qui parvint le premier à recueillir un gaz. Il adapta, à un matras contenant de l'eau, de l'huile de vitriol (acide sulfurique) et du fer, un tube qui communiquait avec un vase plein d'eau, et observa le dégagement de bulles gazeuses qui déplaçaient l'eau. Il ne caractérisa pas, d'ailleurs, le gaz dégagé dans cette expérience et qui est l'hydrogène. Le physicien et chimiste anglais Black (1718-1799), Bergmann, contribuèrent à faire connaître les propriétés de quelques gaz isolés, notamment de l'acide carbonique. Hales (1677-1761) perfectionna les appareils de Boyle. Mais c'est au grand chimiste Priestley (1733-1804) que revient l'honneur d'avoir découvert et nettement distingué les uns des autres, les plus importants des gaz connus aujourd'hui, dans un travail intitulé *Expériences et observations sur différentes espèces d'air*, qui fut communiqué, en 1772, à la Société royale de Londres, et publié en 1774 (1). Les propriétés physiques des gaz ont été étudiées par Boyle, l'abbé Mariotte (1620(?)-1684), Gay-Lussac et bien d'autres. La notion de température critique a été indiquée nettement, pour la première fois, par le physicien anglais Andrews, en 1870.

Notice historique sur les corps simples

24 *c*. — Les anciens admettaient l'existence de quatre éléments : l'eau, l'air, la terre, le feu : quelques-uns en ajoutaient un cinquième : l'éther. Au moyen âge, les philosophes étaient divisés; certains acceptaient les quatre éléments antiques, d'autres (les alchimistes) n'en admettaient que trois : le mercure, le soufre et le sel; d'ailleurs, personne n'attachait à ce mot *élément* la signification qu'on lui donne aujourd'hui; on considérait les éléments comme les types

(1) Ce travail important est analysé dans le Ier volume des œuvres de Lavoisier.

de certains états et de certaines propriétés; on croyait à la possibilité de transformer (*transmuer*) les éléments les uns les autres; les métaux étaient considérés comme formés d'éléments différemment associés, et on cherchait la *pierre philosophale*, substance capable de transmuer les métaux dans les plus simples d'entre eux, l'or et l'argent; on cherchait encore la *panacée universelle*, qui devait guérir tous les maux. Ce n'est guère qu'à partir du dix-septième siècle que ces idées furent sérieusement combattues. Van Helmont nie la transmutabilité de l'eau en air; Boyle conteste la nature élémentaire des quatre éléments, pense qu'on en découvrira bien d'autres, que ces éléments, s'associant différemment, peuvent produire des corps différents et qu'il peut y avoir des corps n'ayant aucun élément commun, *comme il y a des mots n'ayant aucune lettre commune*. Boyle a donc entrevu la notion de corps simple. Mais il faut arriver jusqu'au véritable fondateur de la chimie moderne, jusqu'à notre grand Lavoisier (1743-1794), pour trouver des idées nettes et précises. La notion de corps simple, telle que nous la concevons aujourd'hui, résulte de ses recherches et de celles de ses contemporains. Mais il eut le mérite de la préciser, de reconnaître et d'affirmer la nature élémentaire des métaux, méconnue ou simplement soupçonnée jusqu'à lui, de définir comme corps simples les corps dont on ne peut tirer qu'une seule espèce de matière, à quelques forces qu'on les soumette, et d'indiquer que la potasse, la chaux, qui n'avaient pu être encore décomposées, renfermaient sans doute un métal. Davy devait découvrir ces métaux.

CHAPITRE II

LOIS FONDAMENTALES DE LA CHIMIE. — ÉQUIVALENTS. — POIDS ATOMIQUES.

25. Mélange et combinaison. — Quand deux corps s'unissent pour en former un troisième, on dit qu'ils se *combinent*.

La *combinaison* peut être distinguée du simple *mélange* au moyen des caractères suivants.

1° Dans le mélange chaque corps conserve ses propriétés; les propriétés d'un mélange sont donc intermédiaires entre celles des corps mélangés; de plus, ces derniers peuvent être facilement séparés. — Quand deux corps sont combinés, au contraire, le composé formé manifeste en général des propriétés très différentes de celles des composants, et la séparation de ces derniers est souvent très difficile.

Mélangeons intimement de la fleur de soufre et de la limaille de fer; nous aurons une poudre verdâtre, de nuance d'autant plus claire que nous aurons mis plus de soufre; le fer est attirable à l'aimant, le soufre est soluble dans le *sulfure de carbone* (1); un aimant approché du mélange attirera le fer seul; si on jette un peu de cette poudre dans du sulfure de carbone, le soufre se dissoudra seul, le fer restera. Introduisons le mélange dans un creuset (*fig.* 27) muni d'un couvercle, et chauffons-le pendant quelque temps au rouge (700° à 800°), nous trouverons qu'il s'est transformé en une matière compacte, très dure, d'un noir brillant, beaucoup moins magnétique que le fer, et tout à fait insoluble dans le sulfure de carbone. C'est du *sulfure de fer*, qu'on ne peut décomposer en soufre et fer qu'au moyen de procédés chimiques, tandis que l'aimant ou le sulfure de carbone permettaient de séparer les corps simplement mélangés.

Fig. 27. — Creuset.

Cette différence entre le mélange et la combinaison a été signalée pour la première fois par Robert Boyle.

2° Quand deux corps sont simplement mélangés, la température du mélange est toujours celle qu'on pourrait calculer en appliquant les règles connues de la calorimétrie. S'il y a combinaison, il n'en est pas ainsi; la combinaison est toujours accompagnée d'un phénomène thermique, qui est, dans l'immense majorité des cas, un dégagement de

(1) Liquide volatil très dangereux; sa vapeur forme avec l'air un mélange très inflammable. Il est formé par l'union du soufre et du charbon

chaleur. Le dégagement de chaleur est quelquefois si subit et si grand qu'il y a production de lumière (1).

Faisons un mélange de 2 parties de soufre pour 1 de fer et remplissons-en presque complètement un petit ballon de 50 ou 60 centimètres cubes de capacité; versons sur le mélange de l'eau tiède, puis agitons doucement de manière à humecter complètement le mélange, et fermons avec un bouchon traversé par un tube effilé. Au bout de quelque temps un jet de vapeur abondant s'échappera du tube : ce jet est dû à l'eau volatilisée par la chaleur que dégagent en se combinant le soufre et le fer : la masse s'agglomère et noircit; elle s'est transformée en un sulfure de fer noir très friable. Cette expérience est connue sous le nom de *volcan de Lémery* (2).

Projetons de la tournure de cuivre dans du soufre fondu chauffé un peu au-dessous du point où il s'enflamme dans l'air; chaque copeau de cuivre, en arrivant au contact du soufre, devient subitement incandescent et se revêt d'une couche noire de *sulfure de cuivre* (*fig.* 28).

Fig. 28. — Ballon.

3° Deux corps peuvent être mélangés en toutes proportions : ils se combinent suivant des proportions fixes.

Chauffons au rouge un mélange de 5 grammes de soufre et de 7 grammes de fer; si rien n'échappe à la réaction, nous aurons un corps noir qui, pulvérisé finement et traité par

(1) Les corps deviennent lumineux lorsqu'ils sont fortement chauffés. Vers 400° ils commencent à émettre une faible lumière dont l'éclat augmente d'autant plus que leur température s'élève davantage. A 525° la lumière émise est rouge brun; à 700° cette lumière est rouge sombre; à 1000°, rouge clair (cerise clair); à 1200°, orangé clair; à 1500°, elle est blanche et son éclat est insoutenable.

(2) Nicolas Lémery (1645-1715) est l'un des premiers qui aient introduit l'ordre et la clarté dans l'exposition de la chimie; professeur renommé, il

le sulfure de carbone, abandonnera à ce liquide 1 gramme de soufre; il restera 11 grammes de sulfure de fer.

Si nous chauffions 4 grammes de soufre et 8 grammes de fer, nous obtiendrions 11 grammes de sulfure de fer et 1 gramme de fer. Dans les conditions de l'expérience les corps se combinent dans le rapport de 4 grammes de soufre pour 7 grammes de fer, quelle que soit la composition du mélange chauffé.

26. Loi de Lavoisier, ou de la conservation de la matière. — Dans la nature rien ne se perd, rien ne se crée.

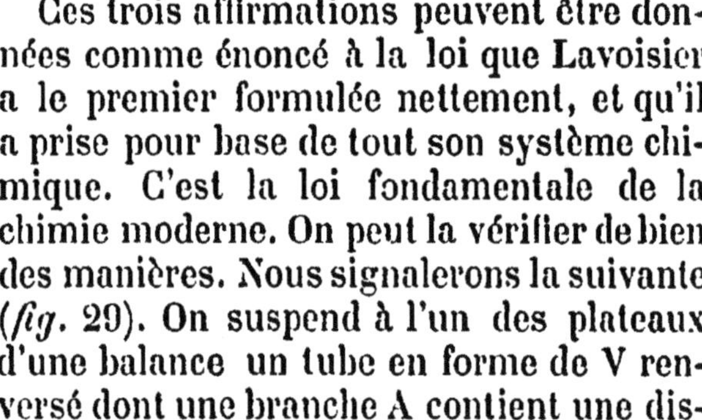

Fig. 29. — Vérification de la loi de Lavoisier.

La matière est indestructible.

Le poids d'un composé est égal à la somme des poids des composants.

Ces trois affirmations peuvent être données comme énoncé à la loi que Lavoisier a le premier formulée nettement, et qu'il a prise pour base de tout son système chimique. C'est la loi fondamentale de la chimie moderne. On peut la vérifier de bien des manières. Nous signalerons la suivante (*fig.* 29). On suspend à l'un des plateaux d'une balance un tube en forme de V renversé dont une branche A contient une dissolution de *soude*, et l'autre B, une dissolution d'*acide sulfurique*. On fait la tare, puis on mélange les deux dissolutions; il y a un dégagement de chaleur assez grand. On attend que la température soit redevenue égale à la température ambiante, et on constate que la même tare fait encore équilibre au tube en V.

27. Loi des proportions définies, ou loi de Proust. — *Pour deux corps simples déterminés, il existe*

a publié un cours de chimie dont le succès fut très grand, et qui se recommande par une précision et une clarté inconnues jusqu'alors. L'expérience citée avait été imaginée pour illustrer une théorie des volcans, inexacte d'ailleurs.

un petit nombre de rapports dont les termes représentent les poids de ces corps entrant dans des composés, appelés **composés définis**, *et caractérisés : 1° par des propriétés nettement tranchées (point de fusion, d'ébullition, forme cristalline, etc.); 2° par ce fait qu'on peut les obtenir toujours identiques à eux-mêmes par des voies souvent très différentes.*

Tout corps contenant les éléments dans des proportions différentes est un mélange, et non un composé défini.

Exemple : On connaît deux composés gazeux du *carbone* et de l'*oxygène* contenant pour 12 gr. de carbone, l'un 16 et l'autre 32 gr. d'oxygène. Tout gaz contenant uniquement du carbone et de l'oxygène, et dans des proportions autres, est un mélange de ces deux composés.

28. Loi des proportions multiples, ou loi de Dalton. — *Quand deux corps forment plusieurs composés distincts, les poids de l'un d'eux qui peuvent s'unir à un même poids de l'autre ont entre eux des rapports simples* (c'est-à-dire dont les termes sont des nombres ne dépassant pas 7 ou 8).

Ainsi, on connaît cinq composés de l'oxygène et de l'azote qui, pour 14 grammes d'azote, contiennent respectivement : 8; 16 ou 2×8; 24 ou 3×8; 32 ou 4×8; 40 ou 5×8 grammes d'oxygène.

La loi de Dalton s'applique aussi aux combinaisons que certains corps composés peuvent contracter entre eux.

Ainsi le *chlorure d'argent* (composé de *chlore* et *d'argent*) forme avec le *gaz ammoniac* (composé d'*hydrogène* et d'*azote*) deux composés définis contenant pour 51 grammes de gaz ammoniac, le premier **143gr,5** et le second **2×143gr,5** de chlore.

29. Nombres proportionnels. — Formons le tableau de la composition d'un certain nombre de corps, de la manière suivante :

Fer, 28.	Oxygène, 2×8; 3×8.	**Hydrogène, 1.**
Soufre, 16; 2×16.	Soufre, 16.	Oxygène, 8.

Azote, 14.
Oxygène, 8; 2×8; 3×8; 4×8; 5×8.

Azote, $\frac{14}{3}$.
Hydrogène, 1.

Chlore, 35,5.
Hydrogène, 1.

Chlore, $3\times 35{,}5$.
Azote, 14.

Chlore, 35,5.
Oxygène, 8; 3×8; 5×8; 7×8.

Hydrogène, 1.
Soufre, 16.

Fer, 28.
Oxygène, 8; $\frac{3}{2}8$.

Hydrogène, 1.
Carbone, $3 = \frac{6}{2}$; 6.

Oxygène, 8; 2×8.
Carbone, 6.

Oxygène, 8.
Fer, 28; $\frac{2}{3}28$.

Chlore, 35,5.
Fer, 28; $\frac{2}{3}28$.

Ce tableau nous montre immédiatement que *les poids des divers corps simples capables de s'unir entre eux sont justement ceux qui s'unissent à 1 d'hydrogène, ou à 8 d'oxygène, multipliés par des facteurs très simples, tels que* 1, 2, 3,... $\frac{1}{2}$, $\frac{3}{2}$....

On peut généraliser et dire que *les poids des différents corps simples capables de se combiner sont proportionnels aux poids de ces corps qui peuvent se combiner à un même poids de l'un quelconque d'entre eux.*

C'est là une règle experimentale, indépendante de toute hypothèse, et se dégageant en quelque sorte d'une statistique groupant un grand nombre d'analyses, dont les plus nombreuses et les plus exactes sont dues à Berzelius (1779-1848) et à Stas (1813-1891).

Davy (1778-1829) a appelé *nombres proportionnels* ces nombres représentant les poids des corps qui peuvent s'unir entre eux. On peut donc dire : *Les corps s'unissent entre eux suivant leurs nombres proportionnels ou des multiples simples de ces nombres* (1).

Si, au lieu de rapporter les nombres proportionnels à

(1) Les expériences analytiques ne donnant que des rapports, on arrive aux *nombres* en prenant un terme de comparaison. Pendant un certain temps le terme de comparaison choisi a été 100 d'oxygène, puis 1 d'hydrogène; aujourd'hui on tend à adopter 16 d'oxygène.

1 d'hydrogène, nous les avions rapportés à 8 d'oxygène, il y aurait eu lieu d'hésiter pour fixer certains de ces nombres. Par exemple, on aurait pu prendre pour l'azote 14, ou 14/2, ou 14/3, etc... Dans un même système un même corps a plusieurs nombres porportionnels quand il forme plusieurs composés avec le corps que l'on prend pour point de comparaison. — Le terme de nombres proportionnels se trouve justifié par ce fait qu'on passe d'un système à un autre en multipliant tous les nombres du premier système par un facteur constant, ou un multiple simple de ce facteur.

On étend aux corps composés la notion de nombres proportionnels. Le nombre proportionnel d'un composé sera la somme des nombres proportionnels qu'on doit attribuer à ses composants. On a usé jusqu'ici de deux systèmes de nombres proportionnels, appelés *équivalents* et *poids atomiques*.

30. Equivalents. — Le système des équivalents repose sur les considérations suivantes :

Certains corps peuvent remplacer certains autres dans leurs combinaisons. Ainsi les métaux peuvent se combiner à l'*iode*, et les composés ainsi formés sont détruits par le gaz *chlore*, qui chasse l'*iode* pour s'unir au métal. Dans ces réactions, 35,5 de chlore remplacent toujours 127 d'iode, ou, comme on dit, se *substituent* à 127 d'iode. De même 35,5 de chlore se substituent à 8 d'*oxygène* dans la plupart des composés que les métaux forment avec l'oxygène. Les substitutions dont il est question peuvent être réalisées par des expériences directes. On dit que 35,5 ; 127 ; 8, sont les *équivalents de substitution* du chlore, de l'iode, de l'oxygène, vis-à-vis des métaux. Il n'y a pas à s'étonner de retrouver les nombres proportionnels, car, d'après leur définition même, les équivalents de deux corps vis-à-vis d'un troisième ne sont autre chose que les poids de ces deux corps qui peuvent se combiner à un même poids du troisième (1).

(1) On donnera ultérieurement des détails plus complets sur les équiva-

Il n'est pas possible de définir de cette manière l'*équivalent* de tous les corps simples. Par exemple, on ne connaît pas de substitutions de l'azote ou du carbone au chlore ou à l'oxygène : l'azote, le carbone n'ont pas d'équivalents de substitution. Il faut avoir recours à d'autres considérations pour attribuer un équivalent à chaque corps simple. Ces équivalents sont tous rapportés à un poids déterminé d'un corps simple pris pour terme de comparaison. On a choisi 1 d'hydrogène.

31. Loi des volumes gazeux, ou loi de Gay-Lussac. — *Quand deux corps à l'état de gaz ou de vapeur se combinent pour former un composé également gazeux :*

1° *Il y a un rapport simple entre les volumes de chacun des composants.*

2° *Il y a un rapport simple entre le volume de chacun des composants et le volume du composé.*

Cette loi est complétée par les règles suivantes :

Si les composants s'unissent à volumes égaux, le volume du composé est, **en général**, *égal à la somme des volumes des composants.*

Si les volumes des composants sont inégaux, le volume du composé est **toujours** *inférieur à la somme des volumes des composants.* On dit qu'il y a *contraction.*

Exemples :

Ainsi, 1 volume de vapeur d'eau résulte de l'union de 1 vol. d'hydrogène avec un 1/2 vol. d'oxygène.

L'oxygène et l'azote forment deux composés gazeux à la température ordinaire : 1 vol. du premier (14 d'azote et 8 d'oxygène) contient 1 vol. d'azote, 1/2 vol. d'oxygène.

1 vol. du second (14 d'azote et 2×8 d'oxygène) contient 1/2 vol. d'azote, 1/2 vol. d'oxygène.

L'hydrogène et le gaz chlore forment un composé gazeux ; 1 vol. de ce composé contient 1/2 vol. de chlore, 1/2 vol. d'hydrogène.

32. Poids atomiques. Poids moléculaires. — Dalton a donné des lois fondamentales de la chimie une in-

lents de substitution (161ª). Le mot d'*équivalent* est dû au physicien et chimiste anglais Wollaston (1766-1828).

terprétation ingénieuse. Il a admis que les corps résultent de l'agglomération de particules extraordinairement petites, maintenues par des forces particulières que l'on appelle actions moléculaires. Ces particules, appelées *molécules*, peuvent, dans des conditions convenables, être scindées en particules plus petites ou *atomes*. L'atome est le dernier terme que l'on puisse atteindre dans la division de la matière. Les corps simples seuls peuvent être divisés jusqu'à l'atome; pour les corps composés, on s'arrête à la molécule. On a adopté les définitions suivantes :

L'**atome** (1) *est la plus petite partie d'un corps simple qui puisse entrer en combinaison.*

La **molécule** *est la plus petite partie d'un corps (simple ou composé) qui puisse exister à l'état de liberté.*

On admet que l'atome de chacun des corps simples a un poids déterminé que l'on appelle *poids atomique* du corps, et, de plus, que les combinaisons ont lieu entre des nombres entiers d'atomes (ce qui est d'ailleurs une conséquence nécessaire de la définition). Il est clair, dès lors, que si 2 atomes d'un corps A de poids atomique p s'unissent à 3 atomes d'un corps B de poids atomique p' pour former un corps composé, le rapport des poids de ces éléments dans un poids quelconque du composé sera $\frac{2\,p}{3\,p'}$, de quelque manière que ce composé soit obtenu (loi de Proust). S'il existe plusieurs combinaisons des mêmes éléments, 1 atome de l'un d'eux ne pourra s'unir qu'à 1, 2, 3, etc. atomes de l'autre (loi de Dalton). La grandeur vraie des poids atomiques n'est pas accessible à l'expérience, mais l'analyse des corps composés permet de fixer leurs rapports. Ainsi, dans l'exemple précédent,

(1) L'idée d'atome est très ancienne. On a longtemps discuté la division de la matière; les uns la croyaient divisible à l'infini, les autres admettaient qu'il est impossible de dépasser un certain degré de division; on devait donc aboutir à des particules insécables. Telle était l'opinion de Leucippe (cinquième et sixième siècle avant Jésus-Christ), de Démocrite (quatrième siècle), d'Epicure (351-270 avant Jésus-Christ); ce dernier a créé le mot d'atome. Mais le sens qu'il y attachait n'est pas aussi précis que le sens actuel, le seul d'ailleurs qui doive nous occuper.

l'analyse fait connaître le rapport du double du poids atomique de A au triple du poids atomique de B. On pourra évaluer ces poids en nombres, en les rapportant tous à l'un d'entre eux, qui sera choisi arbitrairement. On a choisi l'hydrogène, auquel on attribue 1 comme poids atomique.

On ne peut définir le poids atomique que pour les corps simples.

Le *poids moléculaire* d'un corps est le poids de la molécule de ce corps. Pour un corps simple, ce poids est égal à autant de fois le poids atomique qu'il y a d'atomes dans la molécule ; ainsi, nous verrons que la molécule d'hydrogène contient deux atomes; le poids moléculaire de l'hydrogène sera 2. Le poids moléculaire d'un composé s'obtiendra en ajoutant entre eux les poids de tous les atomes dont la réunion constitue la molécule.

Les gaz se combinent suivant des rapports de volumes très simples ; d'ailleurs, les poids qui se combinent représentent les poids atomiques ou des multiples simples de ces poids ; si donc on prend pour unité le volume de 1 d'hydrogène, les volumes correspondant aux poids atomiques des éléments seront exprimés par des nombres très simples.

On a été conduit à admettre que *des volumes égaux des différents gaz dans les mêmes conditions de température et de pression contiennent le même nombre de molécules* (1) ; les poids de volumes égaux des divers gaz sont donc proportionnels aux poids moléculaires.

Pour exprimer ces poids en nombres, il suffira donc de fixer arbitrairement l'un d'entre eux. *Si l'on prend comme unité le volume occupé à* 0°, 76^{cm} *par* 1 *gr. d'hydrogène, soit* 11^{l},16, on trouve que le poids du volume 1 est 16 pour l'*oxygène*, 35,5 pour le *chlore*, 18,25 pour l'*acide chlorhy-*

(1) Cet énoncé est connu sous le nom de *loi* ou *hypothèse d'Avogadro*. L'idée, émise pour la première fois en 1811 par le chimiste italien Avogadro, a été précisée en 1814 par Ampère (1775-1836), célèbre physicien français, le créateur de l'électrodynamique et l'initiateur de la télégraphie électrique; on y est conduit en remarquant que des variations égales de la température ou de la pression font varier de la même quantité les volumes (supposés égaux) de deux gaz différents dans les mêmes conditions de tem-

drique, etc. Or, 18,25 d'acide chlorhydrique contiennent 0,5 d'hydrogène et 17,75 de chlore. Mais 1, poids atomique de l'hydrogène, représente *par définition* le plus petit poids qui puisse entrer en combinaison. Le poids de la molécule d'acide chlorhydrique doit donc être $2 \times 18,25 = 36,5$, ce qui correspond à 1 d'hydrogène et à 35,5 de chlore, et les poids moléculaires des gaz deviennent 2 pour l'hydrogène, 32 pour l'oxygène, 18 pour la vapeur d'eau, 71 pour le chlore, etc. On dit que ces poids moléculaires correspondent à *2 volumes*, ce qui s'explique par l'unité adoptée.

Si on considère les poids des divers gaz oxygénés occupant le volume 2, on voit qu'aucun d'eux ne contient moins de 16 d'oxygène. On admettra que 16 est le plus petit poids qui puisse entrer en combinaison, c'est-à-dire le poids atomique de l'oxygène. 16 d'oxygène s'unissant à 2 d'hydrogène pour donner 18 d'eau, on dira qu'une molécule d'eau est formée de 1 atome d'oxygène et 2 atomes d'hydrogène.

On déterminera de la même manière les poids atomiques des éléments capables de former des composés gazeux ou volatils.

Il résulte de cette détermination que les molécules d'oxygène, d'hydrogène, de chlore, contiennent chacune 2 atomes.

Ces corps sont *diatomiques ;* le phosphore (4 atomes dans la molécule) est *tétratomique ;* le mercure, *monoatomique.*

Pour les corps ne formant pas de composés volatils, on a recours à d'autres considérations pour fixer les poids atomiques.

Ainsi Dulong et Petit ont reconnu que le produit du poids atomique par la chaleur spécifique est sensiblement le même pour tous les métaux, et voisin de 6,4. On utilisera cette loi non pour déterminer la valeur exacte des poids atomiques (que peut seule donner l'analyse), mais pour choisir entre deux *nombres proportionnels* dont l'un serait, par exemple

pérature et de pression. (Lois de Mariotte et de Gay-Lussac.) Les conséquences qu'on en déduit sont conformes à l'expérience, à la condition de considérer les *vapeurs* dans des conditions aussi éloignées que possible de la saturation. La loi d'Avogadro a donné lieu à des discussions passionnées.

1/2 ou 2/3 de l'autre, celui qu'on doit considérer comme le poids atomique.

Le poids moléculaire de l'hydrogène est 2, et sa densité par rapport à l'air $\frac{1}{14,4}$; soit P le poids moléculaire d'un autre gaz, et D sa densité; 2 et P étant les poids de volumes égaux des deux corps, on a, d'après ce qui précède :

$$P : 2 = D : \frac{1}{14,4}$$

$$P = 2 \times 14,4 \times D = 28,8 \times D.$$

Le poids moléculaire d'un corps *dans l'état gazeux* est égal au produit par 28,8 de sa densité par rapport à l'air. Le nombre appelé *poids atomique* ou *poids moléculaire* d'un corps représente en réalité le rapport du poids de l'atome ou de la molécule de ce corps au poids de l'atome d'hydrogène.

On appelle *système des poids atomiques* l'ensemble des nombres représentant les poids atomiques des corps simples. On indiquera plus loin les valeurs de ces nombres (36 *bis*).

33. Saturation; valence. — En général, le nombre *n* d'atomes d'un corps A qui peuvent s'unir à 1 atome d'un corps B ne peut dépasser une certaine valeur; quand elle est atteinte, on dit que B est saturé par rapport à A, et *n* mesure la *capacité de saturation* ou *valence* de B vis-à-vis de A. On rapporte toutes les capacités de saturation à l'hydrogène. Le chlore, le brome, le potassium, saturés par un atome d'hydrogène, sont dits *monovalents*. Quand le corps ne possède pas de composé hydrogéné, on détermine sa valence par le nombre d'atomes d'un élément monovalent quelconque (chlore, brome, etc.) nécessaires pour le saturer.

L'oxygène, le soufre, saturés par 2 atomes d'hydrogène, sont *divalents;* les corps *trivalents*, *tétravalents*, *pentavalents*, etc., sont ceux dont la valence est 3, 4, 5.

La valence peut varier; ainsi, l'azote, trivalent dans certaines combinaisons, est pentavalent dans d'autres.

NOTICE HISTORIQUE SUR LES LOIS DE LA CHIMIE

33 a. — La loi de la permanence du poids dans les réactions constitue la base même de la chimie moderne, et son auteur, Lavoisier (1), doit être considéré comme le véritable créateur de cette science; il l'a dotée en effet de la méthode qui lui a permis de se développer.

Avant Lavoisier on avait fait des analyses quantitatives, et on employait la balance dans les laboratoires, mais accessoirement. Lavoisier a songé le premier à l'appliquer *systématiquement* à l'étude des réactions et à en faire en quelque sorte l'auxiliaire et le conseiller continuel du chimiste. C'est grâce au principe de l'indestructibilité de la matière que Lavoisier a pu apercevoir dans les travaux de ses prédécesseurs ce qu'eux-mêmes n'y avaient pas vu; c'est ce principe qui l'a constamment guidé dans ses immortelles recherches et lui a permis, entre autres choses, de renverser la croyance aux transmutations et d'édifier la vraie théorie de la combustion. Nous en donnerons un exemple.

Boyle, en distillant 200 fois de suite la même eau, avait fini par obtenir, en très petite quantité, une sorte de poussière blanche, une *terre* comme on disait alors; cette expérience avait été considérée par un grand nombre de chimistes comme une véritable *transformation de l'eau en terre*. Lavoisier reprit la question. Il chauffa une certaine quantité d'eau, pendant cent jours consécutifs, dans un vase complètement clos (*pélican*, aujourd'hui abandonné; sorte de cornue dont le col rentrait dans la panse). Le vase fut pesé avant et après l'expérience; son poids avait diminué; l'eau fut évaporée à sec, et le résidu qu'elle laissa fut pesé, ainsi que la *terre*. En ajoutant au poids de la *terre* celui du résidu, on retrouvait un nombre supérieur à la perte de poids du vase. Lavoisier, rompant avec toutes les idées reçues, attribua la formation de la *terre* à l'attaque du vase, et l'excès de poids signalé à des impuretés de l'eau.

La loi des proportions définies a été établie d'abord sur des corps composés; deux chimistes allemands, Wentzel (1740-1793) et Richter (1772-1807), en analysant des sels, avaient reconnu

(1) Lavoisier, né à Paris le 16 août 1743, est mort sur l'échafaud le 8 mai 1794. Il avait été nommé fermier général en 1779, et c'est en cette qualité qu'il fut condamné, en même temps que ses collègues, par le tribunal révolutionnaire. C'est pendant les loisirs que lui laissaient ses importantes fonctions administratives qu'il s'occupait de sciences. Malgré l'éclat de ses travaux et la part qu'il avait prise à quelques-unes des réformes philanthropiques de Turgot, ses amis ne purent réussir à le sauver.

que les bases et les acides s'unissent dans des proportions définies et leurs recherches avaient conduit à la notion d'équivalence, formulée par Richter, notion qui, à bien considérer les choses, implique la loi des proportions définies. Mais leurs travaux avaient passé inaperçus, lorsque Dalton (1766-1844), professeur de chimie à Manchester, découvrit la loi des proportions multiples en analysant deux gaz formés d'hydrogène et de carbone (qui seront étudiés plus loin sous le nom de *formène* et d'*éthylène*) et les deux composés gazeux que forme le carbone avec l'oxygène. Dalton alla plus loin, et proposa l'interprétation de la loi au moyen de l'hypothèse des *atomes*; c'est à lui qu'on doit l'expression de *poids atomique* (1807). Il trouva donc sur son chemin, pour ainsi dire, la loi des proportions définies. Berthollet (1748-1822) attaqua vivement les idées de Dalton et nia les deux lois : il admettait que deux corps peuvent se combiner en toutes proportions, le rapport des poids qui existent dans un composé dépendant des conditions dans lesquelles le corps a pris naissance. Proust (1754-1826) défendit les lois énoncées par Dalton; il établit par un grand nombre d'analyses la loi des proportions définies, à laquelle on a donné son nom, et insista surtout sur ce fait que, lorsque deux corps forment entre eux plusieurs composés, ces composés sont bien définis, en nombre limité, et que tout corps renfermant les mêmes éléments dans des proportions différentes est un mélange, et non un véritable composé chimique. Tel est le sens de la loi. Depuis 1801, d'ailleurs, Proust défendait contre Berthollet, par une discussion restée célèbre, la loi des proportions définies; les découvertes de Dalton venaient donc lui apporter un appui précieux. La discussion se termina en 1808 par le triomphe des idées de Proust.

La loi de Gay-Lussac date de la même époque. Gay-Lussac, étudiant avec de Humboldt (1769-1859), célèbre savant et voyageur allemand, la composition de l'air, crut reconnaître qu'il renfermait exactement 20 pour 100 d'oxygène et 80 pour 100 d'azote. C'est cette observation (inexacte d'ailleurs) qui donna à Gay-Lussac la première intuition de la loi (1). La première observation exacte fut faite sur l'eau en 1805 par les mêmes savants; mais ce n'est qu'à la fin de 1808 que Gay-Lussac énonça la loi dans toute sa généralité, après avoir étudié tous les gaz composés connus à ce moment.

(1) L'air est en effet un simple mélange, et non un corps composé (101); les proportions exactes sont 21 pour 100 d'oxygène et 79 pour 100 d'azote.

CHAPITRE III

NOMENCLATURE. — NOTATION

34. Objet de la nomenclature. — La nomenclature chimique a pour objet de donner à chaque corps un nom, formé suivant un petit nombre de règles fixes, et qui fasse connaître immédiatement ses principales propriétés et sa composition. Il faut donc commencer par grouper les corps ayant entre eux des analogies soit de propriétés, soit de composition, donner à ces groupes des noms spéciaux et caractéristiques, et dans chaque groupe distinguer les corps entre eux. La nomenclature implique donc une *classification* des corps.

35. Classification des corps simples; métalloïdes et métaux. — On divise les corps simples en deux catégories; les *métaux* et les *métalloïdes* (1).

Les métaux sont des corps en général denses, doués d'un éclat particulier appelé éclat métallique, bons conducteurs de la chaleur et de l'électricité (zinc, fer).

Les métalloïdes sont relativement légers, dépourvus de l'éclat métallique, mauvais conducteurs (soufre, phosphore).

Ces caractères ne sont pas absolus; l'arsenic par exemple, qui est un métalloïde, a l'éclat d'un métal. D'ailleurs, les gaz échappent à la définition; voici un caractère plus net.

On sait que deux métaux mis en contact s'électrisent l'un positivement, l'autre négativement; le premier est dit *élec-*

(1) La division des corps simples en *métalloïdes* et *métaux* est due à Berzélius; on appelait autrefois métalloïdes les corps, comme l'arsenic et l'antimoine, qui sans être de véritables métaux en ont les caractères physiques. Ce mot, destiné à marquer autrefois une analogie, indique aujourd'hui une différence.

tropositif, et le second, *électronégatif*. Ainsi, le zinc est électropositif par rapport au cuivre. On peut ranger les métaux dans un ordre tel que chacun d'eux soit électropositif par rapport à ceux qui le suivent, et électronégatif par rapport à ceux qui le précèdent. La décomposition de certains composés par le courant électrique et les phénomènes qui ont lieu dans les piles ont permis de faire entrer dans ce tableau un grand nombre d'autres corps, sur lesquels il n'a pas été possible de faire des expériences directes. Voici un tableau de ce genre, contenant quelques corps simples.

(+) Potassium.	Cuivre.	Azote.
Sodium.	Platine.	Soufre.
Magnésium.	Argent.	Iode.
Zinc.	Or.	Brome.
Plomb.	—	Chlore.
Nickel.	Carbone.	Oxygène (—).
Fer.	Phosphore.	—

Tous les métalloïdes sont électronégatifs par rapport à *tous* les métaux. La ligne de démarcation se trouve entre l'or et le carbone (1). L'hydrogène se place nettement parmi les métaux, à côté du zinc.

Au point de vue chimique, la différence est accusée par l'action des corps sur le gaz oxygène.

Tous les métalloïdes forment, avec l'oxygène, un ou plusieurs composés susceptibles de fixer les éléments de l'eau (hydrogène et oxygène) en donnant des corps appelés *acides* et qui sont reconnaissables, en général, par la couleur rouge qu'ils donnent à la teinture de tournesol bleue et au sirop de violettes. Tous les métaux donnent, en s'unissant à l'eau, *au moins un* composé appelé *oxyde basique*, et qui, fixant les éléments de l'eau, donne un corps nommé *base* ou *hydrate*

(1) La division des corps en électropositifs et électronégatifs est due à Berzélius. Davy, physicien et chimiste anglais (1778-1829), avait le premier supposé que deux corps capables de se combiner (ayant de l'*affinité* l'un pour l'autre) sont dans des états électriques différents. Berzélius reprit et précisa l'idée et en fit la base d'une théorie chimique aujourd'hui abandonnée; mais la distinction s'est maintenue entre les deux catégories de corps; et, pour les corps simples, elle constitue peut-être le caractère le plus net qui sépare les métalloïdes des métaux.

métallique. Quand les bases sont solubles dans l'eau, leur dissolution ramène au bleu la teinture de tournesol rougie et verdit le sirop de violettes. Quand elles sont insolubles dans l'eau, leur caractère de base est accusé par leur solubilité dans certains acides, avec formation de sels (37).

Nous avons déjà vu (20) qu'on obtient un corps rougissant le tournesol en faisant brûler du soufre dans l'oxygène et absorbant, par l'eau, le produit de la combustion. On obtiendrait également des acides en répétant l'expérience avec le charbon, le phosphore.

L'expérience suivante va nous montrer la production d'une base. On projette dans un vase profond, à moitié rempli d'eau, un petit fragment d'un métal moins dense que l'eau, mou, facile à couper au couteau et présentant une section brillante, le *potassium;* on voit le métal blanchir, prendre la forme globulaire et courir à la surface de l'eau, en même temps qu'apparaît une flamme d'un rouge violacé. Le potassium a chassé de l'eau une partie de son hydrogène pour se substituer à lui ; l'hydrogène se dégage et s'enflamme, grâce à la chaleur dégagée dans la réaction. Le métal fond, ainsi que le corps qui résulte de son union aux éléments de l'eau (*potasse*), et le liquide ainsi formé, étant séparé de l'eau par la couche d'hydrogène qui se dégage, prend la forme globulaire. A la fin de l'expérience, le dégagement gazeux cessant, le globule vient à toucher l'eau ; il éclate alors en projetant de tous côtés de la potasse fondue ; c'est pour se garantir contre les projections qu'on prend un vase à bords élevés, comme une grande cloche, par exemple (*fig.* 30). L'eau contient une base, la *potasse;* elle verdit le sirop de violettes et ramène au bleu le tournesol rougi.

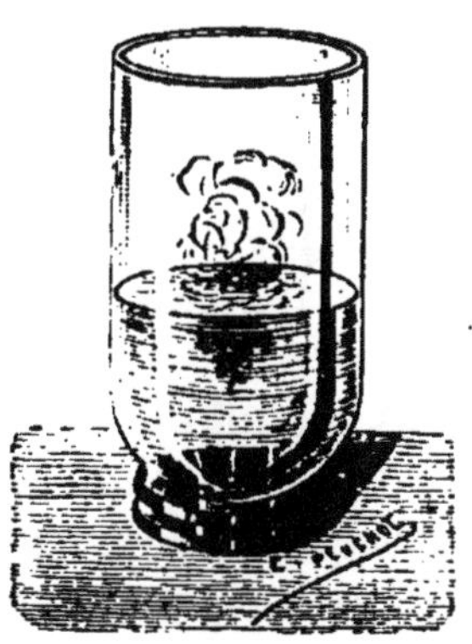

Fig. 30.
Potassium sur l'eau.

36. Nomenclature et notation des corps

simples. — On connaît aujourd'hui soixante-dix corps simples environ, parmi lesquels quinze métalloïdes.

Les corps qui ont été considérés comme simples au moment où la nomenclature a été établie ont conservé les noms qu'ils avaient déjà; pour ceux qui ont été découverts depuis on a imaginé des noms arbitraires, rappelant soit un des composés déjà connus du corps, soit une de ses propriétés, soit le pays où il a été découvert. La seule règle générale suivie a été de donner la terminaison *um* au nom des métaux. Ainsi, la potasse a servi à nommer le *potassium*, découvert, en 1807, par Davy; le *brome*, découvert en 1826, par Balard (1), a tiré son nom du mot grec qui signifie *fétidité;* le *gallium*, découvert en 1875 par M. Lecoq de Boisbaudran, a été ainsi nommé en l'honneur de la France.

La nomenclature a pour objet de nommer les corps, la *notation* sert à les représenter abréviativement.

On représente l'atome de chaque corps simple par un symbole formé, en général, de la première ou des deux premières lettres de son nom français ou latin. A chacun de ces symboles correspond un nombre qui représente le *rapport du poids atomique de ce corps au poids atomique de l'hydrogène.* Ce dernier ayant été choisi conventionnellement égal à 1, on dit plus simplement que ces nombres représentent les *poids atomiques* des corps simples.

Le tableau ci-après donne les symboles et les poids atomiques des corps simples actuellement connus. Les noms des métalloïdes sont imprimés en **caractères gras.**

L'indice placé en bas et à droite de certains symboles marque la valence (33) manifestée par ce corps simple dans ses principales combinaisons.

La molécule des corps simples est représentée par le symbole de l'atome, affecté d'un exposant égal au nombre d'atomes compris dans la molécule. Ainsi : $H^2=2$, $O^2=32$, $S^2=64$, $P^4=124$ représentent les molécules d'hydrogène, d'oxygène, de soufre, de phosphore.

(1) Balard (1802-1876), chimiste français; on lui doit le premier procédé permettant d'utiliser les eaux-mères des marais salants.

36 *bis.* — POIDS ATOMIQUES DES CORPS SIMPLES

Les noms des métalloïdes sont en **caractères gras**; ceux des corps dont l'étude n'est pas prescrite dans les programmes de l'enseignement secondaire, en *italiques*.

Corps	Symbole	Poids atomique
Aluminium	Al_{III}	= 27,04
Antimoine (stibium)	Sb_{III}	= 119,6
Argent	Ag_{I}	= 107,66
Arsenic	As_{III}	= 74,9
Azote	Az_{III}	= 14,01
Baryum	Ba_{II}	= 136,86
Bismuth	*Bi*	= 207,5
Bore	Bo_{III}	= 10,9
Brome	Br_{I}	= 79,76
Cadmium	*Cd*	= 111,7
Calcium	Ca_{II}	= 39,91
Carbone	C_{IV}	= 11,97
Cérium	*Ce*	= 141,2
Césium	*Cs*	= 132,7
Chlore	Cl_{I}	= 35,37
Chrome	*Cr*	= 52,45
Cobalt	*Co*	= 58,6
Cuivre	Cu_{II}	= 63,18
Decipium	*Dc*	= 171
Didyme	*Di*	= 145
Erbium	*Er*	= 166
Etain (stannum)	Sn_{IV}	= 117,35
Fer	Fe	= 55,88
Fluor	F_{I}	= 19,06
Gallium	*Ga*	= 69,9
Germanium	*Ge*	= 72,4
Glucinium	*Gl*	= 9,08
HYDROGÈNE	**H**	= 1
Indium	*In*	= 113,4
Iode	I_{I}	= 126,54
Iridium	*Ir*	= 192,5
Lanthane	*La*	= 138,5
Lithium	*Li*	= 7,01
Magnésium	Mg_{II}	= 23,94
Manganèse	Mn_{II}	= 54,8
Mercure (hydrargyrum)	Hg_{II}	= 199,8
Molybdène	*Mo*	= 95,9
Nickel	Ni	= 58,6
Niobium	*Nb*	= 93,7
Or	Au_{III}	= 196,2
Osmium	*Os*	= 195
Oxygène	O_{II}	= 15,96
Palladium	*Pd*	= 106,2
Phosphore	P_{III}	= 30,96
Platine	Pt_{IV}	= 194,3
Plomb	Pb_{II}	= 206,39
Potassium (kalium)	K_{I}	= 39,03
Rhodium	*Rh*	= 104,1
Rubidium	*Rb*	= 85,2
Ruthenium	*Ru*	= 103,5
Scandium	*Sc*	= 43,97
Selenium	Se_{II}	= 78,87
Silicium	Si_{IV}	= 28
Sodium (natrium)	Na_{I}	= 22,99
Soufre	S_{II}	= 31,98
Strontium	*Sr*	= 87,3
Tantale	*Ta*	= 182
Tellure	Te_{II}	= 127,7
Thallium	*Tl*	= 203,7
Thorium	*Th*	= 231,96
Thulium	*Thu*	= 170,7
Titane	*Ti*	= 50,25
Tungstène	*W*	= 183,6
Uranium	*U*	= 239,8
Vanadium	*V*	= 51,1
Ytterbium	*Yb*	= 172,6
Yttrium	*Y*	= 89,6
Zinc	Zn_{II}	= 64,88
Zirconium	*Zr*	= 90,4

On extrait de certains minéraux nommés *terres rares* un grand nombre de corps simples dont nous nous contenterons de donner les noms, et qui sont tous des métaux :

Disprosium.
Gadolinium.
Holmium.
Néodyme.
Praseodyme.
Samarium.
Terbium.

Nota : Pour plus de simplicité dans les calculs auxquels donnent lieu les réactions chimiques, nous substituerons à ces nombres, suivant l'usage, les nombres entiers qui s'en rapprochent le plus, et qui seront indiqués quand il en sera besoin.

37. Acides, bases, sels. — On a défini (35) les acides comme le résultat de la fixation des éléments de l'eau par certains composés oxygénés des métalloïdes, et on les a caractérisés par leur action sur le tournesol. La définition est insuffisante, car, d'une part, on connaît des corps non acides qui rougissent le tournesol (le *sulfate de zinc*, notamment) et, d'autre part, certains corps résul-

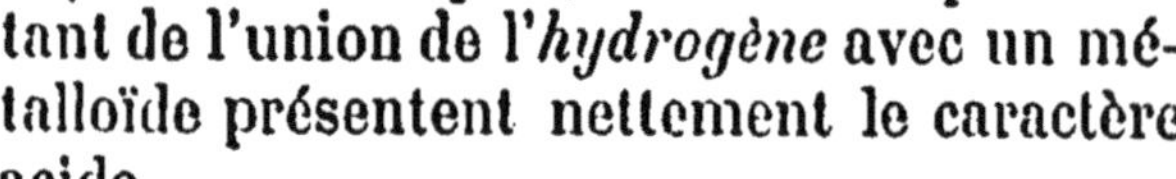

tant de l'union de l'*hydrogène* avec un métalloïde présentent nettement le caractère acide.

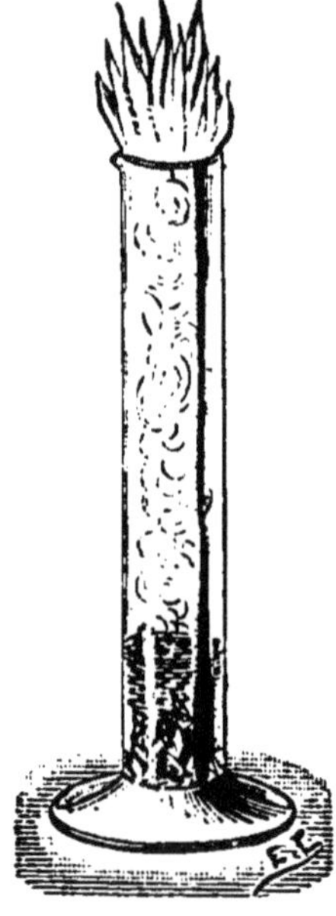

Fig. 31. — Action du zinc sur l'acide chlorhydrique.

Dans une éprouvette à pied (*fig.* 31) plaçons des lames de zinc et de l'eau et ajoutons une certaine quantité d'un acide oxygéné, l'*acide sulfurique*. Il se produit une effervescence très vive due à un dégagement de gaz hydrogène ; la liqueur évaporée, après l'expérience, laisse un résidu solide, blanc, soluble dans l'eau et cristallisable ; ce corps diffère de l'acide sulfurique en ce que 2 atomes d'hydrogène (l'hydrogène contenu dans l'eau de l'acide) ont été remplacés par 1 atome de zinc ; ce corps est un *sel*, le *sulfate de zinc*.

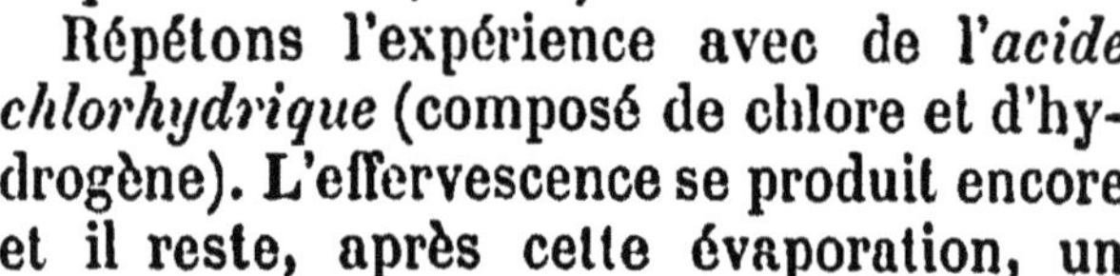

Répétons l'expérience avec de l'*acide chlorhydrique* (composé de chlore et d'hydrogène). L'effervescence se produit encore et il reste, après cette évaporation, un résidu blanc, solide, cristallisable, qui est encore un sel, le *chlorure de zinc*, résultant de la substitution de 1 atome de zinc à 2 atomes d'hydrogène dans l'acide chlorhydrique.

Ces expériences fournissent une définition générale pour les acides.

On appelle **acide** *tout corps contenant de l'hydrogène capable d'être remplacé par un métal pour donner naissance à un* **sel**.

Cette définition comprend à la fois la notion d'acide et

celle de sel. Ces deux notions sont, en effet, inséparables l'une de l'autre.

La molécule d'un acide peut contenir plusieurs atomes d'hydrogène remplaçable. Lorsqu'elle n'en contient qu'un, l'acide est dit *monobasique*. Lorsqu'elle en contient 2, 3, 4, l'acide est dit *bibasique*, *tribasique*, *tétrabasique*, etc. L'acide chlorhydrique est monobasique, l'acide sulfurique, bibasique. Le nombre d'atomes d'hydrogène qui disparaît est toujours égal à la valence manifestée par le métal dans les conditions de l'expérience (33). Le zinc, étant bivalent, remplacera 2 atomes d'hydrogène; il faudra donc, pour réaliser la substitution, employer 2 molécules d'acide chlorhydrique (monobasique), tandis qu'une molécule d'acide sulfurique (bibasique) suffira.

Quand la valence du métal qui se substitue est inférieure à la basicité de l'acide, la substitution pourra n'être que partielle. Le potassium est univalent. Si un seul atome se substitue à un atome d'hydrogène dans l'acide sulfurique, on a un sel qui contient encore un atome d'hydrogène remplaçable. C'est un *sel acide*. Si les 2 atomes d'hydrogène sont remplacés par 2 atomes de métal, la substitution est totale, on a un second sel qui est dit *sel neutre*. Les deux atomes d'hydrogène peuvent d'ailleurs être remplacés chacun par un atome d'un métal monovalent différent. Nous aurons l'occasion de revenir avec plus de détails sur ce sujet quand nous nous occuperons des sels (457).

Les acides hydrogénés sont des composés *binaires*, c'est-à-dire ne contenant que deux corps simples; les acides oxygénés contiennent de l'oxygène, un métalloïde et les éléments de l'eau, soit de l'oxygène, un métalloïde et de l'hydrogène. Ce sont des composés *ternaires*, composés de trois corps simples. Quant aux sels, ils peuvent contenir plus de trois corps simples, puisque certains d'entre eux peuvent être formés par la substitution de plusieurs métaux à un nombre correspondant d'atomes d'hydrogène dans des acides polybasiques.

On a donné le nom de *résidu halogénique* au groupe d'atomes qui, uni à l'hydrogène, forme la molécule d'acide.

Ce résidu est simple dans le cas d'un acide hydrogéné ou *hydracide*, comme l'acide *chlorhydrique*, dont le résidu est du chlore. Il est composé, dans le cas d'un acide oxygéné ou *oxacide*, comme l'acide *sulfurique*, dont le résidu contient du soufre et de l'oxygène.

37 *bis*. — Le zinc forme, avec l'oxygène, un *oxyde basique*, et on connaît aussi un *hydrate de zinc*. Ces deux corps, en se dissolvant dans l'acide chlorhydrique, donnent du chlorure de zinc. En se dissolvant dans l'acide sulfurique, ils donnent du sulfate de zinc. Dans les deux cas, de l'eau est mise en liberté. Considérons, par exemple, le cas de l'hydrate et de l'acide sulfurique :

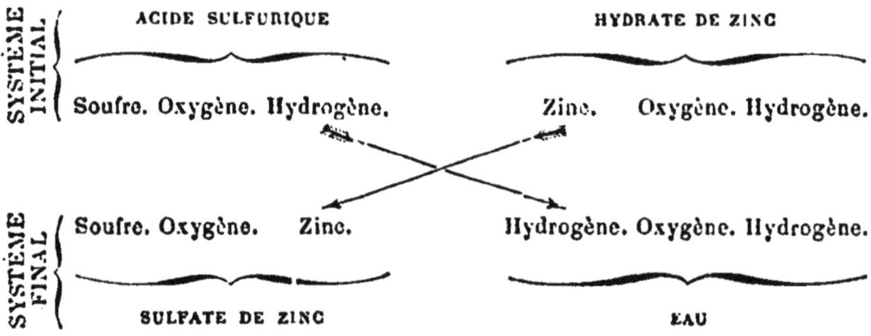

Il y a eu échange entre le zinc de l'hydrate et l'hydrogène de l'acide. Ces échanges d'éléments portent le nom de *doubles décompositions*. Le diagramme précédent illustre la définition générale que l'on peut donner des *bases*, et qui les relie aux acides et aux sels.

Les **bases** *sont des corps capables de donner, avec les* **acides,** *des doubles décompositions, aboutissant à la formation d'eau et d'un* **sel**.

Enfin on peut, dans quelques cas, obtenir des sels de la manière suivante : Les oxacides, en perdant les éléments de l'eau, se transforment en *anhydrides;* ces anhydrides résultent de la combinaison d'un métalloïde avec l'oxygène. Certains d'entre eux peuvent s'unir directement aux oxydes basiques pour donner des sels. On connaît aussi des anhydrides dans lesquels le corps uni à l'oxygène est un métal.

38. Nomenclature et notation des corps composés. — Les noms des corps composés se forment à partir de ceux de leurs composants, suivant certaines règles fixes. La molécule de chaque corps composé est représentée par une *formule* comprenant les *symboles* de ses éléments constituants. Ces symboles sont écrits les uns à côté des autres et chacun d'eux est affecté d'un exposant égal au nombre d'atomes du corps simple correspondant qui entrent dans la molécule du composé. Le poids moléculaire de ce composé s'obtient en ajoutant les poids atomiques de ses éléments, chacun d'eux étant multiplié par un facteur égal à l'exposant de son symbole dans la formule.

Exemple : l'eau contient 2 d'hydrogène pour 16 d'oxygène. Mais, $H=1$ et $O=16$ (36 *bis*) représentent les atomes d'hydrogène et d'oxygène. $H^2O=18\ (=2\times1+16)$ représente la molécule d'eau. Dans ce qui va suivre nous indiquerons simultanément la nomenclature et la notation des diverses catégories de composés.

39. Composés binaires oxygénés. — Les composés binaires oxygénés autres que l'eau portent, en général, le nom d'*oxydes*. Mais les composés d'un métalloïde et d'oxygène qui, en fixant les éléments de l'eau, donnent naissance aux acides, portent le nom d'*anhydrides* (37 *bis*). Nous commencerons par ces derniers.

Anhydrides. — On les nomme en ajoutant au mot *anhydride* un adjectif formé du radical du nom français ou latin du métalloïde, suivi de la terminaison *ique*. Exemple : Anhydride carbon*ique* (12 de carbone, 2×16 d'oxygène). L'anhydride carbonique se note $CO^2=44\ (=12+2\times16)$ $[C=12,\ O=16]$.

Quand le même métalloïde forme deux anhydrides, on les distingue en donnant la terminaison *eux* au moins oxygéné; s'il y en a plus de deux, on marque les intermédiaires au moyen des préfixes *hypo* (degré d'oxygénation moindre) et *per* (degré d'oxygénation plus grand).

Exemples :

Anhydride sulfur*eux* (32 de soufre, 2×16 d'oxygène.......... $SO^2=64$ [S=32].
— sulfur*ique* (32 de soufre, 3×16 d'oxygène.......... $SO^3=80$
— azot*eux* (2×14 d'azote, 3×16 d'oxygène.......... $Az^2O^3=76$ [Az=14].
— azot*ique* (2×14 d'azote, 5×16 d'oxygène.......... $Az^2O^5=108$
— *hypo*chlor*eux* (2×35,5 de chlore, 16 d'oxygène).......... $Cl^2O=87$ [Cl=35,5].

Ce dernier est le seul anhydride connu du chlore; son nom est celui d'un acide qui lui correspond, et qui est le premier d'une série assez nombreuse (40).

Oxydes. — On les nomme en faisant suivre le mot *oxyde* du nom du métalloïde ou du métal. Lorsque le même corps forme plusieurs oxydes, on emploie les préfixes *proto*, *bi*, *sesqui*... (premier degré d'oxydation; deux fois plus d'oxygène; une fois et demie plus d'oxygène qu'au protoxyde;...) ou bien on emploie les suffixes *eux*, *ique*, déjà indiqués.

Exemples :

Oxyde de carbone, ou oxyde carbon*ique* (12 de carbone, 16 d'oxygène).......... $CO=28$
*Proto*xyde d'azote, ou oxyde azot*eux* (2 × 14 d'azote, 16 d'oxygène).......... $Az^2O=44$
*Bi*oxyde d'azote, ou oxyde azot*ique* (14 d'azote, 16 d'oxygène). $AzO=30$
*Per*oxyde d'azote (15 d'azote, 32 d'oxygène).......... $AzO^2=46$
Oxyde de potassium (2×39 de potassium, 16 d'oxygène).. $K^2O=94$
— de zinc (65 de zinc, 16 d'oxygène).......... $ZnO=81$
*Proto*xyde de fer, ou oxyde ferr*eux* (56 de fer, 16 d'oxygène). $FeO=72$
*Sesqui*oxyde de fer, ou oxyde ferr*ique* (2× 56 de fer, 3×16 d'oxygène).......... $Fe^2O^3=160$
*Proto*xyde de manganèse, ou oxyde mangan*eux* (55 de manganèse, 16 d'oxygène).......... $MnO=71$
*Sesqui*oxyde de manganèse, ou oxyde mangan*ique* (2×55 de manganèse, 3×16 d'oxygène).......... $Mn^2O^3=158$
*Bi*oxyde, ou *per*oxyde de manganèse (55 de manganèse, 2×16 d'oxygène).......... $MnO^2=87$
Sous-oxyde de mercure, ou oxyde mercur*eux* (2×200 de mercure, 16 d'oxygène).......... $Hg^2O=416$
*Proto*xyde de mercure, ou oxyde mercur*ique* (200 de mercure, 16 d'oxygène).......... $HgO=216$

Exceptions : Certains oxydes ont conservé le nom qu'ils

avaient au moment de l'établissement de la nomenclature, alors que les métaux correspondants n'avaient pas été isolés.

Ce sont les suivants :

Oxyde de	calcium (40 de calcium, 16 d'oxygène)......	CaO, chaux.
—	strontium (87 de strontium, 16 d'oxygène)..	SrO, strontiane.
—	baryum (137 de baryum, 16 d'oxygène)....	BaO, baryte.
—	magnésium (24 de magnésium, 16 d'oxygène).	MgO, magnésie.
—	aluminium (2×27 d'aluminium, 3×16 d'oxygène)...........................	Al^2O^3, alumine.

40. Oxacides. Bases et sels oxygénés. — Les acides portent le nom de l'anhydride auquel ils conduiraient s'ils perdaient les éléments de l'eau; on remplace le mot *anhydride* par le mot *acide*.

Exemples : Acides carbon*ique*, sulfur*eux*, *per*chlor*ique*, *hypo*chlor*eux*. La formule des acides monobasiques doit contenir 1 atome d'hydrogène, celle des acides bibasiques, 2, etc. Ajoutons les éléments de l'eau aux anhydrides signalés (39), nous aurons :

$CO^2H^2O = CO^3H^2$, acide *carbonique*, bibasique.
$SO^2H^2O = SO^3H^2$, — *sulfureux*, —
$SO^3H^2O = SO^4H^2$, — *sulfurique*, —

$Az^2O^3H^2O$ acide azoteux...... ou $AzO^2H = \frac{1}{2}(Az^2O^4H^2)$
$Az^2O^5H^2O$ — azotique...... ou $AzO^3H = \frac{1}{2}(Az^2O^6H^2)$
Cl^2OH^2O — hypochloreux.. ou $ClOH = \frac{1}{2}(Cl^2O^2H^2)$

ces acides étant monobasiques. ClO^2H, acide chloreux, ClO^3H, acide chlorique, ClO^4H, acide perchlorique, également monobasiques, correspondent à des anhydrides inconnus.

La molécule d'anhydride résulte donc ici de l'union de deux molécules d'acide avec élimination d'eau; une molécule d'acide monobasique ne possède, en effet, qu'un atome d'hydrogène, et la plus petite quantité d'eau qui puisse exister à l'état de liberté, c'est-à-dire la molécule, en contient deux atomes.

Les *bases* résultent de la fixation des éléments de l'eau

sur les oxydes métalliques (37 *bis*). On les appelle *hydrates* et on fait suivre ce mot du nom métal.

Exemples :

Hydrate de potassium...	K^2OH^2O	$= 2(KOH)$
— de sodium......	$Na^2O.H^2O$	$= 2(NaOH)$
— de zinc........	$ZnO.H^2O$	$= ZnO^2H^2$
— de cuivre......	$CuO.H^2O$	$= CuO^2H^2$
— ferrique........	$Fe^2O^3.3H^2O$	$= Fe^2O^6H^6$.

L'hydrate de potassium et l'hydrate de sodium sont appelés encore *potasse caustique* et *soude caustique*. Leur molécule ne contient qu'un atome d'hydrogène. L'union de 1 molécule d'oxyde de potassium avec 1 molécule d'eau donne donc 2 molécules de potasse ; il en est de même pour l'hydrate de sodium.

Les noms des sels sont formés de deux mots, dont l'un rappelle le nom de l'acide et exprime le *genre*, l'autre, celui du métal et exprime l'*espèce* du sel. On change, dans le nom de l'acide, *eux* en *ite*, *ique* en *ate*; on fait suivre le mot ainsi formé du nom du métal ou de la racine de ce mot suivie de la terminaison *ique*. Si l'acide est polybasique, on fait précéder le nom du métal des préfixes *mono*, *di*, *tri*, pour indiquer le nombre d'atomes d'hydrogène qui ont été remplacés. Les formules de sels se forment en remplaçant le symbole de l'hydrogène par celui du métal *et en tenant compte de la valence de ce dernier* (un métal bivalent, par exemple, exige deux molécules d'acide monobasique (37).

Exemples :

Acide *sulfurique* et zinc : *sulfate* de zinc, ou *zincique* (SO^4H^2 et Zn$_{\text{II}}$)................	SO^4Zn
— *sulfureux* et calcium : *sulfite* de calcium, ou *calcique* (SO^3H^2 et Ca$_{\text{II}}$)................	SO^3Ca
— *perchlorique* et potassium : *perchlorate* de potassium, ou *potassique* (ClO^4H et K$_{\text{I}}$)....	ClO^4K
— *azotique* et cadmium : *azotate* de cadmium (AzO^3H et Cd$_{\text{II}}$)........................	$(AzO^3)^2Cd$
Acide sulfurique et potassium...... { *sulfate monopotassique* (SO^4H^2 et K$_{\text{I}}$)...	SO^4HK
— *dipotassique*.....	SO^4K^2
Acide phosphorique (tribasique), magnésium et potassium............... { *phosphate potassico-magnésien*.... (PO^4H^3, Mg$_{\text{II}}$ et K$_{\text{I}}$) :	PO^4MgK.

Certains métaux forment avec l'oxygène plusieurs oxydes qui peuvent se combiner aux acides. A chaque base correspond alors une série de sels. Ces sels prennent le nom de la base correspondante. La valence manifestée par le métal n'étant pas la même dans ces bases, il faut en tenir compte dans la formule des sels. Ainsi :

Acide sulfurique et oxyde *ferreux;* sulfate *ferreux*... SO^4Fe_{II}
— — *ferrique;* — *ferrique*... $(SO^4)^3(Fe^2)_{VI}$.

Dans le premier cas le fer se comporte comme bivalent, dans le second Fe^2 est hexevalent.

40 *bis.* — Il est souvent commode d'appliquer aux oxacides et aux bases une autre notation, fondée sur la considération de *groupes* d'atomes que l'on suppose liés ensemble et qui portent le nom de *radicaux composés* (1). Chacun de ces radicaux a une valence déterminée. On les obtient en séparant dans la formule d'un corps certains éléments. Quand deux éléments se combinent, on dit que leurs valences se saturent ou s'échangent. Ainsi, quand Cl et H, monovalents, s'unissent, le composé qu'ils forment, ClH, est saturé, n'a plus de *valences libres*. De même, dans H^2O, les deux valences de O sont saturées par celles des deux atomes d'hydrogène (H-O-H). Si l'on supprime un de ces atomes, une des valences de O devient *libre*, c'est-à-dire que sur la molécule incomplète — O-H on pourra fixer un corps monovalent. OH est appelé *oxhydryle*. Le radical SO^2, *sulfuryle*, est divalent ; chacune des valences du soufre (divalent) est prise par une des valences de chacun des atomes d'oxygène ; il en reste deux libres; on exprimerait ce caractère divalent du

(1) L'idée des radicaux composés est due à Dulong (1785-1838), chimiste et physicien français, auteur d'un nombre considérable de travaux très estimés. Ses recherches sur la chaleur, notamment, faites en collaboration avec Petit (1791-1820) sont classiques. La plupart des radicaux composés n'ont pas été isolés ; ce sont des corps hypothétiques dont l'existence est rendue probable par ce fait que certains groupements moléculaires se conservent inaltérés dans un grand nombre de réactions. La considération de ces radicaux étant parfois très commode pour la représentation des faits, nous y aurons assez souvent recours.

radical SO^2 par le schéma suivant, purement représentatif :

$$S<\begin{matrix}O-\\O-\end{matrix}$$

Un acide résulte de l'union d'un radical avec l'oxhydryle. Un radical monovalent ne peut fixer qu'un oxhydryle, l'acide est monobasique; un radical divalent fixera deux oxhydryles, l'acide sera bibasique, et ainsi de suite. Exemples :

Acides monobasiques : acide azotique. $AzO^3H = AzO^2.OH$ rad. $(AzO^2)_I$, *azotyle*.
— acide azoteux. $AzO^2H = AzO.OH$ radical $(AzO)_I$, *nitrosyle*.
— acide hypochloreux. $ClOH = Cl.OH$ radical Cl_I, chlore.

Acide bibasique : acide sulfurique. $SO^4H^2 = SO^2(OH)^2 = SO^2\left\{\begin{matrix}OH\\OH\end{matrix}\right.$; radical $(SO^2)_{II}$, sulfuryle.

Acide tribasique : acide orthophosphorique....... $PO^4H^3 = PO(OH)^3 = PO\left\{\begin{matrix}OH\\OH\\OH\end{matrix}\right.$; radical $(PO)_{III}$.

Ce mode de notation est justifié par ce fait que, dans un grand nombre d'acides, tout l'hydrogène n'est pas remplaçable par les métaux; dans la formule on sépare cet hydrogène de celui des oxhydryles, qui est remplaçable. Exemples : Acide *hypophosphoreux* monobasique, $PO^2H^3 = POH^2(OH)$; acide *phosphoreux*, bibasique, $PO^3H^3 = POH(OH)^2$.

Les hydrates métalliques sont considérés comme résultant de l'union du métal avec un nombre d'oxhydryles égal à la valence du métal. Exemples : hydrate de potassium, $K_I(OH)$; hydrate de calcium, $Ca_{II}(OH)^2$.

La notation correspondante pour les sels est alors la suivante :

$SO^2\left\{\begin{matrix}OH\\OK\end{matrix}\right.$, sulfate monopotassique; $\begin{matrix}AzO^2O\\AzO^2O\end{matrix}>Ca$, azotate de calcium; $SO^2\left\{\begin{matrix}O\\O\end{matrix}\right.>Zn$, sulfate de zinc, etc.

41. Composés binaires non oxygénés. — On les forme en ajoutant *ure* au radical du nom français ou latin du plus électronégatif, et faisant suivre le mot ainsi formé du nom du corps électropositif. On emploie, de la même manière qu'avec les oxydes, les préfixes *proto*, *bi*, *sesqui*, etc. Lorsque le composé renferme un métalloïde et un métal, c'est le nom du métalloïde qui reçoit le suffixe *ure*. On emploie aussi les suffixes *ique, eux.*

Exemples (voy. le tableau des éléments, 35, et le tableau des poids atomiques, 36 *bis*) :

Trichlorure de phosphore	(3×35,5 de chlore et 31 de phosphore).	PCl^3
Pentachlorure —	(5×35,5 — 31 —).	PCl^5
Bisulfure de carbone	(12 de carbone 2×32 de soufre).	CS^2
Sulfure de potassium	(2×39 de potassium 32 —).	SK^2
Chlorure de sodium	(23 de sodium 35,5 de chlore).	ClK
— de zinc	(66 de zinc 35,5 —).	Cl^2Zn
Protochlorure de fer, ou chlorure *ferreux.*	(56 de fer 2×35,5 de —).	Cl^2Fe
Sesquichlorure de fer, ou chlorure *ferrique.*	(2×56 de fer 6×35,5 —).	Cl^6Fe^2.

Exceptions : 1° Les hydracides, composés hydrogénés des métalloïdes possédant le caractère acide, sont nommés en ajoutant au radical du nom du métalloïde la terminaison *hydrique.*

Exemples :

Acide fluor*hydrique*...	(19 de fluor, 1 d'hydrogène).	FH
— chor*hydrique*...	(35,5 de chlore, —).	ClH
— brom*hydrique*...	(80 de brome, —).	BrH
— iod*hydrique*....	(127 d'iode, —).	IH
— sulf*hydrique*....	(32 de soufre, 2 d' —).	SH^2.

2° Les composés non acides que forme l'hydrogène avec certains métalloïdes, tout en suivant la règle générale, sont encore appelés hydrogène phosphoré, hydrogène arsénié, hydrogène antimonié.

3° L'azoture d'hydrogène AzH^3 (14 d'azote, 3 d'hydrogène) est le *gaz ammoniac.*

4° L'azoture de carbone CAz (14 d'azote, 12 de carbone) est le *cyanogène.*

Il existe un assez grand nombre de composés formés par l'union des précédents entre eux. Nous ferons connaître leurs noms quand il en sera besoin.

Remarque. — Les chlorures, bromures, iodures, sont les sels des acides chlorhydrique, bromhydrique, iodhydrique.

On les appelait autrefois *haloïdes* pour rappeler leur ressemblance avec les sels oxygénés, auxquels on réservait ce nom de sels. De même, les sulfures sont pour la plupart les sels de l'acide sulfhydrique.

42. Formules des composés gazeux. — Nous avons dit que la formule d'un corps composé représente la molécule de ce composé. D'après la règle d'Avogadro, les formules de tous les composés gazeux ou volatils doivent représenter des volumes égaux de gaz ou de vapeur (32).

Si on prend pour unité le volume occupé à 0°, 760mm par l'atome d'hydrogène (ou 11l,1 environ), la molécule de tous les corps gazeux occupe 2 volumes. Aussi dit-on souvent, pour abréger, que les formules de tous les composés gazeux représentent 2 volumes de vapeur. Les symboles représentant des atomes, les formules des composés gazeux font connaître immédiatement leur composition en volume, si l'on connaît le volume occupé par l'atome des corps simples gazeux. Pour tous les corps dont la molécule comprend 2 atomes, ce volume est égal à 1. De ce nombre sont l'oxygène, l'azote, la vapeur de soufre, la vapeur de carbone, le chlore.

Prenons quelques exemples.

Anhydride sulfureux....	SO^2	Soufre, Oxygène,	1 vol. 2 —	condensés en 2 vol.
Oxyde azoteux.........	Az^2O	Azote, Oxygène,	2 — 1 —	— —
Oxyde azotique........	AzO	Azote, Oxygène,	1 — 1 —	pas de condensation.
Acide chlorhydrique....	HCl	Chlore, Hydrogène,	1 — 1 —	—
Vapeur d'eau...........	H^2O	Hydrogène, Oxygène,	2 — 1 —	condensés en 2 vol.

43. Equations chimiques. — Les équations chimiques servent à représenter les transformations qui surviennent dans les systèmes chimiques.

Exemples :

Dans la décomposition de l'eau par le potassium, 39 grammes de potassium, agissant sur 18 grammes d'eau, dégagent 1 gramme d'hydrogène, et on retrouve 56 grammes de potasse, KOH. Nous écrirons dans le premier membre de l'équation, en les séparant par le signe +, les symboles ou les formules des corps en présence, multipliés au besoin par des coefficients convenables, afin que les quantités exprimées par ces symboles ou formules soient bien celles que donne l'expérience. Le second membre de l'équation contiendra les résultats de la transformation (ici de l'hydrogène et de la potasse). Pour tenir compte de la loi de Lavoisier, il faudra faire en sorte que le même nombre d'atomes de chacun des corps simples figure dans les deux membres de l'équation.

La décomposition de l'eau par le potassium sera alors représentée par

$$\underset{\text{Eau.}}{H^2O} + K = \underset{\text{Potasse.}}{KOH} + H$$

Ces équations représentent les réactions non seulement au point de vue *qualitatif*, mais encore au point de vue *quantitatif*, puisque les symboles représentent des poids proportionnels aux poids atomiques (36).

Autres exemples :

Action de l'acide sulfurique sur le zinc (37) :

$$\underset{\text{Acide sulfurique.}}{SO^4H^2} + Zn_{II} = \underset{\text{Sulfate de zinc.}}{SO^4Zn_{II}} + H$$

Action de l'acide chlorhydrique sur le zinc (37) :

$$\underset{\text{Acide chlorhydrique.}}{2(ClH)} + Zn_{II} = \underset{\text{Chlorure de zinc.}}{Cl^2Zn_{II}} + 2H$$

On voit apparaître ici les coefficients.

Nous verrons que le bioxyde de manganèse MnO^2 fortement chauffé se détruit en oxygène, et en un oxyde moins oxygéné, de formule Mn^3O^4 ; 261 grammes de bioxyde dégagent 32 grammes d'oxygène. Tout cela est indiqué par la formule :

$$3(MnO^2) = Mn^3O^4 + O^2$$

Bioxyde de manganèse. Oxyde salin de manganèse.

Formation d'un sel par action d'un acide sur une base :

$$SO^4H^2 + 2(KOH) = SO^4K^2 + 2(H^2O)$$

Acide sulfurique. Potasse. Sulfate de potasse. Eau.

$$ClH + KOH = ClK + H^2O$$

Acide chlorhydrique. Potasse. Chlorure de potassium. Eau.

Formation d'un sel par combinaison d'un anhydride et d'un oxyde :

$$CO^2 + CaO = CO^3Ca$$

Anhydride carbonique. Chaux. Carbonate de calcium.

L'emploi des équations chimiques permet de résoudre les problèmes que l'on peut avoir à se poser dans la pratique. On sait que l'hydrogène est utilisé pour gonfler les ballons ; la réaction de l'acide sulfurique sur le zinc donne de l'hydrogène. *Supposons qu'on veuille gonfler un ballon de 1000 mètres cubes de capacité, on demande les quantités d'acide et de zinc qui devront être dépensées.* (Le mètre cube d'hydrogène pèse environ 89 grammes.)

Ecrivons l'équation relative à cette réaction, en plaçant au-dessous des formules les poids correspondants :

$$SO^4H^2 + Zn = SO^4Zn + 2H$$

98 65 2.

Il faut 65 grammes de zinc et 98 grammes d'acide pour avoir 2 grammes d'hydrogène. Il faudra donc $\frac{65 \times 89000}{2}$ de zinc et $\frac{98 \times 89000}{2}$ d'acide pour 89000 d'hydrogène.

Le calcul donne 2892^{Kgr},5 de zinc et 4361 kilogrammes d'acide.

Pour résoudre toutes les questions de ce genre, il faut donc connaître les réactions qui se produisent et les représenter par une équation; de simples règles de trois conduisent alors au résultat.

Notice historique sur la nomenclature

43 *a.* — Pendant toute la durée du moyen âge les alchimistes, préoccupés de se cacher les uns aux autres les résultats de leurs recherches (entreprises presque toujours pour trouver la pierre philosophale ou la panacée universelle), mettaient volontairement une obscurité extrême dans leurs écrits, et donnaient aux corps nouveaux les noms les plus étranges. Déjà au dix-septième siècle, Boyle protestait contre cette obscurité. Après lui Lémery, Rouelle (1703-1770), Bergmann, pour ne citer que les plus illustres, essayèrent d'introduire un peu d'ordre dans le fatras des dénominations chimiques [certains corps avaient jusqu'à dix noms différents, quelquefois assez baroques; comme le sulfate de potasse, par exemple, qui joignait à un assez grand nombre d'appellations celle d'*arcanum duplicatum* (secret double)]; on avait créé la classe des sels, celle des *vitriols* (aujourd'hui *sulfates*). Mais ces tentatives restaient isolées. C'est à Guyton de Morveau (1737-1816) qu'on doit le premier essai systématique de nomenclature (1782). Il eut l'idée de désigner les sels par deux noms, dont l'un se rapporterait à l'*acide*, l'autre à la *base*. Ainsi, il disait *vitriol d'argent* (sulfate d'argent), *citrate de cuivre*. C'était un progrès considérable, mais qui ne fut pas accepté par tous. Il fallut à Guyton de Morveau l'appui de Lavoisier, de Fourcroy (1755-1809) et de Berthollet pour faire triompher son idée. C'est en 1787 que ces quatre chimistes se mirent d'accord pour établir les bases d'une nomenclature systématique, rendant ainsi à la science un des plus grands services qu'elle pût alors recevoir. La nomenclature de Lavoisier, sous l'influence des progrès de la chimie, a subi quelques modifications, mais elle était si bien faite qu'il n'y a eu que peu à changer pour la plier à l'interprétation des nouvelles découvertes.

Lavoisier appelait *acides* les corps résultant de l'union d'un métalloïde et de l'oxygène (anhydrides actuels); *bases*, les corps formés par les métaux et l'oxygène; *sels*, les corps formés d'un acide et d'une base; dans les sels, pour lui, l'oxygène était partagé entre l'acide et la base. Cette conception, qui consiste à considérer les corps comme constitués par la réunion de deux corps simples ou de deux groupes de corps simples juxtaposés, en quelque sorte, plutôt que véritablement unis, a reçu le nom de *dualisme*. Les représentants les plus illustres du dualisme ont été Lavoisier et Berzélius, auquel on doit quelques perfectionnements de la nomenclature (notamment l'emploi des suffixes *eux* et *ique* pour distinguer les divers degrés d'oxydation des oxydes métalliques). L'existence d'acides hydrogénés établie par les travaux de Berthollet (1789), Gay-Lussac et Thénard (1) (1809), Davy (1810), et la découverte de l'électrolyse des sels (le métal se rendant seul à l'électrode négative, l'anhydride et l'oxygène allant à l'électrode positive) ont conduit à la définition des acides et des sels que nous avons donnée (37). Les idées qu'expriment ces définitions ont été défendues surtout par Gerhardt (1816-1856), qui en avait trouvé le germe dans un travail de Davy publié en 1815.

Notice historique sur la notation chimique

43 *b*. — Les alchimistes représentaient certains corps par des symboles ; les métaux tels que l'or, l'argent, le plomb, étaient désignés par les signes astronomiques des astres (soleil ⨀, lune ☾, Saturne ♄), auxquels ils étaient dédiés. Lavoisier, guidé par le principe de la permanence des poids, entrevit la possibilité des équations chimiques, et imagina des notations nouvelles [▽ = eau, 🜍 = acide nitreux (oxyde azotique actuel), ⊕ ou + = oxygène], mais il lui manquait la notion de poids atomique, qui lui est postérieure, et qui pouvait seule conduire à des résultats féconds.

Le premier essai de notation rationnelle est dû à Dalton. Il représentait l'atome d'hydrogène par ⨀, l'atome d'oxygène par ○, l'atome de carbone par ● ; il considérait l'eau comme formée de 1 atome d'hydrogène et 1 d'oxygène, et la notait ○⨀ ; l'acide carbonique (1 atome de carbone et 2 d'oxygène) était noté ○ ● ○. Berzélius introduisit dans sa notation l'interprétation des lois de Gay-Lussac, et admit le premier que l'eau comprend 2 atomes d'hydrogène et 1 d'oxygène ; c'est encore lui qui eut l'idée d'employer les symboles actuels ; il notait l'eau H^2O. Il est le véritable créateur de la notation appelée aujourd'hui atomique.

C'est également lui qui a publié la première table exacte de poids atomiques (1817) (il y avait d'assez graves erreurs dans les nombres admis par Dalton). Il rapportait les poids atomiques à 100 d'oxygène. Le poids atomique de l'hydrogène était dans ce système 12,5. Le quotient $\frac{100}{12,5}$ étant égal à 8 exactement, ce fait fournit un argument au chimiste anglais Prout (1786-1856) qui

(1) Thénard (1777-1857), éminent chimiste français ; on lui doit un grand nombre de découvertes ; il travailla souvent en collaboration avec Gay-Lussac.

avait émis en 1815 cette idée, que les poids atomiques de tous les corps simples étaient des multiples exacts de celui de l'hydrogène. L'usage s'est répandu de rapporter à 1 d'hydrogène les poids atomiques, comme Prout l'avait fait le premier, mais des déterminations très soignées des poids atomiques ont fait rejeter son hypothèse.

CHAPITRE IV

NOTIONS SUR LES RÉACTIONS

44. Affinité. — On a donné le nom d'*affinité* à la tendance qu'ont les corps à se combiner entre eux. Certains corps simples, comme l'oxygène, le chlore, le fluor, ont des affinités très puissantes; mis en présence d'un grand nombre d'autres corps, ils se combinent facilement à eux pour former des composés très *stables*, c'est-à-dire difficiles à détruire; d'autres, tels que l'azote, le carbone, éprouvent de la difficulté à entrer en combinaison; ils sont doués d'affinités faibles. — On a remarqué que deux corps ont, en général, d'autant plus d'affinité l'un pour l'autre qu'ils sont plus éloignés dans la série que l'on pourrait appeler électrochimique (35). Deux corps très électropositifs ont en général peu d'affinité l'un pour l'autre; il en est de même pour deux corps très électronégatifs; au contraire, un corps électropositif a de l'affinité pour les corps électro négatifs.

45. Réactions. — On appelle *réaction* tout phénomène qui introduit une modification permanente dans un système chimique.

Exemples : du fer et du soufre chauffés ensemble au rouge se transforment en *sulfure de fer* (25). On verse sur du zinc en grenaille de l'acide chlorhydrique étendu; il se produit une vive effervescence, et la liqueur après l'expérience tient en dissolution du *chlorure de zinc* (37). On chauffe dans une petite cornue de l'oxyde rouge de mercure; on constate un dégagement d'oxygène (22) et il reste du mercure sur les parois de la cornue. Dans ces trois cas, une réaction s'est produite.

D'après la nature des transformations qui s'opèrent, on peut partager les réactions en trois groupes : les combinaisons de corps simples entre eux, les décompositions de corps composés, et les réactions qui ont lieu dans un système complexe, les doubles décompositions par exemple (action de la potasse sur l'acide sulfurique, 37 *bis*).

Pour que deux corps puissent réagir, il faut qu'ils aient un contact aussi intime que possible.

Dans le cas de deux gaz, la diffusion établit rapidement un mélange intime. Il en est de même dans le cas de deux liquides miscibles, quand les densités ne sont pas trop différentes; si elles diffèrent beaucoup, l'agitation favorisera le mélange. L'agitation devient nécessaire pour multiplier les points de contact, dans le cas de deux liquides non miscibles, ou d'un liquide et d'un gaz. Ainsi l'absorption du gaz *éthylène* par l'acide sulfurique (376) est hâtée par des secousses régulières. Pour deux solides, on peut obtenir l'intimité du contact soit en les dissolvant tous deux dans un liquide et mélangeant les dissolutions, soit en les réduisant en poudre très fine et mélangeant soigneusement les poudres; pour dissoudre plus facilement les corps solides, on commence par les pulvériser; on les pulvérise aussi dans certains cas, avant de les mettre en présence des corps sur lesquels on veut les faire réagir.

Fig. 32. — Combinaison de l'antimoine avec le chlore.

De l'antimoine en poudre versé dans un flacon plein de

chlore (*fig.* 32) y tombe en formant une gerbe d'étincelles, tandis que le chlore sec passant sur de l'antimoine entier (1) froid l'attaque très peu. Un morceau de chaux vive et un morceau de sel ammoniac placés côte à côte dans un mortier ne réagissent pas; si on les pulvérise ensemble, il se dégage aussitôt une forte odeur d'ammoniaque, qui prouve que les corps réagissent.

40. Réactions exothermiques et réactions endothermiques. — *a.* Versons avec précaution de l'acide sulfurique dans une solution de soude (*fig.* 33); un

Fig. 33. — Action de l'acide sulfurique sur une dissolution de soude.

thermomètre plongé dans le liquide accuse une élévation de température. Nous avons vu (25) que la tournure de cuivre est portée à l'incandescence quand elle rencontre du soufre chauffé au voisinage de son point d'ébullition. Ces réactions sont accompagnées d'un *dégagement de chaleur*. On les appelle *exothermiques;* on appelle, de la même manière, *corps exothermiques* ceux dont la formation dégage de la chaleur (c'est le cas du sulfure de cuivre).

b. — Certains corps ne peuvent réagir que si on les y con-

(1) Ce terme, *entier*, s'applique aux corps à l'état de fragments plus ou moins gros; c'est le contraire de *pulvérisé*.

traint, en quelque sorte, en faisant intervenir une énergie étrangère (1). Ainsi, l'azote et l'oxygène, sans action l'un sur l'autre dans les conditions ordinaires, se combinent lentement quand on fait éclater dans le mélange des deux gaz un très grand nombre d'étincelles électriques (*fig.* 34) ; il

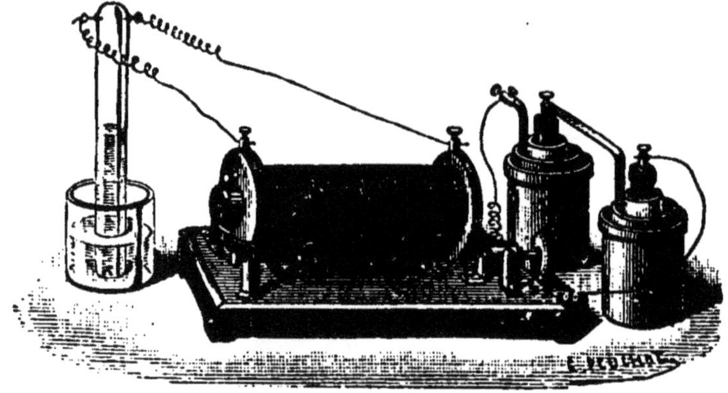

Fig. 31. — Action de l'électricité sur l'azote et l'oxygène mélangés.

se forme du peroxyde d'azote, AzO^2. Si on interrompt le passage des étincelles, la combinaison cesse pour reprendre dès qu'on les fait passer de nouveau. De même, on a vu que l'oxyde rouge de mercure se décompose sous l'influence de la chaleur; cette décomposition s'arrête dès qu'on cesse de chauffer, pour reprendre quand on chauffe de nouveau.

Toutes les réactions accomplies ainsi grâce à l'intervention d'une énergie étrangère sont dites *endothermiques*. Bien que la chaleur ne puisse pas toujours les produire, on exprime de cette manière le fait que leur production *absorbe* de l'énergie, et cette énergie est évaluée en *quantité de chaleur*.

Si la réaction endothermique consiste dans la formation

(1) Ce mot *énergie*, très employé aujourd'hui, signifie proprement la possibilité de produire du travail, quelles que soient d'ailleurs la cause directe et immédiate de la production de ce travail et sa nature. Ainsi l'énergie peut être électrique, calorifique, lumineuse. Au sujet de l'énergie et de ses divers modes, consulter un traité de physique, article *Equivalent mécanique de la chaleur*, ou *thermodynamique*.

d'un composé, ce composé est appelé *endothermique*. Le peroxyde d'azote est un corps endothermique. Tous les corps endothermiques dégagent de la chaleur quand ils se décomposent. Un très grand nombre d'entre eux se détruisent spontanément dès la température ordinaire. Ainsi l'hydrogène et l'oxygène forment, outre l'eau, un composé appelé *eau oxygénée*, H^2O^2. Si on abandonne ce corps à lui-même, il se détruit en eau et oxygène; cette réaction dégage de la chaleur, comme on peut le constater en l'effectuant au sein d'un *calorimètre*.

Nous nous occuperons principalement des cas les plus simples que l'on puisse rencontrer, et qui sont les suivants :

Réactions exothermiques : 1° formation d'un corps exothermique; 2° destruction d'un corps endothermique.

Réactions endothermiques : 1° formation d'un corps endothermique; 2° destruction d'un corps exothermique.

c. — Sans faire aucune hypothèse sur la cause de l'affinité chimique et sa nature, on peut, au moyen de certaines comparaisons, faire bien comprendre la différence des deux sortes de réactions.

Imaginons deux corps chargés d'électricités contraires, les armatures d'un condensateur par exemple. Elles possèdent, du fait de leur charge, ce que l'on appelle de l'*énergie disponible*, c'est-à-dire la possibilité de produire du travail mécanique; ce travail sera par exemple la rupture de la lame de verre dans l'expérience du perce-verre. Quand on a réuni les armatures et déchargé le condensateur, on a enlevé à ces armatures leur énergie disponible; le travail produit correspond à la disparition de cette énergie.

Deux corps doués d'affinité l'un pour l'autre sont dans une situation relative analogue; ils possèdent une certaine quantité d'énergie disponible, et *tendent à la perdre* en s'unissant; le dégagement de chaleur constaté pendant la combinaison correspond à l'énergie perdue par le système. C'est bien une perte d'énergie qui a lieu, car ce dégagement de chaleur peut être employé à produire du travail. Si on amène derrière un piston un mélange de gaz d'éclairage et d'air et si on enflamme ce mélange, le piston sera poussé grâce à l'augmentation de pression qu'éprouve le gaz du fait de l'élévation de température déterminée par la combustion (moteurs à gaz). De même, le travail effectué par les machines à vapeur a pour source première la chaleur que dégage la combustion du charbon sur la grille du foyer. Ce qui montre bien encore que les réactions exothermiques sont accompagnées d'une perte d'énergie, c'est que le composé résultant de l'union *exothermique* de deux corps a toujours des propriétés chimiques moins actives que celles de ces corps. Les corps les plus stables sont en général ceux dont la formation dégage le plus de chaleur ou correspond à une plus grande perte d'énergie.

Les corps endothermiques dégagent de la chaleur en se décomposant; ils perdent donc de l'énergie. C'est dire que la formation d'un composé endothermique introduit, dans le système constitué par les éléments composants, plus d'énergie qu'il n'y en avait quand ces éléments étaient simplement en contact. Un poids reposant à terre constitue un système dépourvu d'énergie; s'il est suspendu, il en possède : en tombant d'une hauteur de $0^m,25$, par exemple, il pourra enfoncer de $0^m,002$ un clou dans une planche; en tombant de $0^m,50$, il enfoncera de $0^m,004$ le même clou. Si nous voulons soulever ce poids, il nous faudra développer un certain effort; c'est au travail de nos muscles qu'aura été empruntée l'énergie disponible accumulée dans le poids suspendu à une certaine hauteur.

L'énergie absorbée dans une réaction endothermique est comparable à celle que reçoit un poids qu'on soulève, ou encore un ressort qu'on bande. Elle doit être empruntée à une source étrangère (1) (chaleur, électricité). De même,

(1) Nous entendons par *source d'énergie* tout système capable de produire du travail d'une manière continue, soit directement, soit par l'intermédiaire de mécanismes plus ou moins simples. Un foyer ardent, une machine électrostatique, une pile électrique, par exemple, sont des sources d'énergie.

quand un composé exothermique est détruit, ses éléments récupèrent l'énergie disponible qu'ils doivent posséder à l'état de liberté, le système *acquiert* de l'énergie, qui doit être empruntée à une source étrangère. L'intervention d'une telle source dans les réactions endothermiques se trouve ainsi justifiée.

47. Réactions spontanées. — Dans un certain nombre de cas, il suffit d'amener au contact, et dans un état de division convenable, les corps réagissants, pour que la réaction se produise aussitôt. C'est ce qui a lieu pour l'antimoine en poudre et le chlore, pour la soude et l'acide sulfurique; on dit que la réaction est *spontanée*.

La plupart des réactions spontanées sont exothermiques. D'autre part, il est extrêmement rare qu'une réaction endothermique soit spontanée.

48. Réactions provocables. — Le plus souvent, il faut déterminer la réaction en réalisant certaines conditions; ainsi, un mélange d'oxygène et d'hydrogène reste inaltéré à froid. Qu'on élève à 500° la température d'un point du mélange, — soit en approchant une allumette, soit en faisant éclater une étincelle électrique, — les deux gaz se combinent avec explosion. L'allumette, l'étincelle, ont *provoqué* la réaction; si l'hydrogène arrive sous forme de courant gazeux continu dans une atmosphère d'oxygène, la combinaison provoquée continuera. De même, si nous enflammons l'extrémité d'une longue traînée de poudre de chasse placée sur une plaque de tôle, la réaction provoquée ainsi (combustion de la poudre) se propage jusqu'à l'autre extrémité. La chaleur, l'électricité, ont pour effet unique, ici, de réaliser les conditions dans lesquelles la réaction est possible, c'est-à-dire devient spontanée; et cette réaction, une fois mise en train, continue d'elle-même grâce à la chaleur qu'elle dégage. La source étrangère n'a à fournir qu'un *travail préliminaire* permettant à la réaction de s'effectuer. Au lieu d'enflammer, par exemple, un mélange tout fait d'oxygène et d'hydrogène, chauffons séparément les deux gaz à 500°, et amenons-les au contact; ils entreront immédiatement en combinaison. La réaction, qui n'est pas spontanée à froid, est spontanée à 500°. D'une manière générale, on peut dire que les réactions *provocables* sont des réactions non spontanées dans les conditions ordinaires de température, de pression, etc..., mais qui, dans d'autres conditions, sont spontanées. Ces réactions pourront alors s'effectuer, lorsque, au moyen du travail préliminaire convenant à chaque cas particulier, on aura réalisé les conditions de spontanéité de la réaction. On ne connait pas toujours le travail préliminaire qui pourrait provoquer une réaction exothermique. Par exemple, l'azote et l'hydrogène forment un composé exothermique, le gaz ammoniac AzH^3; on ne sait pas réaliser directement la combinaison de ces deux corps.

Le rôle de la source étrangère d'énergie est *accessoire* en quelque sorte dans une réaction exothermique provocable, tandis qu'il est *essentiel* dans une réaction endothermique; dans ce dernier cas, en effet, l'énergie absorbée par la réaction correspond exactement à celle qu'il a fallu emprunter à la source étrangère. Dans le premier cas, il n'y a aucun rapport entre le travail préliminaire et l'énergie développée dans la réaction; de même, il n'y a aucun rapport entre l'effort fait par un tireur qui presse la gâchette de son fusil, et les effets que produira la balle qui va en sortir, effets dépendant uniquement de la force explosive de la poudre, et des conditions dans lesquelles l'arme utilise cette force.

Quand une réaction provocable a été amorcée, elle continue d'elle-même si la quantité de chaleur dégagée est suffisante pour maintenir les conditions de spontanéité de la réaction : exemple, combustion de l'hydrogène dans l'air ou l'oxygène; mais il n'en est pas toujours ainsi, et c'est la raison pour laquelle certaines réactions, bien qu'exothermiques, nécessitent l'intervention presque continue d'une énergie étrangère. Considérons l'oxydation du mercure dans l'oxygène, ou dans l'air, à 350°. C'est à cette température que la formation de l'oxyde HgO est possible; si nous cessons de chauffer, après avoir maintenu pendant un certain temps la température au-dessus de 400°, par exemple, la surface du mercure se refroidira parce que la chaleur dégagée dans la réaction est insuffisante pour compenser la chaleur perdue par rayonnement : dès le moment où la température descendra au-dessous de 350°, la réaction cessera.

Une réaction exothermique, provoquée en un point d'un système, se propage dans la masse avec une certaine vitesse, qui n'est pas la même pour tous les corps. Enflammons un point d'un mélange d'hydrogène et d'oxygène, la combustion gagne instantanément la masse entière; enflammons l'extrémité d'une traînée de poudre de 1 mètre de longueur; l'inflammation mettra un temps appréciable à se propager jusqu'à l'autre bout; avec un fil de fulmicoton de même longueur, l'inflammation sera presque instantanée. Quand la vitesse de propagation est très grande (pour la nitroglycérine elle atteint 6000 mètres par seconde), la réaction déterminée en un point de la masse se produit instantanément dans la masse tout entière. On dit que la réaction est *explosive*. Ainsi, la réaction de l'oxygène sur l'hydrogène est explosive. Introduisons dans un flaçon à goulot étroit un mélange de 2 volumes d'hydrogène et 1 d'oxygène, et approchons une flamme de l'orifice; une forte détonation se fait entendre, le flaçon est quelquefois brisé. L'énorme quantité de chaleur dégagée par la réaction, qui est instantanée, élève considérablement la température, et par conséquent la pression de la vapeur d'eau formée; de là l'explosion et la rupture du vase, quand l'orifice est assez étroit pour s'opposer à une égalisation rapide de la pression externe et de la pression interne.

On appelle, de même, corps explosifs des corps qui se détruisent en dégageant beaucoup de chaleur. Les *explosifs* proprement dits (poudres de guerre, de mine, dynamite, etc...) sont ou des corps explosifs (nitroglycérine) ou des mélanges de corps capables de réagir les uns sur les autres dans des conditions déterminées (inflammation, choc violent, élévation de température), en dégageant une grande quantité de chaleur (poudre de chasse). Leur caractère commun est la grande vitesse de propagation de la réaction et un abondant dégagement de gaz. C'est à ces gaz, produits très brusquement dans un espace restreint et portés par une température élevée par la chaleur dégagée, que sont dus les effets terribles des explosions. Pour les gaz, la pression influe sur cette vitesse de propagation. Ainsi l'explosion d'une amorce ne se propage pas dans l'*acétylène* aux pressions ordinaires; elle se propage très rapidement dans le gaz comprimé.

49. Moyens de produire les réactions. — On peut effectuer des réactions de bien des manières. Nous allons passer rapidement en revue les principales

a. Action de la chaleur. — La chaleur peut provoquer des réactions exothermiques. Exemples : inflammation du mélange d'oxygène et d'hydrogène, explosion de la poudre, oxydation du mercure. Elle peut effectuer des réactions endothermiques. Exemples : destruction de l'oxyde de mercure, préparation du sulfure de carbone par le passage d'un courant de vapeur de soufre sur du charbon chauffé au rouge (le sulfure de carbone CS^2 est un corps endothermique).

b. Action de l'électricité. — L'électricité peut provoquer des réactions exothermiques : ainsi, l'étincelle électrique enflamme les mélanges explosifs d'oxygène avec des gaz combustibles, tels que l'hydrogène. Le même agent peut effectuer des réactions endothermiques. Exemples : décomposition de l'eau par le courant de la pile (23), formation du peroxyde d'azote (47), formation d'ozone (86).

Dans l'inflammation d'un mélange détonant, l'étincelle électrique agit par sa haute température. Il en est de même dans la plupart des décompositions qu'elle effectue. L'étincelle est surtout propre à produire des décompositions de corps exothermiques ; elle est moins efficace pour réaliser des combinaisons.

La décomposition de l'eau par la pile nous montre l'action du *courant électrique*. Cette action est remarquable en ce qu'elle ne s'exerce que sur les corps qui conduisent le courant. Un courant n'est d'ailleurs, en quelque sorte, qu'une *décharge conductive* longtemps prolongée et mettant en jeu de très grandes quantités d'électricité. L'électrolyse détruit des composés exothermiques. Dans un petit nombre de cas, cependant, elle peut donner naissance à des corps endothermiques (formation d'*ozone* dans l'électrolyse de l'eau acidulée par l'acide sulfurique).

L'*effluve* ou *décharge obscure* constitue un troisième mode d'action de l'électricité (formation d'ozone à partir de l'oxygène, 86). Pour soumettre un gaz à l'effluve, on le place entre deux conducteurs reliés aux deux pôles d'une pile ou d'une machine donnant les deux électricités (potentiels constants), ou bien aux deux bornes d'une bobine de Ruhmkorff (potentiels variant très rapidement, chacun des conducteurs étant alternativement positif et négatif). Le gaz est ainsi placé dans des conditions tout à fait spéciales et devient le siège de phénomènes très curieux ; dans l'obscurité il s'illumine. Les effets de l'effluve sont dus sans doute à la superposition des effets de l'électricité et de l'illumination. L'effluve est surtout efficace pour réaliser des composés endothermiques. Quand elle détruit des corps exothermiques, elle donne lieu le plus souvent à des réactions compliquées, dans lesquelles la décomposition est accompagnée de la formation de corps endothermiques. Par exemple, l'effluve détruit l'acide sulfhydrique SH^2, en donnant de petites quantités de bisulfure d'hydrogène S^2H^2, endothermique.

c. Action de la lumière. — Si on expose à la lumière solaire *directe* un mélange à volumes égaux d'hydrogène et de chlore *fait dans l'obscurité*, on provoque une explosion violente. — La lumière décompose un grand nombre de composés exothermiques, comme le chlorure d'argent par exemple. On sait aussi que la *chlorophylle*, matière verte des végétaux, décompose, sous l'influence de la lumière, l'acide carbonique de l'air ; le carbone est fixé dans la plante, l'oxygène est restitué à l'atmosphère.

d. Choc. — Un certain nombre de réactions sont provoquées par le choc. On fait éclater une amorce de fulminate en frappant sur elle un coup sec. De même, si on mélange une pincée de fleur de soufre et une pincée de chlorate de potassium en poudre, on obtient un corps qui détone par le choc. Pour faire l'expérience, on enveloppe une petite quantité du mélange dans du papier de soie, on le pose sur une enclume, et on frappe avec le marteau. Le choc agit non seulement par l'élévation de température qu'il détermine, mais encore, dans un grand nombre de cas, par l'ébranlement considérable qu'il imprime à la masse.

Un grand nombre de corps explosifs, en effet, doivent être considérés comme des systèmes en équilibre instable, équilibre qui peut être détruit par des actions mécaniques. Plaçons dans de l'ammoniaque concentrée de l'iode réduit en poudre fine, et laissons les deux corps en contact pendant un quart d'heure environ, en agitant de temps en temps. Filtrons alors, il reste sur le filtre un corps noirâtre très divisé. Déplions le filtre, divisons-le en petits fragments *quand il est encore humide*, et faisons sécher. Le corps qui le recouvre, l'*iodure d'azote* AzI^3, détone par le frottement d'une barbe de plume quand il est sec. L'expérience ne doit être faite que sur de petites quantités de matière.

On peut déterminer l'explosion de l'oxyde azotique AzO, composé endothermique, en faisant détoner au sein du vase qui le contient une capsule de fulminate, ce qui produit un ébranlement énergique (223).

e. Actions diverses. — Enfin on peut déterminer des réactions de diverses manières ; dans l'ignorance où l'on était autrefois de la cause déterminante d'un grand nombre de réactions, on les attribuait à une *force catalytique*, douée de propriétés mystérieuses. Un grand nombre de ces actions s'expliquent aujourd'hui très bien. Par exemple, de la mousse de platine (1) plongée dans un mélange de 2 volumes d'hydrogène et 1 d'oxygène rougit et détermine l'explosion du

(1) Platine spongieux obtenu dans la calcination d'un chlorure double de platine et d'ammonium $PtCl^4.(AzH^4Cl)^2$.

mélange. Cela tient à ce que le platine condense énergiquement les gaz, et d'autant mieux qu'il est plus divisé; en même temps il s'échauffe; c'est l'élévation de température due à cette condensation qui provoque l'explosion. Nous verrons d'autres exemples de ces sortes de réactions.

50. Dissociation. — La chaleur peut détruire un grand nombre de composés exothermiques. Si, à la température exigée par la décomposition, la réaction inverse est spontanée, il y aura antagonisme entre deux actions contraires, l'action décomposante de la chaleur et l'affinité des corps mis en liberté. Cet antagonisme déterminera l'établissement d'un équilibre, c'est-à-dire que la décomposition s'arrêtera lorsque les deux actions se contrebalanceront exactement. L'équilibre est atteint quand une certaine proportion du corps (toujours la même dans des conditions identiques) a été décomposée. Ce phénomène a été appelé *dissociation* par H. Sainte-Claire Deville (1818-1881), qui l'a découvert.

Par exemple, le carbonate de chaux est détruit par la chaleur en anhydride carbonique gazeux et chaux solide.

La décomposition commence à 440° (point d'ébullition du soufre); à 815° (ébullition du cadmium), elle est très nette et s'arrête quand la force élastique du gaz carbonique mis en liberté atteint 88^{mm} de mercure. Si à ce moment on manœuvre la machine de manière à enlever du gaz, la décomposition recommence, pour cesser de nouveau quand la pression est redevenue égale à 88^{mm}. Si on refoule du gaz dans l'appareil, la pression redescend peu à peu à 88^{mm}, l'excès de gaz étant absorbé par la chaux. Donc, la décomposition du carbonate de chaux à 815° est limitée, et il s'établit un équilibre caractérisé par la valeur de 88^{mm} pour la pression du gaz carbonique mis en liberté. Cette force élastique limite s'appelle *tension de dissociation*. Elle est caractéristique de la température, et augmente avec elle. A 960° (ébullition du zinc), la tension de dissociation est de 520^{mm}.

On remarquera l'analogie que présentent ces phénomènes avec la vaporisation en espace limité, et celle de la tension de dissociation avec la tension de saturation d'une vapeur. Le cas examiné est un exemple de dissociation en système hétérogène.

Quand les composants d'un corps possèdent le même état physique que le composé, on dit que le système est *homogène;* c'est le cas de l'acide chlorhydrique, par exemple, corps gazeux qui se détruit en chlore et hydrogène, également gazeux; à température déterminée la décomposition s'arrête quand la force élastique de l'un des éléments mis en liberté est une fraction déterminée de la force élastique totale, ce qui correspond à une proportion définie de gaz décomposé.

51. Thermochimie. — Nous avons vu que les réactions chimiques sont toujours accompagnées de phénomènes thermiques. Si, laissant de côté ces phénomènes, on se bornait à signaler les transformations subies par les corps réagissants, on n'aurait qu'une connaissance incomplète de la question. — L'objet de la thermochimie est d'étudier ces phénomènes thermiques, de grouper et de comparer les résultats de cette étude, en vue d'en déduire des règles ou des lois, et de pénétrer plus avant dans l'intelligence du mécanisme des actions chimiques.

Les réactions sont souvent accompagnées de phénomènes physiques (dissolutions, changements d'état) qui modifient la grandeur du phénomène thermique et peuvent même en changer le sens.

Ainsi, l'acide sulfurique SO^4H^2 a une grande affinité pour l'eau, et se combine avec elle avec un grand dégagement de chaleur. Prenons 1 partie de glace, 4 parties d'acide sulfurique, mettons-les en contact, la glace fond et la température s'élève à près de 100°. Prenons 4 parties de glace, 1 d'acide, nous constaterons un abaissement de température d'une vingtaine de degrés. Le phénomène physique qui intervient ici est la fusion de la glace, qui absorbe de la chaleur; dans le premier cas, la quantité de chaleur nécessaire à la fusion est inférieure à la quantité dégagée par l'union de l'acide sulfurique et de l'eau formée, dans le second cas elle lui est supérieure.

L'acide chlorhydrique chasse l'acide carbonique de ses sels, et la réaction est exothermique. Elle est exprimée avec le carbonate monosodique, par l'équation

$$\underset{\text{Carbonate monosodique.}}{CO^3HNa} + ClH = H^2O + \underset{\text{Chlorure de sodium.}}{ClNa} + CO^2$$

Faisons une pâte de carbonate monosodique et d'eau, et versons sur elle de l'acide chlorhydrique. Un petit appareil thermoscopique accusera un refroidissement de la masse (*fig.* 35). Le phénomène physique qui trouble les résultats est ici le dégagement du gaz carbonique. Si nous pouvions maintenir le carbonate et le gaz mis en liberté à l'état liquide, nous constaterions un dégagement de chaleur considérable.

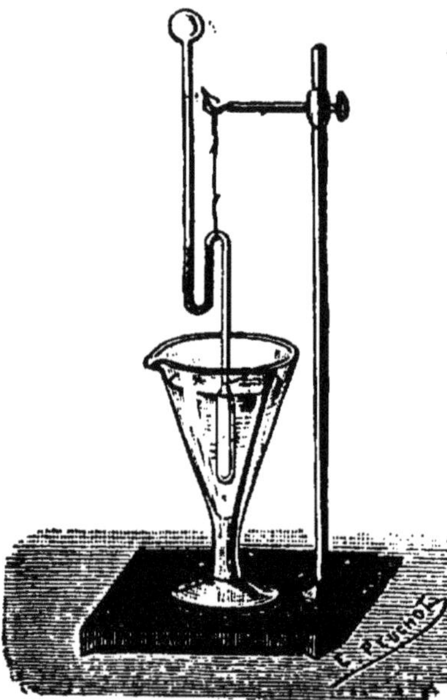

Fig. 35. — Appareil thermoscopique.

52. Principe du travail maximum. — 1. *Tout changement accompli* **sans l'intervention d'une énergie étrangère** *tend vers la production du corps ou du système de corps qui dégage le plus de chaleur.*

2. *Toute réaction chimique capable d'être accomplie* **sans le concours d'un travail préliminaire** *et en dehors de l'intervention d'une énergie étrangère à celle des corps en présence se produit si elle dégage de la chaleur.*

Prenons des exemples : Mettons en présence 1 atome de

chlore Cl, 1 atome de brome Br et 1 atome de potassium K; trois réactions sont possibles : 1° formation de chlorure de potassium (chaleur dégagée = 105,0 calories); 2° formation de bromure BrK (chaleur dégagée = 100,4 calories); 3° formation de deux corps en proportions quelconques.

D'après le premier énoncé, il se fera du chlorure de potassium, et le brome restera inaltéré. C'est ce que l'expérience montre.

Prenons maintenant du chlore et du bromure de potassium. La destruction du bromure exige une dépense d'énergie correspondant à 100,4 calories, d'après ce qui précède; l'union du potassium mis en liberté avec le chlore dégage 105 calories. La réaction

$$\underset{95,6}{BrK} + Cl = \underset{105,7}{ClK} + Br \text{ (1)}$$

dégageant 105,7 — 95,6 = 10,1 calories se produira si elle peut être accomplie sans le concours d'un travail préliminaire. C'est en effet ce qui a lieu.

Le plus souvent la réaction a besoin d'être provoquée par un travail préliminaire (échauffement, étincelle, etc.). Le principe du travail maximum règle encore la réaction dans la plupart des cas.

L'acide sulfhydrique H^2S et l'oxygène, mélangés dans la proportion de 3 volumes d'acide pour 1 d'oxygène, font explosion sous l'influence d'une étincelle, ou d'une flamme. La réaction est la suivante :

$$\underbrace{SH^2}_{\substack{\text{Acide} \\ \text{sulfhydrique.} \\ 4,6}} + O^3 = \underbrace{H^2O}_{\substack{\text{Eau.} \\ 58,2}} + \underbrace{SO^2}_{\substack{\text{Anhydride} \\ \text{sulfureux.} \\ 69,2}}$$

Elle est fortement exothermique; elle dégage 58,2 + 69,2 — 4,6 = 122,8. Ces 122,8 calories représentent l'énergie perdue pendant le passage du premier système au second.

(1) Les nombres placés sous les formules des composés représentent les chaleurs de formation de ces corps. Nous adopterons, dans tout ce qui va suivre, ce mode d'indication des données de la thermochimie.

Voyons ce qui se passe s'il n'y a pas assez d'oxygène.

Par exemple, avec 2 volumes d'acide et 1 d'hydrogène on pourrait avoir :

1° $SH^2 + O = H^2O + S$
   4,6 — 58,2 — différence : + 53,6

ou 2° $SH^2 + O = 2H + \frac{1}{2} SO^2 + S$
   4,6 — 34,6 — différence : + 30,0.

D'après le principe, c'est la première réaction qui doit se produire, et elle se produit en effet. Un calcul très simple montre d'ailleurs que le dégagement de chaleur est maximum quand il ne se forme pas d'anhydride sulfureux (1).

Certaines réactions paraissent en contradiction avec le principe. Ainsi, lorsqu'on fait passer dans un tube chauffé au rouge vif un courant de chlore mélangé de vapeur d'eau, on constate une décomposition très nette de l'eau, avec formation d'acide chlorhydrique et mise en liberté d'oxygène.

Écrivons l'équation de la réaction :

$$H^2O \text{ (gaz)} + 2Cl = 2ClH + O$$
58,2 — $2 \times 22 = 44$. Diff. — 14,2.

(La différence doit toujours être prise comme l'excès des quantités de chaleur figurant au deuxième membre sur celles qui figurent au premier.) La réaction est donc assez fortement endothermique, le signe — indiquant qu'il y a absorption de chaleur. Elle s'explique par la dissociation de l'eau. Le chlore s'empare immédiatement de l'hydrogène mis en liberté.

On pourra prévoir certaines réactions en appliquant le principe

(1) L'équation la plus générale qui puisse représenter la réaction est

$$H^2S + O = mH^2O \text{ (gaz)} + nSO^2 + (1-m)H^2 + (1-n)S$$
4,6 — $m \times 58,2$ — $n \times 69,2$

La chaleur dégagée est

$$Q = m \times 58,2 + n \times 69,2 - 4,6.$$

Mais, puisqu'il n'y a que 1 atome d'oxygène, on a

$$1 = 2n + m$$

d'où

$$Q = (1-2n) \times 58,2 + n \times 69,2 - 4,6 = 53,6 - n \times 47,2.$$

Q est maximum pour $n = 0$; alors $m = 1$, et on a

$$H^2S + O = H^2O + S.$$

du travail maximum, mais à condition de ne s'occuper que des actions bien nettes mettant en présence un petit nombre de corps, et donnant naissance à un petit nombre de produits ayant une certaine analogie avec les corps réagissants ; il se produit en effet, dans un assez grand nombre de cas, des réactions accessoires ou secondaires, des changements d'état mal connus qui peuvent modifier notablement le sens des phénomènes. Nous en verrons des exemples.

Les réactions auxquelles le principe du travail maximum s'applique d'une manière parfaite sont les actions des métaux ou des métalloïdes tels que l'oxygène et le chlore, sur les oxydes, les sulfures, les chlorures métalliques, et les doubles décompositions (actions d'acides, de bases ou de sels sur des sels) sous certaines conditions.

N. B. Les quantités de chaleur mises en jeu dans les réactions représentent des variations d'énergie des systèmes chimiques réagissants. Il est nécessaire de les indiquer parallèlement aux changements chimiques proprement dits, lorsqu'on veut donner une *représentation* complète des phénomènes. Mais il serait peut-être excessif de se représenter la chaleur dégagée dans l'union de deux corps, comme constituant la seule différence entre le système initial (éléments libres) et le système final (éléments combinés); de croire, par exemple, que l'eau ne diffère de l'oxygène et l'hydrogène mélangés que par la chaleur dégagée dans l'acte de la combinaison. Nous ne savons rien sur la nature intime et essentielle des phénomènes; et il est prudent d'éviter des interprétations trop simples, surtout au début de l'étude de la chimie. Le changement de propriétés est le *signe visible* des modifications qui surviennent dans la molécule, la chaleur dégagée ou absorbée est le *signe visible* des variations d'énergie accompagnant ces modifications; ces deux ordres de faits ont entre eux une connexion étroite. Nous nous bornerons à constater cette connexion sans vouloir en tirer des conclusions peut-être hasardées.

NOTICE HISTORIQUE SUR LA THERMOCHIMIE

52 *a*. Le célèbre chimiste allemand Stahl (1660-1734) semble s'être occupé le premier de la chaleur dégagée dans les réactions. Il identifiait avec la chaleur le *phlogistique* qui, dans ses idées, était mis en liberté par la calcination des métaux à l'air. (Voy. *combustion*.) Lavoisier combattit les idées de Stahl, et remit les choses au point. Mais il ne découvrit pas la vraie signification des phénomènes thermiques accompagnant les réactions. Pour lui, comme pour la plupart de ses contemporains, les phénomènes calorifiques étaient dus à une sorte de *fluide matériel*, ou *calo-*

rique (1), qui pouvait s'ajouter aux corps, ou les abandonner ; l'eau, par exemple, était de la glace plus du calorique ; la vapeur d'eau, de l'eau plus du calorique. Un gaz était composé d'une base et de calorique, qu'il abandonnait en prenant l'état liquide et ensuite l'état solide.

Lavoisier ne s'occupa que des combustions dans l'oxygène, et attribua le dégagement de chaleur au changement d'état de l'oxygène, qui devenait solide dans le composé. Ces idées régnèrent longtemps. Rumford (1753-1814), Dulong, s'occupèrent également de la mesure des chaleurs dégagées dans les combustions. L'attention des chimistes fut ramenée vers les phénomènes thermiques par l'éclosion d'une nouvelle théorie de la chaleur (théorie mécanique), vers 1840. De 1845 à 1870, Andrews en Angleterre, Favre et Silbermann en France mesurèrent les quantités de chaleur dégagées non seulement dans les combustions, comme on s'était contenté de le faire jusqu'alors, mais dans toutes sortes de réactions, et accumulèrent ainsi les matériaux qui devaient servir de fondement à une science nouvelle. C'est en mesurant la chaleur dégagée par la combustion du charbon dans l'oxyde azoteux (209) que Favre et Silbermann furent conduits à la notion de composés endothermiques. Ils reconnurent que le charbon, brûlant dans ce gaz, dégage plus de chaleur qu'en brûlant dans l'oxygène pur. La combustion étant précédée de la destruction de l'oxyde azoteux, Favre et Silbermann conclurent que la formation de ce gaz absorbait de la chaleur. Quelque temps auparavant Thénard avait reconnu que l'eau oxygénée se décompose en dégageant de la chaleur. Aujourd'hui, un grand nombre de chimistes s'occupent de mesures calorimétriques ; mais deux hommes surtout ont contribué, par des recherches poursuivies pendant de longues années, à établir les principes de la thermochimie : ce sont MM. Thomsen en Danemark, et Berthelot en France. Les énoncés que nous avons donnés sont dus au second de ces savants, auquel revient l'honneur d'avoir le premier érigé un corps de doctrine appuyé sur les mesures faites par d'autres ou par lui-même.

(1) Le mot est de Lavoisier.

CHAPITRE V

HYDROGÈNE

Poids atomique : $H = 1$.
— moléculaire : $H^2 = 2$: (2 vol.)
Équivalent : 1.

53. Propriétés physiques. — L'hydrogène est un gaz incolore, inodore, insipide. C'est le plus léger de tous les gaz connus. Il pèse, à volume égal, 14 fois et demie moins que l'air environ. Sa densité est 0,0692; un litre d'hydrogène à 0°, 760^{mm}, pèse $1^{gr},293 \times 0,0692 = 0^{gr},0895$. On peut montrer par des expériences très simples la légèreté de l'hydrogène. On porte au-dessus d'une éprouvette pleine d'air une éprouvette remplie d'hydrogène et maintenue l'ouverture en bas; on retourne, et on constate que le gaz contenu dans la deuxième éprouvette est devenu inflammable. Il contient de l'hydrogène. On peut encore gonfler d'hydrogène des bulles de savon; on les voit s'élever et gagner rapidement le plafond de la salle. On peut les enflammer. Ce gaz est peu soluble dans l'eau (coefficient de solubilité, 0,02); l'alcool en dissout à peu près trois fois plus.

Changement d'état. — L'hydrogène est le plus stable de tous les gaz. Sa température critique (18) est estimée à — 234°, et la pression de liquéfaction à cette température à 20 atmosphères. Il a été liquéfié pour la première fois à peu près simultanément par M. Cailletet à Paris (30 décembre 1877) et par M. Pictet à Genève (9 janvier 1878). Lorsqu'on détend brusquement de l'hydrogène fortement comprimé et refroidi, la détente abaisse la température du gaz au-dessous du point critique, et on aperçoit un brouillard passager, dont la formation est l'indice certain d'une liquéfaction. L'appareil imaginé par M. Cailletet pour montrer la liquéfaction des gaz se compose d'un tube *tt'* très étroit, en verre épais, fermé à un bout, terminé par une partie renflée munie d'un petit tube recourbé (*fig.* 36). Le tube étant rempli de mercure, on l'incline et on y fait passer le gaz, en ayant soin de laisser dans le petit tube recourbé une goutte de mercure qui fera l'office de bouchon quand

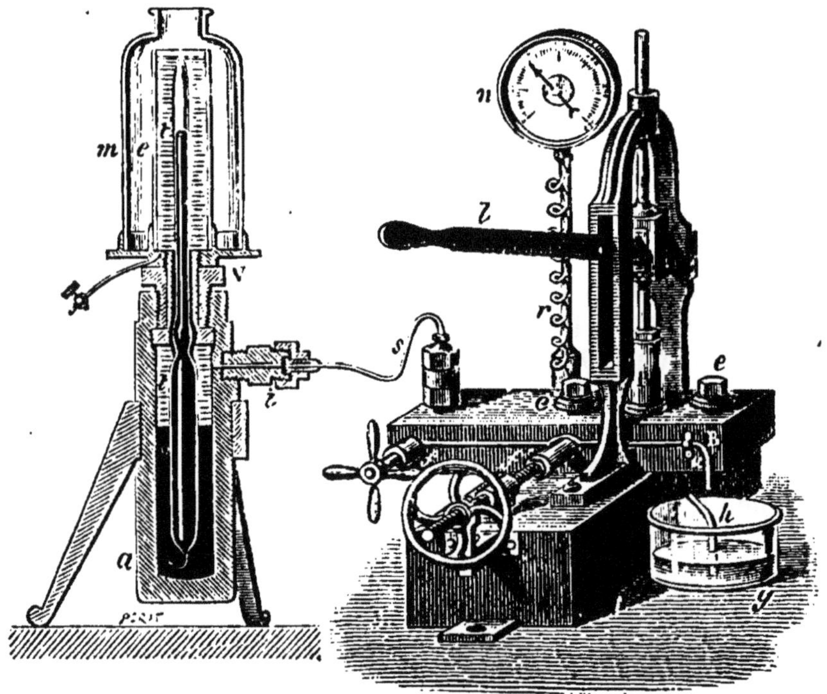

Fig. 36.
Appareil Cailletet pour la liquéfaction des gaz.

le tube sera rempli et redressé. Au moyen de la garniture à vis qui entoure le tube, on le fixe sur un cylindre en fonte *a* très épais contenant du mercure dans sa partie inférieure, et de l'eau au-dessus. Ce cylindre constitue le grand corps de pompe d'une presse hydraulique permettant d'exercer des pressions très considérables. Quand on fait jouer le piston P, l'eau comprime le gaz par l'intermédiaire du mercure. Lorsqu'on a exercé une pression suffisante pour que le niveau du mercure soit arrivé à une certaine hauteur dans le tube effilé, on tourne un robinet *f* qui permet de réduire brusquement et considérablement la pression. La détente se produit, et le brouillard apparaît. Un manchon plein d'eau froide entoure le tube, afin d'empêcher l'échauffement du gaz par le fait de la compression. Une cloche en verre *m* protège l'opérateur contre les effets d'une rupture de l'appareil.

54. *Diffusibilité de l'hydrogène.* — L'hydrogène, en vertu de sa faible densité, traverse les parois poreuses beaucoup plus rapidement que les autres gaz. Cette propriété porte le nom de *diffusibilité*. On peut la mettre en évidence par des expériences très simples; les appareils servant à ces expériences peuvent être facilement construits avec les vases poreux dont on se sert pour les piles, et des tubes de verre. Les figures 37 et 38 font connaître la disposition de ces appareils.

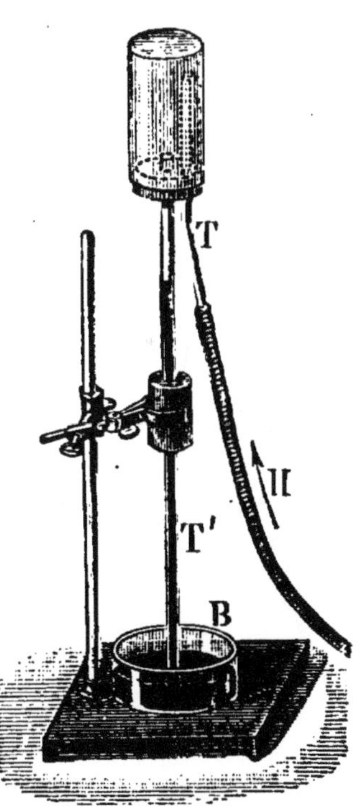

Fig. 37.
Diffusibilité de l'hydrogène.

Première expérience (*fig.* 37). — Le long tube T' plongeant dans un bocal B qui contient un liquide coloré, on adapte au tube T un caoutchouc relié à un appareil qui dégage de l'hydrogène. Ce gaz chasse peu à peu l'air qui remplit le vase poreux V, et de grosses bulles traversent le liquide du bocal. Quand l'air a été entièrement chassé, on ferme le caoutchouc au moyen d'une pince, et on enlève l'appareil à hydrogène; l'hydrogène sortant du vase beaucoup plus rapidement que l'air n'y rentre, il se produit une diminution de pression, et on voit le liquide s'élever dans le tube T′.

Deuxième expérience (*fig.* 38). — On amène une cloche en verre au-dessus du vase poreux V, et sous cette cloche un tube T relié à un appareil dégageant de l'hydrogène. L'hydrogène pénétrant dans le vase poreux beaucoup plus vite que l'air n'en sort, la pression augmente dans le flacon F et le liquide coloré qui le remplit s'élève dans le tube *t*.

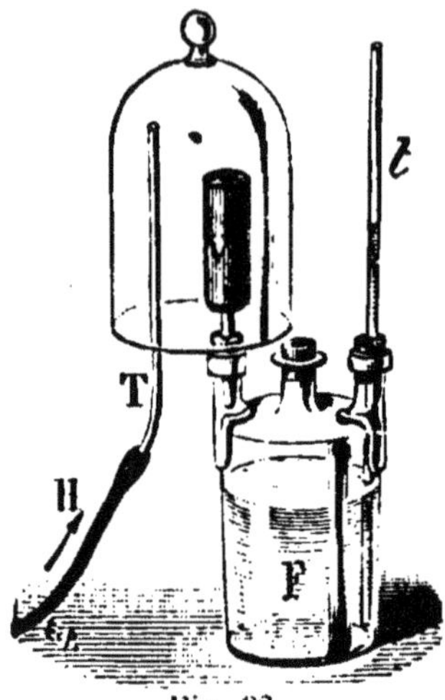

Fig. 38. Diffusibilité de l'hydrogène.

L'hydrogène traverse également les métaux chauffés, le fer et le platine notamment ; mais ici le phénomène est un peu différent ; le gaz *se dissout* en quelque sorte dans le métal par la face avec laquelle il est en contact, et se dégage par l'autre.

Propriétés chimiques. — **55.** *Action de l'oxygène.* — L'hydrogène s'unit à l'oxygène à 560°. Si on approche une allumette de l'orifice d'une éprouvette pleine d'hydrogène (*fig.* 39), le gaz s'enflamme et brûle avec une flamme pâle, peu visible mais extrêmement chaude. Cette flamme n'est autre chose que le gaz porté à l'incandescence par la chaleur dégagée dans la combustion.

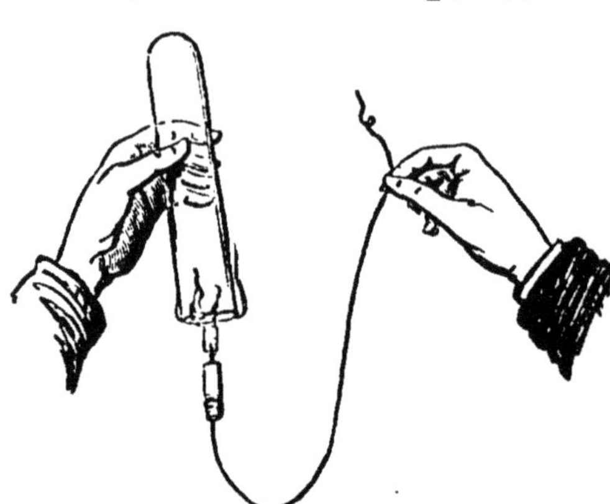

Fig. 39. — Inflammabilité de l'hydrogène.

On peut également enflammer l'hydrogène à l'extrémité d'un tube de verre effilé relié à un appareil qui dégage de l'hydrogène (*fig.* 40); la flamme est alors colorée en jaune par des composés du sodium, qui entrent dans la constitution du verre et sont volatilisés dans la flamme; pour bien constater le peu d'éclat de la flamme de l'hydrogène, il faut placer à l'extrémité du tube un petit ajutage en platine. La flamme de l'hydrogène brûlant à l'extrémité d'un tube effilé constitue ce qu'on a appelé la *lampe philosophique*.

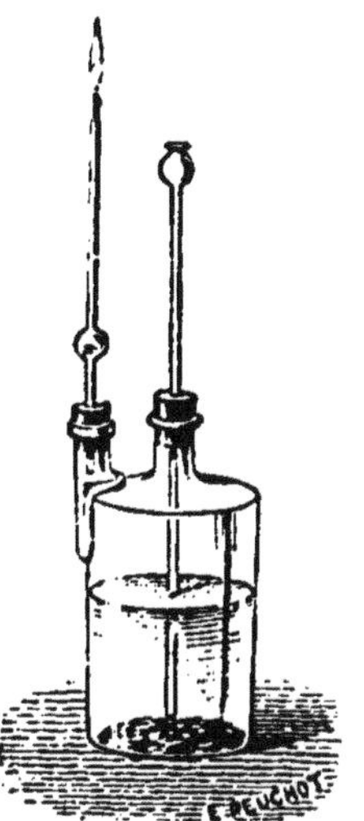

Fig. 40. — Lampe philosophique.

Lorsqu'on veut répéter cette expérience, il faut s'assurer que tout l'air contenu d'abord dans l'appareil à hydrogène a été chassé. S'il en restait en quantité notable, l'atmosphère du flacon constituerait un *mélange détonant* qui ferait explosion au moment de l'allumage; le flacon volerait en éclats.

Harmonica chimique (*fig.* 41). Amenons au-dessus d'une flamme d'hydrogène un gros tube ouvert aux deux bouts, et enfonçons-le graduellement; nous entendrons une sorte de ronflement et nous verrons la flamme violemment agitée; lorsque le tube sera arrivé à une hauteur convenable, la flamme redeviendra tranquille et le tube rendra un son plein tout à fait analogue au son d'un tuyau d'orgue; cette expérience porte le nom d'*harmonica chimique*. Si on examine la flamme, on voit qu'elle est en partie rentrée dans le tube; de plus, en déplaçant rapidement un miroir devant elle, on voit qu'elle est animée d'un véritable mouvement vibratoire; elle se raccourcit et s'allonge alternativement. Le son rendu par le tube est un de ceux qu'il rendrait si on mettait en vibration, par un moyen quelconque, la colonne d'air qui le remplit. Les oscillations de la flamme sont *synchrones* des vibrations du son (ont lieu en même temps);

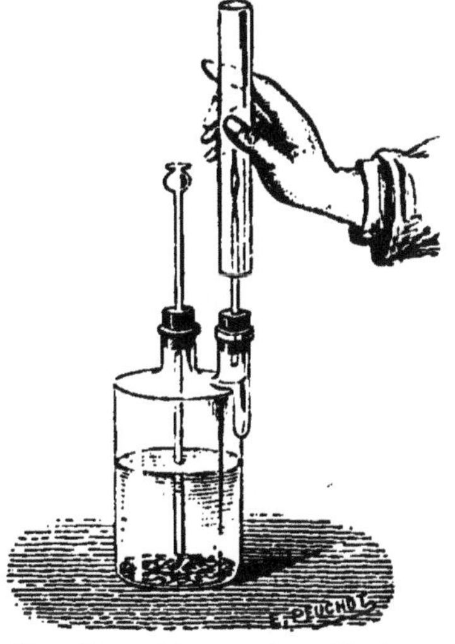

Fig. 41. — Harmonica chimiqre.

elles sont dues à des variations de pression déterminées dans l'appareil par le courant ascendant de gaz chaud qui entoure la flamme, ces variations étant régularisées par la présence du tuyau et l'état vibratoire que prend, au niveau de la flamme, l'air qui le remplit. La première observation relative aux flammes chantantes remonte à 1777.

L'hydrogène, brûlant dans l'oxygène ou dans l'air, donne de l'eau. — La formation d'eau dans la combustion de l'hydrogène a été observée, pour la première fois, par le chimiste français Macquer (1718-1784). On peut mettre ce fait en évidence au moyen de l'expérience suivante (*fig.* 42). On

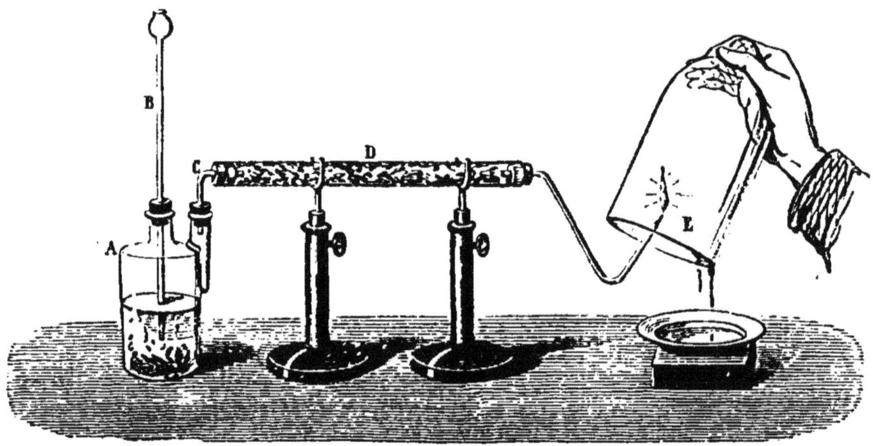

Fig. 42. — Formation d'eau dans la combustion de l'hydrogène.

adapte au tube à dégagement d'un appareil à hydrogène un tube plus gros rempli de pierre ponce imbibée d'acide sulfurique et destiné à arrêter l'eau qu'entraîne toujours l'hydrogène en se dégageant du flacon A; à la suite de D se trouve un tube *t* effilé à son extrémité; quand tout l'air a été chassé de l'appareil, on allume le gaz au bout du tube *t* et on approche une cloche E au-dessous de laquelle on met une soucoupe V. On ne tarde pas à voir les parois de la cloche se couvrir de buée et, si l'expérience se prolonge assez longtemps, l'eau, coulant le long de ces parois, vient se rassembler dans la soucoupe.

Nous avons dit que l'oxygène et l'hydrogène forment un mélange détonant. Remplissons de gaz oxygène, jusqu'au tiers, un flacon à goulot très étroit, et achevons de remplir avec de l'hydrogène; les gaz se mélangent; fermons avec un bon bouchon, entourons le flacon d'un linge mouillé, puis, débouchons et approchons une flamme de l'orifice : une forte détonation retentit, le flacon peut être brisé si le mélange est fait dans des proportions très exactes et si les gaz sont bien purs et bien secs. La combinaison est complète quand on a pris exactement 2 volumes d'hydrogène pour 1 d'oxygène. La réaction est représentée par l'équation

$$H^2 + O = H^2O \text{ (gaz)}.....(+58,2 \text{ calories}) \text{ (1)}.$$

On peut faire détoner le mélange au moyen de la mousse de platine. Un fragment de cette mousse étant placé au bout d'une tige un peu longue (*fig.* 43), on approche une éprouvette contenant le mélange détonant d'oxygène et d'hydrogène; la mousse de platine ne tarde pas à rougir et l'explosion a lieu. On peut tenir l'éprouvette à la main, car l'orifice étant très large, la pression, à l'intérieur de l'éprouvette, n'atteint pas une valeur suffisante pour en déterminer la rupture. Cette expérience a été expliquée (49). On peut également faire détoner un mélange d'hydrogène et d'air; il faut prendre 1 volume d'hydrogène pour 2 1/2 d'air. L'explosion, dans un flacon à goulot étroit, est très violente.

Fig. 43.

On peut encore déterminer l'inflammation des mélanges

(1) Les nombres placés entre parenthèse, à la suite des équations, représentent les quantités de chaleur mises en jeu dans ces réactions; le signe + correspond aux réactions exothermiques, le signe — aux réactions endothermiques.

détonants en faisant éclater une étincelle électrique dans le gaz.

56. — Le chlore se combine à l'hydrogène avec dégagement de chaleur pour donner de l'acide chlorhydrique. Un mélange, à volumes égaux, d'hydrogène et de chlore, fait dans l'obscurité, détone violemment dès qu'on l'expose à la lumière solaire directe. Il se forme de l'acide chlorhydrique ClH.

L'hydrogène se combine à un grand nombre de métaux pour former des hydrures dont certains peuvent être assimilés à de véritables alliages. Les hydrures de potassium et de sodium, notamment, K^2H et Na^2H, ont la blancheur et l'éclat de l'argent. Ces corps peuvent être obtenus en chauffant le métal dans l'hydrogène.

Le palladium forme, avec l'hydrogène, un hydrure Pd^2H^2 peu stable; mais il peut absorber des quantités considérables d'hydrogène, qu'il retient énergiquement à froid, *même dans le vide*. Pour chasser l'hydrogène absorbé, il faut chauffer vers 100°; pour déterminer l'absorption, il suffit de chauffer le métal dans une atmosphère d'hydrogène et de laisser refroidir lentement. Il est extrêmement probable que l'hydrogène, dans cette expérience, éprouve une modification allotropique. Graham (1805-1869), qui a beaucoup étudié ces phénomènes, a pu faire absorber au palladium jusqu'à 980 fois son volume d'hydrogène. Il a donné le nom d'*occlusion* à cette sorte de pénétration de l'hydrogène dans le palladium.

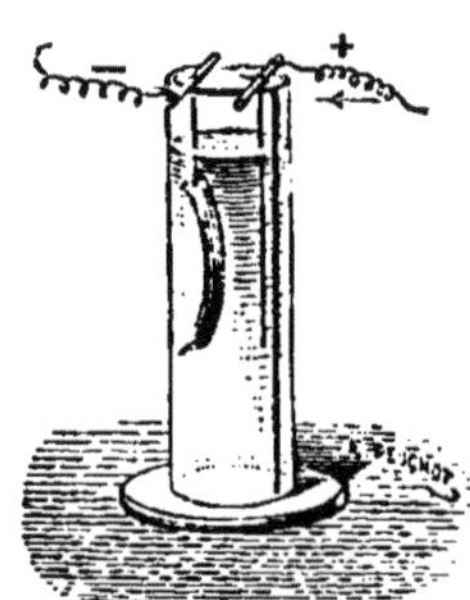

Fig. 44.

On peut faire, à ce sujet, une expérience très élégante. Une lame de palladium (*fig.* 44), mince et un peu longue, est vernie sur une de ses faces et reliée au pôle négatif d'une pile; on la plonge dans un cristallisoir plein d'eau acidulée par l'acide sulfurique, en même temps qu'un fil de platine relié au pôle positif de la pile. Quand le courant passe, l'hydrogène se rend à la lame de palladium, est absorbé par la face non vernie, de telle sorte que la lame se recourbe et s'enroule en spirale, le côté verni étant en dedans de la spirale. On chasse l'hydrogène en intervertissant le sens du courant. L'oxygène vient alors se dégager sur le palladium et lui enlève son hydrogène. La lame se redresse et s'infléchit même légèrement en sens inverse, à cause de la contraction qui accompagne l'expulsion de l'hydrogène.

57. Action réductrice de l'hydrogène. — L'affinité de l'hydrogène pour l'oxygène explique la décomposition d'un grand nombre d'oxydes métalliques par ce gaz. Ces actions portent le nom de *réductions*. On dit que l'hydrogène est un corps *réducteur*. Les oxydes réductibles par l'hydrogène sont ceux dont la formation dégage moins de chaleur que celle de l'eau dans les conditions de l'expérience.

L'expérience réussit très bien avec l'oxyde ferrique et l'oxyde de cuivre noir (CuO). L'oxyde pulvérisé est placé en couche mince dans un tube en verre vert A, dont on a effilé

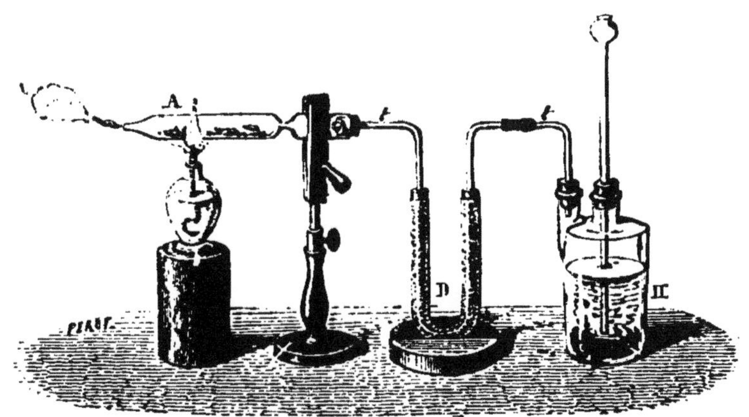

Fig. 45. — Réduction des oxydes par l'hydrogène.

l'extrémité (*fig.* 45). On fait passer sur l'oxyde un courant d'hydrogène *sec*. Quand l'air a été balayé de l'appareil, on chauffe le tube A et on ne tarde pas à constater un abondant dégagement de vapeur d'eau. Avec l'oxyde ferrique, la composition du résidu varie suivant les conditions de l'expérience. Avec l'oxyde de cuivre, on obtient du cuivre métallique.

$$CuO + H^2 = Cu + H^2O \text{ (gaz)}$$

Oxyde de cuivre.		Eau.	
39,8		58,2	différ. : + 18,4

L'hydrogène réduit également un certain nombre d'autres corps, comme nous le verrons plus loin.

58. Caractère chimique de l'hydrogène. — L'hydrogène occupe une place à part parmi les corps simples. Ce n'est, à proprement parler, ni un métalloïde ni un métal. Cependant, par l'ensemble de ses propriétés, il est plus voisin des métaux que des métalloïdes. Il semble posséder une conductibilité électrique et une conductibilité calorifique dont les métalloïdes et les autres gaz sont dépourvus; il est à peu près aussi électropositif que le fer et le zinc; il peut se substituer aux métaux dans certains sels et, inversement, les métaux peuvent se substituer à lui dans les acides; ces réactions rappellent les précipitations des métaux les uns par les autres dans les sels (456).

Préparation. — On retire principalement l'hydrogène de l'eau ou de certains acides.

59. *Préparation à partir de l'eau.* — 1° *Action du fer sur la vapeur d'eau au rouge.* Dans un tube de grès on

Fig. 46. — Action du fer sur la vapeur d'eau.

introduit une tresse en fil de fer fin; on adapte à l'une des extrémités du tube une petite cornue contenant de l'eau, à l'autre un tube *abducteur* se rendant dans une cuve à eau (*fig.* 46) ; ce tube débouche au centre d'un *têt à gaz* en terre (*fig.* 47), qui supporte une cloche en verre pleine d'eau. Le tube de grès étant fortement chauffé dans un fourneau, on fait bouillir l'eau de la cornue. La vapeur, en passant sur le fer, lui cède son oxygène ; le fer se transforme en oxyde magnétique Fe^3O^4.

Fig. 47.
Têt à gaz.

$$3Fe + 4H^2O = Fe^3O^4 + 4H^2$$

Oxyde magnétique de fer.

4 × 58,2 = 232,8 — 270,6 — différ. : + 37,8.

2° *Electrolyse de l'eau.* — Lorsqu'on fait passer un courant électrique dans un *voltamètre* (*fig.* 48) contenant de l'eau acidulée par l'acide sulfurique, on recueille de l'hydrogène à l'électrode positive et de l'oxygène à l'électrode négative. Ce fait est resté longtemps sans application pratique. Mais aujourd'hui on l'utilise pour la préparation industrielle de l'hydrogène destiné à gonfler les ballons. M. le commandant Renard a fait construire de grands voltamètres dans lesquels les électrodes sont constituées par de larges plaques de tôle séparées par une cloison poreuse en toile d'amiante. Le liquide électrolysé est une dissolution de soude caustique [NaOH] à 15 p. 100. Ces appareils donnent de bons résultats. On peut recueillir également l'oxygène qu'ils dégagent (1).

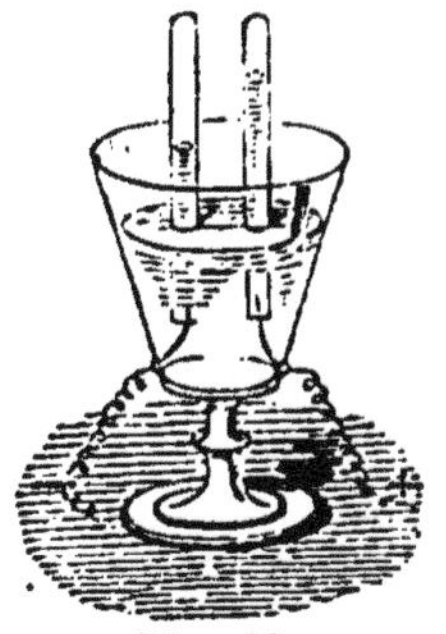

Fig. 48.
Voltamètre.

60. *Préparation par les acides.* — On emploie l'acide chlorhydrique ou l'acide sulfurique, dont on chasse l'hydrogène par le zinc ou le fer (37).

On remplit d'eau, au tiers, un flacon de verre bitubulé et on y place quelques lames de zinc du commerce ; on ferme

(1) Pour l'explication de ces décompositions, voy. n° 71 *bis*.

avec des bouchons percés de trous, dont l'un laisse passer un tube à entonnoir et l'autre un tube abducteur (*fig.* 49) se rendant sur la cuve à eau. On verse peu à peu de l'acide sulfurique ou de l'acide chlorhydrique par l'entonnoir; les bulles d'hydrogène apparaissent aussitôt sur les lames de zinc, se dégagent et vont se rassembler dans l'éprouvette dressée

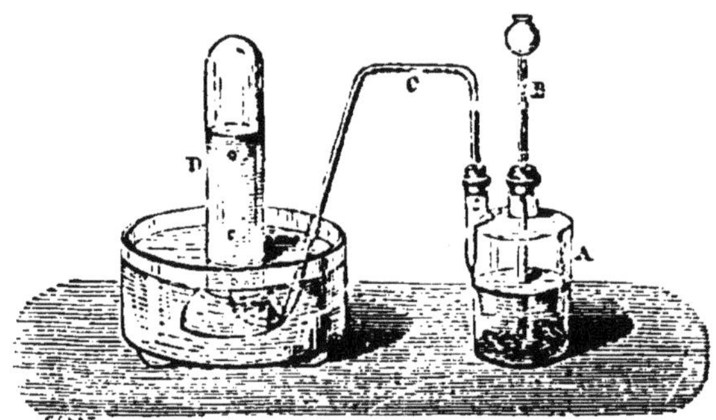

Fig. 49. — Préparation de l'hydrogène.

sur la cuve à eau. On peut remplacer le zinc par des clous en fer ou de la tournure de fer. L'hydrogène qui servait à gonfler le ballon captif de l'Exposition de 1878 était préparé par l'action de l'acide sulfurique sur le fer.

Voici les équations qui rendent compte de ces réactions :

$$\underset{}{Zn_{II}} + \underset{\text{Acide sulfurique.}}{SO^4H^2} = \underset{\text{Sulfate de zinc.}}{SO^4Zn_{II}} + H^2 \;;\; Zn_{II} + \underset{\text{Acide chlorhydrique.}}{2ClH} = \underset{\text{Chlorure de zinc.}}{Cl^2Zn} + H^2$$

$$Fe_{II} + SO^4H^2 = SO^4Fe_{II} + H^2 \;;\; Fe_{II} + 2ClH = Cl^2Fe + H^2.$$

61. *Purification.* — L'hydrogène obtenu par l'action des acides sur le zinc du commerce n'est pas pur; il a une mauvaise odeur due à la présence de produits volatils fétides résultant de l'union avec l'hydrogène des impuretés du métal (soufre et arsenic); si on a employé le fer, les impuretés du gaz sont constituées par des combinaisons hydrogénées du silicium, du phosphore, du soufre, du carbone. Pour arrêter ces corps, qui sont tous gazeux, on peut faire passer le gaz dans un tube contenant de la tournure de cuivre chauffée au rouge. On peut faire cette purification à froid en remplaçant la tournure de cuivre par de l'oxyde de cuivre précipité (1), puis séché à 100°. Les composés de carbone et d'hydrogène sont les seuls qui ne soient pas arrêtés dans ces conditions. On peut les retenir, mais imparfaitement, avec de la pierre ponce imbibée d'acide sulfurique.

Le zinc, ne donnant jamais lieu à la formation d'hydrocarbures, doit être préféré au fer quand on veut avoir un gaz bien pur. Le tube purificateur doit être suivi d'un tube en U contenant de la potasse caustique qui retient la vapeur d'eau toujours entraînée par le gaz.

62. *Appareil continu.* — On a très souvent besoin, dans les laboratoires, d'obtenir un courant continu d'hydrogène. On a imaginé plusieurs appareils permettant d'atteindre ce résultat. On utilise l'action du zinc sur l'acide chlorhydrique.

a. *Appareil de Deville.* — Il se compose de deux flacons

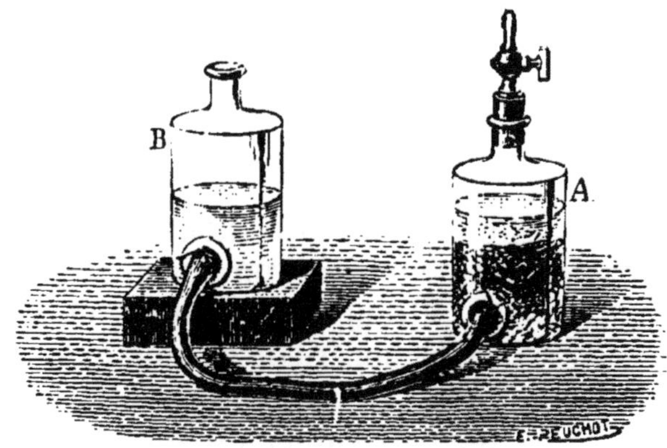

Fig. 50. — Appareil de Deville

à tubulure inférieure, réunis par un tube de caoutchouc (*fig.* 50). Un de ces flacons A reçoit une couche de verre

(1) Précipité par exemple, d'une dissolution de sulfate de cuivre par la potasse.

$$SO^4Cu + 2KOH = SO^4K^2 + Cu(OH)^2.$$

L'hydrate $Cu(OH)^2$, chauffé, se déshydrate et se transforme en oxyde.

$$Cu(OH)^2 = CuO + H^2O.$$

concassé ou de brique pilée, qui s'élève jusqu'un peu au-dessus de la tubulure latérale. Le zinc en lames est placé sur cette couche et le flacon est fermé par un bouchon traversé par un tube muni d'un robinet. On met dans le second flacon B de l'acide chlorhydrique du commerce étendu de 4 ou 5 fois son volume d'eau. Quand on verse l'acide, le robinet doit être ouvert. Le liquide se met au même niveau dans les deux flacons, le zinc est attaqué et l'hydrogène qui se dégage chasse peu à peu l'air du flacon A. Quand il est complètement chassé, on ferme le robinet; l'hydrogène, se trouvant confiné dans un espace clos, refoule peu à peu le liquide dans le flacon B; l'action s'arrête quand le niveau de l'acide descend au-dessous du dernier copeau de zinc. L'appareil est prêt à servir. Quand on voudra obtenir un courant d'hydrogène, il n'y aura plus qu'à ouvrir le robinet; on soulèvera en même temps, plus ou moins, le flacon B, pour régler la pression sous laquelle doit se faire l'écoulement du gaz.

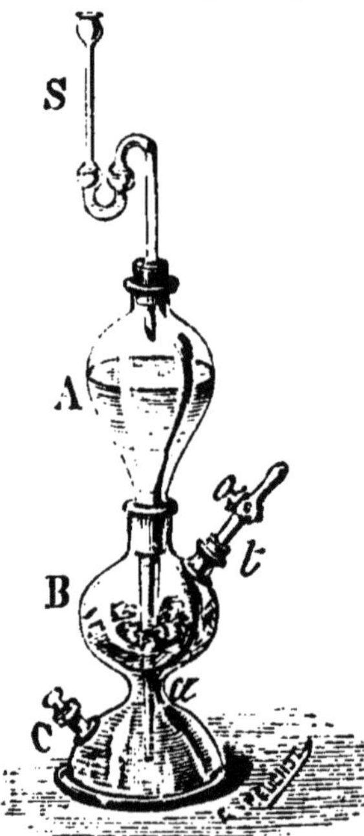

Fig. 51. — Appareil de Kipp.

D. *Appareil de Kipp.* — Il se compose de deux flacons A et B (*fig.* 51). A est une sorte d'allonge munie d'un tube en S dont la courbure contient de l'eau. Cette allonge pénètre à frottement dans un flacon B présentant un étranglement en *a;* on garnit le globe supérieur de zinc qu'on fait reposer sur des fragments de brique, de porcelaine, de verre ou de coke. B porte un tube à robinet *t*, et une tubulure *c* permettant de vider l'appareil sans le démonter. On met en A l'acide chlorhydrique. Le fonctionnement de cet appareil est aisé à comprendre. Quand il ne sert pas, la pression de l'hydrogène fait remonter l'acide dans l'allonge A, jusqu'au moment où son niveau, dans le flacon B, est arrivé au-dessous du zinc; pour obtenir un courant gazeux, il n'y a qu'à ouvrir le robinet du tube *t*.

Le voltamètre à soude et électrodes en fer peut encore fonctionner comme appareil continu, et très commodément. On a construit des modèles rendant de grands services dans les laboratoires.

63. État naturel. — L'hydrogène libre existe parmi les gaz qui se dégagent des volcans. Il existe également dans l'atmosphère du soleil. Les *protubérances* qui dépassent le disque, et qui sont bien visibles au moment des éclipses de soleil, sont constituées par des jets d'hydrogène incandescent s'étendant à des distances prodigieuses de la surface. L'hydrogène est un des éléments de l'eau; c'est aussi un des éléments essentiels des corps organiques. Il existe à l'état de combinaisons, plus ou moins complexes, chez tous les êtres vivants.

64. Usages. — L'hydrogène est souvent employé dans les laboratoires pour réaliser des réductions; on l'utilise aussi comme atmosphère artificielle pour effectuer certaines réactions qui ne pourraient être effectuées dans l'air.

On l'emploie également pour gonfler les ballons. A cause de sa grande légèreté il permet d'obtenir, à égalité de volume, une force ascensionnelle notablement supérieure à celle que donne le gaz d'éclairage. La différence entre le poids du mètre cube d'air et le poids du mètre cube d'hydrogène est, en effet, égal à 1203 grammes dans les conditions normales; la valeur moyenne de la différence, pour le gaz d'éclairage, est de 693 grammes seulement. L'emploi de l'hydrogène au gonflement des ballons a été indiqué par le physicien Charles (1746-1823), l'année même de l'invention des aérostats (1783).

Enfin on utilise l'énorme dégagement de chaleur qui accompagne la combustion de l'hydrogène pour fondre le platine et les métaux réfractaires. L'appareil employé porte le nom de chalumeau oxhydrique (*fig.* 52). Sous sa forme

la plus perfectionnée il se compose de deux tubes ayant même axe ; le tube intérieur A est terminé par un ajutage muni d'un orifice étroit et amène l'oxygène ; l'hydrogène arrive par l'espace annulaire. Des robinets placés sur chacun des conduits aboutissant à ces tubes permettent de régler

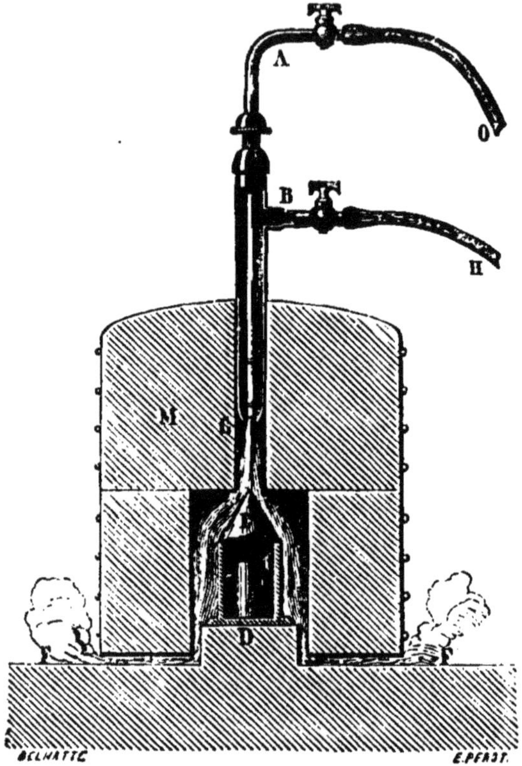

Fig. 52. — Chalumeau oxhydrique.

l'arrivée des gaz contenus dans des gazomètres séparés. Le gaz en brûlant ne doit produire ni ronflement ni sifflement, si les robinets sont bien réglés.

Pour fondre le platine, on le place dans un creuset en chaux vive dont la disposition est indiquée sur la figure.

On a calculé que la flamme de l'hydrogène brûlant dans l'oxygène atteint une température de 2500° ; sa température est moins élevée quand on la met en contact avec des corps solides, mais on peut encore l'évaluer, dans ce cas, à 1 900 ou 2000°. Le platine fond à 1775°.

La flamme de l'hydrogène est très pâle; on peut cependant utiliser cette flamme à produire une vive lumière en dirigeant le dard du chalumeau oxhydrique sur un crayon de chaux

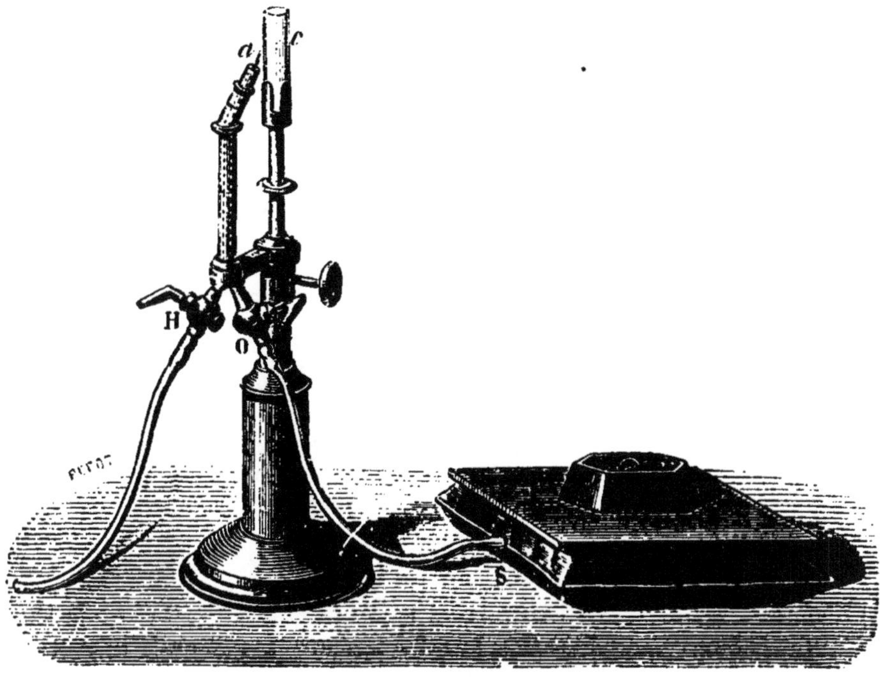

Fig. 53. — Lumière de Drummond.

vive ou de magnésie (*fig.* 53). Le solide est porté à l'incandescence et prend un éclat insoutenable (1). On peut encore obtenir de bons résultats en substituant le gaz d'éclairage à l'hydrogène, mais la lumière est moins vive. Cette lumière est employée pour les projections quand on ne dispose pas de la lumière électrique.

(1) C'est l'ingénieur militaire anglais Drummond (1797-1840) qui eut le premier l'idée d'utiliser la chaux incandescente comme source de lumière. La première lampe, construite en 1826, fut employée comme signal pour des opérations géodésiques faites dans une région brumeuse de l'Irlande.

Historique

65. — L'hydrogène, se dégageant dans l'action du fer sur l'huile de vitriol (acide sulfurique), a dû être connu des alchimistes. Paracelse, célèbre médecin suisse (1493-1541), semble être le premier qui ait mentionné un dégagement gazeux dans cette réaction. On trouve de loin en loin des remarques sur l'inflammabilité et la mauvaise odeur des vapeurs résultant de la dissolution du fer dans le vitriol (Turquet, 1573). Boyle recueillit le premier de l'hydrogène, mais sans le caractériser (voy. note sur les gaz). Lémery (1700), en jetant de la limaille de fer dans un matras contenant de l'huile de vitriol et de l'eau, a pu enflammer le gaz qui se dégageait à l'orifice du matras. C'est Cavendish (1766) qui a le premier distingué l'hydrogène des autres gaz connus alors et a fait connaître ses principales propriétés ; il l'a appelé air *inflammable*. C'est à Lavoisier qu'on doit le nom d'*hydrogène* (*udôr*, eau, *gennaô*, j'engendre).

CHAPITRE VI

OXYGÈNE. — EAU

OZONE. — EAU OXYGÉNÉE

OXYGÈNE

Poids atomique : $O = 16$.
— moléculaire : $O^2 = 32$.
Équivalent : 8.

66. Propriétés physiques. — L'oxygène est un gaz incolore, inodore, insipide : sa densité est 1,1056. Un litre d'oxygène à 0°,760^{mm} pèse $1^{gr},293 \times 1,1056 = 1^{gr},430$. Il est peu soluble dans l'eau et dans l'alcool. A 0°, l'eau en dissout à peu près 0,04 de son volume, et l'alcool 0,28. Il se dissout dans l'argent, l'or et la litharge (oxyde de plomb) fondus, et se dégage pendant le refroidissement en soulevant par endroits la croûte solide formée, ce qui rend la surface rugueuse (rochage).

Changements d'état. — Le point critique de l'oxygène est — 118°. Sa pression critique est 50 atmosphères. Il a été liquéfié pour la première fois par M. Cailletet [emploi de la détente (53)] en décembre 1877 et par M. Pictet en janvier 1878 ; dans les expériences de M. Pictet, le gaz produit en grande quantité dans un espace clos atteignait une pression de 525 atmosphères : le vase où il se comprimait était placé dans un récipient contenant de l'anhydride carbonique liquéfié au-dessus duquel on faisait le vide ; la température atteignait — 130 à — 140°. Aujourd'hui on peut obtenir l'oxygène liquide en assez grande quantité pour en faire l'étude, en comprimant le gaz au moyen d'une pompe dans un tube entouré d'*éthylène* liquide au-dessus duquel on fait le vide. On obtient un liquide incolore, dont la densité est voisine de celle de l'eau. Il bout à — 181°,5 sous la pression atmosphérique, vers — 200° dans le vide.

67. *Modification allotropique.* — Sous l'action de l'électricité et de la chaleur, ainsi que dans certaines réactions, l'oxygène se transforme en un gaz odorant, dont la densité est une fois et demie celle de l'oxygène, et dont l'activité chimique est beaucoup plus grande. On appelle *effluve* ou *décharge obscure* le mode d'application de l'électricité qui donne les meilleurs résultats pour la transformation. Le gaz est placé entre deux conducteurs de large surface, isolés l'un de l'autre, et mis en relation avec les deux pôles d'une *bobine d'induction* (85-86).

Propriétés chimiques. — 68. *Combustions vives.* — L'oxygène est doué d'affinités énergiques. Il peut se combiner directement à la plupart des corps simples, avec dégagement de chaleur. Le fluor, le chlore et l'azote parmi les métalloïdes, l'argent, l'or et le platine parmi les métaux, font seuls exception. Dans certaines combinaisons le dégagement de chaleur est assez grand pour que les corps soient portés à l'incandescence (production de lumière). Ces combinaisons ont reçu de Lavoisier le nom de *com-*

bustions vives. Nous avons vu (55) que l'hydrogène peut brûler dans l'oxygène. Dans les cours on fait les expériences suivantes :

1° Dans un flacon plein d'oxygène, on introduit un petit *têt à combustion* contenant un fragment de phosphore bien sec, et enflammé (on peut l'enflammer avec une tige de fer légèrement chauffée dans la flamme d'un bec de gaz) (*fig.* 54). Le phosphore brûle avec une flamme éblouissante en répandant d'épaisses fumées blanches d'anhydride phosphorique P^2O^5 (365,4 cal. dégagées pour une molécule P^2O^5). Ces fumées se dissolvent si on verse de l'eau dans le flacon après l'avoir laissé refroidir, et donnent une liqueur rougissant fortement le tournesol (couleur rouge pelure d'oignon).

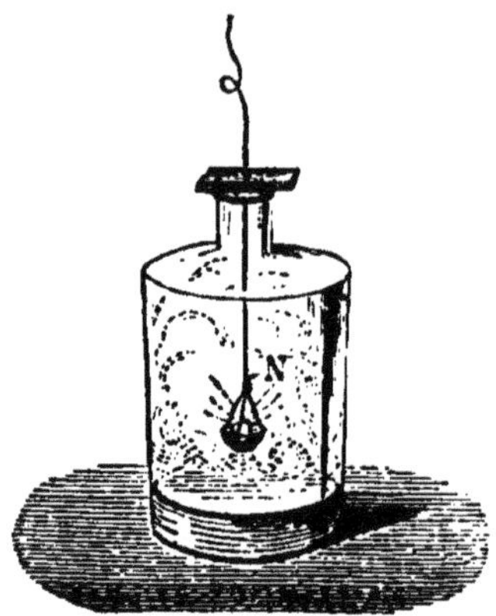

Fig. 54.— Combustion du soufre et du phosphore.

2° On répète l'expérience en remplaçant le phosphore par du soufre. La flamme est bleu violacé, il se produit de l'anhydride sulfureux SO^2 (69,2 cal. pour une molécule SO^2). Quand le flacon est refroidi, on y verse de l'eau et on agite; le gaz est en grande partie absorbé, et la dissolution colore le tournesol en rouge vif.

3° On introduit dans un flacon d'oxygène un morceau de charbon taillé en pointe et dont la pointe est portée au rouge dans la flamme d'un bec de gaz (*fig.* 55). Le charbon continue à brûler avec une flamme pâle, courte; après la combustion il reste un gaz soluble dans l'eau, et dont la dissolution colore le tournesol en rouge lie de vin (rouge vineux). Ce gaz est l'anhydride carbonique CO^2. (94 cal. pour une molécule CO^2.)

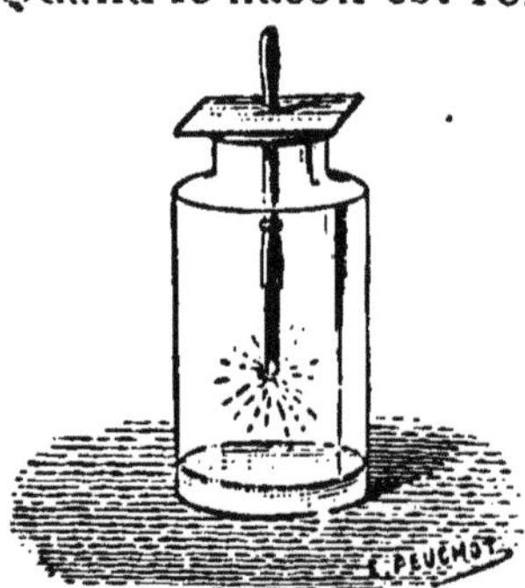

Fig. 55. — Combustion du charbon.

Cette réaction sert à caractériser l'oxygène; une allumette en bois dont l'extrémité est carbonisée, mais qui présente encore quelques points rouges, se rallume quand on la plonge dans le gaz. Il en est de même d'une bougie qu'on vient d'éteindre, et dont la mèche est encore rouge au bout.

4° On *recuit* au rouge un ressort de montre, on l'enroule en spirale autour d'une baguette de verre, puis on accroche à une des extrémités un morceau d'amadou, et on fiche l'autre dans un bouchon plat. Après avoir enflammé l'amadou, on introduit la spirale dans une *cloche à douille* remplie d'oxygène et reposant sur une assiette contenant de l'eau (*fig.* 56). La combustion de l'amadou échauffe le fer qui rougit bientôt, entre en combinaison avec l'oxygène et lance de tous côtés des étincelles éblouissantes, constituées par de l'oxyde magnétique Fe^3O^4 porté au rouge blanc par la chaleur dégagée (270,6 cal. pour une molécule contenant $3 \times 56 = 168$ grammes de fer). Ces globules sont souvent assez chauds pour s'incruster dans l'assiette après avoir traversé une couche d'eau de un ou deux centimètres d'épaisseur.

Fig. 56. — Combustion du fer.

Un grand nombre de corps composés brûlent dans l'oxygène (ou dans l'air) avec incandescence; on peut citer le gaz d'éclairage, les corps gras, les produits volatils qui se dégagent du bois fortement chauffé, etc. Les produits principaux de la combustion sont ceux que donneraient, en brûlant séparément, les éléments du composé; ainsi, SH^2 donne SO^2 et H^2O (193).

69. *Oxydations ou combustions lentes.* — Un certain nombre de corps se combinent à l'oxygène dès la température ordinaire; la combinaison se fait alors assez lentement, dans un grand nombre de cas, pour que la chaleur dégagée se dissipe au fur et à mesure de sa production, et n'échauffe pas les corps. Lavoisier a donné à ce genre d'oxydations le nom de combustions lentes.

Le phosphore s'oxyde à froid dans l'air humide. Les produits de cette oxydation sont assez complexes. Le fer s'oxyde également à froid, sous l'action combinée de l'oxygène, de la vapeur d'eau et de l'anhydride carbonique que contient l'air. Il se forme un sesquioxyde hydraté qui est la rouille (la formation d'une molécule de sesquioxyde Fe^2O^3 hydraté dégage 191,2 calories). La respiration est accompagnée d'une véritable combustion des tissus animaux par l'oxygène de l'air inspiré. La chaleur dégagée dans cette combustion maintient constante la température du corps des animaux supérieurs, en dépit des variations de la température ambiante.

70. Préparation. — Dans les laboratoires on se procure de l'oxygène en décomposant des corps qui en contiennent une grande quantité et sont capables de le céder assez facilement.

1° *Par le bioxyde de manganèse.* Le bioxyde de manganèse naturel est un minéral noir formé de bioxyde MnO^2 mélangé à des matières étrangères (sable, calcaire, azotates, oxydes hydratés), en proportions variables. Fortement chauffé, ce corps cède de l'oxygène et se transforme en *oxyde rouge* de manganèse Mn^3O^4.

$$\underset{\text{Bioxyde de manganèse.}}{3MnO^2} = \underset{\text{Oxyde rouge.}}{Mn^3O^4} + O^2$$

Le poids moléculaire du bioxyde étant 87, 3 × 87 ou 261 grammes de bioxyde dégagent 32 grammes ou 22 litres environ de gaz. La calcination du produit naturel, qui est impur, donne un rendement moindre. Ce procédé n'est plus guère employé, car il nécessite une installation encombrante (*fig.* 57). On met le minéral dans une cornue en grès que l'on place dans un fourneau à réverbère chauffé au charbon.

Le gaz obtenu au moyen du bioxyde de manganese n'est pas pur. Les oxydes hydratés dégagent de la vapeur d'eau, le calcaire (carbonate de chaux), de l'anhydride carbonique, les azotates, de l'azote. On peut arrêter l'anhydride carbonique par la potasse ou la soude, mais on ne peut pas débarrasser l'oxygène de l'azote qui l'accompagne.

2° *Par le chlorate de potassium.* Le chlorate de potassium ClO^3K est un produit artificiel, cristallisé en lamelles blanches brillantes, et que la chaleur décompose complètement en oxygène et chlorure de potassium. La décomposition a lieu en deux temps. Une partie de l'oxygène mis en

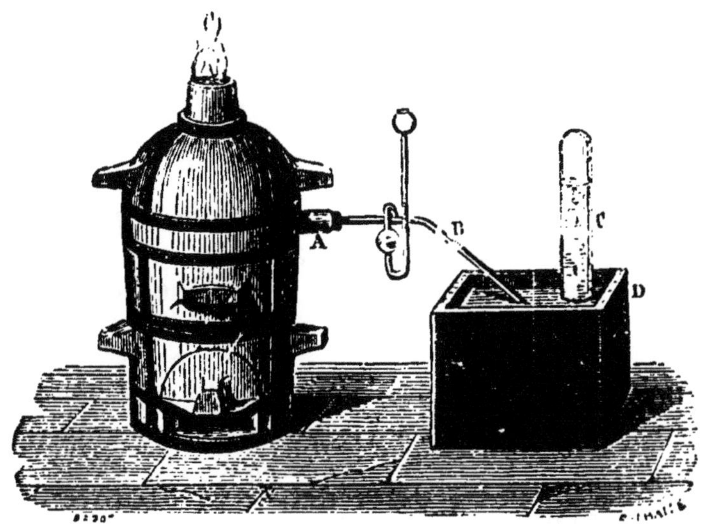

Fig. 57. — Préparation de l'oxygène.

liberté se porte sur le sel et forme du perchlorate ClO^4K, plus difficile à détruire que le chlorate. La réaction, après avoir bien marché pendant quelque temps, se ralentit, et il faut alors élever davantage la température, pour décomposer le perchlorate. Les équations suivantes rendent compte de ces réactions :

1° $$2ClO^3K = ClK + ClO^4K + O^2$$

Chlorate de potassium. Chlorure de potassium. Perchlorate de potassium.

2° $$ClO^4K = ClK + 2O^2$$

On fait l'opération dans une cornue de verre qu'on chauffe sur un bec de gaz (*fig.* 58). Il faut éviter un échauffement

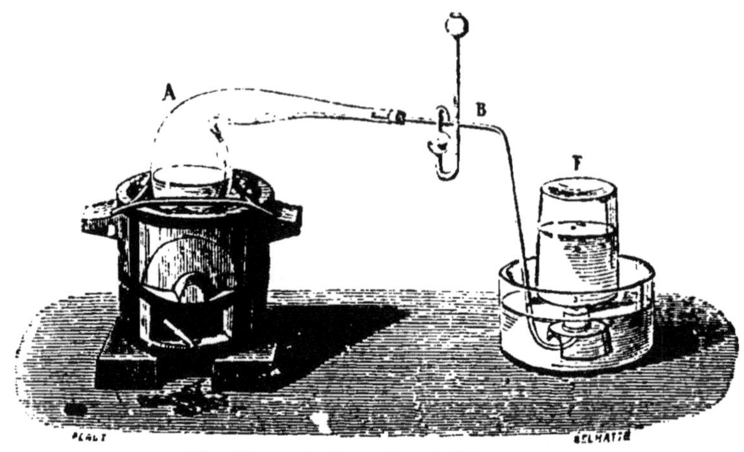

Fig. 58. — Préparation de l'oxygène.

trop brusque, car la décomposition du chlorate pourrait devenir explosive, et déterminer la rupture de l'appareil. L'oxygène recueilli par ce procédé est pur quand la décomposition a été conduite régulièrement. La réaction est *exothermique* (1).

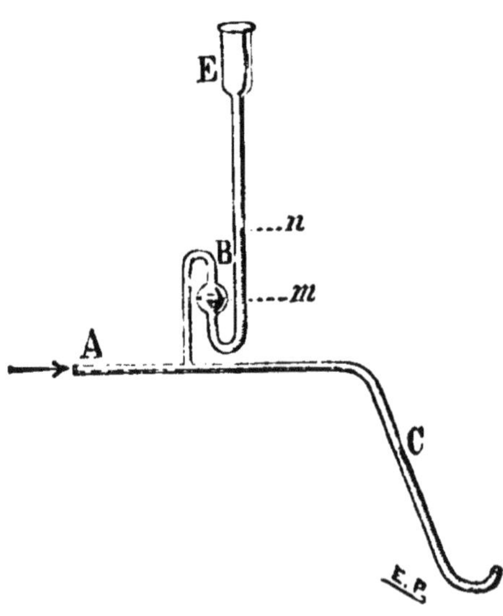

Fig. 59. — Tube de sûreté.

(1) Dans les préparations qui viennent d'être décrites on emploie quelquefois un tube abducteur de forme spéciale appelé tube de sûreté ou tube de Welter. Sur le tube abducteur ordinaire est soudé à angle droit un tube deux fois recourbé muni d'un renflement B. Dans la courbure on met de l'eau ou de l'acide sulfurique. Le gaz qui se dégage et pénètre dans le tube en A, est ainsi isolé de l'air extérieur (*fig.* 59). Pendant le dégagement, la pression dans l'appareil est plus grande que la pression atmosphérique, aussi le niveau de l'eau est-il plus bas dans la boule que dans le tube E. Si à un

3° *Emploi simultané du chlorate de potassium et de l'oxyde de manganèse.* La décomposition du chlorate de potassium s'effectue régulièrement sans production de perchlorate, si on le mélange avec son poids de bioxyde de manganèse en poudre, ou mieux d'oxyde salin Mn^3O^4 ou d'oxyde de cuivre noir. On prend des poids égaux des deux substances. L'oxyde ne subit aucune altération, et peut servir pour une autre opération, après que des lavages prolongés à l'eau bouillante l'ont débarrassé du chlorate de potassium qui a pu échapper à la réaction, et du chlorure de potassium qui s'est

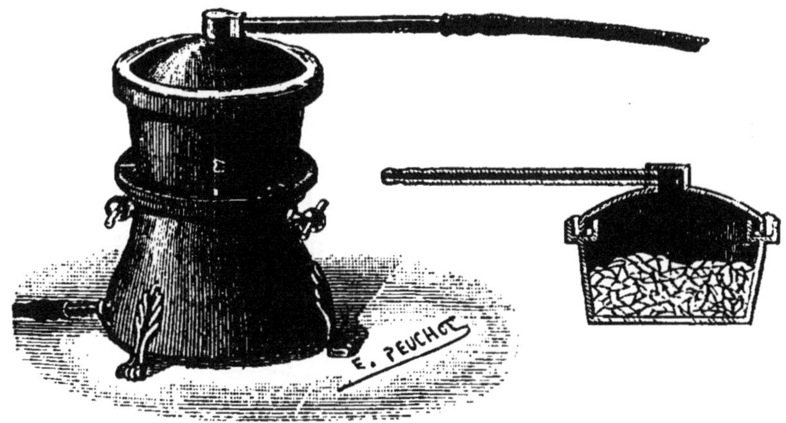

Fig. 60. — Cornue inexplosible.

formé. On n'a pu encore expliquer cette action de l'oxyde ajouté. Pour préparer de petites quantités d'oxygène, on garnira avec le mélange fait à l'avance le fond d'un ballon dont le col est fermé par un bouchon supportant le tube abducteur; on chauffera sur un bec de gaz. Quand on veut

moment quelconque la pression intérieure devient inférieure à la pression extérieure (abaissement fortuit de la température, ralentissement ou arrêt momentané de la réaction), l'eau de la cuve monte dans la branche C. Mais, en même temps, la dénivellation dans la courbure va changer de sens; et, comme le diamètre de la boule est notablement supérieur à celui du tube E, le niveau *n* atteindra la courbure inférieure avant que le niveau *m* atteigne la courbure supérieure, si la quantité de liquide mise dans le tube en S est convenable; de l'air entrera alors dans l'appareil, la pression se rétablira, et l'ascension de l'eau dans la branche C s'arrêtera. On empêche ainsi l'eau froide de pénétrer dans la cornue, ce qui la ferait infailliblement rompre.

préparer de grandes quantités d'oxygène, on place le mélange dans une cornue en fer formée de deux parties s'emboîtant l'une dans l'autre et lutée (1) au plâtre. Dans certaines de ces cornues on peut introduire jusqu'à 1 kilogramme de mélange (*fig.* 60). On raccorde le col de la cornue avec un flacon laveur contenant une dissolution de soude, destinée à arrêter les traces de chlore qui se forment presque toujours dans cette réaction; dans ce flacon se déposent également les poussières qu'a pu entraîner le gaz. Si une brusque augmentation de la pression intérieure se produit, le joint de plâtre cède, et par les fissures l'excès de gaz se dégage. On peut ainsi éviter des explosions qui seraient dangereuses. Du flacon laveur, le gaz se rend aux appareils où on le conserve : 500 grammes de chlorate de potasse peuvent fournir environ 130 litres d'oxygène.

Ce sont là les procédés classiques de préparation employés dans les cours. On peut en signaler d'autres.

4° Si on chauffe du dichromate de potassium et de l'acide sulfurique, on obtient de l'oxygène et un résidu vert qui est de l'alun de chrome.

$$\underset{\text{Dichromate de potassium.}}{Cr^2O^7K^2} + 4SO^4H^2 = \underbrace{SO^4K^2 + (SO^4)^3[Cr^2]_{vi}}_{\text{Alun de chrome.}} + 4H^2O + O^3$$

Cette réaction marche très régulièrement et est d'un emploi très commode.

5° Le grand chimiste suédois Scheele (1742-1786) a montré qu'on obtient de l'oxygène en traitant le bioxyde de manganèse par l'acide sulfurique.

$$MnO^2 + SO^4H^2 = \underset{\text{Sulfate de manganèse.}}{SO^4Mn_{II}} + H^2O + O.$$

6° Enfin, Lavoisier a indiqué comme source d'oxygène la calcination de l'oxyde rouge de mercure. Mais on n'a pas recours à ces deux derniers procédés.

(1) Luter un appareil, c'est appliquer sur les parties par où les gaz pourraient fuir (fentes, intervalles entre les goulots et les bouchons) une pâte molle qui durcit en séchant et forme joint hermétique ; on lute au plâtre, à l'argile, etc...

Industrie. — Les préparations précédentes fournissent de l'oxygène à un prix beaucoup trop élevé pour qu'on puisse les appliquer en grand. On a essayé de retirer l'oxygène de l'air. Boussingault (1) (1802-1887) a indiqué les réactions suivantes. 1° De l'air passant sur de la baryte chauffée au rouge sombre y laisse son oxygène qui forme du bioxyde de baryum.

$$BaO + O = BaO^2.$$

2° A une température plus élevée, le bioxyde se décompose en dégageant l'oxygène absorbé dans l'opération précédente : le résidu est de la baryte qui est prête à servir de nouveau. Ce procédé est très économique, mais, après un certain nombre d'oxydations et de réductions successives, la baryte s'effrite et n'absorbe plus bien l'oxygène. On a rendu le procédé pratique en opérant à température constante et par variation de pression ; le bioxyde de baryum, en effet, perd son oxygène dès le rouge sombre quand on diminue la pression au-dessus de lui. On fait passer pendant quelques minutes un courant d'air sur la baryte chauffée à 700°, puis on raréfie le gaz pour extraire l'oxygène absorbé, etc. (Procédé Brin.)

On obtient de l'oxygène très pur en recueillant celui qui se dégage dans l'électrolyse de la dissolution de soude caustique (59). Ce procédé est en usage dans quelques laboratoires.

71. Etat naturel. — L'oxygène se trouve dans l'air, *mélangé* à l'azote. Il est combiné à l'hydrogène dans l'eau. Il entre dans les combinaisons les plus variées avec la plupart des éléments, dans les roches et les minéraux. Il constitue l'un des éléments essentiels des tissus des êtres vivants.

72. Usages. — L'oxygène de l'air entretient la combustion de nos foyers et des corps qui servent à nous éclairer (corps gras, huiles minérales). L'oxygène pur est employé pour préparer certains composés oxygénés, pour alimenter le chalumeau oxhydrique servant à fondre le platine, et à obtenir la lumière Drummond. On a proposé de l'employer au blanchiment des tissus, et à l'épuration du gaz d'éclairage.

(1) Chimiste français dont les travaux ont fait faire de très grands progrès à la chimie agricole et à l'agronomie.

Historique

73. — L'oxygène a été isolé pour la première fois par Priestley, qui l'obtint en chauffant fortement du salpêtre dans un canon de fusil (1772); en 1774, le même chimiste, essayant d'enflammer avec une forte lentille un peu d'oxyde rouge de mercure placé dans un ballon dressé sur la cuve à eau, reconnut qu'il se dégageait dans cette expérience un gaz possédant la propriété de donner plus d'éclat à la flamme d'une chandelle plongée dans ce gaz, « ce qui le surprit extrêmement. »

En 1776, il reconnut que le gaz était respirable, et formait avec l'hydrogène un mélange détonant. C'est en 1774 que Sheele obtint pour la première fois de l'oxygène en attaquant la *magnésie noire* (bioxyde de manganèse) par l'acide sulfurique. Sheele reconnut que le gaz était respirable. Il l'appela *air vital*. Il obtint encore de l'oxygène dans un grand nombre de réactions, mais il ne comprit pas plus que Priestley l'importance de la découverte qu'il venait de faire. Ces deux chimistes étudièrent soigneusement les propriétés du nouveau gaz, mais les idées régnantes sur la combustion, idées développées par Stahl (74) et dont ils étaient tous deux de fervents adeptes, les empêchèrent de reconnaître la vraie nature et le rôle de l'oxygène. Il était réservé à Lavoisier de fixer, dans des travaux restés célèbres et qui servirent de base à la chimie moderne, la nature et le rôle de l'oxygène. A partir de 1776, ce grand chimiste s'attacha à mettre en évidence l'action spéciale de l'*air vital* dans les phénomènes de la combustion et la respiration ; c'est lui qui le nomma *oxygène* (de *oxus*, acide, *gennaô*, j'engendre), à cause du rôle qu'il lui attribuait dans la formation des acides.

Notice historique sur la combustion

74. — La première observation qui eût pu conduire à une théorie de la combustion a été faite au dix-septième siècle par un pharmacien de Bergerac, nommé Brun, qui remarqua que l'étain chauffé à l'air augmente de poids. Le médecin Jean Rey, très versé dans les sciences physiques, auquel Brun communiqua sa découverte, entreprit des expériences destinées à l'expliquer, et, dans un ouvrage publié en 1630, conclut que l'augmentation de poids est due à l'*absorption de l'air épaissi*. Le chimiste anglais John Mayow (1645-1679) soupçonna l'existence dans l'air d'un principe comburant. A la même époque, Robert Boyle affirma qu'il y a dans l'air quelque chose qui est seul propre à entretenir la combustion; cette matière épuisée, la flamme s'éteint. Boyle connut d'ailleurs, ainsi que Black, l'augmentation de poids des métaux chauffés à l'air. Mais ces faits tombèrent rapidement dans l'oubli; d'ailleurs, personne n'en avait tiré de conclusion. La première théorie de la combustion, imaginée par l'Allemand Becher (1635-1682) et perfectionnée par son élève Stahl, est célèbre sous le nom de théorie du *phlogistique*. Elle a régné sans rivale pendant tout le dix-huitième siècle. Nous avons déjà dit qu'elle a rendu stériles les efforts tentés par Sheele pour connaître la nature de l'oxygène. Voici les traits fondamentaux de cette théorie. Un corps combustible résulte de l'union d'un corps non combustible avec un élément immatériel, impondérable, le *phlogistique* (qui était, en quelque sorte, le principe même du feu). Plus un corps est combustible, plus il contient de phlogistique. La combustion le lui fait perdre. Ainsi, un métal n'est qu'une *chaux métallique* (ce que nous appelons aujourd'hui un *oxyde*) combinée avec du phlogistique. La chaleur détruit cette combinaison, et la calcination du métal donne la chaux; le phlogistique se dégage. Le charbon, corps extrêmement riche en phlogistique, peut en céder à ceux qui en sont dépourvus. Une chaux, chauffée avec du charbon, lui enlève du phlogistique et repasse à l'état de métal.

Cette théorie, qui avait l'avantage de rapprocher l'oxydation des métaux à l'air de la réduction des oxydes par le charbon, et d'établir une relation précise entre ces deux classes de corps, avait un défaut capital : elle ne tenait aucun compte de l'augmentation de poids qui accompagne la calcination des métaux à l'air; c'était une explication à rebours, en quelque sorte, renversant le sens des phénomènes. Lavoisier commença, en 1772, à la battre en brèche; vers la fin de cette année 1772, il déposa à l'Académie des sciences un pli cacheté, qui fut ouvert l'année suivante et dans lequel il signalait l'augmentation du poids de l'étain chauffé à l'air. Son mémoire sur la calcination des métaux fut communiqué à l'Académie en 1774; il y montre que si l'opération a lieu en vase clos, le volume de l'air diminue et que l'augmentation de poids du métal représente exactement le poids de l'air qui rentre dans le vaisseau au moment de son ouverture (1). Tel est le point de départ des expériences qui ont conduit l'illustre chimiste à formuler la vraie théorie de la combustion. Parmi elles, il faut signaler la célèbre expérience faite sur l'oxyde de mercure, que nous décrirons plus loin (103) et de laquelle il conclut que la *chaux* de mercure (oxyde) résulte de la combinaison avec le mercure de l'*air vital* (oxygène) contenu dans l'air, cette combinaison pouvant être détruite par la chaleur. C'est en 1787 que Lavoisier exposa complètement sa théorie et annonça que la *combustion* des corps n'est autre chose qu'une combustion de ces corps avec l'oxygène. Il indiqua l'analogie de la respiration avec la combustion et distingua les combus-

(1) Le poids spécifique de l'oxygène est très voisin de celui de l'air.

tions vives et les combustions lentes. Enfin, il reconnut que le charbon, agissant sur les chaux métalliques, leur enlevait l'oxygène pour passer à l'état d'air *fixe* (anhydride carbonique). La théorie de Stahl ne tarda pas à succomber sous les coups de Lavoisier. Seul, Priestley lui resta fidèle jusqu'à sa mort survenue en 1804.

EAU

Poids moléculaire : $H^2O = 18$.
2 volumes.

75. — L'eau, telle qu'on la rencontre dans la nature, n'est pas pure. Elle tient en dissolution des substances solides et des gaz. Une ébullition suffisamment prolongée en chasse les gaz; la distillation (16) la sépare des corps solides dissous. L'*eau distillée*, lorsqu'elle a été préparée avec des précautions suffisantes, peut être considérée comme pure. On ne doit pas recueillir les premières portions qui passent et qui ont entraîné les poussières pouvant se trouver dans les appareils; on ne doit pas non plus recueillir les dernières, la vapeur entraînant toujours de petites particules des substances dissoutes et d'autant plus que la proportion de ces substances est plus grande. Nous indiquerons plus loin (82) l'essai pratique de l'eau distillée destinée aux usages courants des laboratoires.

76. Propriétés physiques. — L'eau pure est liquide à la température ordinaire; elle est incolore et insipide. On a choisi comme points fixes du thermomètre centigrade son point de congélation (0°) et son point d'ébullition sous la pression de 760^{mm} de mercure (100°). La présence dans l'eau de substances solides dissoutes abaisse son point de congélation et élève son point d'ébullition. L'eau éprouve facilement la surfusion (4). Quand elle est bien purgée d'air, on peut abaisser sa température à — 20°. Elle augmente de volume en se solidifiant. Elle se contracte entre 0° et 4°, pour se dilater à partir de 4°; la densité de l'eau à 0° est 0,999871 : celle de la glace à 0° est 0,918. La vapeur d'eau a pour densité, sous la pression de 760^{mm}, 0,622 (par rapport à l'air).

L'eau peut cristalliser. Les arborisations que dessine le givre sur les vitres des habitations, sont formées de cristaux de glace agglomérés (*fig.* 61). Ces cristaux, qui appar-

Fig. 61. — Cristaux de glace.

tiennent au système hexagonal, présentent des formes très variées, le plus souvent la forme d'étoiles à six branches plus ou moins divisées. Le nombre des substances solubles dans l'eau est très grand.

77. Propriétés chimiques. — L'eau est dissociée par la chaleur; la décomposition commence à devenir sensible à 1 000° environ. On manifeste cette dissociation de la manière suivante : un courant de vapeur d'eau est envoyé dans un tube de porcelaine poreuse placé dans l'axe d'un tube plus gros en porcelaine vernis-

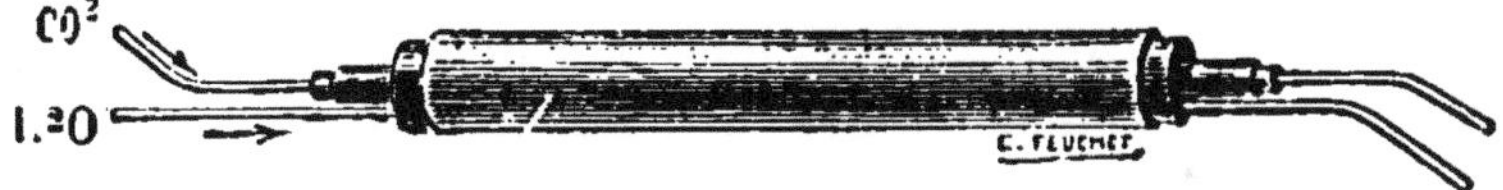

Fig. 62. — Décomposition de la vapeur d'eau.

sée (*fig.* 62), chauffée au rouge vif dans un fourneau à gaz ou à charbon. Dans l'espace annulaire passe un courant de gaz carbonique. L'hydrogène, en vertu de sa légèreté, se diffuse plus vite que l'oxygène à travers la paroi poreuse, et les deux gaz sont ainsi séparés.

L'eau est décomposée par certains métaux (59). Ces réactions seront indiquées en leur lieu.

L'eau dissout les anhydrides phosphorique, azotique, sulfurique, sulfureux, carbonique. Pour les trois premiers, le dégagement de chaleur est énorme; la fixation sur ces corps des éléments de l'eau donne des *acides;* les oxydes des métaux alcalins fixent aussi les éléments de l'eau en dégageant beaucoup de chaleur et formant des *bases* (37 *bis*).

Un grand nombre de sels cristallisent en fixant de l'eau,

qui fait dès lors partie intégrante de la molécule; exemple, le sulfate ferreux cristallisé, $SO^4Fe, 7H^2O$; c'est un *hydrate salin*.

77 *bis*. Décomposition apparente de l'eau par l'électricité. — L'eau chimiquement pure ne conduit pas le courant électrique. Nous avons cependant (23, 59) parlé de l'électrolyse de l'eau, et montré que le courant dégage l'oxygène ou l'hydrogène, dans les proportions où ils constituent l'eau, quand il traverse de l'eau acidulée (23) ou de l'eau alcalinisée (59). Voici en réalité ce qui se produit. Dans le premier cas, c'est un hydrate d'acide sulfurique ($SO^4H^2 . 2H^2O$) qui est décomposé (Bourgoin); l'hydrogène se porte à l'électrode négative, et SO^4, ne pouvant exister, se détruit dans les conditions de l'expérience, en SO^3 qui reforme de l'hydrate avec l'eau, et en oxygène qui se dégage à l'électrode positive; on recueille, pour chaque molécule détruite, 6 atomes d'hydrogène et 3 d'oxygène. Il semble donc que l'eau elle-même se soit détruite, bien que le phénomène soit plus complexe. De même, dans l'électrolyse de la soude NaHO, le métal Na se dépose à l'électrode négative; mais comme il décompose l'eau en dégageant de l'hydrogène, conformément à l'équation $Na + \left.\begin{matrix}H\\H\end{matrix}\right\} O = \left.\begin{matrix}Na\\H\end{matrix}\right\} O + H$, la destruction d'une molécule de soude dégage 1 atome d'hydrogène. A l'électrode positive, l'*oxhydryle* OH doit se détruire en oxygène et eau $\left(\begin{matrix}O\,|H|\\|O\,H|\end{matrix} = \left.\begin{matrix}H\\H\end{matrix}\right\} O + O\right)$, de sorte que, pour dégager 1 atome d'oxygène, il faut détruire 2 molécules de soude; on recueille donc 2 atomes d'hydrogène pour 1 d'oxygène, et tout se passe encore comme si l'eau se détruisait réellement.

Composition de l'eau. — L'eau est formée d'oxygène et d'hydrogène.

78. *Composition en volume.* — La composition exacte a été établie pour la première fois par Gay-Lussac et de Humboldt (1805). L'appareil qui sert à la déterminer est appelé *eudiomètre*. On a construit un assez grand nombre de modèles d'eudiomètres. Le plus commode est celui qui porte le nom d'eudiomètre de Bunsen. C'est un simple tube de cristal, à parois épaisses, fermé à un bout et divisé en parties d'égale capacité (*fig.* 63). Le haut du tube est traversé par deux fils de platine f et f', terminés en boucle à l'extérieur et dont les extrémités sont à un ou deux millimètres l'une de l'autre. Pour faire éclater l'étincelle entre ces deux fils, on n'a qu'à relier l'un d'eux avec le sol et à approcher de l'autre le plateau d'un électrophore; on peut encore se servir d'une bouteille de Leyde (23) ou d'une bobine d'induction dont les deux pôles sont mis en relation avec les fils.

Fig. 63. Eudiomètre de Bunsen.

Pour faire une expérience, on fait passer dans l'eudiomètre dressé sur la cuve à mercure des volumes égaux d'oxygène et d'hydrogène, *mesurés sous la pression atmosphérique*. On introduit d'abord l'oxygène; la faible densité de l'hydrogène l'oblige à se mélanger intimement à l'oxygène, qu'il doit traverser en quelque sorte pour gagner le haut du tube. On fait éclater l'étincelle; quand le niveau du mercure ne varie plus, on mesure le résidu gazeux. Si on avait introduit, par exemple, 20^{cc} de chacun des gaz, on trouve un résidu qui est de l'oxygène pur, comme on peut s'en assurer en constatant qu'il est complètement absorbé par le phosphore.

Il faut ramener ce résidu à la pression atmosphérique, soit en enfonçant le tube jusqu'à ce que les niveaux soient les mêmes dans le tube et dans la cuvette, soit par un calcul. Supposons que le volume occupé par le résidu soit de 14^{cmc}, la hauteur du mercure dans le tube étant 212^{mm}, et la pression extérieure 750^{mm}; si nous représentons par v le volume réduit, nous aurons, en appliquant la loi de Mariotte,

$$75 \times v = (75 - 21{,}2) \times 14;$$

d'où

$$v = 10{,}04,$$

c'est-à-dire 10. Il a donc disparu, pour former les fines gouttelettes d'eau que l'on aperçoit dans le tube à la fin de l'expérience, 20cc d'hydrogène et 10cc d'oxygène. Les proportions en volume des gaz qui s'unissent pour former l'eau sont donc 2 pour l'hydrogène, 1 pour l'oxygène.

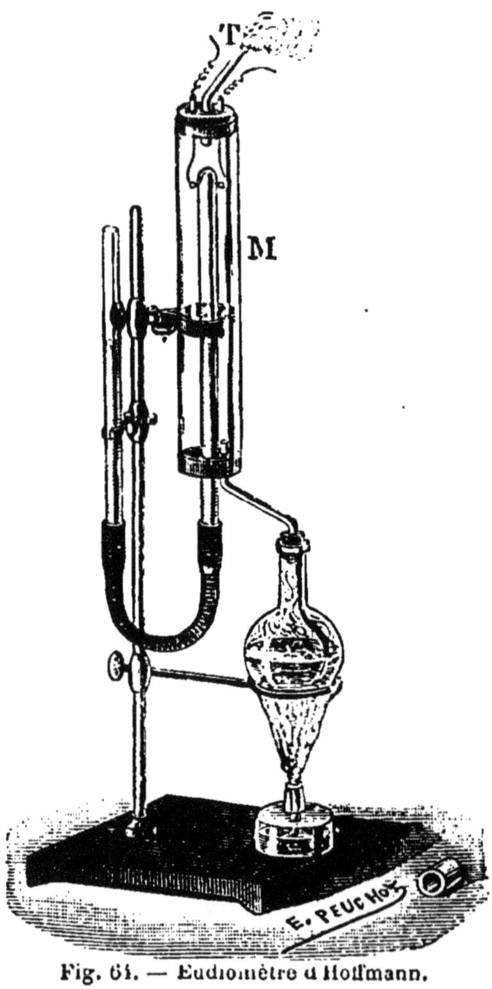

Fig. 64. — Eudiomètre d'Hoffmann.

En empêchant l'eau de se condenser, on peut savoir quel est le volume de la vapeur d'eau formée. On y parvient au moyen d'un artifice imaginé par Hoffmann (1). L'eudiomètre est entouré d'un manchon M dans lequel circule de la vapeur d'*alcool amylique*, liquide bouillant à 132° (*fig.* 64). Un tube de caoutchouc relie le bas de l'eudiomètre avec un tube d'égal calibre, qu'on peut ainsi abaisser ou élever de manière à amener les niveaux du mercure dans un même plan horizontal. Dans ces conditions, le volume devient 30cc après l'étincelle; le refroidissement réduit ce volume à 10cc; la vapeur d'eau formée occupait donc 20cc sous la pression atmosphérique

(1) Hoffmann (1818-1892), illustre chimiste allemand, a fait en chimie organique de brillantes et importantes découvertes. On lui doit aussi un grand nombre d'appareils de démonstration fort ingénieux.

(d'après la loi du mélange des gaz). On doit conclure de là que l'union de 2 volumes d'hydrogène et de 1 volume d'oxygène donne naissance à 2 volumes de vapeur d'eau. On est encore conduit à ce résultat par la considération des densités : 2 vol. d'hydrogène pèsent $2 \times 0,0692 \times 1^{gr},293$, en prenant, par exemple, le litre pour unité de volume; 1 volume d'oxygène pèse $1,1056 \times 1^{gr},293$; et x volumes de vapeur d'eau $0,622 \times 1,293$. La loi de Lavoisier conduit à écrire

$$2 \times 0,0692 \times 1,293 + 1,1056 \times 1,293 = 0,622 \times 1,293 \times x$$

d'où

$$x = \frac{1,2440}{0,622} = 2.$$

70. *Composition en poids.* — Elle a été déterminée, en 1843, par Dumas (1) au moyen d'une méthode dont le principe avait été donné par Dulong en 1820; on réduit l'oxyde de cuivre par l'hydrogène (57) et on détermine d'une part la perte de poids de l'oxyde, d'autre part le poids de l'eau formée. La différence donne le poids de l'hydrogène.

Ces expériences ont donné comme composition en poids de l'eau :

Hydrogène....	1,112
Oxygène......	8,888,

c'est-à-dire 1 d'hydrogène pour 8 d'oxygène, ce qui conduit à la formule H^2O (2 d'hydrogène pour 16 d'oxygène). Cette formule, comme nous l'avons déjà remarqué (42), représente la composition en poids et la composition en volume.

La figure 65 fait comprendre la disposition des appareils. L'hydrogène, produit dans le flacon H par l'action de l'acide sulfurique pur sur le zinc du commerce, se débarrassait dans des tubes en U des impuretés dues aux corps étrangers accompagnant le zinc, et de l'humidité entraînée par le gaz; la synthèse s'effectuait en B, l'eau formée était retenue dans le ballon et les tubes terminant

(1) J.-B. Dumas (1800-1884), un des plus grands chimistes du siècle ; on lui doit, outre d'intéressantes recherches sur les poids atomiques, des découvertes capitales : nous aurons souvent à citer son nom.

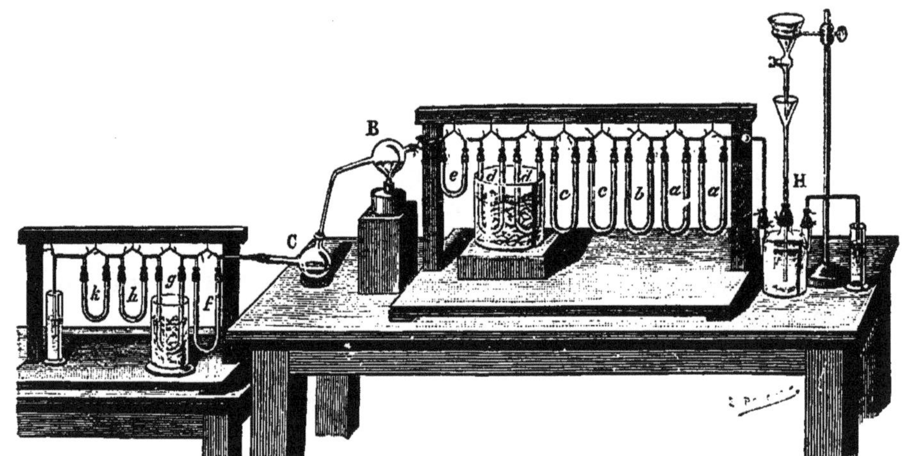

Fig. 65. — Synthèse de l'eau en poids.

H, flacon producteur d'hydrogène ; *a*, tubes à sulfate d'argent pour arrêter l'hydrogène phosphoré et l'hydrogène arsénié ; *b*, tube à azotate de plomb pour arrêter l'acide sulfhydrique ; *c*, tubes à potasse pour arrêter l'hydrogène silicié que forme l'hydrogène avec le silicium contenu dans le zinc ; *d*, tubes à anhydride phosphorique, pour arrêter l'eau entraînée ; *e*, tube témoin, dont le poids ne doit pas varier ; B, ballon à oxyde de cuivre ; C, ballon où l'eau se condense ; *f*, tube à chlorure de calcium, pour arrêter les dernières traces d'eau ; *g*, tube à ponce sulfurique, pour arrêter les dernières traces d'eau ; *h*, tube témoin ; *k*, tube desséchant destiné à empêcher la vapeur d'eau de pénétrer de l'extérieur dans l'appareil.

l'appareil. Les petits tubes *témoins* indiquaient, par la permanence de leur poids, que les grands tubes avaient absorbé tout ce qu'ils étaient chargés de retenir.

Avant de faire passer le courant d'hydrogène dans le ballon, on le desséchait et on y faisait le vide. Lorsque la réduction était presque complète, on laissait refroidir *dans le courant d'hydrogène*, puis on faisait de nouveau le vide. L'hydrogène était ensuite expulsé des appareils qui retenaient l'eau au moyen d'un courant d'air *sec*.

Historique

80. — La composition de l'eau ne pouvait être reconnue, ni même soupçonnée, avant la découverte de l'hydrogène. C'est le

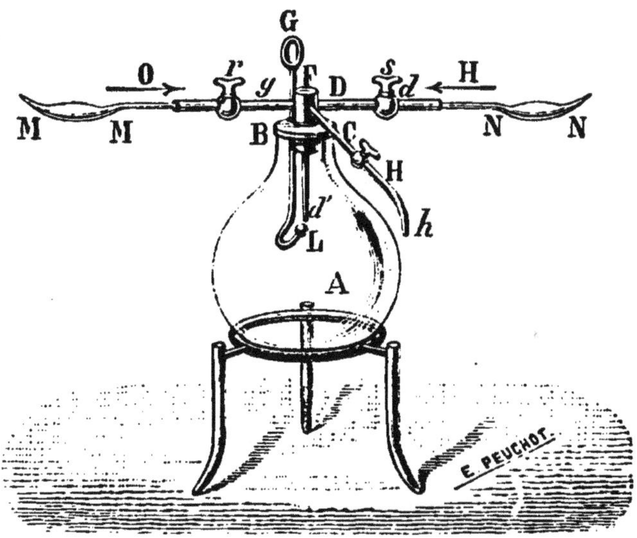

Fig. 66. — Combustion continue de l'hydrogène dans l'oxygène.

A, ballon de cristal (28 litres environ); H*h*, tube destiné à faire le vide; *g*MM, communique avec un réservoir à O; *d*D*d'*, dont l'extrémité est percée d'une ouverture très fine, communique avec un réservoir à H; GL, tige à boule isolée, communiquant avec la machine électrique; MM, NN, tubes desséchants à *muriate de chaux*, c'est-à-dire à chlorure de calcium.

chimiste français Macquer qui signala le premier, en 1775, le dépôt de gouttelettes d'eau sur une soucoupe froide placée au-dessus d'une flamme d'hydrogène. Mais on attribua à cette eau une origine hygrométrique. Priestley, dès 1774, avait annoncé qu'il fallait 2 volumes d'*air déphlogistiqué* (oxygène) pour brûler 1 volume d'*air inflammable;* mais, les expériences étant faites sur la cuve à eau, on ne pouvait rien en conclure. La première expérience où l'on ait réellement reconnu la formation de l'eau est due au physicien anglais Wartlire, qui, en 1781, enflamma par l'electricité un mélange d'oxygène et d'hydrogène dans un vase clos. Cavendish répéta aussitôt l'expérience, mais, ayant constaté la présence d'un peu d'acide nitrique (provenant de l'azote qui accompagnait les gaz mal purifiés), il hésita sur les conclusions à tirer de l'expérience.

En 1783, Lavoisier répéta l'expérience avec Laplace, et annonça le 25 juin, à l'Académie des sciences, que le résultat était de l'eau très pure. Il compléta cette synthèse par une analyse et montra que la vapeur d'eau, passant sur du fer chauffé au rouge, lui cède de l'oxygène et dégage de l'hydrogène (59). Cette expérience fut faite avec la collaboration de Meusnier (1754-1793), alors lieutenant du génie. Cette même année 1783, Monge (1) reconnut que le poids de l'eau formée était égal à la somme des poids des gaz combinés, mais il accompagna sa découverte de commentaires assez confus, où il parlait encore du phlogistique. C'est en 1785 que Lavoisier et Meusnier réalisèrent pour la première fois la combustion continue de l'hydrogène dans l'oxygène, au moyen de l'appareil représenté par la figure 66. Ils obtinrent une quantité d'eau relativement considérable (45 grammes environ).

Nous empruntons à M. Berthelot (*la Révolution chimique*, p. 126) le résumé suivant d'une question qui, en raison de son importance capitale, a soulevé de vives controverses.

« En résumé, les principaux chimistes d'alors recherchaient depuis quelques années quels étaient les produits de la combustion de l'hydrogène, et spécialement s'il s'y produisait un acide tel que l'acide carbonique; incertitude entretenue par la confusion qui régnait dans la connaissance des divers gaz combustibles. Le nouveau système de Lavoisier tenait, à cet égard, tous les esprits en éveil. Survinrent les expériences de Cavendish qui donnèrent le branle aux esprits vers la solution définitive, en montrant que le produit principal était de l'eau. Mais il n'osa les publier d'abord, à cause de l'incertitude de ses vues théoriques sur le rôle du phlogistique et de ses observations sur la formation simultanée de l'acide nitrique. Elles avaient cependant reçu une certaine publicité imparfaite, par la voie des communications verbales. Ces expériences furent répétées par Lavoisier, qui en comprit pleinement la signification, et par Monge, qui en rendit la démonstration pondérale tout à fait rigoureuse. Enfin Lavoisier osa le premier dire le mot

(1) Monge (1746-1818) est célèbre par la création de la géométrie descriptive. On lui doit, outre des recherches très remarquables sur l'analyse mathématique et la géométrie, des travaux importants sur différentes questions de physique et de chimie.

décisif dans une séance publique de l'Académie des sciences, puis dans les journaux scientifiques du temps : c'est à lui qu'appartient le mérite d'avoir fixé la science sur cette question capitale de la composition de l'eau.

» C'était en même temps le dernier pas qui restait à faire pour renverser la théorie du phlogistique et amener une conviction universelle. »

L'EAU DANS LA NATURE

Sous une faible épaisseur, l'eau est transparente et incolore; en grande masse, elle est verte ou bleue. Elle dissout, en faible proportion, les gaz de l'air; l'eau des sources est chargée de matières salines enlevées aux roches qu'ont traversées les eaux d'infiltration avant d'atteindre les nappes souterraines; les eaux qui résultent de la fonte des glaciers empruntent leurs matières salines aux roches tombées sur le glacier ou aux parois des vallées qu'il descend; elles sont d'ailleurs très pures.

81. Gaz dissous dans l'eau. — On les extrait par l'ébullition. On remplit d'eau un ballon qu'on ferme par un

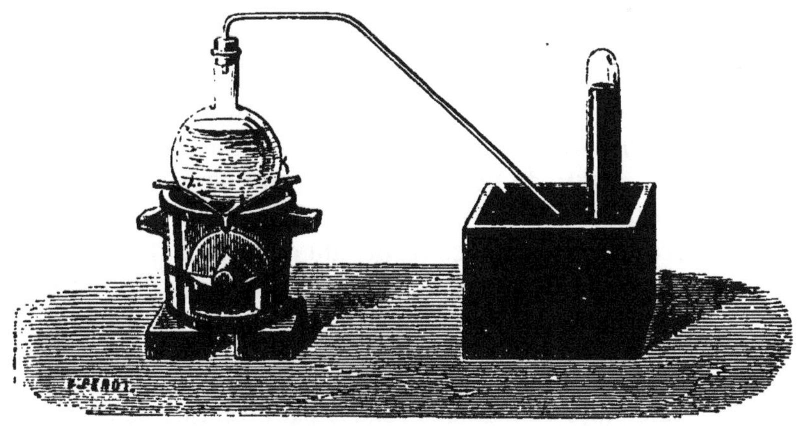

Fig. 67. — Extraction des gaz dissous dans l'eau.

bouchon muni d'un tube abducteur également plein d'eau, et qui se rend sur une cuve à mercure (*fig.* 67). Quand le gaz dégagé a gagné la partie descendante du tube abducteur, on met au-dessus de lui une éprouvette pleine de mercure. Les gaz se rassemblent dans l'éprouvette, séparée du mercure par une couche d'eau provenant de la condensation de la vapeur et qui retient peu de gaz, à cause de la température assez élevée où la maintient cette condensation. On trouve qu'un litre d'eau de source dégage de 30 à 60 centimètres cubes de gaz dont la moitié environ est de l'anhydride carbonique; dans le reste, il y a 33 p. 100 d'oxygène et 67 p. 100 d'azote.

82. Matières solides dissoutes dans l'eau. — Elles sont, en général, en petite quantité (quelques décigrammes pour un litre de liquide); on les obtient en évaporant à sec le liquide. Voici celles qu'on trouve dans toutes les eaux courantes, et les réactifs qui permettent de les reconnaître.

Sels de calcium : donnent, avec l'*oxalate d'ammonium*, un *précipité blanc* d'oxalate de calcium.

Chlorures : donnent, avec l'*azotate d'argent*, un *précipité blanc caillebotté* de chlorure d'argent, qui noircit à la lumière et se dissout dans l'ammoniaque et dans l'hyposulfite de sodium.

Sulfates : donnent, avec l'*azotate de baryum*, un *précipité blanc* de sulfate de baryum.

Matières organiques : l'eau qui en contient, bouillie avec du *permanganate de potassium* additionné d'un peu d'acide sulfurique, réduit le permanganate, qui se décolore.

Pour essayer l'eau distillée destinée aux usages courants des laboratoires, on se contente de constater qu'elle ne précipite ni par l'azotate d'argent, ni par l'oxalate d'ammonium.

83. Eaux potables. — Pour être potable, l'eau doit être fraîche, légère, inodore, d'un goût agréable; elle ne doit pas contenir plus de 6 décigrammes de matières solides par litre. Elle doit être aérée; l'eau non aérée est indigeste; aussi est-on obligé d'exposer à l'air l'eau que l'on a fait bouillir pour la stériliser, et celle qu'on obtient sur les vaisseaux en distillant l'eau de mer.

Elle ne doit pas se troubler par l'ébullition ou, du moins, ne doit se troubler que peu ; la formation d'un dépôt un peu abondant indique une eau très calcaire (1) ; ces eaux sont indigestes, impropres à la cuisson des légumes et au savonnage parce qu'elles provoquent la formation de composés calcaires durs ou insolubles.

L'eau doit donner avec le *chlorure de baryum* un précipité peu abondant ou nul ; les eaux précipitant par ce réactif sont dites *séléniteuses;* elles contiennent du sulfate de chaux. L'eau d'un grand nombre de puits des environs de Paris est séléniteuse ; ces eaux sont encore plus nuisibles que les eaux calcaires.

L'eau distillée forme avec la solution alcoolique de savon une mousse légère et persistante. Une eau contenant des sels calcaires (eau *dure*) ne forme la mousse que lorsque ces sels ont été précipités. Une eau très dure donne des *grumeaux*, masses blanchâtres de la grosseur d'une tête d'épingle à peu près. *L'hydrotimétrie* est fondée sur cette réaction. Le *degré hydrotimétrique* d'une eau est donné par la quantité d'une solution titrée de savon nécessaire pour former la mousse. 1 degré hydr. correspond à une teneur en sels calcaires équivalente à $0^{gr},0114$ de *chorure de calcium* (pour 1 litre d'eau). Une bonne eau doit titrer de 30° à 60°. Pour un essai rapide, on peut employer la teinture de campêche, qui prend une teinte rosée avec une eau potable, et une teinte rouge foncée avec une eau fortement calcaire.

L'azotate d'argent ne doit donner qu'un précipité faible ou nul ; un précipité abondant indiquerait une forte proportion de chlorures, qui en trop grande quantité rendent l'eau mauvaise.

Les matières organiques contenues dans l'eau peuvent être soit des détritus en voie de décomposition, soit des germes ou microbes, le plus souvent inoffensifs, quelquefois redoutables. L'examen chimique de l'eau doit toujours être accompagné d'un examen microscopique destiné à reconnaître la nature des germes qu'elle contient.

Les eaux courantes sont en général potables, quand elles ne sont pas contaminées par le mélange avec des matières putrescibles (eaux vannes, infiltrations de fosses d'aisances). Une eau dormante (mares, étangs) est presque toujours impotable.

La *filtration* à travers une épaisseur suffisante de terre suffit pour purifier l'eau (épandage des eaux d'égout). Pour les usages domestiques, on filtre l'eau à travers des parois de grès (fontaine ordinaire des ménages), de charbon, ou de porcelaine dégourdie (filtre Chamberland). La porcelaine dégourdie arrête tous les

(1) Une eau calcaire est une eau contenant du carbonate de calcium, qui y est dissous à la faveur de l'acide carbonique (500) ; l'ébullition chassant cet acide détermine la précipitation du carbonate ; de là le troub' indiqué.

germes. L'ébullition, suivie d'une aération suffisante, rend inoffensives des eaux chargées de germes ; cette opération est recommandée en temps d'épidémie.

84. Eaux minérales. — Certaines eaux laissent, quand on les évapore, un résidu abondant. Ce sont des eaux *minérales*, que la médecine utilise pour leurs propriétés curatives. Quand la minéralisation de l'eau s'accompagne d'une température sensiblement plus élevée que la température ordinaire, l'eau est dite thermale. Certaines eaux thermales n'ont pas moins de 60° à 70°. La nature et les propriétés des eaux thermales sont extrêmement variables. Les principales dénominations données à ces eaux sont les suivantes :

Eaux *gazeuses* (contenant de l'acide carbonique libre) ; Seltz.
— *sulfureuses* (sulfures alcalins) : Barèges, Enghien, Luchon.
— *ferrugineuses* (composés du fer) : Spa.
— *carbonatées* (bicarbonate de sodium) : Vichy, Vals.
— *salines* (chlorures, bromures, iodures alcalins, sulfates de sodium, etc., très diverses) : Salins (Jura), Plombières, Salies-de-Béarn, Dax.
— *purgatives* (sels de magnésie) : Sedlitz, Pullna, Epsom.

OZONE

Poids moléculaire : $O^3 = 48$.
2 volumes.

85. Propriétés. — L'ozone est un gaz bleu doué d'une odeur forte (l'odeur qu'on perçoit près d'une machine électrique en activité) ; on aperçoit sa couleur en regardant une surface blanche au travers d'un tube de 2 mètres de long plein d'oxygène ozonisé. Il a été condensé à — 110° et 125 atmosphères, en un liquide bleu foncé. Sa densité est les 3/2 de celle de l'oxygène ; il est à peu près 15 fois plus soluble que l'oxygène.

Il est endothermique et se détruit spontanément mais avec lenteur à la température ordinaire ; à 100°, sa décomposition est rapide et complète. La destruction de la molécule d'ozone ($O^3 = 48$) dégage 29,6 calories, et donne de l'oxygène pur. L'ozone est donc de l'oxygène condensé ; 3 volumes d'O donnent 2 volumes d'ozone. C'est un oxydant des plus énergiques. Il oxyde à froid le mercure et l'argent ; il détruit l'iodure de potassium, en oxydant le métal et rendant libre l'iode. L'iode libre bleuit l'amidon, et cette réaction est assez sensible pour servir à caractériser l'ozone. Un papier amidonné, imbibé d'une solution d'iodure de potassium et de tournesol rougi, bleuit dans une atmosphère contenant de l'ozone. (Le tournesol rougi n'est bleui ni par Cl ni par les matières nitreuses, qui rendent également libre l'iode de IK.) L'ozone oxyde les matières organiques (alcool, éther, caoutchouc). Il est absorbé par l'essence de térébenthine.

86. Préparation. Circonstances de formation. — Le meilleur moyen de produire de l'ozone consiste à soumettre l'oxygène à l'action de l'effluve dans un appareil imaginé par M. Berthelot (*fig.* 68). Les tubes *a* et *b* servent à faire passer un courant d'oxygène dans une sorte d'éprouvette qui plonge dans un vase rempli d'acide sulfurique, et qui est fermée par un tube *d* contenant également de l'acide sulfurique. Des électrodes en platine font communiquer les deux masses d'acide sulfurique avec les pôles d'une bobine de Ruhmkorff. Le courant gazeux qui parcourt l'espace annulaire est soumis à l'effluve; l'oxygène qui arrive pur sort ozonisé. La proportion d'oxygène transformée en ozone est d'autant plus forte que la température est plus élevée; à 20°, elle est de 10 p. cent environ.

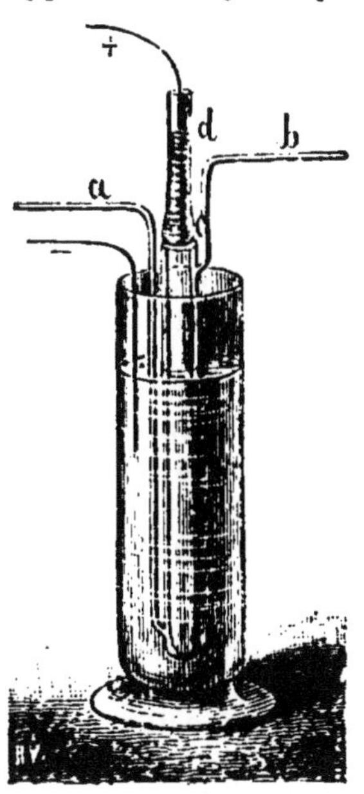

Fig. 68.
Appareil à effluve.

L'ozone prend naissance dans un grand nombre de circonstances. Bien qu'il soit détruit par la chaleur, on a pu constater que l'oxygène contient des traces d'ozone après avoir été violemment chauffé. Les étincelles électriques, éclatant dans l'oxygène, le transforment partiellement en ozone; l'oxygène qui se dégage dans l'électrolyse de l'eau acidulée par l'acide sulfurique est ozonisé. C'est dans l'oxygène ayant cette origine que Schœnbein découvrit l'ozone en 1840.

Enfin, il se produit de l'ozone dans un assez grand nombre d'oxydations lentes (celle du phosphore, notamment). L'ozone est formé à la faveur de l'énergie mise en liberté par l'oxydation.

L'acide sulfurique attaque le bioxyde de baryum en donnant de l'oxygène. La réaction est fortement exothermique. Si la température ne dépasse pas 75°, l'oxygène est ozonisé, comme on peut le constater en faisant l'opération dans une éprouvette, et suspendant dans cette éprouvette une bande de papier amidonné imprégné d'iodure de potassium. Le papier bleuit. L'ozone tue les microbes. Aussi l'emploie-t-on avec succès pour purifier les eaux de rivière.

EAU OXYGÉNÉE

Poids moléculaire : $H^2O^2 = 34$.
2 volumes.

87. Propriétés. — L'eau oxygénée, découverte par Thénard en 1818, est un liquide incolore, très instable, soluble dans l'eau ; la solution étendue est assez stable ; une solution concentrée se décompose assez rapidement dès la température ordinaire ; à 100°, la destruction est complète, même en solution étendue.

La décomposition de H^2O^2 en eau et oxygène dégage 21°,5. Ce corps est donc assez fortement endothermique. L'eau oxygénée est un oxydant énergique. Cette propriété est due à ce que l'oxygène que dégage sa décomposition est mis en liberté en même temps que de l'énergie (chaleur de destruction de l'eau oxygénée). Elle oxyde l'oxyde d'argent Ag^2O, le sulfure de plomb qu'elle transforme en sulfate. Cette propriété avait été appliquée par Thénard au nettoyage des vieilles peintures, qui noircissent sous l'influence des émanations sulfhydriques se produisant toujours dans les endroits habités ; la céruse, qui entre dans la composition d'un grand nombre de couleurs, donne en effet avec l'acide sulfhydrique un *sulfure de plomb*, SPb, qui est noir.

Le *permanganate de potassium* est oxydé par l'eau oxygénée cette oxydation se traduit par une décoloration.

L'eau oxygénée attaque la matière organisée des tissus animaux. Elle arrête les fermentations. Elle décolore les cheveux (teinture en blond ardent des cheveux bruns).

Le réactif de l'eau oxygénée est l'*acide chromique*, qui est coloré en bleu par ce corps ; on n'est pas complètement fixé sur la nature de cette réaction.

L'eau oxygénée et l'ozone se détruisent réciproquement. On ne pourra donc en obtenir que de faibles quantités dans les réactions où ces deux corps prennent naissance simultanément.

88. Préparation. Circonstances de production. — La préparation de l'eau oxygénée concentrée est longue et délicate. On l'exécute à partir du bioxyde de baryum et de l'acide chlorhydrique.

$$\underset{\text{Bioxyde de baryum.}}{BaO^2} + 2ClH = \underset{\text{Chlorure de baryum.}}{Cl^2Ba_{II}} + H^2O^2$$

La formation de H^2O^2 est rendue possible grâce à l'énergie mise en liberté par la formation du chlorure de baryum.

On peut obtenir de l'eau oxygénée étendue en traitant le bioxyde de baryum par l'acide sulfurique étendu de 5 à 10 fois son volume d'eau. On dissout peu à peu le bioxyde dans l'acide refroidi, et on filtre, pour séparer le sulfate de baryum qui s'est formé.

$$BaO^2 + SO^4H^2 = SO^4Ba_{II} + H^2O^2$$

Acide sulfurique. Sulfate de baryum.

Il se forme encore de petites quantités d'eau oxygénée dans l'électrolyse de l'eau, et dans les oxydations lentes au contact de l'air.

CHAPITRE VII

AZOTE. AIR ATMOSPHÉRIQUE

AZOTE

Poids atomique : Az = 14.
— moléculaire : $Az^2 = 28$.
Équivalent : 14.

89. Propriétés physiques. — L'azote est un gaz incolore, inodore, insipide. Sa densité est 0,967 ; un litre d'azote à $0°, 760^{mm}$ pèse $1^{gr},293 \times 0,967 = 1^{gr},250$. Il est peu soluble ; à 0°, l'eau en dissout 0,02 de son volume, et l'alcool, 8,12.

Changements d'état. — Point critique, — 146° ; pression critique, 35 atmosphères. La liquéfaction de l'azote est plus difficile que celle de l'oxygène. Les deux gaz ont été liquéfiés pour la première fois à la même époque (Cailletet, 1877 ; Pictet, 1878). On ne peut obtenir de l'azote liquide en quantité un peu notable, qu'en le comprimant dans un vase plongé dans de l'oxygène liquéfié dont on abaisse la température vers — 200°, en faisant le vide au-dessus de lui. Une brusque détente du gaz comprimé et refroidi dans l'oxygène liquide produit sa solidification.

90. Propriétés chimiques. — L'azote n'entretient ni la combustion, ni par conséquent la respiration. Ses affinités sont très faibles. C'est un des corps les plus *inertes* que l'on connaisse. Il ne se combine directement à chaud qu'avec le titane, le magnésium, l'aluminium. Les composés qu'il forme avec l'oxygène sont tous endothermiques. Il donne avec l'oxygène un composé, le gaz ammoniac AzH^3, qui, bien qu'exothermique, est très difficile à obtenir directement (261).

Sous l'action de l'effluve, l'azote se combine à l'eau.

$$2Az + 2H^2O = \underset{\text{Azotite d'ammonium.}}{AzO^2.AzH^4}$$

Il se forme de l'azotate d'ammonium (1).

Dans les mêmes conditions il se fixe sur certaines matières organiques comme le papier, la dextrine.

91. Préparation. — On retire l'azote soit de l'un de ses composés, soit de l'air, où il existe à l'état de mélange.

Fig. 69.
Préparation de l'azote par le phosphore.

1° *Azote atmosphérique.* — *a.* — *Préparation par le phosphore.* Dans une grande cloche reposant sur la cuve à eau (*fig.* 69) on introduit un flotteur en bois ou en liège qui supporte un petit têt contenant du phosphore. On enflamme le phosphore, et on appuie fortement sur la cloche pour empêcher le gaz, dilaté par la température développée, de s'échapper au dehors. Quand la combustion est terminée, on laisse refroidir; l'eau monte dans la cloche pour remplacer l'oxygène disparu; les fumées d'anhydride

(1) Les *sels ammoniacaux* peuvent être considérés comme des sels ordinaires, dans lesquels la place du métal est tenue par un *radical composé*, l'*ammonium*, dont la formule est AzH^4 (258). Exemple : Azotite d'ammonium (ou d'ammoniaque), $AzO^2.AzH^4$; chlorure d'ammonium, $Cl.AzH^4$, etc.

phosphorique se dissolvent peu à peu, et, quand l'atmosphère de la cloche est devenue limpide, on transvase le gaz dans des éprouvettes.

b. — *Par le cuivre au rouge.* — L'air, dépouillé de gaz carbonique par la potasse et d'humidité par la ponce sulfurique (*fig.* 70), passe dans un tube contenant de la tournure de cuivre chauffée au rouge. On règle l'arrivée de l'eau en A, de façon qu'il passe environ une bulle par seconde dans le

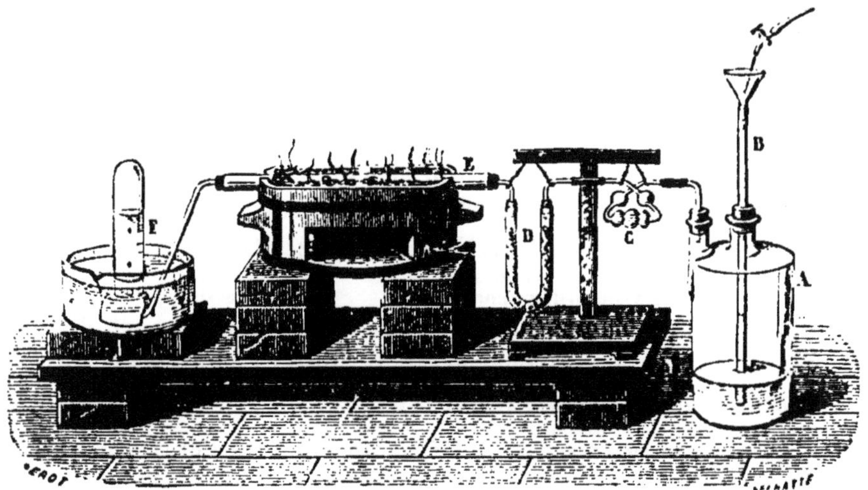

Fig. 70. — Préparation de l'azote par le cuivre.

A, flacon contenant de l'air, qu'on déplace par de l'eau ; C, tube à solution de potasse, où l'air barbote ; D, tube à ponce sulfurique ; E, tube contenant de la tournure de cuivre.

tube à boules C. Quand on veut avoir le gaz sec, on le recueille sur le mercure. Si la dessiccation n'est pas nécessaire, on le recueille sur l'eau. Il est alors inutile de dessécher l'air qui sort du flacon A.

c. — *Par l'ammoniaque et le cuivre.* — On met dans un grand flacon d'une dizaine de litres 200 grammes de tournure de cuivre qu'on recouvre d'ammoniaque, on laisse en contact un jour ou deux, après avoir fermé au moyen d'un bouchon qui laisse passer un tube à entonnoir, et un tube ordinaire muni d'un robinet ou d'un caoutchouc fermé par une pince de Mohr (*fig.* 71). Au bout de ce temps, on déplace le gaz en versant de l'eau bouillie dans le flacon ; on le lave dans l'eau pure (Berthelot).

L'azote extrait de l'atmosphère n'est pas pur, il retient de l'*argon*, élément gazeux de l'atmosphère. Celui qu'on prépare au moyen du phosphore retient en outre un peu d'oxygène qui n'a pas été absorbé, et du gaz carbonique.

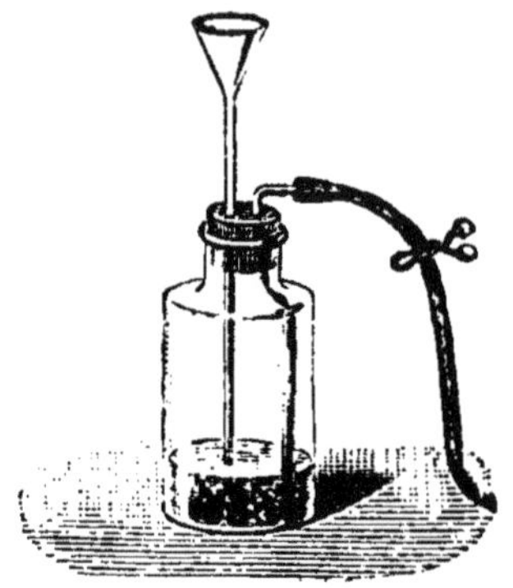

Fig. 71. — Préparation de l'azote par l'ammoniaque et le cuivre.

2° *Azote chimique*. — *a*. — On chauffe dans une petite cornue une solution concentrée d'*azotite d'ammonium* qui se dédouble en azote et eau.

$$AzO^2.AzH^4 = Az^2 + 2H^2O$$

On peut remplacer $AzO^2.AzH^4$, qui se conserve mal, par un mélange d'azotite de potassium et de chlorure d'ammonium solide.

$$\underset{\text{Azotite de potassium.}}{AzO^2K} + \underset{\text{Chlorure d'ammonium.}}{Cl.AzH^4} = Az^2 + 2H^2O + \underset{\text{Chlorure de potassium.}}{ClK}$$

b. — Le meilleur moyen d'avoir l'azote pur est de détruire, en les faisant passer sur du cuivre chauffé au rouge, le *protoxyde* ou le *peroxyde d'azote*.

92. État naturel. — L'azote existe à l'état de liberté dans l'air. Il s'y trouve encore à l'état d'azotite et azotate d'ammonium; on trouve dans le sein de la terre un grand nombre d'azotates métalliques; enfin, l'azote est un élément fondamental des corps organisés. Il existe dans toute matière vivante.

Historique

93. — Mayow a reconnu le premier qu'après la combustion en vase fermé il reste à la place de l'air un gaz non comburant, irrespirable, plus léger que l'air. En 1772, Rutherford (1749-1819), physicien et chimiste anglais, a montré que l'air vicié par la combustion contient, outre l'*air fixe* (acide carbonique), qui est absorbable par l'eau de chaux, un gaz incomburant, irrespirable, non absorbable par l'eau de chaux. Ce gaz a reçu un assez grand nombre de noms : *air irrespirable*, air *méphitique*, *mofette atmosphérique*, etc.

Lavoisier reconnut l'identité de ce gaz avec celui qui reste après la calcination du mercure en vase clos, et le nomma *azote* (qui ne peut entretenir la vie).

AIR ATMOSPHÉRIQUE

94. Propriétés. — L'air qui constitue l'atmosphère terrestre est un gaz incolore sous une faible épaisseur, bleu en grande masse. Cette couleur bleue est due à la lumière diffusée par des particules extrêmement ténues, flottant à de grandes hauteurs dans l'atmosphère.

C'est à l'air qu'on rapporte les densités des gaz; à 0°, sous la pression de 760^{mm}, un litre d'air pèse $1^{gr},293$. La liquéfaction de l'air s'opère dans les mêmes conditions que celle de l'oxygène et de l'azote (66, 89). Il a été solidifié.

L'air entretient les combustions, mais avec moins de vivacité que l'oxygène. Il est indispensable à la vie des plantes et des animaux (1). On appelle *asphyxie* le trouble organique, mortel s'il est trop prolongé, qui résulte de la privation d'air.

95. Substances contenues dans l'air. — L'air est formé d'oxygène et d'azote. Mais il contient encore d'autres substances.

Ainsi, un ballon rempli de glace se recouvre d'une buée due à la condensation de *vapeur d'eau*. Un courant d'air traversant de l'eau de chaux ou de baryte (2) y produit un précipité blanc de carbonate de calcium ou de baryum; l'air contient donc de l'*acide carbonique*.

Si l'on fait passer un courant d'air sur de la chaux vive qui arrête le gaz carbonique et la vapeur d'eau, et sur du magnésium chauffé au rouge qui fixe l'azote, il reste un gaz

(1) Certains *ferments animés*, ou *vibrions*, êtres microscopiques déterminant des fermentations spéciales, ne se développent pas dans l'air ou sont tués par lui. On les appelle *anaérobies* (qui ne vit pas dans l'air). De ce nombre sont les agents de la fermentation putride, ou putréfaction.

(2) Liqueurs obtenues en délayant dans l'eau de la chaux ou de la baryte, et filtrant.

encore plus inerte que l'azote; c'est l'*argon*, découvert en 1894 par lord Rayleigh et M. Ramsay (1).

Il contient enfin des traces de sels ammoniacaux; d'ozone; d'acide sulfhydrique (noircissement des peintures à la *céruse*, ou carbonate de plomb [195]). Si on fait passer de l'air sur un tampon de coton nitrique soluble dans l'éther et qu'on dissolve ce tampon, le microscope montre qu'il avait arrêté un grand nombre de poussières, cristaux, germes et débris de toute sorte.

On considère en général comme pur l'air débarrassé d'acide carbonique et de vapeur d'eau par son passage : 1° sur de la potasse solide ou dans une solution de potasse; 2° sur de l'anhydride phosphorique ou sur de la pierre ponce imbibée d'acide sulfurique concentré.

Analyse de l'air pur et sec

90. Analyse en volume. — 1° *Emploi de réactifs absorbants.* — Le phosphore absorbe l'oxygène à froid. On introduit dans une éprouvette, sur la cuve à eau (*fig.* 72), 100 volumes d'air mesurés sous la pression atmosphérique, puis un bâton de phosphore; on voit se produire d'abondantes fumées blanches qui sont lumineuses dans l'obscurité; quand elles ont disparu, on transvase le gaz, et on constate qu'il n'occupe plus, *sous la pression initiale*, que 79 volumes. C'est de l'azote à peu près pur (2).

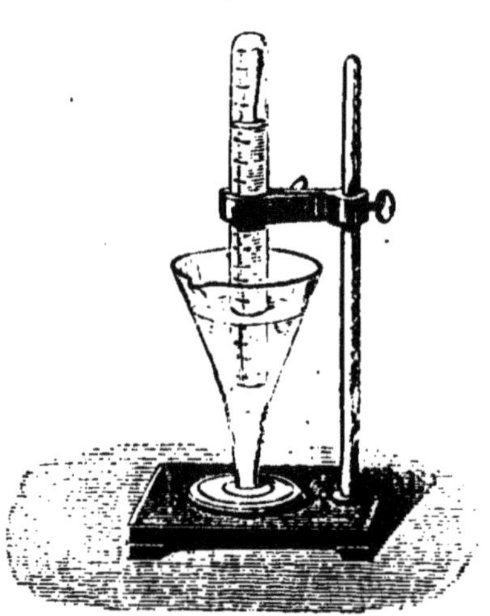

Fig. 72. — Absorption de l'oxygène par le phosphore à froid.

(1) Gaz incolore dont la densité par rapport à l'hydrogène est 20; il est presque aussi soluble dans l'eau que l'oxygène. Sa température critique est — 120°.

(2) Cette oxydation lente du phosphore à froid est accompagnée de la formation d'ozone et d'azotite d'ammonium.

On peut aussi opérer à chaud, dans une *cloche courbe* (*fig.* 73). On introduit dans la partie courbe un petit morceau de phosphore sec, on chauffe doucement pour fondre le phosphore, puis un peu plus fort pour l'enflammer. La flamme se propage lentement jusqu'au niveau de l'eau; quand elle y atteint, l'expérience est terminée; l'anhydride phosphorique formé (fumées blanches) se dissout peu à peu. Si on transvase le gaz et si on le ramène à la pression primitive, on ne retrouve plus que 79 volumes.

Fig. 73. — Absorption de l'oxygène par le phosphore à chaud.

b. L'*acide pyrogallique*, en présence de la potasse, absorbe l'oxygène de l'air. Après avoir fait passer dans un tube sur la cuve à mercure 100 volumes d'air, on y amène quelques centimètres cubes d'une solution de potasse, puis un fragment d'acide pyrogallique fondu. On agite pour favoriser l'absorption; la liqueur brunit, le niveau du liquide s'élève. Quand il est devenu stationnaire, on mesure le volume du gaz restant, ramené à la pression initiale. Ce gaz est de l'azote, et occupe 79 volumes.

2° *Emploi de l'eudiomètre.* — On peut employer le même appareil que pour l'eau (78). On emploie l'oxygène de l'air à brûler un volume connu d'hydrogène. On introduit dans le tube 100 volumes d'air et 100 volumes d'hydrogène mesurés sous la pression extérieure. Quand l'étincelle a éclaté, le résidu gazeux, mesuré sous la même pression, est 137; il a donc disparu sous forme d'eau

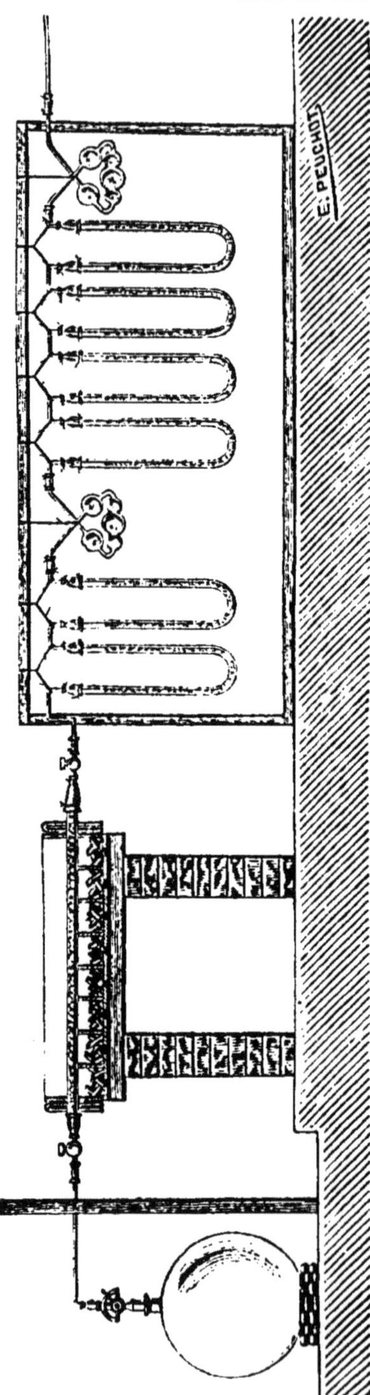

Fig. 74. — Analyse en poids.

200 — 137 = 63 volumes, soit 21 d'oxygène et 42 d'hydrogène. Les 137 volumes restants doivent donc être constitués par 100 — 42 = 58 d'hydrogène et 79 d'azote.

Vérification. — On ajoute 50 volumes d'oxygène, on excite de nouveau l'étincelle; résidu, 100 volumes, dont 21, absorbables par le phosphore, sont de l'oxygène (les 29 volumes qui manquent ont formé de l'eau avec les 58 volumes d'hydrogène); les 79 volumes qui restent sont de l'azote.

Ces expériences conduisent toutes à faire adopter, comme composition de l'air, 79 pour 100 d'azote et 21 pour 100 d'oxygène en volume. Plus exactement :

$$\begin{cases} 79{,}2 \text{ d'azote,} \\ 20{,}8 \text{ d'oxygène.} \end{cases}$$

97. Analyse en poids (Dumas et Boussingault). — On fait passer un courant d'air pur et sec sur du cuivre chauffé au rouge; l'augmentation de poids du cuivre fait connaître le poids d'oxygène fixé sur le métal; l'azote est recueilli dans un ballon d'abord vide, et qui est pesé avant et après l'expérience (*fig.* 74).

Le tube et le ballon ont été soigneusement vidés d'air au moyen d'une bonne machine pneumatique, puis pesés. A la fin de l'expérience le ballon, dont le robinet était réglé de façon à déterminer une aspiration très lente, avait augmenté de poids : soit p l'augmentation ; le tube avait augmenté de p_1; ce poids représente le poids d'oxygène fixé sur le cuivre, et le poids d'azote remplissant le tube ; ce dernier poids s'obtenait en faisant de nouveau le vide dans le tube et déterminant la perte du poids p_2 subie. Le poids de l'azote était donc $p + p_2$; celui de l'oxygène $p_1 - p_2$.

Ces expériences ont montré que 100 gr. d'air contiennent 23 gr. d'*oxygène* et 77 gr. d'*azote*.

Tous ces procédés donnent comme résidu un mélange d'azote et d'argon. Les nombres trouvés pour l'azote sont donc un peu trop forts. On passe facilement de la composition en volume à la composition en poids, en négligeant l'argon. Le poids du litre d'azote atmosphérique est 1,26 environ, l'argon étant plus dense que l'azote; on dira :

1 litre d'air, pesant $1^{gr},293$, contient $0^{l},790$ d'azote, pesant $0,79 \times 1,260$ ou 0,995 et $0^{l},210$ d'oxygène, pesant $0,21 \times 1,428$ ou 0,299, dont la somme est de $1^{gr},294$.

Pour 1 gramme d'air, on aurait $0,995 : 1,294 = 0,77$ d'azote et $0,299 : 1,294 = 0,23$ d'oxygène.

97 *bis*. On peut doser l'argon en faisant éclater des étincelles dans un mélange d'un excès d'oxygène et d'un volume connu d'air en présence de la soude (251) et mesurant le résidu après avoir absorbé l'oxygène en excès. La proportion d'argon dans l'air est d'environ 1 p. 100 en volume.

98. Dosage de la vapeur d'eau. — La quantité de vapeur d'eau contenue dans l'air est très variable; on la détermine au moyen des *hygromètres*. On peut cependant peser directement la vapeur d'eau en faisant passer un volume connu d'air sur des substances desséchantes dont on détermine l'augmentation de poids (*fig.* 75).

99. Dosage de l'acide carbonique. — On fait passer un volume connu d'air sur une substance capable d'absorber l'acide carbonique. Voici le procédé employé par M. Reiset. Un aspirateur de plusieurs centaines de litres de capacité aspire l'air qui passe dans de l'eau de baryte titrée (1) de titre connu. On déterminait de nouveau le titre après l'expérience; la différence permettait de connaître le poids d'acide carbonique qui, avec la baryte disparue, avait formé le précipité de carbonate de baryum observé

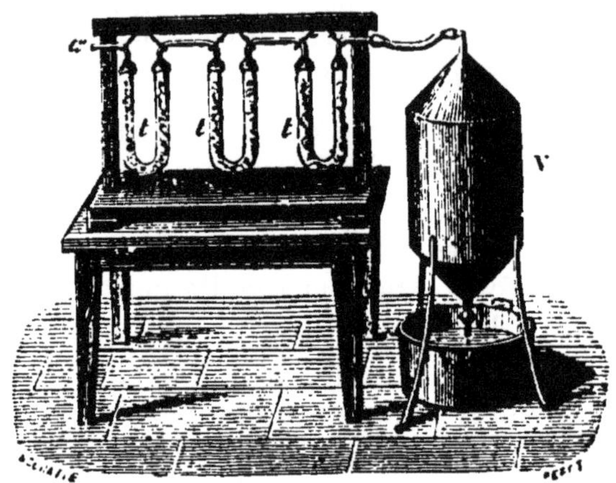

Fig. 75. — Dosage de la vapeur d'eau.
V, aspirateur; *t*, *t*, *t*, tubes à ponce sulfurique.

pendant le passage de l'air. Il était facile d'en déduire le volume occupé par cet acide carbonique sous la pression extérieure.

Les expériences donnent des résultats un peu différents suivant le lieu et l'heure du jour; dans les villes, la proportion est plus forte qu'à la campagne (respiration, combustion des foyers); au-dessus d'un champ en pleine végétation, elle est moindre qu'au-dessus d'une terre labourée (accomplissement de la fonction chlorophyllienne des plantes); la nuit elle est un peu plus grande que le jour (l'exercice de la fonction chlorophyllienne est suspendu et la respiration des plantes dégage de l'acide carbonique). Mais ces variations sont faibles, et la quantité d'acide reste toujours très voisine de $\frac{3}{10000}$ en volume, dans des conditions moyennes.

(1) On appelle *liqueur titrée* une liqueur contenant par litre un poids connu de réactif. Ce poids est le *titre* de la liqueur

La constance de la quantité d'acide carbonique existant dans l'air est très remarquable ; la respiration des plantes et des animaux, la combustion des foyers tendent à l'augmenter; l'action de la chlorophylle tend à la diminuer; il peut bien s'établir une compensation entre ces actions opposées, mais la vraie cause de cette constance est ailleurs, et c'est la mer qui, d'après M. Schlœsing, joue le rôle de régulateur. L'eau de la mer tient en dissolution des bicarbonates en état permanent de dissociation; la pression de l'acide carbonique dans l'air devient-elle inférieure à leur tension de dissociation, les bicarbonates dégagent de l'acide carbonique; dans le cas contraire, ils en absorbent.

100. Constance de la composition de l'air. — On sait analyser l'air depuis trop peu de temps pour qu'il ait été possible de constater une variation dans sa composition. Mais les conditions de la vie restant les mêmes, autant qu'on peut en juger, depuis que les hommes ont commencé à noter leurs observations, il y a tout lieu de croire que cette composition n'a pas dû éprouver de bien grandes modifications. Ce qu'on a pu constater, c'est qu'à de faibles différences près elle est la même partout, aux altitudes les plus diverses (1) et sous les climats les plus variés. On a seulement constaté qu'au voisinage de la mer l'air contient un peu moins d'oxygène, ce qui est explicable par la solubilité plus grande de ce gaz dans l'eau. La quantité d'oxygène contenue dans l'atmosphère est telle, que la respiration de tous les êtres qui vivent sur la terre ne peut la diminuer qu'avec une extrême lenteur. Il faut d'ailleurs tenir compte de l'action décomposante exercée par la chlorophylle sur l'acide carbonique.

101. L'air est un mélange. — Les raisons suivantes conduisent à admettre que dans l'air l'oxygène et l'azote sont simplement mélangés, et non pas combinés.

(1) Pour puiser de l'air en un endroit déterminé, on n'a qu'à vider une bouteille pleine d'eau, et à la boucher hermétiquement. On la conserve alors pour l'analyser au laboratoire.

1° Le rapport des volumes des deux gaz n'est pas simple;

2° Il n'y a pas de phénomène thermique quand on les mélange dans les proportions voulues, et le mélange possède les mêmes propriétés que l'air;

3° Il y a de légères variations dans la composition de l'air de diverses provenances, ce qui est contraire à la loi des proportions définies;

4° L'air dissous dans l'eau a la composition suivante : { Oxygène 33,3 / Azote 66,6 }, qui est en harmonie avec la loi de solubilité des mélanges gazeux.

Historique

102. — Nous avons signalé, à propos de la combustion (76), les expériences faites sur l'air avant Lavoisier. En 1774, Sheele remarqua que les sulfures alcalins abandonnés dans un vase clos en présence de l'air absorbent une partie de cet air; c'est l'azote qui reste. Cette expérience fournit un bon procédé d'analyse, mais ne pouvait pas permettre de retrouver l'oxygène. C'est Lavoisier qui, le premier, en 1775, a nettement établi, par l'analyse et la synthèse, la composition de l'air. Nous lui empruntons la description de ses expériences.

« J'ai pris un matras A de 36 pouces cubiques environ de capacité (714^{cc}), dont le col BCDE était très long (*fig.* 76), et avait six à sept lignes (14 à 15^{mm}) de grosseur intérieurement. Je l'ai courbé, comme on le voit représenté, de manière qu'il pût être placé dans un fourneau MMNN, tandis que l'extrémité E de son col irait s'engager sous la cloche FG, placée dans un bain de mercure RRSS. J'ai introduit dans ce matras quatre onces (122^{gr},38) de mercure très pur, puis, en suçant avec un siphon que j'ai introduit sous la cloche FG, j'ai élevé le mercure jusqu'à LL, j'ai marqué soigneusement cette hauteur avec une bande de papier collé, et j'ai observé exactement le baromètre et le thermomètre.

Les choses ainsi préparées, j'ai allumé du feu dans le fourneau MMNN, et je l'ai entretenu presque continuellement pendant douze jours, de manière que le mercure fût échauffé presque au degré nécessaire pour le faire bouillir.

Il ne s'est rien passé de remarquable pendant tout le premier jour : le mercure, quoique non bouillant, était dans un état d'évaporation continuelle; il tapissait l'intérieur des vaisseaux de gouttelettes d'abord très fines, qui allaient ensuite en augmentant, et qui, lorsqu'elles avaient acquis un certain volume, retombaient d'elles-mêmes au fond du vase, et se réunissaient au reste du mercure. Le second jour, j'ai commencé à voir nager sur la surface du mercure de petites parcelles rouges, qui, pendant quatre ou cinq jours, ont augmenté en nombre et en volume; après quoi elles ont cessé de grossir, et sont restées absolument dans le même état. Au bout de douze jours, voyant que la calcination du mercure ne faisait plus aucun progrès, j'ai éteint le feu, et j'ai laissé refroidir les vaisseaux. Le volume de l'air contenu tant dans le matras que dans son col et sous la partie vide de la cloche, réduit à une pression de 28 pouces ($0^m,757$), et à dix degrés du thermomètre (1), était, avant l'opération, de 50 pouces cubiques (990^{cc}). Lorsque l'opération a été finie, ce même volume à pression et à température égales ne s'est plus trouvé que de 42 à 43 pouces

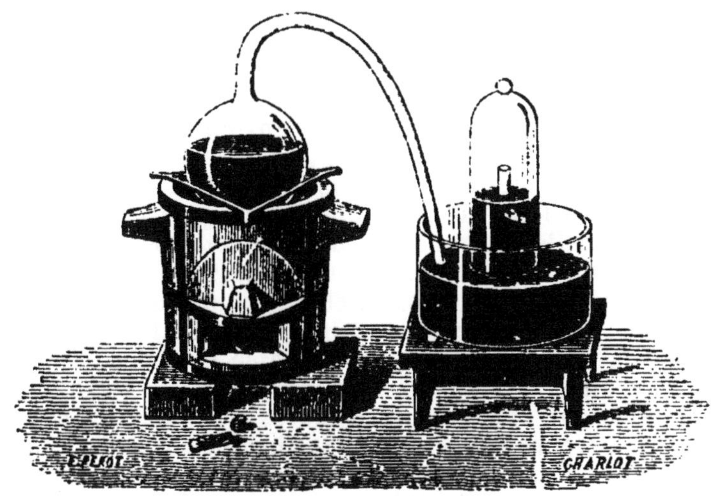

Fig. 76. — Analyse de l'air par Lavoisier.

(environ 840^{cc}) : il y avait eu par conséquent une diminution de volume d'un sixième environ. D'un autre côté, ayant rassemblé soigneusement les parcelles rouges qui s'étaient formées, et les ayant séparées, autant qu'il était possible, du mercure coulant dont elles étaient baignées, leur poids s'est trouvé de 45 grains ($2^{gr},3$[illegible]).

J'ai été obligé de répéter plusieurs fois cette calcination du mercure en vaisseaux clos, parce qu'il est difficile, dans une seule et même expérience, de conserver l'air dans lequel on a opéré, et les molécules rouges ou chaux de mercure qui s'est formée...

L'air qui restait après cette opération, et qui avait été réduit aux cinq sixièmes de son volume, par la calcination du mercure, n'était

(1) Du thermomètre Réaumur, c'est-à-dire 12,5 centigrades.

plus propre à la respiration ni à la combustion; car les animaux qu'on y introduisait, y périssaient en peu d'instants, et les lumières s'y éteignaient sur-le-champ, comme si on les eût plongées dans de l'eau.

D'un autre côté, j'ai pris les 45 grains de matière rouge qui s'était formée pendant l'opération; je les ai introduits dans une très petite cornue de verre, à laquelle était adapté un appareil propre à recevoir les produits liquides et aériformes, qui pourraient se séparer : ayant allumé du feu dans le fourneau, j'ai observé qu'à mesure que la matière rouge était échauffée, sa couleur augmentait d'intensité. Lorsque ensuite la cornue a approché de l'incandescence, la matière rouge a commencé à perdre peu à peu de son volume, et en quelques minutes elle a entièrement disparu; en même temps il s'est condensé dans le petit récipient 41 grains et demi ($2^{gr},2$) de mercure coulant, et il a passé sous la cloche 7 à 8 pouces cubiques (environ 150^{cc}) d'un fluide élastique beaucoup plus propre que l'air de l'atmosphère à entretenir la combustion et la respiration des animaux.

Ayant fait passer une portion de cet air dans un tube de verre d'un pouce (27^{mm}) de diamètre, et y ayant plongé une bougie, elle y répandait un éclat éblouissant; le charbon, au lieu de s'y consumer paisiblement comme dans l'air ordinaire, y brûlait avec flamme et une sorte de décrépitation, à la manière du phosphore, et avec une vivacité de lumière que les yeux avaient peine à supporter. Cet air que nous avons découvert presque en même temps, MM. Priestley, Sheele et moi, a été nommé par le premier, air déphlogistiqué; par le second, air empiréal. Je lui avais d'abord donné le nom d'air éminemment respirable : depuis on y a substitué celui d'air vital.

En réfléchissant sur les circonstances de cette expérience, on voit que le mercure en se calcinant absorbe la partie salubre et respirable de l'air; que la portion d'air qui reste est une espèce de mofète, incapable d'entretenir la combustion et la respiration. L'air de l'atmosphère est donc composé de deux fluides élastiques de nature différente et pour ainsi dire opposée.

Une preuve de cette importante vérité, c'est qu'en recombinant les deux fluides élastiques qu'on a ainsi obtenus séparément, c'est-à-dire, les 42 pouces cubiques de mofète, ou air non respirable, et les 8 pouces cubiques d'air respirable, on reforme de l'air en tout semblable à celui de l'atmosphère, et qui est propre, à peu près au même degré, à la combustion, à la calcination des métaux, et à la respiration des animaux. »

[Lavoisier, *Traité élémentaire de chimie* (1)].

(1) Nous avons cru devoir supprimer, dans le texte même de Lavoisier, quelques phrases qui ne sont pas nécessaires à l'intelligence du reste.

CHAPITRE VIII

FLUOR. CHLORE. BROME. IODE

FLUOR

Poids atomique : $F = 19$.
Poids moléculaire : $F^2 = 38$.
Equivalent : 19.

103. Propriétés physiques. — Le fluor est un gaz d'un jaune verdâtre très clair; pour apercevoir la coloration, on regarde dans le sens de sa longueur un tube de platine de 1 mètre de long, fermé par deux plaques de fluorine (fluorure de calcium) transparentes, et rempli de fluor. Sa densité est 1,26. La densité théorique, en admettant 19 comme poids atomique, est 1,31.

104. Propriétés chimiques. — C'est le plus énergique de tous les corps connus.

Un mélange de fluor et d'hydrogène détone à froid dans l'obscurité.

$$H + F = FH$$

Acide fluorhydrique. { gazeux.. + 38c,5. dissous.. + 50c,3.

L'oxygène est sans action sur lui.

Le noir de fumée calciné prend feu dans le fluor à la température ordinaire. Les charbons compacts n'y brûlent qu'au rouge. Le diamant n'y brûle pas même à 1000°. L'action du fluor sur le carbone donne naissance à divers fluorures, parmi lesquels le tétrafluorure CF^4.

Les métaux sont tous attaqués; le potassium, le sodium, l'étain, le plomb, le mercure le sont à froid; l'argent doit être légèrement chauffé; l'or et le platine ne sont attaqués qu'à 500 ou 600°. On peut donc se servir de vases en platine pour préparer et conserver le fluor.

L'eau est décomposée à froid

$$H^2O_{liq.} + 2F = 2FH_{diss.} + O$$

Acide fluorhydrique.

L'oxygène qui se dégage est ozonisé. La réaction (sans tenir compte de la formation d'ozone, qui absorbe de la chaleur) dégagerait $2 \times 50{,}3 - 69 = 31^c{,}6$. Elle est encore fortement exothermique en tenant compte de la formation d'ozone, car la quantité d'oxygène transformé est petite, et 16 grammes d'oxygène, se transformant en ozone, absorbent seulement $7^c{,}2$.

Les chlorures, bromures et iodures sont détruits par le fluor ; ces réactions sont conformes au principe du travail maximum.

Le fluor est univalent.

105. Préparation. — On prépare le fluor en électrolysant, à une température de — 23°, l'acide fluorhydrique liquide, tenant en dissolution du fluorure de potassium. La figure 77 indique la dis-

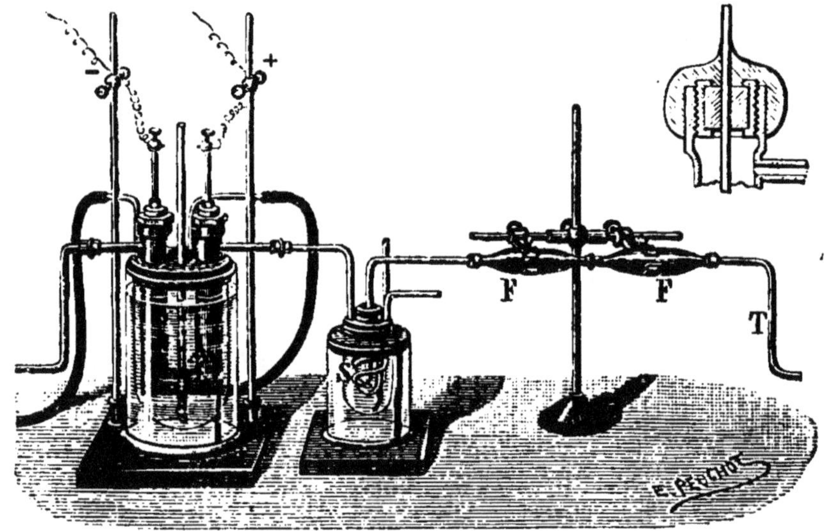

Fig. 77. — Préparation du fluor.

A, tube où se fait l'électrolyse; S, serpentin refroidi; F, F, tubes à fluorure de sodium, pour arrêter les dernières traces de PH entraîné; T, tube de dégagement du fluor.

position des appareils. Le tube en U où se fait l'électrolyse est fermé par des bouchons en fluorine, sertis dans des cylindres creux de platine vissés sur la partie supérieure des tubes. Les électrodes sont en platine iridié. L'appareil est refroidi par du chlorure de méthyle (1), que traverse un rapide courant d'air.

Cette décomposition est comparable à celle de l'eau alcalinisée ou

(1) Gaz incolore, liquéfiable à — 23° sous la pression ordinaire; formule CH^3Cl.

acidulée. Elle n'est qu'apparente. C'est le fluorure de potassium qui se détruit. F se dégage à l'électrode positive, tandis que K, à l'électrode négative, décompose FH.

$$FH + K = H + FK.$$

L'hydrogène se dégage, et le fluorure se reforme. Théoriquement, une quantité limitée de fluorure peut servir à électrolyser une quantité indéfinie d'acide. En réalité, le gaz, en se dégageant, entraîne, en même temps que de l'acide fluorhydrique, un peu de fluorure qu'on retient dans un serpentin de platine refroidi à — 50°.

106. État naturel. — Le fluor existe dans la nature à l'état de combinaisons; la *fluorine* (1), ou *spath fluor*, est du fluorure de calcium, F^2Ca, qu'on rencontre en roches compactes. Certains échantillons sont parfaitement transparents. La *cryolithe* du Groënland est un fluorure double d'aluminium et de sodium, utilisé comme minerai d'aluminium. Le fluor a dû jouer un très grand rôle dans la formation des minéraux, à cause de sa puissante activité chimique.

ACIDE FLUORHYDRIQUE

Poids moléculaire : FH = 20.
2 volumes.

107. Propriétés. — L'acide fluorhydrique est un liquide incolore, bouillant à 19°,4. Il produit d'épaisses fumées à l'air et est très dangereux à respirer. Il est très avide d'eau, et forme avec elle un hydrate $FH, 2H^2O$, qui est un liquide bouillant à 120°. Il attaque tous les métaux, sauf le mercure, l'argent, l'or, le platine. — Le potassium le détruit avec explosion. L'hydrate attaque énergiquement la silice. Il se forme un gaz très corrosif, le fluorure de silicium SiF^4

$$SiO^2 + 4HF = SiF^4 + 2H^2O.$$

Il attaque également les silicates, en particulier le verre. On le conserve dans des vases en plomb ou en gutta-percha (2); des vases en platine seraient préférables.

(1) Le nom de *spath fluor* (*fluere*, couler) rappelle la fusibilité de la fluorine, et son emploi comme *fondant* dans diverses opérations de laboratoire.

(2) La gutta-percha est formée par la résinification à l'air du suc qui s'écoule d'un arbre des tropiques, l'*Inosandra-percha*. Substance brune, dure à froid, plastique à 40°; on la pétrit facilement dans l'eau à cette température.

L'acide anhydre n'attaque pas le verre.

108. Préparation. — On prépare l'acide anhydre en calcinant dans une cornue de platine le fluorhydrate de fluorure de potassium FK,FH. L'hydrate peut être obtenu en attaquant le *spath fluor* (fluorure de calcium) par l'acide sulfurique.

$$F^2Ca + SO^4H^2 = SO^4Ca + 2FH.$$

On fait l'opération dans une cornue de plomb formée de deux parties lutées l'une à l'autre, et dont le col s'engage dans un récipient en plomb que l'on maintient dans l'eau froide pendant la durée de l'opération (*fig.* 78).

Fig. 78. — Préparation de l'acide fluorhydrique.

109. Applications. — On emploie l'acide fluorhydrique pour graver sur le verre; les divisions des tubes, burettes, thermomètres, etc..., dont on se sert dans les laboratoires, sont gravées par ce moyen. Les vapeurs d'acide fluorhydrique donnent des traits opaques, la dissolution, des traits transparents. Dans les deux cas, la surface du verre est recouverte avant la gravure d'un vernis (1) qu'on enlève en tous les points où le verre doit être attaqué. On expose la pièce ainsi préparée aux vapeurs d'acide, ou bien on passe sur elle un pinceau préalablement trempé dans la dissolution.

On fait à ce sujet l'expérience suivante. On recouvre de vernis une plaque de verre, et on trace un dessin sur ce vernis avec une pointe fine, de manière à mettre le verre à nu. On met dans un têt en terre du fluorure de calcium pulvérisé, qu'on recouvre d'acide sulfurique; on agite un peu avec une baguette de verre pour obliger l'acide à mouiller une plus grande quantité de fluorure, en

(1) 4 parties de cire jaune, 1 d'essence de térébenthine, constituent un excellent vernis.

ayant soin de se tenir un peu à côté, pour ne pas respirer les vapeurs qui se dégagent. On pose la plaque au-dessus du têt, dont on la sépare par deux petites cales en bois, et on met le tout sur un bain de sable à la température de 35 ou 40°. Au bout de quelques instants le verre est attaqué; on enlève le vernis, et on trouve le dessin reproduit sur la plaque en traits opaques.

Historique

110. — L'acide fluorhydrique a été découvert par Sheele en 1771. Ce chimiste annonça que l'attaque du spath fluor par l'acide sulfurique donnait naissance à un gaz qui produisait dans l'eau un abondant dépôt de silice. Wentzel, en 1783, montra que ce dépôt était dû à l'attaque des vases de verre dont se servait Sheele, car dans des appareils métalliques le dépôt n'avait pas lieu. Ce gaz, appelé d'abord acide fluorique, a été étudié par Gay-Lussac, Davy, M. Fremy. C'est Ampère qui, en 1816, proposa le premier de le considérer comme l'hydracide d'un corps, le *fluor*, analogue au chlore, et qu'on chercha dès lors à isoler. Les essais tentés par des moyens chimiques ne donnèrent d'autre résultat que de montrer d'une manière certaine que l'acide fluorhydrique ne contient pas d'oxygène. Ce n'est qu'en 1886 que M. Moissan est parvenu à isoler le fluor, au moyen du procédé décrit (105). On n'en connait encore aucune préparation chimique.

CHLORE

Poids atomique : $Cl = 35,5$
Poids moléculaire : $Cl^2 = 71$: (2 vol.)
Equivalent : 35,5.

111. Propriétés physiques. — Le chlore est un gaz verdâtre, d'une odeur suffocante ; il provoque la toux et les crachements de sang. Sa densité est 2,45. Elle est égale à la densité théorique ou $\frac{71}{28,8}$ (32). 1 litre de ce gaz pèse à 0°, 760^{mm}, $1^{gr},293 \times 2,45 = 3^{gr},17$.

Le chlore est soluble dans l'eau. Son coefficient de solubilité, assez mal déterminé, paraît voisin de 1,5 à 0°. Le phénomène est en effet troublé par l'action décomposante qu'exerce le chlore sur l'eau sous l'influence de la lumière, et par la formation d'un composé du chlore et de l'eau, l'*hydrate de chlore*, $Cl^2 + 8H^2O$. Ce corps, qui peut cristalliser au-dessous de 0°, est dissociable, et sa tension de dissociation atteint 76^cm^ à 9°,6; il ne peut donc exister au-dessus de cette température, sous la pression normale. Ceci explique pourquoi la solubilité du chlore, contrairement à ce qui a lieu pour les autres gaz (19), paraît augmenter jusque vers 9° pour diminuer ensuite. La solution de chlore est appelée *eau de chlore*.

Changements d'état. — Température critique, +141°; pression critique, 83^at^,9; point d'ébullition sous 760^mm^, — 32°,6; sous 5^at^, 70°.

Il est donc facile de liquéfier le chlore. Dans les laboratoires, on le liquéfie au moyen du procédé de Faraday (1), qui consiste à produire le gaz en grande quantité dans un vase clos, dont une portion est maintenue à une température assez basse. Le gaz, par son accumulation dans un espace restreint, acquiert une force élastique supérieure à la tension maxima correspondant à cette température; il doit dès lors se liquéfier. L'appareil est un tube en forme de V, en verre épais (*fig.* 79). On introduit dans la branche A de l'hydrate de chlore, et on ferme à la lampe la branche B. A est alors placé dans un bain-marie, B dans un mélange réfrigérant; c'est en B que se condense le gaz liquéfié. L'appareil peut servir indéfiniment à montrer la liquéfaction du chlore. Le gaz liquéfié est verdâtre, sa densité est 1,33.

Fig. 79.
Tube de Faraday.

L'industrie prépare du chlore liquide, enfermé dans des cylindres en fer, qui ne sont pas attaqués à froid.

(1) Faraday (1794-1867), physicien anglais, est célèbre surtout par les découvertes capitales qu'il a faites en électricité, notamment celle de l'induction.

Propriétés chimiques. — 112. Le chlore est un corps doué d'affinités très énergiques. Il se combine directement à un grand nombre de corps.

Hydrogène. — Un mélange à volumes égaux d'hydrogène et de chlore reste inaltéré dans l'obscurité. A la lumière diffuse il y a combinaison lente; à la lumière solaire directe, le mélange fait violemment explosion. La lumière électrique, la flamme du magnésium, celle du sulfure de carbone brûlant dans l'oxyde azotique, déterminent également l'explosion. Le mélange peut être enflammé; l'étincelle électrique peut également le faire détoner. Il se forme de l'acide chlorhydrique.

$$H + Cl = ClH \ (+ 22^{cal.}).$$

Métalloïdes. — Le chlore et l'oxygène ne se combinent pas directement; mais on peut obtenir indirectement un assez grand nombre de composés, parmi lesquels les suivants, dont la formation directe serait endothermique.

Acide hypochloreux (dissous),	$Cl^2 + O + \text{eau}$.....	$- 5^c,8$
— chlorique (dissous),	$\frac{1}{2}(Cl^2 + O^5 + H^2O)$.	— 12,0.
— perchlorique (liquide),	$\frac{1}{2}(Cl^2 + O^7 + H^2O)$.	— 15,4.

On connaît un composé indirect de l'azote et du chlore, $AzCl^3$, très explosif : chaleur de formation ($- 38^c,8$).

Fig. 80. — Combustion de l'arsenic dans le chlore.

Le phosphore prend feu dans le chlore; il se forme principalement du *chlorure phosphorique*, PCl^5, corps solide, et de faibles quantités de vapeur de *chlorure phosphoreux*, PCl^3, qui est liquide à la température ordinaire.

L'arsenic, l'antimoine en poudre, s'enflamment également dans le chlore (*fig.* 80). Les composés formés ont pour formule $AsCl^3$ et $SbCl^3$.

Métaux. — Le potassium, le mercure, l'argent, sont attaqués à froid par le chlore; avec le potassium la réaction est très violente; le fer, l'étain, le cuivre, sont attaqués à chaud. On peut faire brûler une spirale de cuivre dans le chlore, en l'introduisant dans un flacon plein de gaz, après en avoir chauffé l'extrémité (*fig.* 81). L'or et le platine sont attaqués par l'eau de chlore. Ces actions dégagent une grande quantité de chaleur. Il se forme des chlorures.

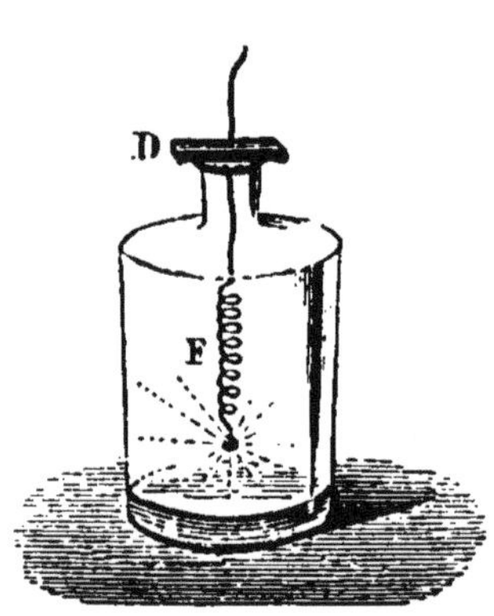

Fig. 81. — Combustion du cuivre dans le chlore.

Corps composés. — Le chlore attaque un grand nombre de corps composés, grâce à la grande quantité de chaleur que dégage son union avec la plupart des corps simples.

113. *Eau.* — A froid, le chlore attaque l'eau sous l'influence de la lumière. A la lumière solaire directe, on a la réaction suivante :

$$\begin{array}{l} \text{Aq (1)} + Cl^2 + H^2O \text{ liq.} = 2\,ClH \text{ dissous} + O \\ \qquad\qquad\qquad 69^c \qquad\qquad 2 \times 39{,}4 = 78^c{,}8. \end{array}$$

La réaction est limitée; il se forme des hydrates d'acide chlorhydrique, dissociables; leur dissociation met en liberté de l'acide chlorhydrique, dont la chaleur de formation, 22^c, est inférieure à celle de $\frac{1}{2}H^2O$ (124). A la lumière diffuse, en présence de beaucoup d'eau, la réaction est plus compliquée, on a des composés oxygénés du chlore.

L'oxygène mis en liberté dans cette réaction exothermique possède une énergie plus grande que l'oxygène libre, et peut réaliser certaines oxydations. C'est ce qu'on exprime

(1) Le symbole Aq (*aqua*) représente une quantité indéterminée d'eau.

en disant que le chlore est oxydant en présence de l'eau. Ainsi, l'acide sulfureux est oxydé.

$$SO^2 + 2H^2O + Cl^2 = SO^4H^2 + 2ClH.$$

La réaction

$$\underset{58,2}{Cl^2 + H^2O \text{ gaz}} = \underset{2 \times 22 = 44}{2\,HCl \text{ gaz}} + O$$

est assez fortement endothermique. Cependant, elle se produit au rouge, à cause de la dissociation de l'eau, qui commence à cette température. Il s'établit un équilibre entre les quatre gaz Cl, O, ClH, H^2O, car la réaction est limitée par l'action inverse de l'oxygène sur l'acide chlorhydrique, qui est exothermique. Si on fait passer dans un tube de porcelaine chauffé fortement un courant de chlore chargé de vapeur d'eau, et si on reçoit les gaz sur une dissolution de potasse qui absorbe le chlore et l'acide chlorhydrique, on recueille une petite quantité d'oxygène (*fig.* 82).

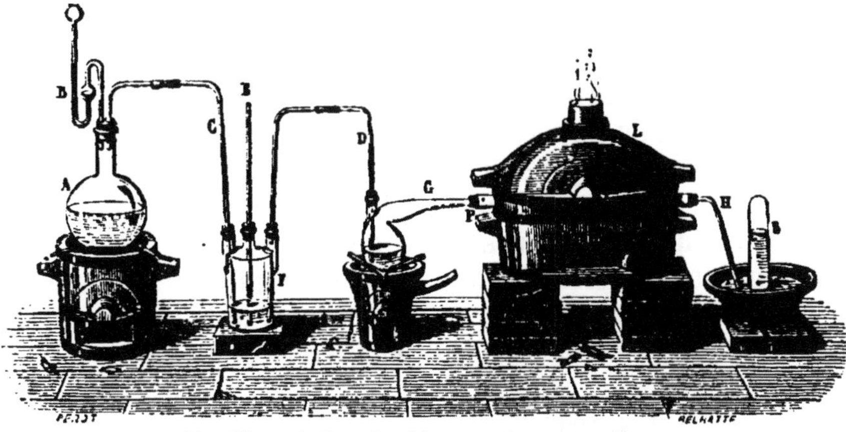

Fig. 82. — Action du chlore sur la vapeur d'eau.

114. *Alcalis.* — Le chlore déplace l'oxygène de la plupart des oxydes métalliques. L'action sur les hydrates alcalins est remarquable.

Le chlore transforme les dissolutions froides et étendues de potasse, de soude et de chaux, en un mélange d'hypochlorite et de chlorure.

$$2NaOH + Cl^2 = \underset{\text{de potassium.}}{\underset{\text{Chlorure}}{ClNa}} + \underset{\text{de sodium.}}{\underset{\text{Hypochlorite}}{ClONa}} + H^2O$$

La liqueur obtenue ainsi porte le nom d'eau de Javel. Le chlore donne, avec la chaux éteinte, un produit solide appelé *chlorure de chaux*, dont la formule est assez complexe. Il contient un oxychlorure de calcium $CaHClO^2$.

Si la solution alcaline est concentrée et à une température supérieure à une quarantaine de degrés, on a du chlorate de potassium.

$$6KOH + 3Cl^2 = 5ClK + \underset{\text{Chlorate de potassium.}}{ClO^3K} + 3H^2O$$

Le sel, beaucoup plus soluble à chaud qu'à froid, se dépose par le refroidissement de la liqueur.

115. *Action décolorante.* — Si on verse de l'eau de chlore dans une solution sulfurique d'indigo (1), le liquide passe du bleu au jaune pâle. Le tournesol, l'encre à base de fer, sont décolorés ainsi qu'un grand nombre d'autres matières colorantes. Cette décoloration est due à l'oxydation des matières par l'oxygène que dégage l'action du chlore sur l'eau.

Les hypochlorites sont détruits par les acides les plus faibles ; l'acide hypochloreux, très instable, se détruit à son tour en oxygène qui se dégage, et chlore qui met en liberté l'oxygène de l'eau. Il en résulte que l'eau de Javel et le chlorure de chaux possèdent des propriétés décolorantes énergiques. L'acide carbonique de l'air suffit pour les rendre actifs. Ces propriétés sont utilisées pour le blanchiment des tissus d'origine végétale [lin, chanvre, coton] (2).

(1) Liquide obtenu en dissolvant de l'indigo dans de l'acide sulfurique fumant (190) et étendant d'eau la dissolution.

(2) Le blanchiment (destruction du pigment qui accompagne la fibre textile) était autrefois obtenu au moyen de l'action de l'oxygène de l'air, et de la lumière solaire. Les objets à blanchir étaient étendus *sur le pré;* l'opération était très longue. C'est Berthollet qui a préconisé l'emploi du chlore pour réaliser rapidement cette décoloration (1784). Les tissus ou les fils, bien lavés, sont trempés dans une solution de chlorure de chaux, et exposés ensuite à l'air; la matière colorante, oxydée, devient soluble dans les alcalis; on obtient rapidement la décoloration complète par une série de passages au chlorure et à l'alcali, séparés par des lavages à grande eau destinés à enlever les traces de produits acides qui altéreraient les tissus à la longue. Un procédé récent consiste à traiter directement les tissus par le chlore dans des cuves où le gaz est produit par l'électrolyse du chlorure de magnésium dissous.

116. — Le gaz ammoniac s'enflamme dans le chlore. Le chlore attaque l'acide sulfhydrique, gazeux ou dissous. Dans les deux cas, la réaction est conforme au principe du travail maximum.

$$Cl^2 + SH^2 \left\{ \begin{matrix} \text{gaz} \\ 4{,}6 \\ \text{dissous} \\ 9{,}2 \end{matrix} \right\} = 2ClH \left\{ \begin{matrix} \text{gaz} \\ 22 \\ \text{dissous} \\ 39{,}4 \end{matrix} \right\} + S \quad \begin{matrix} \text{Différ.} \\ +17{,}4 \\ \\ +30{,}2 \end{matrix}$$

Le soufre se dépose. Cette réaction rend compte de l'emploi du chlore (ou plutôt du chlorure de chaux qui agit comme source de chlore) comme désinfectant. Dans les fosses d'aisances, il se produit de l'acide sulfhydrique et du *sulfure d'ammonium*, toxiques tous les deux. Le chlore les détruit.

117. — Le chlore peut enfin contracter des combinaisons avec des corps composés. Le chlore sec, sous l'influence de la lumière solaire, donne lieu aux combinaisons suivantes :

$$\underset{\text{Oxyde de carbone.}}{CO} + Cl^2 = \underset{\text{Chlorure de carbonyle.}}{COCl^2}$$

$$\underset{\text{Anhydride sulfureux.}}{SO^2} + Cl^2 = \underset{\text{Chlorure de sulfuryle.}}{SO^2Cl^2}$$

Ces corps sont des *chlorures acides*, décomposables par l'eau avec production d'acide chlorhydrique et de l'acide correspondant au radical uni au chlore (1).

118. Caractère chimique. — Le chlore est fortement électronégatif. Son énergie chimique est très grande.

(1) L'oxyde de carbone et l'anhydride sulfureux, considérés comme radicaux des acides carbonique et sulfurique, ont reçu les noms de *carbonyle* et *sulfuryle*. Les réactions indiquées sont les suivantes :

$$COCl^2 + 2H^2O = CO^2 + H^2O + 2ClH.$$

[$CO(OH)^2$, l'acide carbonique normal, n'a pas été isolé.]

$$SO^2Cl^2 + 2H^2O = SO^2(OH)^2 + 2ClH.$$

Il est monovalent. Il donne lieu, avec les matières organiques, à des réactions très remarquables, en se substituant à l'hydrogène atome à atome. Exemples :

Le *formène* CH^4 donne, par substitution, les corps suivants : CH^3Cl, CH^2Cl^2, $CHCl^3$ (chloroforme), CCl^4 ; l'*acide acétique*, $C^2H^3O(OH)$, donne, par substitution, les corps suivants : $C^2H^2\,ClO(OH)$; $C^2HCl^2O(OH)$; $C^2Cl^3O(OH)$, qui sont encore des acides.

Nous reviendrons ultérieurement sur ces réactions.

110. Préparation. — 1° On attaque par l'acide chlorhydrique le bioxyde de manganèse (Sheele).

$$MnO^2 + 4ClH = Cl^2Mn_{II} + Cl^2 + 2H^2O.$$

La réaction est, en réalité, plus compliquée. Il se forme, d'après M. Berthelot, un chlorure de manganèse Cl^4Mn_{II}, qui se combine à l'acide chlorhydrique ; ce composé, dont la tension de dissociation est assez considérable dès la température ordinaire, se détruit en ClH, Cl^2Mn, et chlore qui se dégage. C'est lui qui colore le liquide en brun.

Le chlore sec, préparé au moyen de l'appareil représenté par la figure 83, ne peut pas être reçu sur le mercure, qu'il attaque. Pour le recueillir on profite de sa grande densité. On fait plonger le tube abducteur jusqu'au fond du flacon qui doit contenir le gaz. Le chlore *déplace* peu à peu l'air. Quand on veut conserver une grande quantité de chlore, on le reçoit dans un gazomètre en verre, contenant de l'acide sulfurique.

Pour avoir l'eau de chlore, on supprime l'éprouvette desséchante, et on fait plonger le tube abducteur dans l'eau. On peut aussi employer l'appareil de Woolf (128).

(Le chlore attaquant le caoutchouc, on garnit les flacons de bouchons en liège, et on amène au contact les tubes qui doivent être joints par des raccords en caoutchouc.)

2° Berthollet a indiqué la réaction suivante :

$$MnO^2 + 2SO^4H^2 + 2NaCl = SO^4Na^2 + SO^4Mn + Cl^2 + 2H^2O$$

Bioxyde de manganèse.	Acide sulfurique.	Chlorure de sodium.	Sulfate de sodium.	Sulfate de manganèse.

L'électrolyse des chlorures métalliques, fondus ou dissous, donne également du chlore. L'électrode positive, sur

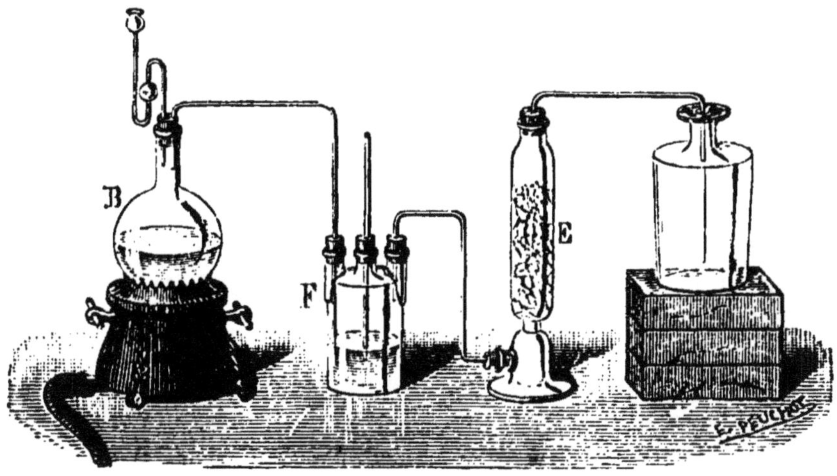

Fig. 83. — Préparation du chlore.

B, ballon producteur du chlore ; F, flacon laveur à acide sulfurique (pour retenir ClH entraîné) ; E, éprouvette desséchante à chlorure de calcium.

laquelle il se dégage, doit être en charbon de cornue (318) ; tous les autres conducteurs sont en effet attaqués par le chlore.

120. Industrie du chlore. — On a longtemps employé le procédé de Sheele. Mais le bioxyde de manganèse étant un produit coûteux, on a cherché à utiliser le chlorure produit dans cette réaction. Le procédé Weldon consiste à séparer ce chlorure des impuretés qui l'accompagnent en le traitant par la craie en poudre (carbonate de calcium), qui sature l'excès d'acide chlorhydrique contenu dans la liqueur et précipite les oxydes étrangers (1). On ajoute un lait de chaux, qui, avec le chlorure de manganèse, donne du chlorure de calcium et de l'oxyde manganeux

$$CaO + Cl^2Mn = Cl^2Ca + MnO.$$

(1) Ces oxydes, magnésie, alumine, oxyde de fer, sont précipités de leurs chlorures par le carbonate de calcium ; il se forme du chlorure de calcium, de l'anhydride carbonique se dégage.

On ajoute alors un excès de chaux et on fait passer dans les appareils un courant d'air qui oxyde une partie de l'oxyde manganeux. Le produit est un mélange de *manganites* de chaux et de manganèse, MnO^3Ca, MnO^3Mn (ou Mn^2O^3) que l'on attaque par l'acide chlorhydrique. Théoriquement une quantité limitée de bioxyde de manganèse peut servir à préparer une quantité indéfinie de chlore; en réalité, il se produit toujours des pertes que l'on cherche à réduire au minimum.

On utilise aujourd'hui dans quelques usines le chlorure de magnésium Cl^2Mg, que fournit en quantités énormes l'exploitation des marais salants. On ajoute de la magnésie (MgO) à la dissolution de chlorure; il se forme un oxychlorure, d'où on chasse le chlore au moyen d'un courant d'air, à une température de 800° à 1000°; il se forme en même temps de l'acide chlorhydrique que l'on absorbe dans de l'eau. La magnésie, régénérée, peut servir à une nouvelle opération.

Enfin, on a songé à utiliser l'électrolyse du chlorure de sodium dissous. Ce procédé fournit à la fois du chlore et de la soude caustique (439).

121. Usages. — Dans l'industrie, le chlore est surtout employé à la fabrication des chlorures décolorants et de certains chlorures métalliques. Dans les laboratoires, on l'emploie comme oxydant. Il est encore utilisé comme désinfectant.

Historique

122. — Sheele, essayant en 1784 l'action de l'*acide marin* (acide chlorhydrique) sur la *magnésie noire* (bioxyde de manganèse naturel), vit se dégager un gaz vert dont il étudia les propriétés; ce gaz fut appelé *acide muriatique oxygéné* (obtenu par l'action d'un oxydant sur l'acide chlorhydrique, doué de propriétés oxydantes). Sheele signala aussi son allure spéciale, si différente de celle des autres acides. Gay-Lussac et Thénard, en 1809, montrèrent que ses réactions s'expliquent très bien en le considérant comme un corps simple. Davy, en 1810, adopta cette manière de voir et le nomma *chlorine*, nom qu'il porte encore en Angleterre. C'est Gay-Lussac qui l'appela *chlore*.

ACIDE CHLORHYDRIQUE

$ClH = 36,5$.
2 volumes.

123. Propriétés physiques. — Gaz incolore, d'une odeur vive et suffocante, fumant à l'air. Densité : 1,278. Un litre de gaz pèse $1^{gr},293 \times 1,278 = 1^{gr},635$.

Changements d'état. — Temp. critique, $+51°,5$; pression critique, 96 atmosphères; point d'ébullition sous 760^{mm}, $-35°$. Faraday l'a liquéfié pour la première fois par l'action combinée de la pression et du froid.

124. Action de l'eau. — A 0°, l'eau absorbe 500 fois son volume de gaz chlorhydrique. Si on porte sur la cuve à eau une éprouvette pleine de gaz pur et sec recueilli sur le mercure, l'eau se précipite dans l'éprouvette, qui peut être brisée par la violence du choc (interposer un linge mouillé entre la main et l'éprouvette). Un morceau de glace fond dans le gaz chlorhydrique, et fait disparaître ce gaz.

Si on dresse au-dessus d'une cuvette contenant de l'eau un flacon plein d'acide chlorhydrique et fermé par un bouchon que traverse un tube effilé par en bas et fermé, on obtient un jet d'eau en cassant la pointe sous l'eau (1) (*fig.* 84)

Il n'y a pas simplement dissolution ; en effet, le poids de gaz dissous sous diverses pressions n'est pas proportionnel à la pression (19). Le gaz se combine à l'eau pour former divers hydrates. La chaleur de dissolution dans une très grande quantité d'eau est $17^c,43$. pour une molécule d'acide.

Hydrates. — Si on fait passer dans l'acide du commerce

(1) On obtient le jet d'eau immédiatement en laissant au fond du tube effilé un peu de mercure qui en s'écoulant laisse un vide que vient combler l'eau. On peut ajouter du tournesol à l'eau de la cuve, qui retombe dans le flacon coloré en rouge. On manifeste ainsi les propriétés acides de la solution chlorhydrique.

(marquant 22° à l'aréomètre Baumé) refroidi vers — 25° un courant de gaz chlorhydrique, on obtient un hydrate $HCl + 2H^2O$ cristallisé, mais qui se détruit si la température s'élève au-dessus de — 18° sous la pression normale. On admet l'existence d'un second hydrate, $ClH + 6H^2O$, bien qu'on n'ait pu l'isoler. Les solutions contenant plus d'acide que ne l'indique la formule précédente possèdent en effet les réactions du gaz chlorhydrique; elles contiendraient

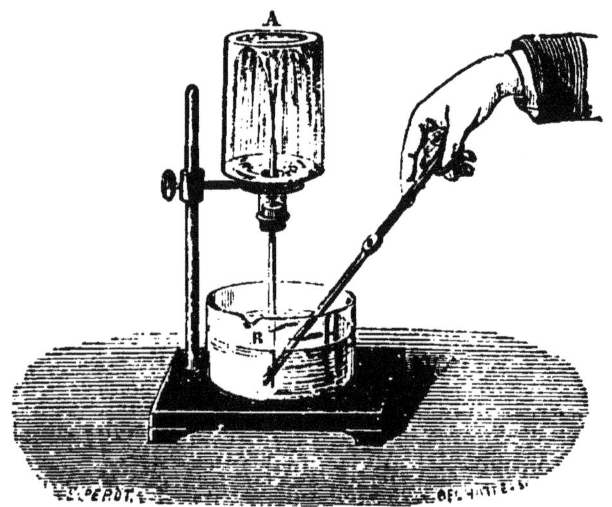

Fig 81. — Absorption de l'eau par l'acide chlorhydrique.

donc de l'acide anhydre libre, résultant de la dissociation de l'hydrate; les solutions plus étendues sont moins énergiques; elles contiendraient l'hydrate non dissocié mélangé à une quantité d'eau plus ou moins grande. Les chaleurs de formation étant de 22^{cal} pour l'acide anhydre et près de 39 pour l'hydrate, on comprend aisément que les actions du second soient moins énergiques que celles du premier. Ces faits donnent l'explication de certaines réactions en apparence paradoxales (198). (M. Berthelot.)

Les fumées que répand à l'air le gaz chlorhydrique sont dues à la condensation d'hydrates à faible tension de vapeur, dont la formation est due à la vapeur d'eau de l'atmosphère.

125. Propriétés chimiques. — *Chaleur.* L'acide chlorhydrique est dissocié à haute température.

Sainte-Claire Deville est parvenu à manifester cette dissociation au moyen de l'appareil *chaud et froid*. Un tube de laiton amalgamé, parcouru par un courant d'eau froide, occupe l'axe d'un tube de porcelaine vernissée; le gaz passe dans l'espace compris entre les deux tubes. Le tout est violemment chauffé dans un fourneau: la température du tube de laiton ne s'élève pas au-dessus de la température ordinaire; on le constate en déposant sur ce tube une petite quantité d'une substance organique facilement altérable que l'on retrouve intacte après l'expérience, tandis que le laiton amalgamé a été attaqué avec formation de chlorure de mercure. L'amalgame étant inattaquable à froid par l'acide chlorhydrique, on doit admettre que l'acide a été dissocié, et que l'attaque est due au chlore qui a été mis en liberté.

Électricité. — L'étincelle décompose très faiblement l'acide chlorhydrique. Le courant décompose la dissolution; le chlore se dégage à l'électrode positive.

Oxygène. — L'oxygène détruit l'acide chlorhydrique à haute température; la réaction est limitée par la dissociation de la vapeur d'eau formée (113).

Métaux. — L'union des métaux avec le chlore dégage en général plus de chaleur que la formation de l'acide chlorhydrique. L'or et le platine résistent seuls à l'action de cet acide. Un grand nombre de métaux, le potassium, le zinc, le fer notamment, sont violemment attaqués à froid soit par le gaz, soit par la dissolution. Si on verse de l'acide sur des copeaux de zinc placés dans une éprouvette à pied, il se produit un dégagement tumultueux d'hydrogène, que l'on peut enflammer à l'orifice de l'éprouvette. L'aluminium est également attaqué à froid. L'argent n'est attaqué qu'à 500°, le mercure à 600°. Quand le métal peut former plusieurs chlorures, c'est le moins chloruré qui se produit.

Oxydes. — L'acide chlorhydrique attaque la plupart des oxydes et des hydrates métalliques : on a de l'eau et un chlorure.

$$\underset{\text{Hydrate sodique.}}{NaOH} + ClH = \underset{\text{Chlorure de sodium.}}{ClNa} + H^2O$$

$$CaO + 2ClH = Cl^2Ca_{II} + H^2O$$

Chaux. Chlorure de calcium.

Avec les peroxydes de certains métaux, on a des réactions particulières. [Préparation de l'eau oxygénée (88), du chlore (117)].

126. Fonction chimique. — C'est un des acides les plus énergiques que l'on connaisse. Les métaux s'y dissolvent avec un très grand dégagement de chaleur. Les doubles décompositions qu'il donne avec les bases sont aussi très fortement exothermiques. Ainsi la réaction

$$HCl \text{ étendu } (1) + KHO \text{ étendu} = KCl \text{ dis.} + H^2O$$

dégage $13^c,7$.

127. Réactif. — L'acide chlorhydrique et ses sels (chlorures) donnent avec l'*azotate d'argent* un précipité *caillebotté* de chlorure d'argent, reconnaissable aux caractères suivants : 1° il devient violacé, puis noir à la lumière; 2° il est soluble dans l'ammoniaque et dans l'hyposulfite de soude.

$$ClH + AzO^3Ag = ClAg + AzO^3H.$$

La réaction du sel marin (ClNa) sur l'azotate d'argent a été indiquée par Boyle.

128. Préparation. — On retire l'acide chlorhydrique du sel marin, que l'on attaque par l'acide sulfurique. L'attaque du sel marin cristallisé est extrêmement violente; pour la modérer, on emploie du sel marin qu'on a préalablement fondu, puis coulé sur une plaque de marbre, et qu'on conserve à l'abri de l'humidité.

La figure 85 représente l'appareil employé. On recueille le gaz sec sur le mercure.

La dissolution se prépare au moyen de l'appareil représenté par la figure 86 et qui porte le nom d'appareil de

(1) C'est-à-dire additionné d'assez d'eau pour que le mélange avec une nouvelle quantité d'eau ne donne plus lieu à un dégagement de chaleur.

Woolf. La dissolution étant plus dense que l'eau, on fait très peu plonger dans l'eau les tubes qui amènent le gaz. On

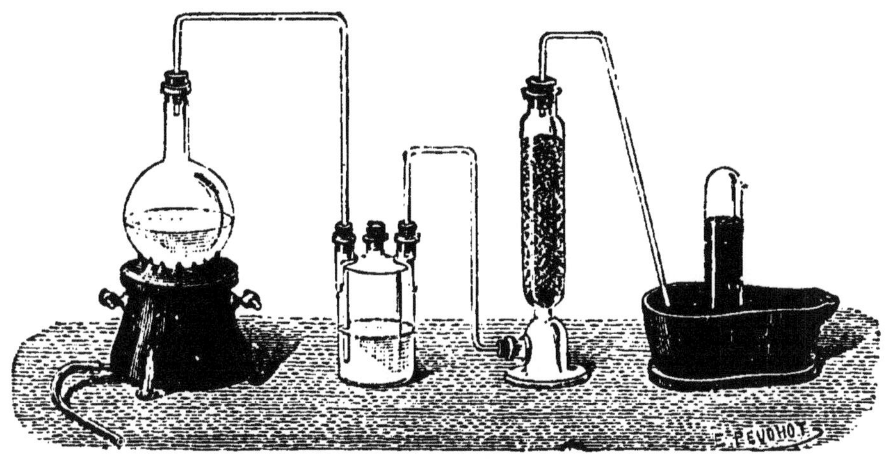

Fig. 85. — Préparation de l'acide chlorhydrique.

le reçoit donc toujours dans de l'eau moins chargée d'acide

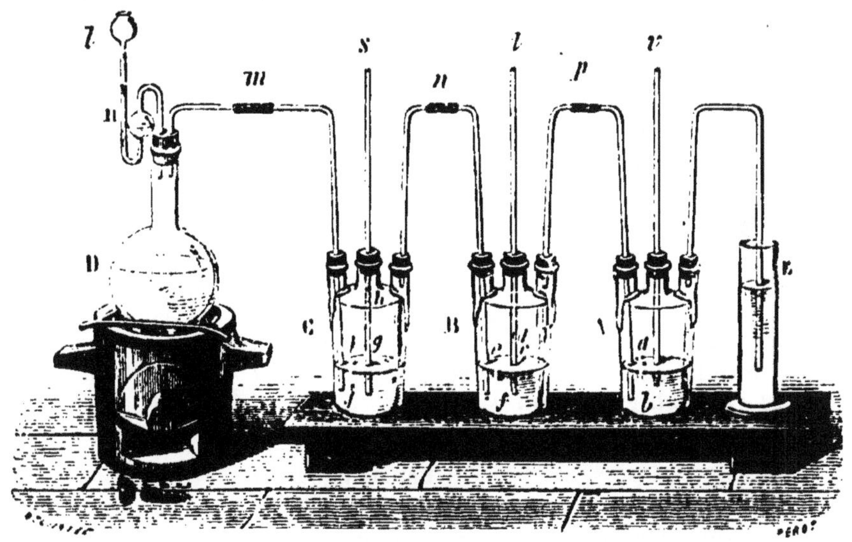

Fig. 86. — Préparation de la dissolution de l'acide chlorhydrique.

que celle qui est au fond, et la saturation se fait régulièrement.

La réaction est représentée par la formule

$$SO^4H^2 + ClNa = SO^4HNa + ClH$$

Sulfate monosodique.

120. Industrie. — La fabrication de l'acide chlorhydrique est connexe de celle du sulfate de sodium. L'attaque du chlorure de sodium par l'acide sulfurique (à 60° B.) se fait dans des fours spéciaux, comprenant deux compartiments séparés par un registre

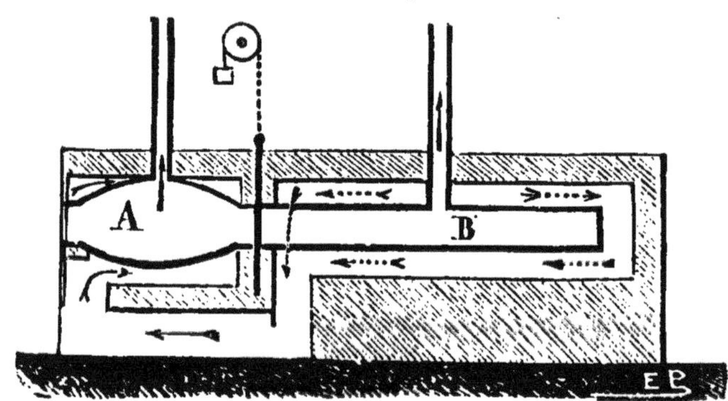

Fig. 87.
acide chorhydrique; gaz du foyer; A, cuvette; B, moufle.

(*fig.* 87). Dans le premier, une *cuvette* généralement en fonte et munie d'un tuyau de dégagement pour les gaz reçoit le sel et l'acide. Lorsque la réaction

$$SO^4H^2 + ClNa = SO^4HNa + ClH$$

est terminée, on ouvre le registre et on pousse la masse dans le second compartiment, appelé *calcine* lorsqu'il est chauffé directement par les gaz du foyer, et *moufle* quand il est complètement clos et chauffé extérieurement. La calcine et le moufle sont également munis d'un tuyau de dégagement. Dans ce compartiment a lieu la réaction suivante :

$$ClNa + SO^4HNa = SO^4Na^2 + ClH$$

Sulfate disodique ou sulfate neutre.

Le gaz traverse de longues conduites en poterie où il se refroidit ; il passe alors dans une série d'auges en pierres siliceuses où circule de l'eau, et monte à travers une tour en poterie remplie de coke, qui reçoit par sa partie supérieure l'eau qui va ensuite dans les auges (*fig.* 88). La condensation est *méthodique ;* les gaz riches en acide chlorhydrique rencontrent d'abord de l'eau presque saturée; ils sont en contact avec de l'eau presque pure lorsqu'ils ne contiennent plus que peu d'acide, ce qui facilite l'absorption de ce dernier.

Ce procédé de condensation est seul efficace pour l'acide des

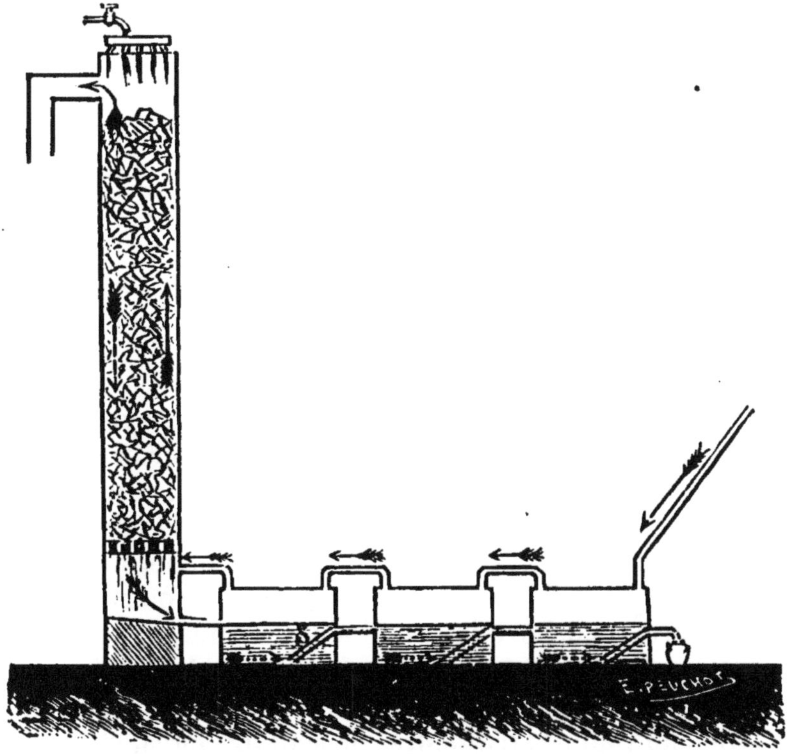

Fig. 88. — Préparation industrielle de l'acide chlorhydrique.
←— marche du gaz; ←·· marche du liquide; S, siphon faisant passer d'une auge à la suivante la dissolution la plus concentrée.

fours à calcine ou fours à réverbère, qui sort des appareils mélangé à une grande quantité de gaz (acide carbonique produit par la combustion du charbon, azote de l'air qui détermine cette combustion, oxygène en excès). Le gaz produit dans les fours à moufle étant très pur, la condensation se fait beaucoup plus facilement.

130. État naturel. — On rencontre le gaz chlorhydrique dans les émanations volcaniques; les sources des montagnes volcaniques en tiennent en dissolution des quantités notables. Boussingault a trouvé jusqu'à 1gr,217 d'acide chlorhydrique par litre dans l'eau du Rio Vinagre, qui descend de la chaîne des Andes.

131. Circonstances de production. — Il se produit de l'acide chlorhydrique dans l'action des acides sur les chlorures des métalloïdes et de certains métaux. L'attaque par l'eau des chlorures des métalloïdes et des chlorures acides (117) en donne également.

$$PCl^3 + 3H^2O = POH(OH)^2 + 3ClH$$

Chlorure phosphoreux. Acide phosphoreux.

$$SO^2Cl^2 + H^2O = SO^2(OH)^2 + 2HCl$$

Chlorure de sulfuryle. Acide sulfurique.

Il s'en produit aussi dans un grand nombre de réactions organiques, notamment l'action des alcalis sur des composés chlorés.

132. Composition. — On la détermine par synthèse. Deux vases de même capacité sont travaillés de façon que le col de l'un entre facilement dans le goulot de l'autre. On remplit l'un d'eux de chlore pur et sec, l'autre d'hydrogène pur et sec, et on mélange les gaz dans l'obscurité, puis on porte le mélange à la lumière diffuse. Quand la couleur verdâtre a disparu, on achève la combinaison au moyen de la lumière solaire. Les deux vases, séparés ensuite et dressés sur la cuve à mercure, restent pleins de gaz ; il n'y a donc pas eu de variation de volume ; d'ailleurs, ils sont incolores, et dans chacun d'eux le gaz est totalement absorbable par l'eau. Il n'y a donc ni excès de chlore ni excès d'hydrogène. On conclut de cette expérience que 1 volume de chlore et 1 volume d'hydrogène se combinent en donnant 2 volumes d'acide chlorhydrique.

133. Usages. — L'acide chlorhydrique est employé surtout à la fabrication du chlore, du chlorure d'ammonium, de l'acide carbonique, de quelques chlorures métalliques. C'est un réactif constamment employé dans les laboratoires. Dans les arts, on s'en sert pour décaper les métaux.

Historique

134. — La première mention de l'acide chlorhydrique se trouve dans les œuvres de Basile Valentin, alchimiste du quinzième siècle ou du commencement du seizième, mais dont les œuvres n'ont été publiées qu'en 1602. Glauber (1604-1668) a aussi préparé la dissolution chlorhydrique en distillant un mélange d'acide sulfurique et de sel marin, et recueillant les produits dans l'eau. Il a été obtenu à l'état de gaz par Cavendish, et étudié par Priestley (acide muriatique, acide marin, esprit de sel). Lavoisier le considérait comme un acide oxygéné. L'analyse de l'acide sulfhydrique par Berthollet ayant révélé l'existence des acides hydrogénés, on l'assimila à ces acides à la suite des recherches de Gay-Lussac et Thénard et de Davy. Les travaux de ces trois chimistes ont fixé sa composition.

BROME

Poids atomique : $Br = 80$.
Poids moléculaire : $Br^2 = 160$(2 vol.).
Equivalent : 80.

135. Propriétés physiques. — Liquide rouge, répandant à l'air d'épaisses vapeurs rouges. Il fond à — 7°,3 et bout à + 63° (1). Sa densité à l'état liquide est 2,966. La densité de vapeur, prise vers 100°, est 5,54. Elle est égale à la densité théorique, ou $\frac{160}{28,8}\left(32\right)$.

Le brome se dissout dans 33 fois son poids d'eau, en donnant un liquide orangé; il est beaucoup plus soluble dans l'éther et le sulfure de carbone, qui l'enlèvent à l'eau. Quand on agite de l'eau bromée avec de l'éther ou du sulfure de carbone, les deux liquides se séparent au bout de quelque temps; il s'établit un équilibre, d'après lequel les quantités de brome dissoutes *dans le même volume de chacun des dissolvants* sont dans un rapport constant. Ce rapport, indépendant des masses de liquide en présence, porte le nom de *coefficient de partage*. Il varie avec la température et la concentration.

Il se forme un hydrate de brome $Br + 5H^2O$ quand on refroidit

(1) Ces nombres sont empruntés à l'*Annuaire du Bureau des longitudes*. Les auteurs ne sont pas d'accord sur ce sujet; pour le point de fusion notamment, les déterminations varient entre — 7 et — 24°. Cela tient à l'influence considérable qu'exerce sur le point de fusion la présence d'une trace d'eau ou de chlore.

à 0° du brome en présence d'une faible quantité d'eau. Cet hydrate se détruit à 15°.

136. Propriétés chimiques. — Le brome en vapeur se combine directement avec l'hydrogène, en formant de l'acide bromhydrique BrH, en présence d'un corps incandescent. La lumière solaire est sans action sur le mélange.

$$\text{Br gaz} + \text{H} = \text{BrH} \begin{cases} \text{gaz.....} & +\ 8{,}6 \\ \text{dissous..} & +\ 28{,}6 \end{cases}$$

Il forme avec l'oxygène des composés indirects, endothermiques, comparables aux composés oxygénés du chlore. On connaît les acides hypobromeux et bromique, BrOH, BrO^3H.

Il s'unit au phosphore en dégageant une grande quantité de chaleur. L'action est très violente (PBr^3).

Il attaque tous les métaux ; le potassium est attaqué à froid. Les autres le sont à chaud.

Le brome n'attaque la vapeur d'eau qu'au rouge vif; à cette température l'eau est dissociée. La réaction est fortement endothermique.

$$\begin{array}{lll} \text{Br} + \text{H}^2\text{O} = 2\text{BrH gaz} + \text{O} & & \text{Diff.} \\ \quad 58^c{,}2 \qquad 17{,}2 & & -\ 41{,}0. \end{array}$$

La réaction inverse est complète à 500°.

La lumière décompose l'eau de brome, ce qui rend compte de l'action oxydante du brome en présence de l'eau; ainsi l'acide sulfureux dissous est oxydé.

$$SO^2 \text{ diss.} + Br^2 + 2H^2O = SO^2(OH)^2 + 2BrH.$$

Le brome exerce sur la potasse une action toute semblable à celle du chlore (114).

Il attaque un grand nombre de matières organiques, en donnant des produits de substitution parallèles à ceux du chlore.

On voit par ce qui précède que les propriétés du brome ne sont que la répétition affaiblie de celles du chlore. Il y a entre ces deux corps simples une très grande analogie.

137. Acide bromhydrique. — Ce corps, gazeux, très soluble dans l'eau, fumant à l'air, formé de volumes égaux de vapeur de brome et d'hydrogène unis sans condensation, présente avec l'acide chlorhydrique une analogie frappante.

Il attaque les métaux en donnant des bromures isomorphes des chlorures correspondants, et donne un précipité avec l'azotate d'argent.

L'acide bromhydrique et ses sels sont tous détruits par le chlore. Ces réactions sont conformes au principe du travail maximum.

$$\underset{8,6}{BrH\ gaz} + Cl = Br + \underset{22^c.}{ClH\ gaz}$$

$$\underset{90,4}{BrK\ dissous} + Cl = Br\ dissous + \underset{101,2}{ClK\ dissous}$$

On ne peut pas le préparer à partir d'un bromure et de l'acide sulfurique, car il est détruit partiellement par cet acide.

$$2BrH + SO^4H^2 = Br^2 + SO^2 + 2H^2O.$$

Le moyen le plus simple, pour l'obtenir, consiste à détruire l'acide sulfhydrique par le brome.

$$SH^2 + 2Br = 2BrH + S.$$

On peut encore le préparer en détruisant le bromure phosphoreux par l'eau. Cette réaction est semblable à celle que donne le chlorure phosphoreux (131).

$$PBr^3 + 3H^2O = POH(OH)^2 + 3BrH.$$

138. Action du brome sur l'organisme. — Le brome est un corps très dangereux; il altère les muqueuses, il irrite vivement les yeux et la gorge, et produit sur la peau des ulcérations très douloureuses.

139. Préparation du brome. On traite le bromure de potassium par le bioxyde de manganèse et l'acide sulfurique. Le procédé est calqué sur celui qu'a imaginé Berthollet pour obtenir le chlore (119).

$$2BrK + MnO^2 + 2SO^4H^2 = SO^4K^2 + SO^4Mn_{II} + 2H^2O + Br^2.$$

Quand on veut préparer du brome dans un laboratoire, on peut le recevoir dans de l'acide sulfurique, qui en dissout très peu, et forme au-dessus de lui une couche s'opposant à la diffusion des vapeurs de brome dans l'air.

140. Etat naturel. — L'eau de la mer, les sources salées, les cendres de varechs, contiennent de petites quantités de bromures. On peut constater l'existence du brome dans les eaux mères des marais salants, au moyen de l'expérience suivante, due à Balard. On fait passer dans un peu d'eau mère contenue dans un tube d'essai, un courant de chlore gazeux, ou l'on y verse de l'eau de chlore; la liqueur se colore en jaune plus ou moins foncé. On ajoute un peu d'éther et on agite vivement. Par le repos, les liquides se séparent; l'éther, coloré en rouge, occupe la partie supérieure.

141. Usages. — La facilité avec laquelle on prépare l'eau bromée la fait très fréquemment employer comme oxydant dans les laboratoires. Le brome pur est un puissant agent de transformation pour les matières organiques. Certains bromures sont employés en photographie; le bromure d'argent, en particulier, constitue l'élément impressionnable dans le procédé dit au gélatinobromure; leur fabrication consomme d'assez grandes quantités de brome.

Historique

142. — Le brome a été découvert en 1822 par Balard (1802-1876). Ce chimiste, traitant par le chlore l'eau mère d'un marais salant de la Méditerranée, vit se produire une coloration jaune, qui disparaissait sous l'action des alcalis. L'agitation avec de l'éther lui permit de rassembler assez de brome pour qu'il lui fût possible d'étudier les propriétés du nouveau corps.

IODE

Poids atomique : $I = 127$.
Poids moléculaire : $I^2 = 254$ (2 vol.).
Equivalent : 127.

143. Propriétés physiques. — Corps solide, cristallisant en paillettes grises qui se rattachent au système orthorhombique. Sa densité est 4,95. Il fond à 107°, et bout à 176°, en donnant des vapeurs d'un beau violet, très lourdes. Ces vapeurs, se condensant sur les parties refroidies du vase où on les produit, donnent des cristaux d'iode.

La densité vers 200° est 8,8. C'est la densité théorique, $\left(\frac{254}{28,8}\right)$, correspondant au poids moléculaire 254 (32).

L'eau dissout $\frac{1}{7000}$ de son poids d'iode. L'alcool, le sulfure de carbone, le dissolvent beaucoup mieux. La *teinture d'iode* employée en médecine est une dissolution alcoolique d'iode. La solution étendue dans le sulfure de carbone est d'un beau violet. La solution concentrée est tout à fait opaque, mais elle se laisse traverser par les rayons calorifiques (moins réfrangibles que les rayons rouges).

144. Propriétés chimiques. — L'iode ne s'unit pas directement à l'hydrogène; il forme avec lui un composé endothermique, l'acide iodhydrique HI: la formation

$$H + I \text{ gaz} = HI \text{ gaz} \ldots \quad -6^c,4.$$

de l'acide dissous est au contraire exothermique, grâce à la chaleur dégagée dans la dissolution du gaz.

$$H + I \text{ gaz} = HI \text{ dissous} \ldots \quad +13^c,2$$

L'iode, comme le chlore et le brome, forme avec l'oxygène des composés indirects.

Il se combine directement au phosphore. Les composés formés ont pour formule PI^2, PI^3.

La vapeur d'iode attaque les métaux, mais moins énergiquement que le chlore et le brome. Il se forme des iodures isomorphes des chlorures et des bromures.

L'iode attaque très lentement l'eau sous l'influence de la lumière; les solutions aqueuses d'iode finissent toujours par contenir de l'acide iodhydrique.

$$2I^2 + 2H^2O = 4IH + O^2.$$

L'iode en vapeur est sans action sur la vapeur d'eau. Au contraire, le mélange d'acide iodhydrique gazeux et d'oxygène est combustible.

En présence de l'eau l'iode est oxydant.

$$I^2 + \underset{\text{Acide sulfureux.}}{SO^2 \text{ dissous}} + 2H^2O = \underset{\text{Acide sulfurique.}}{SO^2(OH)^2} + 2HI$$

Il détruit l'acide sulfhydrique

$$H^2S \text{ dissous} + I^2 = 2HI \text{ dissous} + S.$$

Ces réactions sont exothermiques.

On voit par ce qui précède que l'iode présente avec le chlore et le brome les plus grandes analogies. Le brome est intermédiaire entre le chlore et l'iode.

145. Acide iodhydrique. — Gaz incolore, très soluble dans l'eau, fumant à l'air, formé sans condensation à partir des composants, hydrogène et iode en vapeur.

Il attaque les métaux en donnant des iodures. Ces propriétés le rapprochent des acides chlorhydrique et bromhydrique. Il s'en distingue par sa grande instabilité. L'acide gazeux est détruit par la chaleur, la dissolution se colore assez vite en brun ; la raison en est qu'au contact de l'air elle se décompose et l'iode mis en liberté se dissout dans l'acide non détruit.

$2HI$ dissous $+ O = I +$	H^2O liquide.	Différ.
$2 \times 13{,}2 = 26{,}4$	$58{,}2$	$+31{,}8$

L'acide iodhydrique étant détruit par les acides, on ne peut pas le préparer par l'acide sulfurique et un iodure alcalin. On décompose par l'eau l'iodure de phosphore.

$$PI^3 + 3H^2O = POH(OH)^2 + 3HI.$$

Cette réaction est entièrement comparable à celles auxquelles donnent lieu le chlorure et le bromure de phosphore (131 et 137).

Les sels de l'acide iodhydrique (iodures) sont détruits par le brome et le chlore ; il se fait les bromures et les chlorures correspondants. Leur dissolution précipite en jaune clair l'azotate d'argent.

Si on verse de l'eau de chlore dans une dissolution d'un iodure (IK, par exemple), la liqueur se colore en jaune brun (mise en liberté d'iode) ; si on l'agite avec du sulfure de carbone, ce corps, qui enlève l'iode à l'eau comme l'éther lui enlève le brome, se rassemble au fond du tube, coloré en violet vif.

146. Réactif de l'iode. — L'empois d'amidon donne avec l'iode une couleur bleue qui disparaît quand on chauffe pour reparaître par le refroidissement. Cette réaction est extrêmement sensible; elle permet de déceler des traces d'iode libre dans un liquide.

On fait à ce sujet les expériences suivantes :

On ajoute quelques gouttes d'empois d'amidon à une dissolution d'iodure de potassium, puis on y verse un peu d'eau de chlore. L'iode est mis en liberté, l'amidon bleuit. Si on met un excès de chlore, la couleur disparaît, l'iode passant à l'état d'acide iodique.

$$5Cl + I + 3H^2O = 5ClH + IO^3H.$$

L'acide sulfureux réduit l'acide iodique; si on ajoute au liquide une dissolution sulfureuse, la couleur bleue réapparaît.

$$5SO^2 + 2IO^3H + 4H^2O = 5SO^4H^2 + I^2.$$

Un excès d'acide sulfureux fait disparaître la couleur

$$I^2 + SO^2 + 2H^2O = SO^4H^2 + 2HI.$$

Le chlore, détruisant l'acide iodhydrique, redonnera de l'iode et la liqueur bleuira de nouveau; on pourra reproduire, à partir de ce moment, la série des réactions précédentes.

147. Préparation. — Wollaston a indiqué, pour retirer l'iode des iodures, un procédé calqué sur le procédé de Berthollet pour la préparation du chlore.

$$2IK + MnO^2 + 2SO^4H^2 = SO^4Mn + SO^4K^2 + I^2 + 2H^2O.$$

148. Etat naturel. — Les cendres de varechs contiennent d'assez grandes quantités d'iodures, tandis que les eaux de la mer en contiennent très peu. On rencontre au Pérou et au Chili d'énormes amas d'azotate de sodium impur; parmi les impuretés figurent des iodures et des iodates. Enfin, certains phosphates naturels contiennent d'assez notables quantités d'iode.

149. Industrie. — La principale source d'iode est l'eau mère des cendres de varechs, qui a déjà laissé déposer le chlorure de sodium et les sels de potassium pour lesquels on exploite ces cendres. L'eau mère contient encore des bromures et des iodures. Quand on traite cette eau mère par les quantités de réactifs correspondant exactement à sa teneur en iode (qui est déterminée au préalable par une analyse exacte), l'iode est seul mis en liberté, car le brome déplace l'iode de ses combinaisons.

En Angleterre, on emploie le procédé de Wollaston.

Fig. 89. — Préparation de l'iode.

En France, on ajoute aux eaux mères de l'acide sulfurique qui transforme en sulfates les sulfures, sulfites et hyposulfites existant dans l'eau mère, puis on précipite l'iode par un courant de chlore. L'iode se dépose, sous forme de boue noirâtre, dans les touries où se fait l'opération. Cette boue est introduite dans des cornues chauffées au bain de sable (*fig.* 89); l'iode se sublime. On sublime une seconde fois ce produit, quand on veut l'avoir à peu près pur.

Historique

150. — L'iode a été trouvé en 1811, dans les résidus des cendres de varechs, par un fabricant de salpêtre parisien nommé Courtois. Davy, passant alors à Paris en vertu d'un sauf-conduit spécial que lui avait délivré Napoléon, en reçut un échantillon et en commença l'étude. Il le nomma *iodine*. L'étude complète de ce corps a été faite par Gay-Lussac en 1814.

FAMILLE DU FLUOR

151. — Le fluor, le chlore, le brome, l'iode constituent une *famille naturelle*. Dumas les avait rapprochés dès 1830 et en avait formé la première famille de sa célèbre classification des métalloïdes. Ce sont les métalloïdes monovalents, caractérisés par la propriété de former avec l'hydrogène un composé de formule RH (R désigne le métalloïde). Le fluor se classe un peu à part, et se sépare de ses congénères pour se rapprocher de l'oxygène par certains points. Ainsi, il brûle le charbon comme l'oxygène. Le fluorure de calcium est insoluble dans l'eau, comme la chaux, tandis que les chlorure, bromure et iodure du même métal sont solubles ; inversement, le fluorure d'argent est soluble, les chlorure, bromure et iodure sont insolubles.

Nous résumons dans le tableau ci-après les principaux traits de l'histoire de ces métalloïdes, afin de mieux faire ressortir leurs analogies. On remarquera la progression que suivent leurs propriétés.

Nous ajouterons que dans un certain nombre de composés, ICl^3 notamment, l'iode se comporte comme un corps trivalent.

	F	Cl	Br	I	
Poids atomique...	19	35,5	80	127	
État physique....	gaz	gaz	liq.	sol.	
Avec H..........	FH gaz ($+38^c,5$)	ClH gaz $+22^c$	BrH gaz $+8^c,6$	IH gaz $-6^c,1$	tous formés sans condensation, très solubles.
Décomposent l'eau	à froid, directement.	à froid, influence de la lumière.	comme Cl.	comme Br et Cl.	
	ne s'unissent pas à l'oxygène.				
Avec le phosphore	composés correspondants, décomposant l'eau. Ex. : $PR^3 + 3H^2O = POH(OH)^3 + 3RH$.				
Métaux..........	fluorures.	chlorures.	bromures.	iodures.	correspondant les uns aux autres.
	La violence de l'attaque va en diminuant, comme la chaleur dégagée, du fluor à l'iode.				
	déplace Cl Br I	déplace Br I	déplace I.		

CHAPITRE IX

SOUFRE. — SÉLÉNIUM. — TELLURE

SOUFRE

Poids atomique : $S = 32$.
Poids moléculaire : $S^2 = 64$ (2 vol.).
Équivalent : 16.

Propriétés physiques. — 152. Le soufre est un corps solide jaune citron, qui dégage, quand on le frotte, une odeur particulière. Il conduit mal la chaleur et l'électricité. Quand on tient dans la main un bâton de soufre, on entend des craquements et, au bout d'un certain temps, le bâton se fend; cette rupture est due à l'inégalité de dilatation des portions voisines. La densité du soufre est voisine de 2. Elle n'est pas la même pour les différentes variétés que présente le soufre.

Le soufre est soluble dans le sulfure de carbone et la solubilité augmente quand la température s'élève. Ainsi, 100gr de sulfure de carbone dissolvent 23g,99 de soufre à 0° et 181gr,34 à 55° (température d'ébullition de la solution saturée). La benzine et l'éther sont aussi des dissolvants du soufre, mais moins actifs que le sulfure de carbone.

153. *Changements d'état.* — La température de fusion du soufre varie entre 112° et 117°,4, suivant la variété considérée. Jusqu'à 140° le soufre fondu est jaune clair, très fluide; il s'épaissit et brunit de plus en plus, de 140 à 220°; à ce moment il est assez visqueux pour qu'on puisse retourner impunément le vase qui le contient. Il redevient fluide au-dessus de 220°, mais reste brun. En se refroidissant il repasse par les mêmes états. Vers 230°, 170°, 140°, le refroidissement subit un ralentissement notable. A ces températures correspondent, selon toute probabilité, des modifications moléculaires.

Le soufre éprouve très facilement la surfusion. Sa température peut descendre jusqu'à 60°, si on a soin de débarrasser de poussières de soufre les vases où on l'a fondu, et de le priver du contact de l'air.

Le soufre bout à 440°. Sa densité de vapeur, prise à 500°, est 6,6. Au-dessus de 860°, elle est égale à 2,2, ce qui est la valeur de la densité théorique $\frac{64}{28,8}$ (32). La molécule du soufre au voisinage de son point d'ébullition est donc représentée par S^6, si on représente par S^2 la molécule à haute température. C'est ce qu'on exprime en disant que, à basse température, la vapeur de soufre est *polymérisée* (1).

151. *Variétés allotropiques.* — On connaît le soufre sous quatre états différents : 1° soufre octaédrique; 2° soufre prismatique; 3° soufre mou; 4° soufre insoluble.

Soufre octaédrique. — C'est la forme qu'affecte le soufre natif. L'octaèdre appartient au système orthorhombique; la pointe est en général abattue (*fig.* 90). On peut obtenir des octaèdres en évaporant une dissolution de soufre dans la benzine ou le sulfure de carbone.

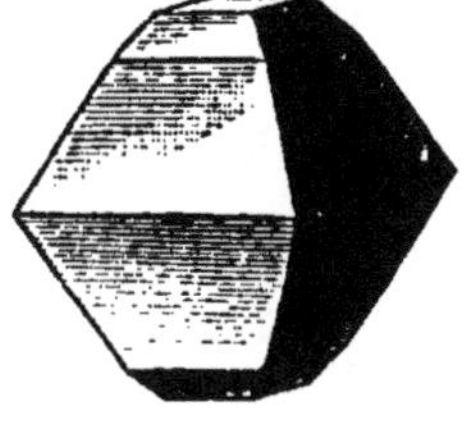

Fig. 90. — Soufre octaédrique.

Il fond vers 113°. Sa densité est 2,07. Le soufre octaédrique fondu se solidifie entre 112 et 117°, suivant la température à laquelle il a été porté à l'état liquide.

Soufre prismatique. — Les prismes appartiennent au système clinorhombique (*fig.* 91). On obtient facilement du

(1) On appelle, en général, polymères d'un corps, d'autres corps ayant même composition chimique, et une densité de vapeur multiple de la sienne.

soufre prismatique de la manière suivante. On fond du soufre dans un creuset, puis, avant qu'il ne devienne pâteux, on le coule dans une petite terrine que l'on a préalablement

Fig. 91.
Soufre prismatique.

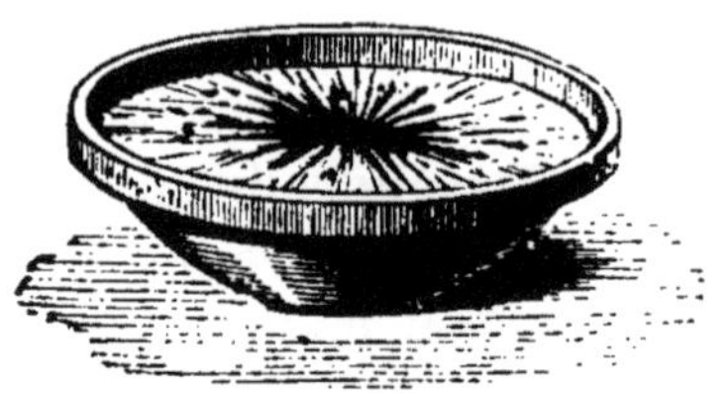

Fig. 92.
Cristallisation du soufre.

chauffée pour éviter sa rupture (*fig*. 92). Quand une croûte s'est formée sur la surface libre, on perce cette croûte en deux points et, par l'un des trous, on fait écouler le soufre encore liquide qui occupe l'intérieur de la masse. On enlève ensuite la croûte supérieure et on trouve la cavité tapissée de belles et fines aiguilles transparentes. La densité du soufre prismatique est 1,97. Ces aiguilles se transforment peu à peu en soufre octaédrique en perdant leur transparence. La transformation est rapide si on humecte les cristaux avec du sulfure de carbone. Elle dégage alors $0^c,08$ par atome de soufre transformé (S=32).

La température de solidification du soufre prismatique fondu varie entre 112 et 117°; elle dépend de la nature du soufre qui a servi à le préparer (soufre octaédrique, ou soufre insoluble).

La forme prismatique est la seule stable au-dessus de 98°. Au-dessous de cette température on peut avoir soit des cristaux prismatiques, soit des cristaux octaédriques, en opérant comme suit (Gernez). On amène du soufre en surfusion dans un tube en U. Quand la température s'est abaissée au-dessous de 98°, on projette des octaèdres dans une des branches du tube, pendant qu'on refroidit l'autre au-dessous de 60°; des octaèdres se développent dans la première, des prismes dans la seconde.

Soufre mou. — Quand on coule lentement dans l'eau froide du soufre porté vers 220° (au point où il est le plus visqueux), on obtient une masse d'un jaune brun, élastique, qui, abandonnée à elle-même, durcit et se transforme en soufre octaédrique. Mais la transformation n'est pas complète et il reste toujours un résidu insoluble dans le sulfure de carbone.

Soufre insoluble. — Ce soufre insoluble se forme toujours quand du soufre fondu a été chauffé au-dessus de 170°; la quantité formée est d'autant plus considérable que la température de chauffe a été plus élevée. Le soufre dissous ou fondu est également transformé en soufre insoluble par la lumière. Le soufre solide n'éprouve jamais cette modification. Le soufre insoluble fondu se solidifie à 114°,3 (1).

155. Propriétés chimiques. — Le soufre se combine directement à l'hydrogène. Le mélange d'hydrogène et de vapeur de soufre donne, à 500°, de l'acide sulfhydrique, avec dégagement de chaleur.

$$H^2 + S\,gaz = H^2S\,gaz \ldots + 7^c,2.$$

Le chlore donne, avec le soufre, divers chlorures qui peuvent être formés par combinaison directe.

Le soufre s'enflamme dans l'oxygène à 250°. Il se forme de l'anhydride sulfureux avec un peu d'anhydride sulfurique.

$$S\,gaz + O^2 = SO^2\,gaz \ldots + 71,6.$$

Les métaux sont presque tous attaqués par le soufre à chaud. Nous avons vu (25) comment on peut réaliser la combinaison avec le fer et le cuivre.

Le soufre réduit l'acide sulfurique, avec formation d'anhydride sulfureux.

(1) La méthode suivante, imaginée par M. Gernez pour déterminer la température de solidification, est une ingénieuse application de la surfusion. Le soufre étant surfondu, on le touche avec un fragment de soufre solide quand sa température s'est abaissée de quelques degrés au-dessous du point de solidification présumé. La solidification se fait, la température remonte à $t°$, par exemple. On fond de nouveau, on laisse refroidir jusqu'à t, on touche de nouveau avec du soufre solide; nouvelle solidification, la température remonte à $t' > t$. On recommence ainsi jusqu'à ce que l'on ait obtenu deux températures successives aussi voisines que possible.

Il réduit également l'acide azotique. Avec le soufre insoluble l'attaque est très violente.

156. Caractère chimique. —Le principal caractère du soufre est son affinité pour l'oxygène et les métaux. Il est assez fortement électronégatif. Nous verrons plus loin qu'il doit être rapproché de l'oxygène.

157. Etat naturel. — Le soufre est connu de toute antiquité. On le rencontre à l'état natif dans un grand nombre d'endroits. On connaît deux catégories de gisements : 1° des gisements d'origine volcanique, les *solfatares* des volcans éteints ou à activité ralentie; 2° des gisements d'origine sédimentaire, les *solfares*, que l'on rencontre dans les terrains tertiaires. On trouve aussi dans le sol des sulfures métalliques dont certains (pyrite ou sulfure de fer FeS^2) sont utilisés pour la production du soufre. Enfin, le soufre existe à l'état de sulfures ou d'acide sulfhydrique dans un certain nombre d'eaux minérales, et de sulfates dans un assez grand nombre de minéraux.

158. Extraction. Soufre natif. — Le soufre natif est mêlé à des matières terreuses dont il est facile de le débarrasser. On emploie dans ce but trois procédés :

1° *fusion;* les matières terreuses résistent à l'action de la chaleur, le soufre fondu s'en sépare.

2° *distillation;* le minerai étant chauffé au-dessus de 440°, le soufre qu'il contient se vaporise; on le recueille dans des récipients froids.

3° *dissolution;* le minerai traité par le sulfure de carbone lui abandonne son soufre; il suffit d'évaporer ensuite la dissolution pour en retirer le soufre.

Fusion. — C'est le procédé le plus généralement employé au voisinage de la mine. Dans les pays où le minerai est riche, le combustible cher, et où les voies de communication sont rares, comme la Sicile, on emploie le procédé primitif des *calcaroni*. On entasse le soufre dans des sortes de vastes cuves en maçonnerie, en ménageant, au moyen des plus gros morceaux, des cheminées au centre de la masse. On recouvre le tas de minerai en poudre et de la poussière des opérations précédentes et on allume le soufre en laissant tomber dans les cheminées des corps enflammés (bois, brins d'herbe sèche enduits de soufre). La chaleur dégagée par la combustion d'une partie de soufre fond le reste. Un trou de coulée ou *morte*, pratiquée au bas du calcarone, permet de recueillir le soufre fondu.

Un bon moyen d'extraction consiste à fondre le minerai placé sur des grilles en tôle, en faisant arriver sur lui de la vapeur surchauffée à 120-130°. Ce procédé est appliqué dans des usines en général éloignées des gisements, et où l'on transporte le minerai.

Distillation. — La distillation du minerai se fait dans de grandes cornues en fonte placées par batteries de 6 dans un fourneau. Chaque batterie comprend trois couples de cornues

Fig. 93. — Extraction du soufre par distillation.

adossées deux à deux (*fig.* 93). Les vapeurs sont condensées dans un récipient R constamment arrosé d'un filet d'eau froide. Le soufre s'écoule dans un chaudron C chauffé par la chaleur perdue du four, et où on le puise pour le mettre dans les moules.

Dissolution. — Nous nous contentons de mentionner le procédé sans décrire les appareils, qui sont très compliqués. On est arrivé à le rendre très économique.

Soufre des pyrites. — La pyrite est chauffée au rouge dans des cornues en terre cuite munies de tubes qui se rendent dans un réservoir contenant de l'eau froide. La formule de la réaction est la suivante

$$3\,FeS^2 = Fe^3S^4 + S^2.$$

On remarquera l'analogie entre cette réaction et celle qui donne l'oxygène à partir du bioxyde de manganèse (70).

159. Raffinage du soufre. — Le *soufre brut* obtenu par le procédé des calcaroni contient trop d'impuretés pour être utilisé directement à un grand nombre d'usages (fabri-

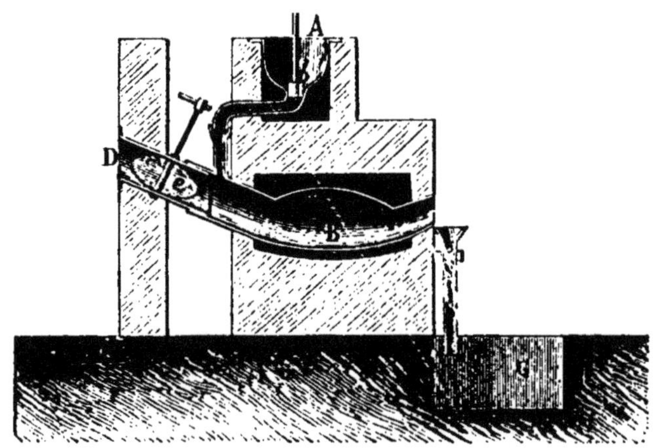

Fig. 94. — Raffinage du soufre.
A, chaudron pour le soufre brut ; *b*, tampon isolant A de B ; B, cornue ; D, conduit ; *e*, vanne ; G, fosse pour les résidus de distillation.

cation des allumettes, de la poudre de chasse, notamment). On le purifie par une distillation qui porte le nom de raffinage (*fig.* 94).

Le soufre brut, fondu dans une marmite que chauffe la chaleur perdue du four, est envoyé dans une cornue en fonte B munie d'un tuyau de même métal qui aboutit dans une chambre en maçonnerie séparée du foyer. Une valve *e* permet d'isoler la cornue de la chambre pendant le remplissage de la cornue. Si la distillation est intermittente, les parois de la chambre n'ont pas le temps de s'échauffer jusqu'à la température de fusion ; la vapeur, au contact des parois, se sublime et le produit recueilli, pulvérulent, est la *fleur de soufre*. Si la distillation est continue, les parois de la chambre s'échauffent peu à peu, grâce à la condensation des vapeurs, et leur température arrive à dépasser 115° ; les vapeurs de soufre se condensent à l'état liquide. Le soufre fondu est recueilli et coulé dans des moules en bois plongés dans l'eau froide. On a ainsi les *canons* de soufre. Il faut empêcher les parois de la chambre à condensation de dépasser 120°, pour éviter l'épaississement du soufre liquide qui se dépose sur elles.

160. Usages. — Le soufre est employé à la fabrication de l'acide sulfureux, de l'acide sulfurique, du sulfure de carbone et d'un certain nombre d'autres produits sulfurés. La vulcanisation du caoutchouc (1) en consomme de grandes quantités. On l'emploie encore pour sceller le fer dans la pierre, pour fabriquer des allumettes, pour éteindre les feux de cheminée (171). Enfin, la fleur de soufre est employée pour fabriquer la poudre de chasse et pour détruire l'*oïdium*, champignon qui s'attaque à la vigne.

(1) Le caoutchouc naturel n'est élastique qu'entre + 10 et 25 à 30°. Au-dessous de 10°, il commence à durcir ; à 0° il est cassant. Au-dessus de 30° il devient mou et trop extensible. On lui conserve son élasticité dans de larges limites de température, par l'opération de la *vulcanisation*, qui consiste à incorporer à sa masse de petites quantités de soufre, et à le chauffer ensuite à 120-150° ; en lui combinant environ 1/5 de son poids de soufre, on a le *caoutchouc durci* ou *ébonite*, matière noire très dure, pouvant se travailler aussi bien que le bois d'ébène, et qui a remplacé ce dernier pour un assez grand nombre d'usages. C'est un isolant très employé dans la construction des appareils électriques.

COMPOSÉS DU SOUFRE ET DE L'OXYGÈNE; ACIDES DU SOUFRE

161. — Le soufre forme, avec l'oxygène, trois anhydrides et un grand nombre d'acides, dont nous ne signalerons que les plus importants. Les anhydrides sont les suivants :

Anhydride *sulfureux*, SO^2 (union directe de S et O).

Anhydride *sulfurique*, SO^3 (se forme en petite quantité dans la combustion du soufre).

Anhydride *persulfurique*, S^2O^7 (action de l'effluve sur un mélange de composition $2.SO^2 + O^4$).

Les acides les plus importants sont :

Acide *sulfureux*, SO^3H^2.

Acide *sulfurique*, SO^4H^2 (que l'on peut obtenir par dissolution des anhydrides correspondants).

Parmi les autres acides, nous signalerons encore l'*acide hyposulfureux* $S^2O^3H^2$ et l'acide *hyposulfurique* ou *dithionique* $S^2O^6H^2$, dont on ne connaît que les sels. L'hyposulfite de sodium est employé en photographie comme dissolvant des chlorure et bromure d'argent.

ANHYDRIDE SULFUREUX (1)

$SO^2 = 64$,
2 volumes.

162. Propriétés physiques. — Gaz incolore, d'une odeur suffocante. Sa densité, 2,234, est égale à la densité théorique, ou $\frac{64}{28,8}$ (32). Un litre de ce gaz pèse donc $1^{gr},293 \times 2,234 = 2^{gr},889$. Il est très soluble dans l'eau qui, à 0°, en absorbe 68,8 fois son volume. La dissolution con-

(1) Ce corps a été longtemps appelé acide sulfureux. On lui conserve encore quelquefois ce nom, aucune confusion n'étant possible puisque l'acide SO^3H^2 est inconnu.

tient l'acide sulfureux $SO^3H^2 = SO(OH)^2$ qui n'a pas été isolé, mais dont on connaît les sels. On a obtenu cependant un hydrate cristallisé $SO^3H^2,7H^2O$. Pour une raison qui sera indiquée plus loin (165), on doit préparer la dissolution avec de l'eau bouillie.

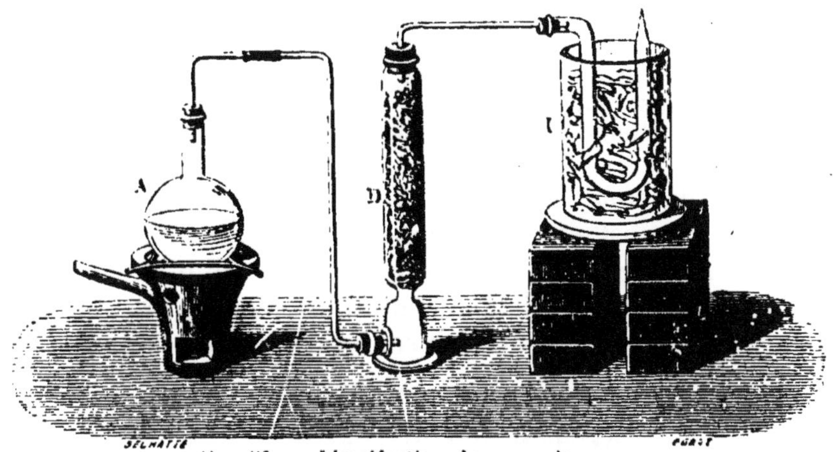

Fig. 95. — Liquéfaction du gaz sulfureux.

Changements d'état. — Température critique, + 155°; pression critique; $78^{at},9$; point d'ébullition sous la pression 760^{mm}, — 10°.

La liquéfaction du gaz sulfureux est donc très facile à opérer par simple refroidissement. Il suffit d'amener le gaz sec dans un tube en U refroidi par le mélange de glace et de sel (*fig.* 95). L'évaporation rapide de l'acide sulfureux liquide abaisse notablement sa température. Si on fait passer un rapide courant d'air dans l'acide sulfureux liquide entourant un tube mince dans lequel se trouve du mercure (*fig.* 96), le mercure ne tarde pas à se solidifier. On peut le marteler alors avec un maillet de bois.

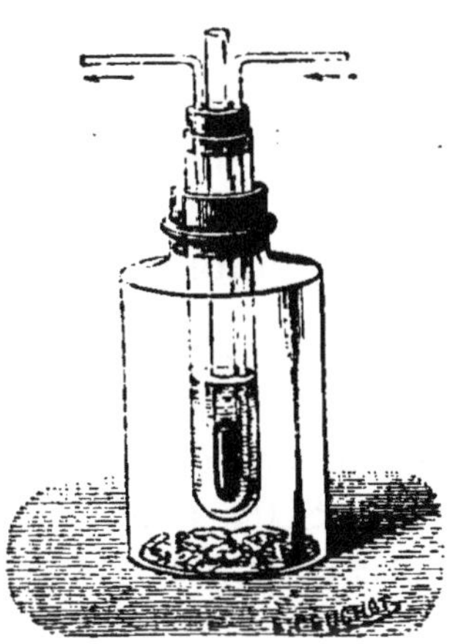

Fig. 96. — Solidification du mercure.

Le froid produit par l'évaporation de l'acide sulfureux est utilisé dans certaines industries. On a construit des machines réfrigérantes fondées sur ce principe.

Propriétés chimiques. — 163. L'anhydride sulfureux est dissocié par la chaleur.

On manifeste la dissociation au moyen de l'appareil employé pour l'acide chlorhydrique (125). On retrouve sur le tube en laiton argenté du sulfure d'argent noirâtre et de l'anhydride sulfurique provenant de l'action de l'oxygène sur le gaz non décomposé.

164. *Réduction de l'anhydride sulfureux.* — L'anhydride sulfureux est réduit au rouge par l'hydrogène. Il tend à se faire de l'acide sulfhydrique, mais, comme ce gaz est décomposable par la chaleur, on aura du soufre ou de l'acide sulfhydrique suivant les conditions de la réaction.

$$SO^2 + 2H^2 = 2H^2O + S.$$
$$SO^2 + 3H^2 = 2H^2O + SH^2.$$

On provoque la formation d'acide sulfhydrique en versant une solution sulfureuse dans un appareil à hydrogène en activité; on peut constater le dégagement de gaz sulfhydrique au moyen du papier imprégné d'acétate de plomb.

Le phosphore, le potassium, le magnésium, brûlent dans le gaz sulfureux; mais, en général, les corps enflammés s'éteignent dans ce gaz; on dit qu'il n'entretient pas la combustion. L'action des corps précédents est due à leur grande affinité pour l'oxygène.

165. *Action de l'oxygène; réductions par l'anhydride sulfureux.* — L'anhydride sulfureux et l'oxygène secs peuvent s'unir à température élevée; il se forme de l'anhydride sulfurique SO^3. L'action, très faible quand les gaz sont seuls en présence, devient très nette quand on les fait passer sur de la mousse de platine chauffée (*fig.* 97).

Mais, en présence de l'eau, l'acide sulfureux fixe l'oxygène avec la plus grande facilité. L'union est spontanée dès la température ordinaire. Il se fait de l'acide sulfurique

$$SO^2 + O + H^2O = SO^4H^2.$$

La dissolution de gaz sulfureux dans l'eau ordinaire ne tarde pas à contenir de l'acide sulfurique, dont la formation est due à l'action de l'air dissous; aussi faut-il faire la dissolution dans de l'eau bouillie; et, si on veut la conserver pure, il faut maintenir le flacon toujours plein et bien bouché.

Fig. 97. — Action de l'oxygène sur l'acide sulfureux.

Cette facilité à se combiner avec l'oxygène rend compte des actions réductrices qu'exercent l'anhydride sulfureux et sa dissolution. Si on verse de l'acide azotique concentré et chaud dans une éprouvette contenant de l'anhydride sulfureux, il se fait de l'acide sulfurique et du peroxyde d'azote. L'acide azotique est de même réduit par la dissolution sulfureuse.

$$SO^2 + 2AzO^3H = SO^4H^2 + 2AzO^2.$$

La dissolution de permanganate de potassium est réduite et décolorée par l'acide sulfureux; l'acide permanganique MnO^4H est ramené à l'état de composés moins oxygénés qui forment, avec le potassium, des combinaisons incolores.

166. *Action décolorante.* — Le gaz sulfureux et sa dissolution agissent sur un grand nombre de matières colorantes; les fleurs, notamment, sont décolorées; ces actions se rattachent aux propriétés réductrices de l'acide sulfureux. La réduction laisse subsister néanmoins certaines propriétés de la matière colorante. Ainsi, les violettes qui ont été décolorées par l'acide sulfureux n'ont pas perdu la propriété de rougir par les acides et de verdir par les bases. Il se forme sans doute une combinaison instable de l'acide sulfureux et de la matière colorante réduite.

167. Fonction chimique. — La dissolution sulfureuse contient un acide bibasique $SO^3H^2 = SO(OH)^2$, qui, avec les métaux monovalents, donne deux séries de sels; avec le potassium, par exemple, on peut obtenir le sulfite *monopotassique* ou bisulfite $SO<^{OK}_{OH}$ et le sulfite *dipotassique* ou neutre $SO\,(OK)^2$. La dissolution rougit fortement le tournesol.

L'anhydride se comporte souvent comme un radical bivalent; il a reçu le nom de *sulfuryle*. Il forme avec le chlore le chlorure de *sulfuryle*, SO^2Cl^2, liquide incolore fumant à l'air, et qui est un véritable chlorure acide (117), comme le montre son action sur l'eau.

$$SO^2Cl^2 + 2H^2O = SO^2\,(OH)^2 + 2ClH.$$

168. Préparation. — On obtient l'anhydride sulfureux en réduisant l'acide sulfurique. On peut recueillir le gaz sec sur le mercure, qui n'est pas attaqué par lui. On emploie l'appareil représenté par la figure 98. Le flacon laveur contient un peu d'acide sulfurique, et l'éprouvette desséchante du chlorure de calcium. Quand on ne veut que de petites quantités de gaz, on emploie le mercure

$$Hg_{II} + 2(SO^4H^2) = \underset{\text{Sulfate mercurique.}}{SO^4Hg_{II}} + SO^2 + 2H^2O.$$

Quand on veut le préparer en grande quantité, on remplace

le mercure par le cuivre. La réaction est la même. Mais la masse se boursoufle et peut, si on chauffe sans précaution, passer par le tube abducteur. Il est prudent de munir le ballon d'un tube de sûreté en S ou d'un tube droit plongeant dans le liquide. On peut éviter le boursouflement en chauffant avec ménagement, si on a eu soin d'ajouter au cuivre quelques gouttes de mercure ou, plus simplement, de mettre le métal et l'acide en contact quelques heures avant de commencer la préparation.

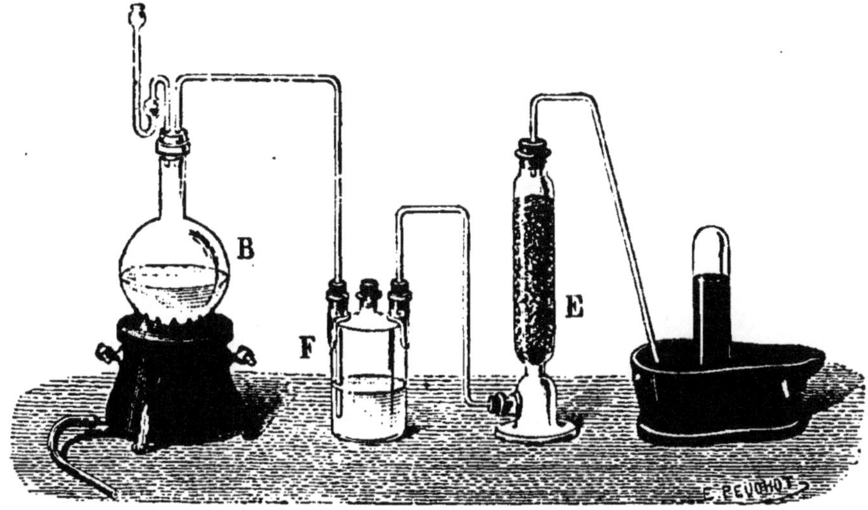

Fig. 98. — Préparation de l'acide sulfureux.

La dissolution peut être préparée au moyen de l'appareil de Woolf.

On peut encore réduire l'acide sulfurique par le soufre

$$2(SO^4H^2) + S = 3(SO^2) + 2H^2O.$$

Quand on ne veut préparer que la dissolution, on remplace fréquemment le soufre par du charbon. Il se dégage de l'anhydride carbonique, mais ce gaz, étant beaucoup moins soluble que le gaz sulfureux, ne se trouve jamais en grande proportion dans la solution où sa présence, d'ailleurs, n'est pas gênante. La réaction est représentée par l'équation

$$2(SO^4H^2) + C = 2SO^2 + CO^2 + 2H^2O.$$

169. État naturel et circonstances de production. — L'anhydride sulfureux se rencontre dans toutes les émanations volcaniques. Il prend naissance dans un assez grand nombre de réactions : combustion du soufre, réduction de l'acide sulfurique, décomposition par la chaleur de cet acide et de ses sels, grillage des sulfures (466).

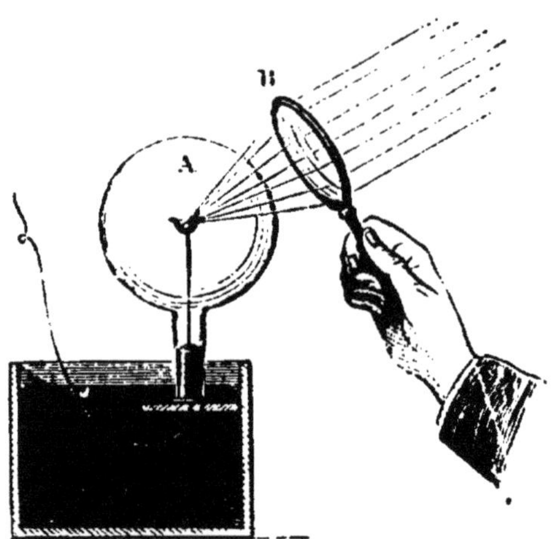

Fig. 99. — Composition de l'acide sulfureux.

170. Composition. — La composition en volumes se détermine par synthèse. On enflamme, au moyen d'une lentille B, un morceau de soufre A maintenu dans un ballon rempli d'oxygène sec et dressé sur la cuve à mercure (*fig.* 99). Quand l'expérience est terminée, on constate que le volume est resté le même (1). On déduit facilement de là la composition en volumes. La synthèse montre que le gaz contient son volume d'oxygène; or

1 litre d'SO^2 pèse.	$1^{gr},293 \times 2,234$
1 litre d'O pèse.	$1^{gr},293 \times 1,1056$
Il reste pour la vapeur de soufre. . . .	$1^{gr},293 \times 1,129$

ce qui représente sensiblement le poids de 1/2 litre de vapeur de soufre, la densité normale de cette vapeur étant 2,2.

Donc, 2 volumes de gaz sulfureux sont formés par l'union de 2 volumes d'oxygène avec 1 volume de vapeur de soufre.

(1) Il a même un peu diminué. En effet, l'anhydride sulfureux, étant plus compressible que l'oxygène, doit occuper, à une température et à une pression déterminées, un volume moindre que celui d'un gaz ayant même composition, et une compressibilité égale à celle de l'oxygène.

171. Usages. — Le principal usage de l'anhydride sulfureux est la fabrication de l'acide sulfurique. On l'emploie aussi pour blanchir la laine et la soie. Les matières à blanchir sont suspendues humides dans de grandes chambres, et exposées à des vapeurs sulfureuses. Quand l'action a été suffisante, on les lave à grande eau pour entraîner l'acide sulfurique formé, qui ne tarderait pas à corroder les substances décolorées.

L'acide sulfureux est employé à éteindre la suie dans les feux de cheminée. On enflamme du soufre à l'orifice de la cheminée, dont on bouche les ouvertures; le soufre brûle aux dépens de l'oxygène contenu dans le tuyau, qui est ainsi remplacé par du gaz sulfureux, incapable d'entretenir la combustion de la suie. Enfin, on enlève les taches de fruits acides sur le linge en exposant la tache à l'action du gaz sulfureux, que l'on produit en enflammant du soufre sous un cornet de papier, et lavant ensuite à grande eau. Nous avons signalé l'emploi du gaz liquéfié comme réfrigérant.

Historique

172. — Le gaz sulfureux a certainement été remarqué de tout temps à cause de son odeur irritante. Stahl a le premier étudié et fait connaître exactement les propriétés de l'*acide volatil du soufre*, qu'il a nommé acide sulfureux. Le nom est resté. Lavoisier a montré qu'il ne contient que du soufre et de l'oxygène; Gay-Lussac a, le premier, donné sa composition exacte (1808).

ANHYDRIDE SULFURIQUE

$SO^3 = 80.$

2 volumes.

173. Propriétés. — C'est un corps solide cristallisé en houppes brillantes, fondant à 16°, qui ne peuvent être conservées qu'en tube scellé. Il est très avide d'eau. Quand on le projette dans l'eau, il fait entendre un bruit strident comme celui que produirait un fer rouge. Il répand à l'air d'épaisses fumées dues à la formation d'un hydrate dont la tension de vapeur est très faible, et qui se condense. Il s'unit avec incandescence à la baryte et à la chaux anhydres pour former des sulfates.

$$BaO + SO^3 = SO^4Ba$$

Sulfate de baryum.

174. Préparation. — Dans les laboratoires on peut l'obtenir en recueillant dans un tube refroidi les vapeurs que dégage la distillation de l'*acide de Nordhausen*, $S^2O^7H^2$, appelé aussi *acide pyrosulfurique* ou *disulfurique*.

On peut encore l'obtenir par l'action de l'anhydride sulfureux sur l'oxygène en présence de la mousse de platine. Cette réaction est utilisée dans l'industrie.

On le retire aussi du sulfate monosodique, SO^4HNa. Ce corps, fortement chauffé, perd les éléments de l'eau et se transforme en *pyrosulfate* $S^2O^7Na^2$.

$$2\,SO^4HNa = S^2O^7Na^2 + H^2O.$$

Le pyrosulfate calciné donne l'anhydride sulfurique et du sulfate disodique.

$$S^2O^7Na^2 = SO^4Na^2 + SO^3.$$

175. Usages. — L'anhydride sulfurique, dissous dans l'acide ordinaire, donne un produit très concentré et dont on peut fixer à l'avance et à volonté la concentration; cet acide est employé dans l'industrie des matières colorantes.

ACIDE SULFURIQUE NORMAL

$$SO^4H^2 = SO^2(OH)^2.$$

176. Propriétés physiques. — L'acide sulfurique le plus concentré que l'on trouve dans le commerce est un liquide incolore, visqueux, marquant 66° à l'aréomètre de Baumé, à la température de 15°. Sa densité, à cette température, est 1,843. D'après Marignac, c'est de l'acide sulfurique SO^4H^2 retenant $\frac{1}{12}$ de molécule d'eau $\left[SO^4H^2 + \frac{1}{12}H^2O\right]$. Pour extraire de l'acide à 66° chimiquement pur l'acide normal, on le soumet à une série de congélations jusqu'à ce qu'on obtienne des cristaux fondant à 10°,5. Ces cristaux, transparents, répondent à la formule SO^4H^2.

Pour obtenir l'acide à 66° à partir de l'acide du commerce, qui est moins concentré, on soumet ce dernier à la distillation après l'avoir purifié (186). Cette opération exige des précautions spéciales, à cause du danger que présente le maniement de l'acide sulfurique, liquide très corrosif occasionnant des brûlures extrêmement graves. Les bulles de vapeur ont beaucoup de peine à se former dans ce liquide, qui est très visqueux et adhère fortement au verre. Si elles se formaient au fond du vase distillatoire, elles grossiraient jusqu'à ce que leur force élastique fît équilibre à la pression atmosphérique augmentée du poids de la colonne d'acide surmontant la bulle, et soulèveraient alors l'acide qui, en retombant, pourrait briser la cornue en verre dans laquelle on fait l'opération. Aussi chauffe-t-on cette cornue dans une

Fig. — 100. — Distillation de l'acide sulfurique.

grille annulaire (*fig.* 100). Les vapeurs se forment ainsi par la surface, et le danger est évité. On recouvre la cornue d'un dôme en tôle pour éviter la déperdition de la chaleur. On peut régulariser l'ébullition en introduisant dans le liquide des lames de platine sur lesquelles les bulles se forment. L'acide, au maximum de concentration, bout à 338°.

177. Hydrates. — L'acide sulfurique à 66° se dissout dans l'eau en dégageant une grande quantité de chaleur. La dissolution complète d'une molécule d'acide (98 grammes) dégage $17^c,0$ (1).

La température du mélange peut s'élever beaucoup. Par exemple, l'addition de 2 molécules d'eau dégage $9^c,36$. La chaleur spécifique du liquide obtenu et dont la composition répond à $SO^4H^2 + 2H^2O$, est, pour la molécule (ou 134 grammes) égale à $0^c,0631$. Le dégagement au sein de ce liquide de $9^c,36$ élèvera sa température de $\frac{9,36}{0,0631}$ ou 148°.

Il faut prendre quelques précautions quand on fait de pareils mélanges. Il faut toujours verser *l'acide dans l'eau, jamais l'eau dans l'acide;* il faut de plus verser peu à peu, et agiter constamment avec une baguette de verre afin de bien répartir la chaleur dans toute la masse.

L'acide sulfurique forme avec l'eau deux hydrates. On a pu préparer SO^4H^2,H^2O en refroidissant vers 0° le mélange d'acide SO^4H^2 avec une molécule d'eau. Il est cristallisé. On admet encore l'existence de $SO^4H^2,2H^2O$; quand on mélange de l'eau et de l'acide sulfurique, il y a toujours une contraction, variable avec la concentration de l'acide. La contraction maxima correspond à cette composition. De plus, c'est cet hydrate qui se décompose quand on électrolyse de l'eau acidulée (77 *bis*).

Cette avidité de l'acide pour l'eau s'exerce également vis-à-vis de la vapeur d'eau, qui est absorbée, ce qui permet d'utiliser l'acide sulfurique comme substance desséchante dans les laboratoires (2), et vis-à-vis de la glace qui est

(1) C'est-à-dire le mélange d'une quantité d'eau telle qu'une nouvelle addition d'eau ne détermine plus d'élévation de température. Cette quantité est très considérable.

(2) Pour dessécher les gaz, on leur fait traverser un tube en U rempli de pierre ponce divisée en menus fragments et imbibée d'acide concentré. Les substances solides ou aqueuses que l'on veut dessécher ou évaporer sont placées sous une cloche à côté d'un vase large contenant de l'acide concentré.

fondue. Nous avons indiqué (51) les phénomènes qui se produisent quand on mélange de l'acide sulfurique et de la glace.

178. Propriétés chimiques. — L'acide sulfurique se décompose au rouge vif (vers 1000°). On obtient de l'anhydride sulfureux et de l'oxygène.

$$SO^4H^2 = SO^2 + O + H^2O.$$

L'hydrogène réduit l'acide sulfurique. La réduction commence à température peu élevée. Suivant que l'un ou l'autre des deux corps est en excès, on a de l'anhydride sulfureux ou du soufre.

$$SO^4H^2 + H^2 = SO^2 + 2H^2O$$
$$SO^4H^2 + 3H^2 = 4H^2O + S.$$

Si la température n'est pas trop élevée, on a de l'acide sulfhydrique (appareils à hydrogène marchant trop vite).

$$SO^4H^2 + 4H^2 = SH^2 + 4H^2O$$

Le soufre et le charbon réduisent aussi l'acide sulfurique (168).

Les métaux sont attaqués par lui, sauf l'or et le platine (1). Le plomb n'est attaqué que par l'acide d'une concentration supérieure à 62° Baumé (densité 1,75). Le fer, le zinc, donnent de l'hydrogène à la température ordinaire (60); à chaud ils donnent de l'anhydride sulfureux. Le mercure, le cuivre, l'argent, qui ne sont pas attaqués à froid, donnent toujours SO^2.

179. Réactif de l'acide sulfurique. — L'acide sulfurique donne avec les sels solubles de baryum un précipité blanc de *sulfate de baryum*, très lourd, insoluble dans l'eau et les acides; son seul dissolvant est l'acide sulfurique concentré et bouillant.

(1) En réalité, le platine est attaqué par l'acide au maximum de concentration et bouillant, mais faiblement. L'or résiste mieux.

180. Fonction chimique. — L'acide sulfurique est un acide bibasique. Il répond à la formule $SO^2(OH)^2$. Il rougit fortement le tournesol. Les métaux monovalents donnent deux séries de sels avec cet acide. Avec le potassium, par exemple, on a :

$$SO^2\left\{\begin{matrix}OH\\OK\end{matrix}\right. \qquad\qquad SO^2\left\{\begin{matrix}OK\\OK\end{matrix}\right.$$

Sulfate monopotassique. Sulfate dipotassique.

Les métaux divalents donnent des sels dont la formule est analogue à $SO^4Ba_{II} = SO^2 \begin{matrix}<^{O}_{O}>\end{matrix} Ba_{II}$, qui représente le sulfate de baryum.

181. Etat naturel. — On rencontre de l'acide sulfurique libre dans toutes les eaux qui prennent naissance dans les régions volcaniques. Ainsi l'eau du Rio Vinagre contient à peu près 1 gramme d'acide libre par litre. Un grand nombre de sulfates, ceux de chaux, de magnésie, de baryte notamment, existent également dans la nature.

Industrie de l'acide sulfurique. — **182.** L'acide sulfurique est un produit d'industrie. Pour l'obtenir, on fixe l'oxygène de l'air sur l'anhydride sulfureux en présence de la vapeur d'eau. Le résultat définitif est le suivant :

$$SO^2 + H^2O + O = SO^4H^2.$$

Le mécanisme de cette fixation est compliqué. Elle s'effectue par l'intermédiaire des composés oxygénés de l'azote, qui passent par un cycle d'oxydations et de réductions successives, empruntant à l'air l'oxygène nécessaire à ces oxydations, et le cédant au gaz sulfureux. Théoriquement, une quantité limitée de composés de l'azote peut servir à oxyder une quantité illimitée d'anhydride sulfureux.

L'agent principal de l'oxydation est l'anhydride azoteux Az^2O^3, qui peut exister à l'état de vapeur en présence de AzO et AzO^2, produits de sa décomposition.

Si la température n'est pas trop élevée et si l'eau n'est pas en trop grande proportion, on a la réaction suivante :

$$2SO^2 + Az^2O^3 + O^2 + H^2O = 2\left(SO^2 <^{OH}_{OAzO}\right)$$

Sulfate de nitrosyle.

Le sulfate de nitrosyle (1), est un corps cristallisé, blanc, connu encore sous le nom de *cristaux des chambres de plomb* parce qu'il se dépose sur les parois des chambres en plomb où l'on effectue la préparation de l'acide sulfurique, quand l'atmosphère de ces chambres n'est pas assez riche en vapeur d'eau.

Une élévation de température, un excès d'eau, détruisent le sulfate de nitrosyle en régénérant l'anhydride azoteux, qui peut réagir de nouveau sur le gaz sulfureux.

$$2\left(SO^2 <^{OH}_{OAzO}\right) + H^2O = 2\left(SO^2 <^{OH}_{OH}\right) + Az^2O^3.$$

La dissociation du sulfate de nitrosyle sous l'action de la chaleur d'une part, le dédoublement partiel de Az^2O^3 en *oxyde azotique* AzO et *peroxyde d'azote* AzO^2 d'autre part, introduisent dans les chambres des *produits nitreux* (219) qui agissent également sur le gaz sulfureux en présence de l'air.

$$2AzO + 2SO^2 + H^2O + O^3 = 2\left(SO^2 <^{OH}_{OAzO}\right).$$

En même temps une partie de ces produits peut être dissoute par l'acide sulfurique formé, qui devra être *dénitrifié* (185).

(1) Ce nom vient de ce qu'on le considère comme le résultat de la substitution du radical *nitrosyle* AzO (223), à H dans l'acide sulfurique $SO^2 <^{OH}_{OH}$.

On peut montrer, au moyen d'une expérience de laboratoire, la formation du sulfate de nitrosyle et sa destruction par l'eau (*fig.* 101).

On emploie un grand ballon muni de cinq tubes dont quatre plongent jusqu'au fond, et dont le cinquième *a* sert au dégagement des produits de la réaction. On met dans le ballon un peu d'eau froide, puis on dispose l'appareil et on

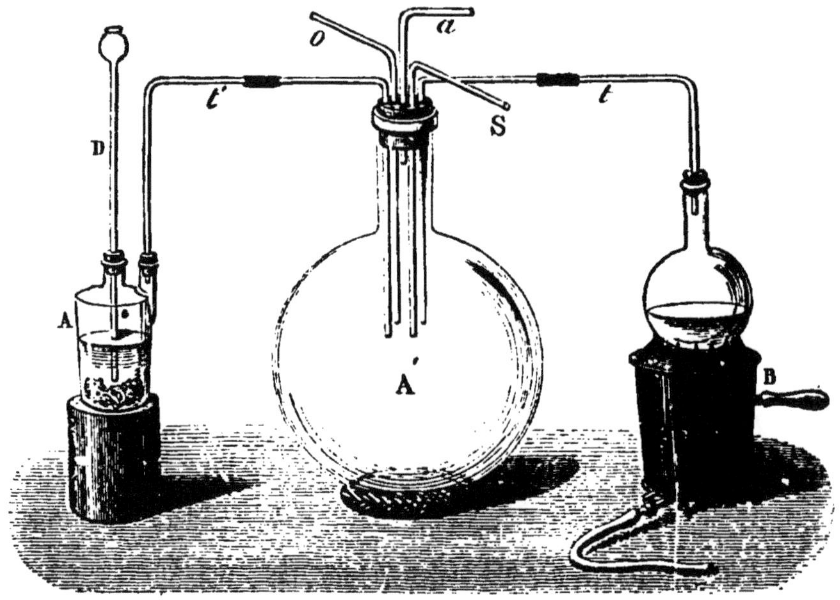

Fig. 101 — Préparation de l'acide sulfurique.

envoie par le tube *t'* de l'oxyde azotique AzO qui, en présence de l'air du flacon, passe à un état d'oxydation plus avancé (peroxyde d'azote AzO^2 et sans doute aussi anhydride azoteux Az^2O^3); l'atmosphère du ballon se colore en rouge. On envoie alors de l'anhydride sulfureux par *t*, et on souffle de temps en temps de l'air par le tube *s* pour maintenir en excès l'oxygène nécessaire à la réaction. De beaux cristaux se déposent bientôt sur le col et les parois du ballon, surtout si on a soin de refroidir ces parois au moyen d'un filet d'eau. Ces cristaux sont constitués par le sulfate de nitrosyle $SO^2.OH.OAzO$. Si on envoie alors par *o* de la vapeur d'eau. les cristaux disparaissent, et sont remplacés par des gouttelettes huileuses qui gagnent le fond du ballon tandis que ce dernier s'emplit de vapeurs d'un rouge intense.

On constate au moyen du chlorure de baryum que l'eau mise au fond du ballon contient de l'acide sulfurique (179).

Revenons à la fabrication industrielle de l'acide sulfurique.

183. *Matières premières.* — Les matières premières sont : 1° l'anhydride sulfureux ; 2° l'acide azotique ; 3° l'air ; 4° la vapeur d'eau.

1° On demandait autrefois l'anhydride sulfureux à la combustion du soufre. Aujourd'hui on ne prépare par ce moyen que l'acide sulfurique destiné à certains usages spéciaux, comme la préparation des produits pharmaceutiques (acide *sulfurique au soufre*). Presque toujours on obtient le gaz sulfureux par le grillage des sulfures qui est plus économique : ainsi la pyrite de fer FeS^2 se transforme, quand on la chauffe fortement dans un courant d'air, en anhydride sulfureux et oxyde ferrique.

$$4FeS^2 + 11O^2 = 2Fe^2O^3 + 8SO^2.$$

Actuellement les fours à pyrites sont assez perfectionnés pour que le résidu (Fe^2O^3) puisse être utilisé comme minerai de fer. La pyrite réduite en poussière est placée sur des soles superposées

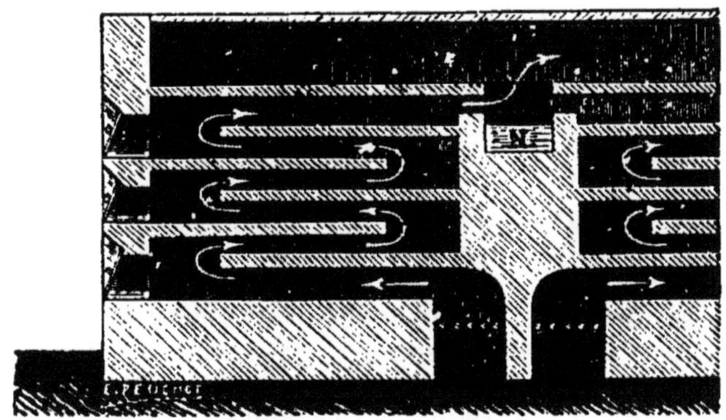

Fig. 102. — Four Malétra.
F, F', foyers ; N, caisses contenant du nitrate de sodium et de l'acide sulfurique ; D, chambre pour la condensation des poussières entraînées.

(*fig.* 102). On met en train en chauffant au moyen d'un foyer auxiliaire, et, quand la température convenable est atteinte, la chaleur dégagée par l'oxydation sous l'influence du courant d'air ascendant qui traverse le four suffit à l'entretenir.

On obtient encore SO^2 en grillant des sulfures de cuivre et de zinc, dans les pays où ces minerais sont abondants.

2° L'acide nitrique peut être envoyé tout fait à l'entrée des chambres de plomb, où il coule en cascade sur des gradins en poterie : dans un grand nombre d'usines on envoie dans les chambres les produits de l'action de l'acide sulfurique sur le nitrate de sodium, matières premières de la fabrication de l'acide azotique (246). Ces corps sont placés dans des caisses N chauffées dans le four à pyrite ou à soufre, et le gaz sulfureux passant au-dessus de ces caisses entraîne avec lui les produits gazeux de la réaction.

3° L'oxygène nécessaire à la transformation du gaz sulfureux est emprunté à l'air. Un fort tirage est établi dans les appareils, et des registres permettent de régler l'appel d'air de telle façon que l'atmosphère des chambres contienne toujours un excès d'oxygène. Nous en donnerons plus loin la raison.

4° La vapeur d'eau, produite dans un générateur spécial séparé du reste des appareils, est envoyée dans les chambres en quantité suffisante pour donner un acide étendu, marquant 52° à 53° à l'aréomètre de Baumé. Cet acide sera ensuite concentré.

Les appareils dans lesquels les réactions s'effectuent sont des chambres en plomb, formées de feuilles soudées les unes aux autres sans l'interposition d'un métal étranger (soudure autogène). Elles ont la forme de parallélépipèdes, sont ouvertes par le bas et maintenues par de solides charpentes. Les parois verticales se terminent à 5^{cm} environ des cuvettes en plomb soutenues par une charpente, qui forment les planchers des chambres. Les gaz et la vapeur d'eau arrivent par le haut des chambres. La production d'acide étant surtout abondante au passage d'une chambre dans l'autre, on tend à abandonner les anciennes chambres, très vastes, pour les remplacer par un grand nombre de chambres plus petites. On emploie le plomb parce que ce métal est très peu attaqué par l'acide étendu.

184. *Condensation des produits nitreux.* — Les gaz qui s'échappent de la dernière chambre sont chargés de produits nitreux qu'on laissait perdre autrefois. Gay-Lussac imagina en 1827 de les dissoudre dans l'acide concentré. A cet effet, les gaz, avant de s'échapper dans l'atmosphère, traversent de bas en haut de hautes tours en haut desquelles on fait constamment arriver de l'acide sulfurique à 60° Baumé. Ces tours, en plomb, sont revêtues intérieurement de grès verni, et garnies d'un empilage de cylindres cannelés de même matière, à la surface desquels l'acide coule en nappe mince. Pour que les produits nitreux soient arrêtés complètement, il faut que dans les chambres ils soient en présence d'un excès d'oxygène. Si cela n'avait pas lieu, en effet, ces produits pourraient se réduire à l'état d'oxyde azoteux Az^2O ou même d'azote, insolubles tous les deux dans l'acide sulfurique. Au contraire, les vapeurs nitreuses (AzO, Az^2O^3, AzO^2), en présence de l'oxygène et des traces d'anhydride sulfureux qui ont échappé aux réactions, donnent du sulfate de nitrosyle qui se dissout, comme d'ailleurs le bioxyde d'azote et l'anhydride azoteux, dans l'acide sulfurique concentré; le peroxyde AzO^2 s'y dissout moins facilement. Pour suivre la marche de la condensation, on pratique dans les tuyaux d'entrée et de sortie du cylindre de Gay-Lussac des *regards* en verre; en bonne marche, les gaz doivent être rouges à l'entrée, décolorés à la sortie. On règle le tirage de manière à obtenir ce résultat.

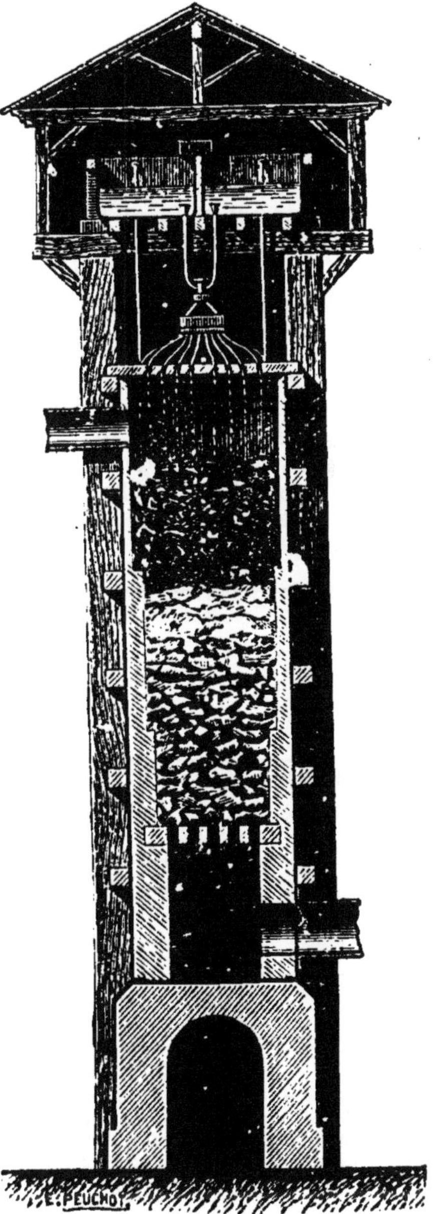

Fig. 103. — Tour de Glover.

185. *Tour de Glover.* — Avant d'entrer dans les chambres de plomb, les gaz traversent de bas en haut une tour en plomb garnie intérieurement d'un revêtement siliceux séparé du plomb par un espace de quelques centimètres (*fig.* 103). C'est la *tour de Glover*, imaginée en 1859 par le chimiste anglais Glover, et qui reçoit par sa partie supérieure : 1° l'acide que l'on soutire constamment des chambres de plomb; 2° l'acide chargé de produits nitreux qui sort du cylindre de Gay-Lussac; 3° dans certaines usines, l'acide azotique destiné à fournir les produits nitreux nécessaires à la suite des réactions. (Quand les fours à gaz sulfureux contiennent des caisses à nitrate de sodium, il est inutile d'envoyer de l'acide azotique dans la tour de Glover). La tour est reliée au four par une conduite d'une longueur telle que les gaz aient une température de 300° environ à l'entrée. Dans la tour s'accomplissent les actions suivantes : 1° L'acide des chambres, à 52°, rencontrant des gaz chauds, perd de l'eau et se concentre. Il marque 60° à 62° à l'aréomètre à sa sortie de la tour (une partie de cet acide est renvoyé au condensateur de Gay-Lussac).

2° Les gaz sont refroidis par leur rencontre avec l'acide, et sortent à une température de 60° à 80°, qu'ils ne doivent pas dépasser à leur entrée dans les chambres de plomb.

3° Les gaz riches en anhydride sulfureux enlèvent complètement les composés nitreux qu'a dissous l'acide dans la tour de Gay-Lussac, et ceux qu'a pu dissoudre l'acide des chambres. La tour de Glover joue donc le rôle d'un dénitrificateur parfait.

4° L'eau enlevée à l'acide étendu est vaporisée et entraînée par les gaz dans les chambres, ce qui diminue d'autant la quantité à fournir par le générateur. L'acide est envoyé au haut des tours de Glover et de Gay-Lussac par des *monte-acide*, réservoirs munis de tuyaux se rendant au-dessus de ces tours, et dans lesquels l'acide est poussé par le jeu de puissantes pompes à air comprimé. La hauteur de la tour de Glover est de 6 à 10 mètres, suivant la capacité des chambres. Elle doit avoir son plancher à la hauteur de celui des chambres. La hauteur de la tour de Gay-Lussac est plus grande. Elle n'est jamais inférieure à 10 mètres (*fig.* 104).

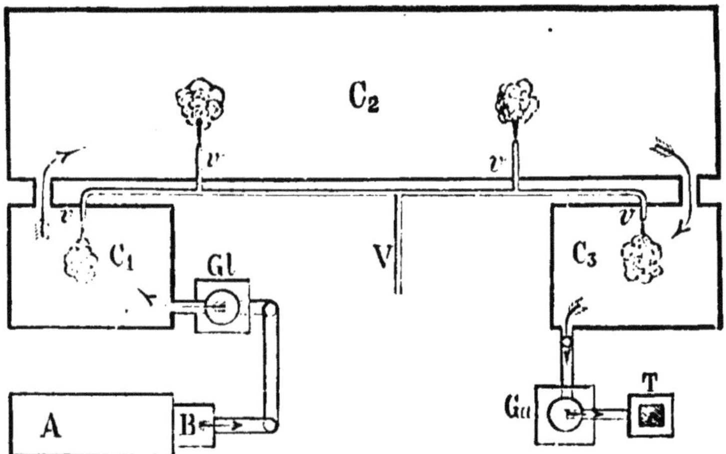

Fig. 104. — Fabrication de l'acide sulfurique.

Disposition d'ensemble des appareils. — A, four (à pyrites ou à soufre) ; B, chambre de dépôt des poussières entraînées ; Gl, tour de Glover ; C_1, C_2, C_3, chambres de plomb ; Ga, tour de Gay-Lussac ; T, cheminée de l'usine ; V, tuyau amenant la vapeur d'un générateur spécial ; v, entrée de la vapeur dans les chambres. On n'a pas indiqué sur la figure les tuyaux qui amènent les liquides aux tours et les reconduisent dans des réservoirs spéciaux, ni le générateur à vapeur et les pompes qui fournissent la pression nécessaire à la montée des liquides au haut des tours. ⟶ Marche des gaz.

186. *Purification.* — L'acide sortant des appareils est chargé d'impuretés; il contient toujours du fer et du plomb emprunté aux appareils, de l'arsenic s'il a été préparé avec des pyrites; il peut contenir des produits nitreux. L'arsenic est dangereux quand l'acide doit servir à décaper les tôles destinées à la fabrication du fer-blanc, ou à fabriquer des produits alimentaires ou pharmaceutiques. On l'élimine au moyen du sulfure de baryum, qui donne du sulfure d'arsenic As^2S^3 et du sulfate de baryum SO^4Ba, insolubles tous les deux. On débarrasse l'acide de composés nitreux par ébullition avec du sulfate d'ammonium. On reconnaît la présence de ces composés à la couleur brune que prend un cristal de sulfate ferreux mis en contact avec l'acide.

187. *Concentration.* — L'acide des chambres titre 52° à 53° Baumé; s'il ne passe pas par la tour de Glover, on le concentre jusqu'à 62° dans des bassines en plomb, chauffées par des serpentins en plomb plongés dans le liquide et parcourus par un courant de vapeur surchauffée. La concentration ne saurait être continuée dans le plomb, qui est rapidement attaqué à chaud par l'acide concentré. On la termine dans des alambics en platine. Le produit le plus concentré que l'on obtienne bout à 338°, marque 66° à l'aréomètre, et contient 98 p. 100 environ d'acide SO^4H^2. Comme les appareils en platine sont eux-mêmes assez rapidement détériorés, on tend à leur substituer aujourd'hui des appareils en or et platine, l'or étant à l'intérieur et le platine à l'extérieur. Malgré leur prix élevé, ces appareils, à cause de leur résistance plus grande, sont économiques.

Un autre procédé consiste à faire couler l'acide en nappe mince sur une série de plateaux perforés placés dans une petite tour en lave de Volvic parcourue de bas en haut par les gaz chauds sortant d'un gazogène (appareil Kessler).

188. Usages. — L'acide sulfurique est, de tous les produits chimiques, celui qui a les plus nombreuses et les plus importantes applications. On l'emploie dans les arts pour décaper les métaux; il sert comme liquide actif dans un très grand nombre de piles; son énergie le fait employer soit dans les laboratoires soit dans l'industrie, pour déplacer de leurs combinaisons les autres acides (préparation de l'acide chlorhydrique, de l'acide azotique, d'un grand nombre d'acides organiques); il sert à fabriquer le sulfate de sodium et un grand nombre d'autres sulfates; il sert à fabriquer les superphosphates; on retrouve son emploi dans la fabrication d'un très grand nombre de produits minéraux ou organiques.

HISTORIQUE

189. — L'acide sulfurique était connu au moyen âge. On l'appelait huile de vitriol, nom qu'il a conservé dans les arts, parce qu'on l'obtenait en décomposant par la chaleur le vitriol vert (sulfate ferreux). Le premier procédé industriel de fabrication fut établi en Angleterre par Ward (1740). Il consistait dans l'oxydation du soufre par l'azotate de potassium ou salpêtre. L'emploi de l'air pour oxyder le soufre fut indiqué en 1793 par Clément Desormes (mort en 1842). Davy a démontré la nécessité de l'intervention de l'eau. Les plus grands perfectionnements imaginés depuis cette époque sont le condensateur de Gay-Lussac et la tour de Glover.

ACIDE DE NORDHAUSEN (DISULFURIQUE, OU PYROSULFURIQUE)

$$S^2O^7H^2 = 178.$$

190. — Liquide brun, visqueux, répandant à l'air d'épaisses fumées, et qui était préparé autrefois à Nordhausen, dans le Hartz. Il bout au-dessous de 100°. C'est un mélange d'acide ordinaire et d'un de ses anhydrides résultant de l'union de deux molécules d'acide avec perte d'une molécule d'eau (1).

$$2SO^4H^2 = S^2O^7H^2 + H^2O.$$

On représente cet acide par la formule de constitution suivante :

$$O<\begin{matrix}SO^2.OH\\SO^2.OH\end{matrix} = \left(SO^2\begin{matrix}OH\\OH\end{matrix} + SO^2\begin{matrix}O\,H\\O\,H\end{matrix} - H^2O\right).$$

C'est pour cette raison qu'on l'appelle acide *disulfurique*. Le nom d'acide *pyrosulfurique* (2) vient de ce que le *disul-*

(1) Outre l'anhydride qui résulte de sa déshydratation totale, un acide peut en avoir d'autres, fournis par une déshydratation incomplète.

(2) Le préfixe *pyro* est souvent employé pour désigner le produit de l'action de la chaleur sur un corps.

fate de potassium, $S^2O^7K^2$, est obtenu dans la calcination du sulfate monopotassique SO^4HK.

$$2SO^4HK = S^2O^7K^2 + H^2O.$$

Dans les laboratoires on obtient l'acide disulfurique en calcinant le sulfate ferreux. Ce sel se transforme d'abord en un sulfate ferrique basique, qui se décompose en anhydride sulfurique et oxyde ferrique.

$$SO^3Fe^2O^3 = SO^3 + Fe^2O^3.$$

Mais le sel retient toujours de l'eau, de sorte que le produit recueilli n'est pas anhydre. C'est l'acide disulfurique. Le résidu est le *colcothar* ou *rouge d'Angleterre*, oxyde pulvérulent très dur, employé pour polir les glaces.

Dans l'industrie, la matière première est constituée par des pyrites; la pyrite, rendue poreuse par un grillage incomplet, est abandonnée à l'air humide; elle se transforme peu à peu en sulfate ferreux, que l'on dissout par un lessivage convenable; la solution est mise à cristalliser. Les eaux mères contiennent encore du sulfate ferreux partiellement oxydé (1); on les évapore à siccité, on calcine le résidu, puis on l'introduit dans des cornues de terre de 3 à 4 litres de capacité, disposées sur deux rangées dans un four à trois étages nommé *fourneau de galère* (*fig.* 105). Les cornues sont reliées à des récipients de même forme placés à l'extérieur, et dans lesquels l'acide se condense.

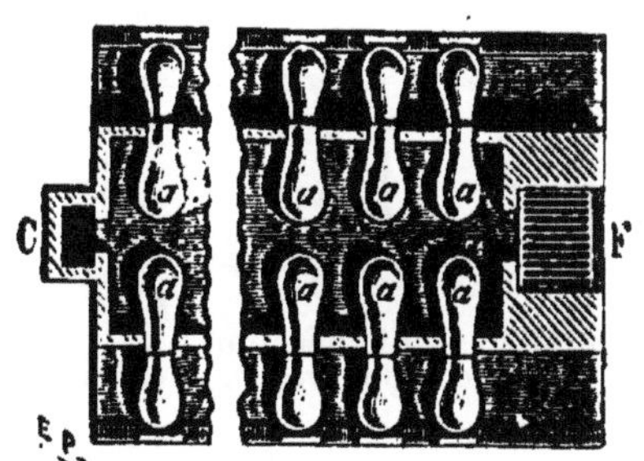

Fig. 105. — Fourneau de galère. F, foyer; C, cheminée d'appel; *a*, *a*, *a*, cornues.

(1) L'oxydation de ce sulfate est à ce point facile, qu'il est impossible de conserver quelque temps une dissolution de sulfate ferreux pur. La liqueur jaunit assez rapidement, l'oxygène transformant le sel dissous en un sel ferrique basique.

Usages. — L'acide fumant, exempt de produits nitreux, est employé pour dissoudre l'indigo (que les produits nitreux décolorent). La fabrication des couleurs dérivées des goudrons de houille en consomme aussi de grandes quantités.

ACIDE SULFHYDRIQUE

$SH^2 = 34$.

2 volumes.

191. Propriétés physiques. — Gaz incolore, ayant l'odeur et la saveur des œufs pourris. Sa densité est 1,1912; un litre de gaz pèse $1^{gr},293 \times 1,1912 = 1^{gr},540$. Il est assez soluble dans l'eau qui, à 0°, en dissout 4,37 fois son volume. [La dissolution doit être faite dans de l'eau bouillie, l'air oxydant assez rapidement l'acide sulfhydrique en présence de l'eau (193)].

Changements d'état. — Température critique : + 100°,2; pression critique : 92 atmosphères. Le gaz liquéfié bout à — 61°,8 sous la pression normale. La force élastique maxima est à 0°, de 6 atmosphères, et à 11°, de 14 atmosphères environ. La liquéfaction de ce gaz est donc relativement facile. On la réalise au moyen du procédé de Faraday (111; *fig.* 106). On prend comme source de gaz sulfhydrique le bisulfure d'hydrogène S^2H^2 (1), que la chaleur dissocie en soufre et acide sulfhydrique.

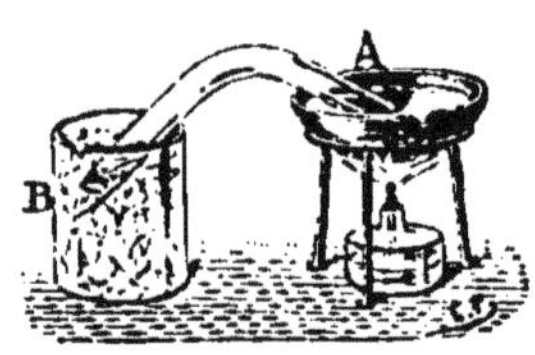

Fig. 106. — Liquéfaction de l'acide sulfhydrique.

Propriétés chimiques. — 192. L'acide sulfhydrique est dissocié par la chaleur; à 440°, la proportion décomposée atteint déjà 7 pour 100. L'étincelle détruit complètement ce gaz.

(1) Liquide huileux obtenu en traitant le bisulfure de calcium S^2Ca par l'acide chlorhydrique. Ce bisulfure est obtenu en faisant bouillir de la chaux éteinte et du soufre dans l'eau, jusqu'à ce que le liquide soit devenu jaune rougeâtre.

L'acide sulfhydrique est formé avec un faible dégagement de chaleur, ce qui explique son instabilité relative.

$$H^2 + S \text{ sol.} = SH^2 \text{ gaz, dégage. . . } + 4°,6.$$

Il est décomposé avec la plus grande facilité par le chlore et le brome.

$Cl^2 + SH^2$ gaz = 2ClH gaz + S sol.	Différ.
4,6 44	+39,4

Cette réaction rend compte de l'emploi du chlore comme désinfectant.

$Br^2 + SH^2$ gaz = 2 BrH gaz + S sol.	Différ.
4,6 17,2	+12,6

Cette réaction est utilisée pour préparer l'acide bromhydrique (137) (1).

193. *Action de l'oxygène.* — Le gaz sulfhydrique peut être enflammé à l'extrémité d'un tube effilé, comme l'hydrogène. En présence d'un excès d'oxygène il ne donne que de l'eau et de l'anhydride sulfureux.

$$SH^2 + O^3 = H^2O + SO^2.$$

Il faut 3 volumes d'oxygène pour brûler complètement ce gaz. Si l'oxygène est en quantité moindre, l'hydrogène brûle en entier, et il se fait un dépôt de soufre. Le phénomène thermique maximun correspond à cette réaction. On observe facilement le dépôt de soufre en enflammant le gaz à l'orifice d'une éprouvette longue et étroite (*fig.* 107). Le mélange de 3 volumes d'oxygène et 2 de gaz sulfhydrique est détonant.

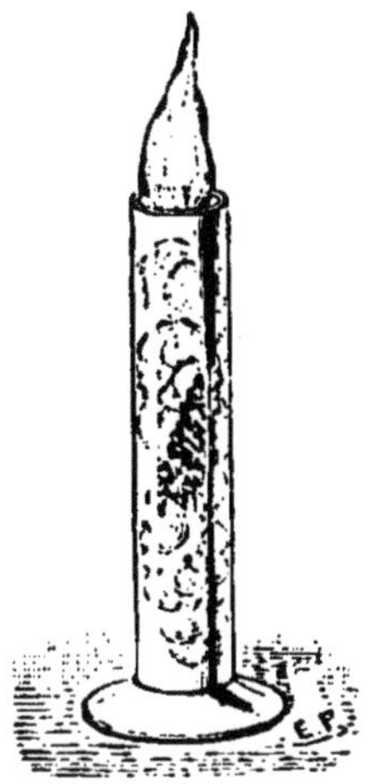

Fig. 107. Combustion incomplète de l'acide sulfhydrique.

A froid, l'acide sulfhydrique est oxydé par l'oxygène

(1) Les décompositions de l'acide sulfhydrique par le chlore et le brome sont encore exothermiques quand on considère les corps dissous.

si les gaz sont humides. La dissolution, si elle n'est pas faite dans de l'eau privée d'air par ébullition, et conservée à l'abri de l'air, se trouble à la longue et perd son odeur. Le trouble est dû à un dépôt de soufre

$$SH^2 + O = H^2O + S.$$

En présence des corps poreux, l'oxydation peut être plus complète et conduire à l'acide sulfurique

$$SH^2 + O^4 = SO^4H^2.$$

C'est à cette action qu'il faut attribuer, d'après Dumas, l'usure rapide des rideaux des cabines de bains sulfureux.

194. *Métaux.* — L'acide sulfhydrique attaque un grand nombre de métaux. Ainsi, le potassium brûle dans ce gaz :

$$K + SH^2 = \underset{\text{Sulfhydrate de potassium.}}{SHK} + H$$

Le cuivre est lentement attaqué à froid; l'argent ne l'est qu'à 550° par le gaz sec (qui est alors dissocié en partie); mais il l'est à froid en présence de l'humidité. Ces attaques donnent lieu à la formation de sulfures. Tandis que la formation des sulfures alcalins et alcalino-terreux (ceux de K, Na, Ca) dégage peu de chaleur, celle des sulfures métalliques est assez fortement exothermique; aussi ces sulfures se précipitent-ils quand on traite par l'acide sulfhydrique gazeux ou dissous un assez grand nombre de sels métalliques dissous (462).

195. Réactif. — On reconnaît l'acide sulfhydrique, soit gazeux, soit en dissolution, à la propriété qu'il possède de noircir les sels de plomb (formation d'un sulfure noir). Un papier imprégné d'acétate de plomb noircit dans une atmosphère contenant de l'acide sulfhydrique.

196. Fonction chimique. — L'acide sulfhydrique peut être considéré comme un acide bibasique dont les sels sont les *sulfures*. Avec les métaux alcalins il donne deux sortes de sulfures correspondant aux formules SHK et SK^2.

Les sulfures de la forme SHR_1 où R_1 représente un métal monovalent, sont appelés *sulfhydrates;* on peut les considérer comme résultant de l'union du monosulfure SR^2, avec l'acide sulfhydrique SH^2. L'acide sulfhydrique agit quelquefois comme réducteur.

197. Action sur l'organisme. — L'acide sulfhydrique est éminemment toxique. $\frac{1}{800}$ de ce gaz dans l'atmosphère suffit pour foudroyer un chien, $\frac{1}{250}$ tue un cheval. C'est lui qui détermine les accidents si fréquents qui se produisent au moment de l'ouverture des fosses d'aisances (plomb des vidangeurs). Le contre-poison est le chlore (192);

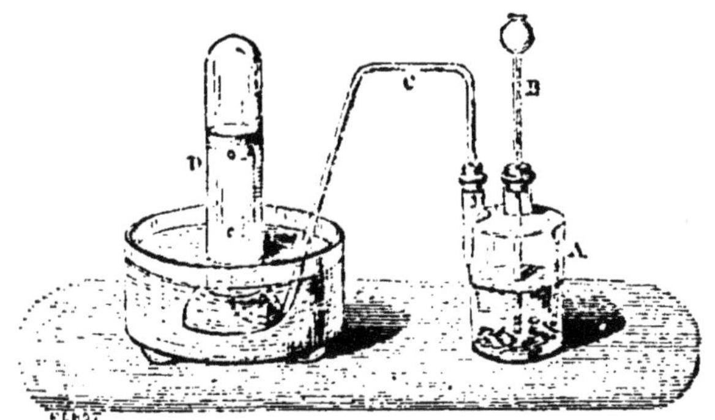

Fig. 108. — Préparation de l'acide sulfhydrique.

on fait respirer à la personne asphyxiée le gaz qui se dégage du chlorure de chaux imprégné de vinaigre.

198. Préparation. — On obtient l'acide sulfhydrique en décomposant un sulfure par l'acide chlorhydrique.

1° *Par le sulfure de fer.* — On emploie un sulfure artificiel obtenu en calcinant dans un creuset poids égaux de soufre et de fer. L'appareil employé est le même que celui qui sert pour l'hydrogène (*fig.* 108). On peut également disposer des appareils à production continue donnant un courant régulier (62).

$$FeS + 2ClH = Cl^2Fe_{II} + SH^2.$$

Le sulfure employé contenant toujours un excès de fer (il y a eu perte de soufre, par volatilisation, pendant la préparation), le gaz obtenu est mélangé d'hydrogène.

2° *Par le sulfure d'antimoine.* — On obtient de l'acide sulfhydrique pur et sec en recueillant le gaz qui se dégage dans l'action de l'acide chlorhydrique concentré sur le sulfure d'antimoine naturel. Le gaz se lave dans un flacon contenant une dissolution de foie de soufre (sulfure de potassium

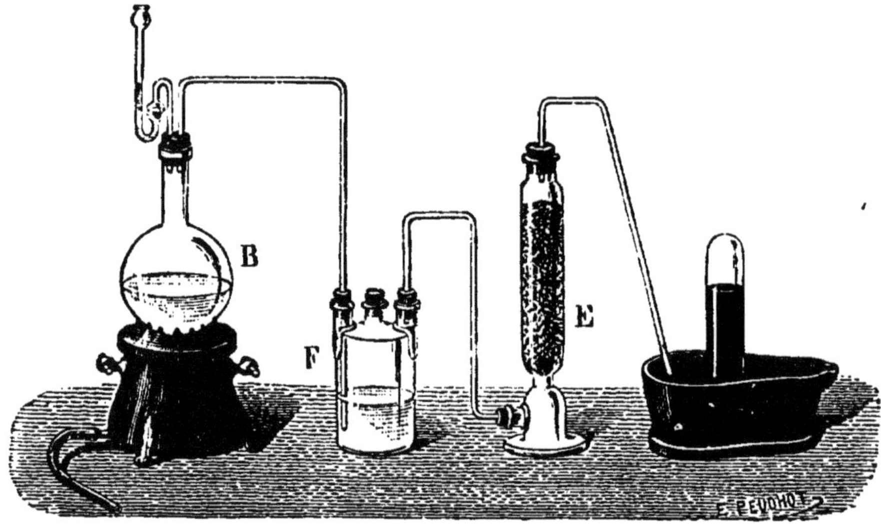

Fig. 109. — Préparation de l'acide sulfhydrique pur et sec.

impur) qui retient l'acide chlorhydrique entraîné, et se dessèche sur du chlorure de calcium (*fig.* 109).

La réaction est représentée par la formule suivante :

$$Sb^2S^3 + 6ClH = 2SbCl^3 + 3SH^2.$$

Il est à remarquer que cette réaction est due à l'acide concentré. Au contraire, en présence d'un excès d'eau, l'acide sulfhydrique décompose le chlorure d'antimoine. Le renversement de la réaction tient à ce fait que l'acide chlorhydrique concentré doit être considéré comme contenant de l'acide anhydre ClH (chaleur de formation

$+22^c$), tandis que l'acide étendu agit comme l'hydrate dont la chaleur de formation est $+39^c,4$ (124). Les deux réactions indiquées sont exothermiques.

$$Sb^2S^3 + 6ClH \text{ gaz} = 2SbCl^3 + 3SH^2 \text{ gaz} \qquad \text{Diff.}$$
$$34 \quad 6\times22 \quad 2\times91,4 \quad 3\times4,6 \qquad +30,6$$
$$2SbCl^3 + 3SH^2 \text{ dissous} = Sb^2S^3 + 6ClH \text{ diss.}$$
$$2\times91,4 \quad 3\times9,2 \quad 34 \quad 6\times39,4 \qquad +60.$$

On fait à ce sujet l'expérience suivante : On verse sur du sulfure d'antimoine pulvérisé de l'acide chlorhydrique concentré, et on constate qu'il y a dégagement d'acide sulfhydrique (un papier imprégné d'acétate de plomb et suspendu au voisinage de la surface liquide noircit). On ajoute une grande quantité d'eau et on voit apparaître le précipité orangé caractéristique du sulfure d'antimoine.

199. Etat naturel et circonstances de production. — L'acide sulfhydrique existe tout formé dans les fumerolles qui se dégagent des fissures du sol de la Toscane et dans les émanations volcaniques; les eaux minérales *sulfureuses* en contiennent également et lui doivent leur odeur et leur saveur repoussantes. Il se forme dans l'action des acides énergiques sur certains sulfures, et dans la putréfaction des matières organiques sulfurées. Sa formation, dans ces conditions, est liée au développement d'un ferment, le ferment *sulfhydrique*. Il s'en produit d'assez grandes quantités dans les fosses d'aisances; là il se trouve en présence d'ammoniaque et forme le sulfure d'ammonium $S(AzH^4)^2$, aussi dangereux que lui, et qu'on peut détruire au moyen du sulfate ferreux. Il est bon, au moment de l'ouverture d'une fosse, d'y projeter du sulfate ferreux, soit solide et pulvérisé, soit en dissolution.

$$SO^4Fe + \underset{\text{sulfure d'ammonium.}}{S(AzH^4)^2} = SFe + \underset{\text{sulfate d'ammonium.}}{SO^4(AzH^4)^2}$$

200. Composition. — On détermine la composition de l'acide sulfhydrique en l'attaquant par l'étain dans une cloche courbe (*fig.* 110). Lorsque la réaction est terminée, on laisse refroidir le gaz et on constate qu'il a repris son volume initial; le résidu est de l'hydrogène pur. L'acide sulfhydrique contient donc son volume d'hydrogène.

Or, 1 litre d'acide sulfhydrique pèse . .	$1,293 \times 1,1912$
1 » » hydrogène	$1,293 \times 0,0692$
Il reste pour le soufre uni à l'hydrogène.	$1,293 \times 1,1220$

Fig. 110. — Analyse de l'acide sulfhydrique.

ce qui est le poids de $\frac{1}{2}$ litre, 1,12 étant la demi-densité du soufre. 2 volumes d'acide sulfhydrique sont donc formés de l'union de 2 volumes d'hydrogène et 1 de vapeur de soufre avec condensation de $\frac{1}{3}$.

201. Usages. — L'acide sulfhydrique, gazeux ou en dissolution, est très fréquemment employé dans les laboratoires pour précipiter les métaux à l'état de sulfures insolubles. On a également proposé l'emploi du gaz pour la destruction des taupes, des lapins, des mulots et autres animaux nuisibles.

Historique

202. — L'acide sulfhydrique fut aperçu, en 1775, par Rouelle qui le nomma *air puant*. Bergmann signala son existence dans les eaux sulfureuses et le nomma *gaz hépatique*. Il fut étudié surtout par Sheele et par Berthollet, qui montra qu'il ne contient que de l'hydrogène et du soufre.

SÉLÉNIUM

203. — Le sélénium (Se = 79) est un corps solide, fondant vers 200° après avoir passé par l'état pâteux, bouillant à 665°. Il brûle à l'air en donnant un *anhydride sélénieux* SeO^2 qui est solide à la température ordinaire : on connaît l'*acide sélénique* $SeO^2(OH)^2$ donnant des séléniates isomorphes des sulfates, et l'*acide sélénhydrique* SeH^2, gaz résultant de l'union directe des éléments, doué d'une odeur nauséabonde, très toxique, qui peut être détruit par l'air en présence de l'eau, en donnant du sélénium. Les séléniures métalliques accompagnent fréquemment les sulfures dans la nature.

TELLURE

204. — Le tellure (Te=128) est un solide à l'aspect métallique, fondant à 450°, volatil au rouge. Il brûle à l'air en donnant de l'anhydride tellureux TeO^2, solide à la température ordinaire; on connaît également l'*acide tellurique* $TeO^2(OH^2)$ donnant des tellurates isomorphes des séléniates et des sulfates. De même le tellure forme, avec l'hydrogène, un composé gazeux, TeH^2, l'*acide tellurhydrique*, analogue aux composés correspondants du soufre et du sélénium, et détruit comme eux par l'air en présence de l'eau.

FAMILLE DE L'OXYGÈNE

205. — L'oxygène, le soufre, le sélénium, le tellure, constituent la deuxième des *familles naturelles* dans lesquelles Dumas a distribué les métalloïdes (151). Ce sont les métalloïdes divalents, capables de former avec l'hydrogène des composés du type $R_{II}H^2$, formés de 2 volumes d'hydrogène et de 1 volume de vapeur du métalloïde, avec condensation de $\frac{1}{3}$. L'oxygène se sépare un peu des autres, et a moins de points communs avec le soufre que ce dernier n'en a avec le sélénium et le tellure. Ces trois derniers forment un groupe très homogène; cependant le tellure se rapproche des métaux par quelques points de son histoire. C'est, en quelque sorte, un corps de transition entre les métalloïdes et les métaux. L'anhydride tellureux peut, en effet, contracter des combinaisons avec les acides, avec l'acide azotique notamment. L'analogie de l'oxygène et du soufre est marquée par les composés qu'ils forment avec les autres corps.

Exemples :

Eau H^2O; acide sulfhydrique SH^2.
Eau oxygénée H^2O^2; bisulfure d'hydrogène S^2H^2.
Anhydride carbonique CO^2 ; sulfure de carbone CS^2.

Les sulfures métalliques ont même formule que les oxydes correspondants. On connait deux préparations parallèles de l'oxygène et du soufre (70,1°; 158).

Le tableau suivant résume les analogies de ces corps.

	O	S	Se	Te	
Poids atomique........	16	32	79	128	
Etat physique........	gaz	solide { fond vers 114° bout à 440°	solide { fond vers 250° bout à 665°	solide { fond vers 450° bout au rouge	
Avec H......	H^2O gaz (+58c,2)	SH^2 (+4c,6)	SeH^2 (−24,8)	TeH^2 (−35,0)	Les 3 derniers peu solubles, détruits par l'air en présence de l'eau. — Tous formés avec condensation de 1/3.
Avec O......		SO^2	SeO^2	TeO^2	Formés directement.
	»	$SO^2(OH^2)$	$SeO^2(OH)^2$	$TeO^2(OH)^2$	Acides bibasiques, à sels isomorphes.
Métaux......	oxydes.	sulfures.	séléniures.	tellures.	Correspondant les uns aux autres.

CHAPITRE X

COMPOSÉS DE L'AZOTE. — PHOSPHORE. — ARSENIC. ANTIMOINE.

COMPOSÉS OXYGÉNÉS DE L'AZOTE

206. — L'azote ne s'unit pas directement à l'oxygène. La combinaison des deux gaz ne peut s'effectuer que par l'intervention d'une énergie étrangère. On a vu (47) qu'en faisant éclater une longue suite d'étincelles dans un mélange d'azote et d'oxygène secs, on obtient du peroxyde d'azote

AzO^3. Les composés oxygénés de l'azote sont assez nombreux. Tous sont endothermiques; le plus stable d'entre eux est le peroxyde. On connaît :

		Chaleur de formation		
L'oxyde azoteux.....	Az^2O;	chaleur de formation	—10c,3 pour	$\frac{1}{2}(Az^2O)$.
L'oxyde azotique....	AzO;	—	—21,6 »	AzO.
L'anhydride azoteux.	Az^2O^3;	—	—11 »	$\frac{1}{2}(Az^2O^3)$.
Le peroxyde d'azote.	AzO^2;	—	— 2,6 »	AzO^2 gaz.
			+ 1,7 »	AzO^2 liq.
L'anhydride azotique.	Az^2O^5;	—	— 0,6 »	$\frac{1}{2}(Az^2O^5)$ gaz.
			+ 1,8 »	$\frac{1}{2}(Az^2O^5)$ liq.
			+ 5,9 »	$\frac{1}{2}(Az^2O^5)$ sol.
L'anhydride perazotique.	AzO^3.			

OXYDE AZOTEUX

$Az^2O = 44$.

2 volumes.

207. Propriétés physiques. — *L'oxyde azoteux*, appelé encore *protoxyde d'azote*, est un gaz incolore, inodore, d'une saveur légèrement sucrée. Sa densité est 1,527. Un litre de ce gaz à 0°, sous 760mm, pèse 1gr,293 × 1,527 = 1gr,98. Son coefficient de solubilité dans l'eau est, à 0°, 1,3; dans l'alcool, à la même température, 4,2.

Changements d'état. — Le point critique de l'oxyde azoteux est + 35°,4; sa pression critique, 75 atmosphères. On le liquéfie d'ordinaire en le comprimant à 21 atmosphères dans un récipient refroidi à — 15°, ou à 32 atmosphères à 0° ; sous la pression normale le gaz liquéfié bout à — 87°,9. Il se solidifie à — 99° ; on peut déterminer cette solidification par une évaporation rapide, au moyen d'un courant d'air.

Il a été liquéfié, dès 1823, par Faraday, au moyen du procédé qui porte son nom (111) (*fig.* 111). Le gaz était obtenu en détruisant par la chaleur l'azotate d'ammonium (212). Un peu plus tard on prépara le gaz liquéfié en assez grande quantité en refoulant le gaz, au moyen d'une pompe de compression, dans un récipient en fer plongé dans un mélange réfrigérent. C'est ainsi que l'on obtient l'oxyde azoteux liquide, employé aujourd'hui et livré au commerce dans des bouteilles en fer qui en contiennent 850 grammes, correspondant à 450 litres de gaz.

Fig. 111. — Liquéfaction de l'acide azoteux.

On répète dans les cours une intéressante expérience qui montre à la fois la basse température du gaz liquéfié et l'une de ses propriétés chimiques. Le flacon F (*fig.* 112) contient des matières desséchantes destinées à éviter la condensation de buée sur le tube T; ce tube, en verre très mince, contient du mercure sur lequel on verse de l'oxyde azoteux liquéfié; au-dessus on lance un fragment de charbon incandescent qui surnage le liquide et brûle avec un éclat très vif, tandis que le mercure, à quelques centimètres plus bas, a pris l'aspect terne du mercure solide; il est assez froid pour pouvoir être martelé avec un maillet de bois, lorsqu'on le retire du tube.

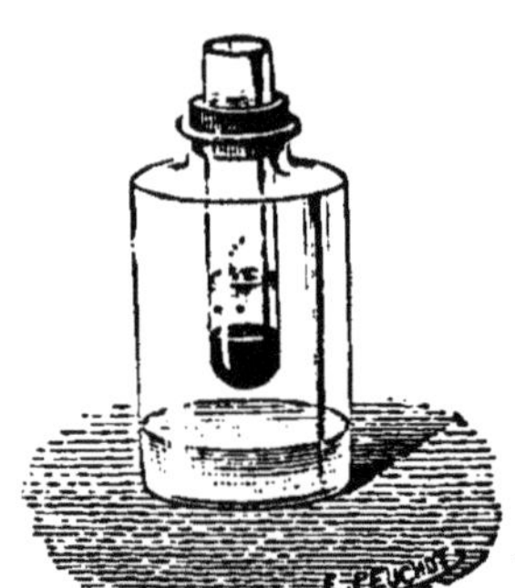

Fig. 112. — Combustion du charbon sur le protoxyde d'azote liquide.

Propriétés chimiques. — 208. La chaleur détruit l'oxyde azoteux. La décomposition commence à 520°, mais est faible; elle donne de l'azote et de l'oxygène; au rouge, elle est totale. En laissant tomber un mouton de 500 kilos sur la tête d'un piston fermant un tube d'acier qui contient le gaz, on détermine sa décomposition brusque.

L'étincelle électrique donne d'abord de l'azote et de l'oxygène. Son action continuée finit par donner du peroxyde d'azote; il s'établit un équilibre entre les trois gaz Az, O et AzO^2.

209. *Combustions vives.* — L'oxyde azoteux entretient la combustion des corps qui, en brûlant, dégagent assez de chaleur pour le décomposer. C'est ainsi que le soufre, à la condition d'avoir été bien allumé, le charbon, le phosphore brûlent dans ce gaz avec plus d'éclat que dans l'air (il contient, en effet, la moitié de son volume d'oxygène). Une allumette présentant encore quelques points rouges s'y rallume. Cette propriété appartient également à l'oxygène. Nous verrons bientôt comment on peut distinguer les deux gaz.

Le charbon, en brûlant dans l'oxyde azoteux, dégage plus de chaleur qu'en brûlant dans l'oxygène; l'excès représente la chaleur que dégage la destruction de l'oxyde, corps endothermique. C'est cette observation qui a révélé à Favre l'existence des corps endothermiques.

L'oxyde azoteux détone avec l'hydrogène dans l'eudiomètre.

$$\underset{2\text{ vol.}}{Az^2O} + \underset{2\text{ v.}}{H^2} = Az^2 + H^2O.$$

Il n'entretient pas les combustions lentes (respiration, oxydations à froid). Il ne transforme pas l'oxyde azotique AzO en peroxyde AzO^2, ce qui permet de le distinguer de l'oxygène (219).

210. Caractère chimique. — Le caractère endothermique de ce corps est masqué par sa stabilité, très supérieure à celle que présentent la grande majorité des composés indirects. Ce caractère est cependant accusé par sa décomposition brusque sous l'influence de la compression (208). L'oxyde azoteux peut être considéré comme l'anhydride de l'acide *hypoazoteux*, AzOH, corps instable, se détruisant lentement à froid, plus rapidement quand on chauffe, en oxyde azoteux et eau.

$$2(AzOH) = Az^2O + H^2O.$$

On connaît un certain nombre d'hypoazotites, notamment l'hypoazotite d'argent AzOAg, poudre jaune insoluble et pouvant détoner si on élève brusquement sa température à 100°.

211. Action physiologique. — L'oxyde azoteux n'entretient pas la respiration ; il agit sur le système nerveux et provoque assez rapidement l'anesthésie. Pour que l'insensibilité soit complète, il faut qu'il soit mélangé au sang artériel dans la proportion de 45 volumes de gaz pour 100 volumes de sang. En faisant respirer au patient un mélange de 5 vol. d'Az^2O et 1 vol. d'O sous une pression dépassant de 15^{cm} de mercure la pression atmosphérique, on peut prolonger très longtemps l'anesthésie sans aucun danger.

212. Préparation. — On prépare ce gaz en décomposant par la chaleur l'azotate d'ammonium. Si la température reste inférieure à 300°, il se dédouble en oxyde azoteux et eau

$$AzO^3(AzH^4) = Az^2O + 2H^2O.$$

La réaction dégage 25 calories par molécule d'azotate. Au-dessus de 300°, elle peut devenir explosive, et, suivant les

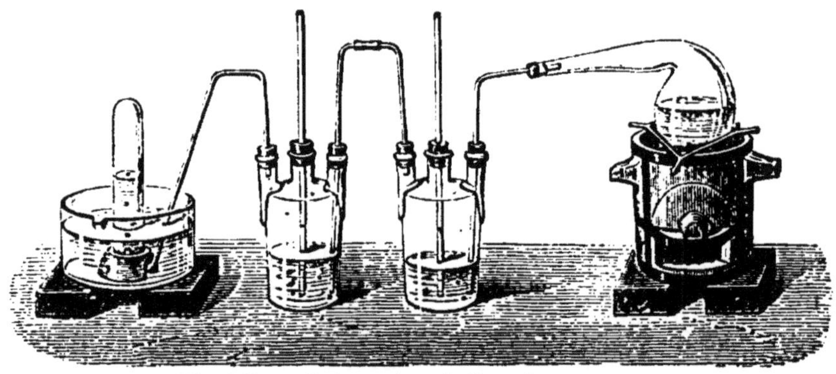

Fig. 113. — Préparation de l'oxyde azoteux.

cas, donner naissance à de l'azote, de l'oxyde azotique AzO et même du peroxyde d'azote AzO^2. Aussi faut-il chauffer avec précaution la cornue qui sert à la préparation du gaz (*fig.* 113). Comme il est très difficile d'empêcher la température de se maintenir dans toute la masse au degré convenable, on fait traverser au gaz, quand on le veut pur, une dissolution de potasse (pour retenir AzO^2) et une dissolution de sulfate ferreux (pour retenir AzO).

213. Circonstances de production. — Il se produit de l'oxyde azoteux dans la décomposition par la chaleur de l'oxyde azotique, dans la réduction de l'acide azotique par le fer et le zinc.

214. Composition. — On fait détoner dans l'eudiomètre un mélange de 100 vol. d'oxyde azoteux et 150 d'hydrogène. On constate que le résidu, qui est de l'azote, occupe 150 vol., dont 50 sont de l'H (les gaz étant tous mesurés sous la même pression). La décomposition donne donc un volume d'azote égal au volume d'oxyde détruit.

Si de . . . $1^{gr},293 \times 1,527$, poids de 1 lit. d'oxyde azoteux,
on retranche. $1^{gr},293 \times 0,967$, — 1 lit. d'azote,
on a. . . . . $1^{gr},293 \times 0,560$,

qui représente à peu près le poids de $\frac{1}{2}$ litre d'oxygène. Donc, 2 volumes d'azote s'unissent à 1 d'oxygène pour donner 2 volumes d'oxyde azoteux. Cette composition correspond à la formule Az^2O.

On indique quelquefois comme procédé d'analyse la combustion du sulfure de baryum par le gaz, mais les produits secondaires de la réaction rendent l'analyse peu exacte.

215. Usages. — L'oxyde azoteux est quelquefois employé comme anesthésique ; c'est le seul qui soit sans danger, mais il a l'inconvénient d'exiger des appareils coûteux, encombrants et incommodes.

Historique.

216. — Ce gaz a été découvert par Faraday en 1776. Son étude a été faite par Davy, qui reconnut le premier ses qualités anesthésiques, et en proposa l'emploi en chirurgie (il s'était débarrassé d'un violent mal de tête causé par un mal de dents, en respirant de l'oxyde azoteux). Il éprouva, comme conséquence de l'inhalation de ce gaz en assez grande quantité, des effets bizarres et assez variables : l'ivresse, une sensation de bien-être général, des envies de rire, qui firent nommer le nouveau gaz *gaz hilarant*. Les expériences de Davy eurent un grand retentissement. On les répéta en France, mais les accidents qu'elles occasionnèrent (sans doute à cause de la présence d'oxyde azotique, qui est un poison violent et dont le gaz n'était pas bien débarrassé) jetèrent une défaveur assez injuste sur ce singulier gaz. En 1844, un dentiste américain en reprit l'emploi ; il fut ensuite abandonné, comme anesthésique, pour l'éther et le chloroforme, mais on y revint en 1863. C'est à Paul Bert (1833-1886) qu'on doit l'étude approfondie qui permet d'employer aujourd'hui ce gaz sans danger.

OXYDE AZOTIQUE

$AzO = 30$.

2 volumes.

217. Propriétés physiques. — *L'oxyde azotique*, ou *bioxyde d'azote*, est un gaz incolore dont la saveur et l'odeur sont inconnues, parce qu'au contact de l'air il absorbe de l'oxygène pour se transformer en peroxyde d'azote AzO^2. Sa densité est 1,033 ; 1 litre de gaz pèse $1^{gr},293 \times 1,033 = 1^{gr},345$. Son coefficient de solubilité dans l'eau est 0,01 à 0° ; dans l'alcool, à la même température, ce coefficient est 0,31.

Changements d'état. — Point critique, $-93°,5$; pression critique, $71^{at},2$; point d'ébullition sous la pression atmosphérique, $-153°$.

L'oxyde azotique a été liquéfié pour la première fois en même temps que l'oxygène (66).

218. Propriétés chimiques. — La chaleur détruit l'oxyde azotique plus facilement que le protoxyde. La décomposition, qui commence vers 520°, est compliquée ; on a de l'azote et de l'oxygène qui donne avec le bioxyde non décomposé du peroxyde AzO^2 et de l'anhydride azoteux Az^2O^3 ; il s'établit un équilibre entre ces divers corps.

L'étincelle électrique donne d'abord les mêmes résultats

que la chaleur. Si l'action se prolonge assez, on a finalement de l'oxygène, de l'azote et du peroxyde d'azote.

219. *Action de l'oxygène.* — L'oxyde azotique a une grande affinité pour l'oxygène. A froid, si l'oxygène n'est pas en excès, on a un mélange gazeux complexe, de couleur rouge, connu sous le nom de *vapeurs nitreuses*. Les réactions suivantes rendent compte de l'action :

$$AzO + O = AzO^2$$

$$2AzO + O = \underset{\text{Anhydride azoteux.}}{Az^2O^3}.$$

Ce dernier corps, instable, se détruit partiellement en donnant de l'oxyde azotique. Les vapeurs nitreuses sont donc constituées par un mélange des trois gaz AzO^2, Az^2O^3, AzO. Cette action de l'oxyde azotique sur l'oxygène sert à distinguer ce dernier gaz de l'oxyde azoteux (209).

Si l'oxygène est en excès, on n'a finalement que du peroxyde d'azote.

220. *Propriétés réductrices.* — L'oxyde azotique se comporte dans certains cas comme un réducteur. Il réduit notamment l'acide azotique. Quand on fait passer un courant d'oxyde azotique dans des flacons contenant de l'acide à différents degrés de concentration correspondant aux valeurs 1,32; 1,42; 1,51 de la densité, on constate que l'acide de densité 1,32 n'est pas altéré; l'acide de densité 1,42 se colore en vert, grâce à la formation d'une certaine quantité d'anhydride azoteux, qui se dissout en donnant un liquide bleu dont le mélange avec l'acide azotique, jaunâtre, présente une teinte verte.

$$4AzO + \underset{\text{Acide azotique.}}{2(AzO^3H)} = \underset{\text{Anhydride azoteux.}}{3(Az^2O^3)} + H^2O.$$

L'acide de densité 1,51 se colore en brun par suite de la

formation de peroxyde d'azote qui, en se dissolvant dans le liquide, lui communique cette coloration.

$$AzO + 2(AzO^3H) = 3AzO^2 + H^2O.$$

221. *Propriétés oxydantes.* — L'oxyde azotique entretient certaines combustions vives; le phosphore bien enflammé y brûle avec éclat; le charbon n'y brûle qu'à la condition d'être incandescent dans toute sa masse; le soufre s'y éteint. Bien que sa stabilité soit moindre, les combustions sont plus difficiles dans ce gaz que dans l'oxyde azoteux, parce que sa décomposition donne des quantités notables de peroxyde, très stable et non comburant.

Au-dessous de 500°, les métaux les plus oxydables sont attaqués avec formation des protoxydes purs.

L'hydrogène est oxydé par l'oxyde azotique. Un mélange des deux gaz, passant dans un tube de porcelaine chauffé au rouge, donne lieu à la réaction

$$AzO + H^2 = Az + H^2O.$$

En présence de la mousse de platine chauffée, il y a formation de gaz ammoniac.

$$AzO + H^5 = \underset{\text{Gaz ammoniac.}}{AzH^3} + H^2O.$$

La réaction est fortement exothermique; à la chaleur de formation de AzH^3(+12^c,2) et de H^2O(+58^c,2) s'ajoute la chaleur de décomposition de AzO (+21^c,6). La figure 114 montre comment on dispose l'appareil. On constate la formation du gaz ammoniac en approchant du tube T un papier de tournesol rouge, qui est bleui.

Mais le mélange d'oxyde azotique et d'hydrogène ne détone pas dans l'eudiomètre. Il n'en est pas de même pour le sulfure de carbone. Un mélange en proportions convenables de gaz AzO et de vapeur de sulfure de carbone détone par l'étincelle; il peut être enflammé. On verse quelques gouttes de sulfure de carbone dans une éprouvette pleine d'oxyde azotique, et on agite; si on approche une allumette de l'orifice, le mélange prend feu et brûle avec une flamme violacée éblouissante, très riche en rayons chimiques; cette

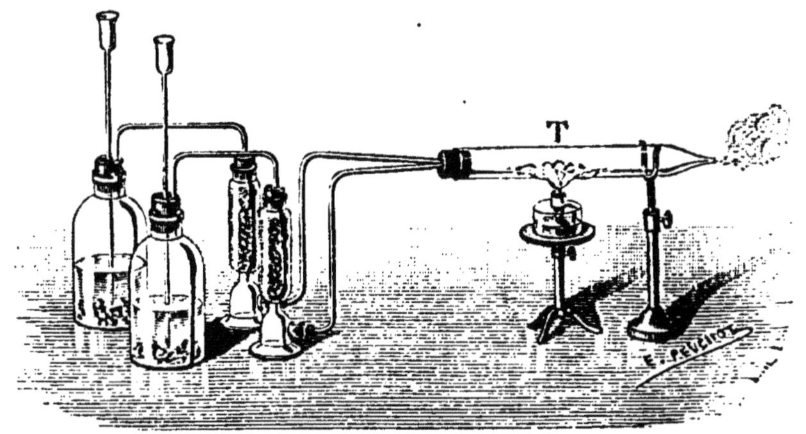

Fig. 114. — Action de l'hydrogène sur le bioxyde d'azote.

flamme peut déterminer l'explosion d'un mélange de chlore et d'hydrogène (112).

222. L'oxyde azotique est absorbé par le sulfate ferreux dissous. Il se forme des composés définis dont la composition varie suivant les circonstances, et qui se dissocient sous l'action de la chaleur ou du vide; ils perdent leur gaz dans une atmosphère dépourvue d'oxyde azotique; le sel ferreux ne peut donc pas absorber en totalité ce gaz dans un mélange qui en contient.

223. Caractère chimique. — Le caractère chimique de l'oxyde azotique est assez particulier. Comme le premier oxyde de l'azote, il possède une stabilité anormale. Son caractère endothermique est mis en évidence par ce fait qu'il peut détoner. On peut provoquer la destruction brusque de ce gaz en faisant éclater par l'étincelle, dans un tube à parois épaisses, une capsule de fulminate (Berthelot). Nous avons vu qu'il est le plus souvent oxydant, quelquefois réducteur. Il joue le rôle de *radical* univalent, et porte le nom de *nitrosyle*. Ainsi, il forme avec le chlore le *chlorure de nitrosyle*, AzOCl, gaz orangé, liquéfiable à — 5° sous la pression normale. C'est le radical de l'acide azoteux, $AzO^2H = AzO.OH$.

221. Préparation. — On prépare l'oxyde azotique de plusieurs façons :

1° *Par le cuivre et l'acide azotique*. On emploie le même appareil que pour l'hydrogène (60). On verse par le tube à entonnoir, dans le flacon contenant déjà la tournure de cuivre de l'acide du commerce étendu de la moitié de son volume d'eau (*fig.* 115). Il est bon de placer dans un vase rempli d'eau froide le flacon où le gaz se produit, car le dégagement de chaleur qui accompagne la réaction est assez grand pour décomposer une petite quantité d'oxyde azotique, avec production d'un peu d'oxyde azoteux dont il est impossible de le débarrasser, ce dernier gaz n'étant absorbé par aucun réactif connu. Le flacon s'emplit d'abord de *vapeurs rutilantes* dues à la fixation d'oxygène sur les premières portions de gaz azotique ; ces vapeurs se dissolvant dans le liquide, un vide partiel se produit, de l'air rentre par le tube à entonnoir, et il en est ainsi jusqu'au moment où l'atmosphère du flacon ne contient plus d'oxygène, ce qui arrive assez rapidement, puisque l'air qui s'introduit dans l'appareil n'y apporte qu'une quantité d'oxygène égale à $\frac{1}{5}$ de celle qui a disparu. Le gaz azotique se dégage alors ; il faut laisser perdre les premières

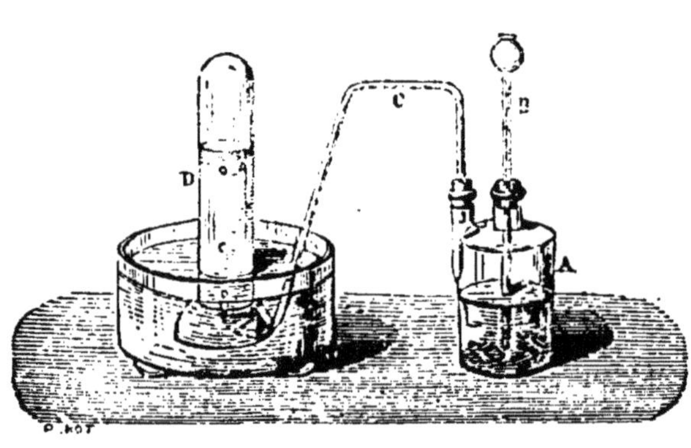

Fig. 115.
Préparation de l'oxyde azotique par le cuivre.

portions arrivant sur la cuve à eau, qui sont riches en azote. Le liquide, qui contient de l'anhydride azoteux dissous (bleu), du peroxyde d'azote dissous (brun) et de l'azotate de cuivre (bleu), est d'abord vert; sa coloration passe peu à peu au bleu franc.

La réaction est représentée par l'équation

$$3Cu + \underset{\text{Acide azotique.}}{8AzO^3H} = \underset{\text{Azotate de cuivre.}}{3[(AzO^3)^2Cu]} + 2AzO + 4H^2O \text{ (1).}$$

2° L'action de l'acide azotique sur une dissolution bouillante de sulfate ferreux donne de l'oxyde azotique très pur.

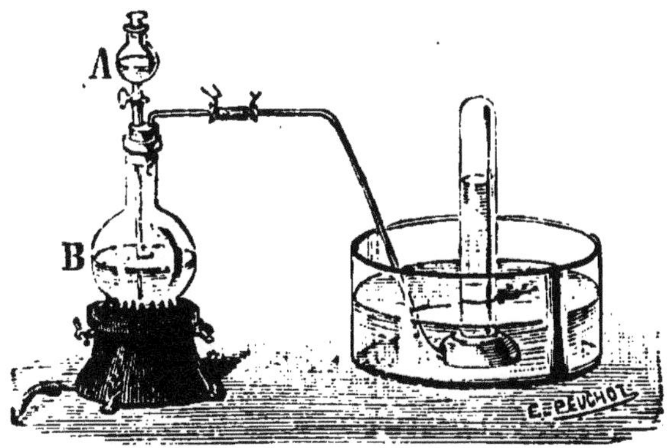

Fig. 116. — Préparation du bioxyde d'azote par le sulfate ferreux.

L'acide, placé dans l'ampoule A d'un *tube à brome* (*fig.* 116), tombe peu à peu dans la dissolution que contient le ballon B. Le gaz est recueilli sur la cuve à eau.

225. Composition. — On ne peut pas employer l'eudiomètre comme pour l'oxyde azoteux (221); l'analyse par le

(1) Voici à titre d'exercice, comment on peut calculer les coefficients de cette équation. La formation de H^2O exige la destruction de $2AzO^3H$, ce qui donne $2AzO$; restent O^3 qui doivent se retrouver dans l'eau formée, puisque la transformation de l'acide en azotate se fait par substitution simple de Cu à H^2. Or O^3 exigeront $3H^2$, c'est-à-dire la destruction de $6AzO^3H$, où $3H^2$ seront remplacés par 3Cu, donnant 3 $[(AzO^3)^2Cu]$; il faudra donc prendre en tout 8 molécules d'acide, et on aura $4H^2O$.

sulfure de baryum prête aux mêmes critiques qu'avec ce dernier gaz (214). Le meilleur moyen de déterminer la composition de l'oxyde azotique consiste à le faire passer sur du cuivre chauffé au rouge; on détermine l'augmentation de poids du cuivre, et on mesure le volume de l'azote qui se dégage.

On peut déduire de là, avec la plus grande facilité, la composition en poids ou la composition en volumes. Soit p le poids d'oxygène fixé par le cuivre; son volume, V à 0°,760^{mm}, est donné par l'équation

$$p = V \times 1,293 \times 1,1056.$$

Soit V' le volume de l'azote, sous la pression H, à la température t; à 0°,760^{mm}, ce volume deviendrait $\left(V_1 = V' \frac{H}{760} \times \frac{1}{1+\alpha t}\right)$, et le poids p' correspondant serait

$$p' = V_1 \times 1,293 \times 0,967.$$

La comparaison de p et de p' fait connaître la composition en poids, celle de V et V_1 la composition en volumes.

On reconnaît ainsi que le gaz est formé de volumes égaux d'azote et d'oxygène.

Or, 1 litre d'oxygène pèse.	1^{gr},293 × 1,1056
1 — d'azote pèse.	1^{gr},293 × 0,967
la somme	1^{gr},293 × 2,072

représente le poids de 2 litres d'oxyde azotique, car 2,0776 est le double de la densité de ce gaz. Il est donc formé sans condensation à partir de ses éléments. C'est ce qu'indique la formule AzO.

Historique

220. — Ce gaz a été recueilli pour la première fois par Hales (1677-1761), qui faisait réagir du cuivre sur l'acide nitrique. Mais Hales, dont le seul mérite est d'avoir perfectionné les appareils imaginés par Boyle pour recueillir les gaz, ne le distingua pas de l'air ordinaire. Il fut véritablement découvert par Priestley, qui le nomma *gaz nitreux*, reconnut son action sur l'air, et en proposa l'emploi pour éprouver la pureté de l'air (déterminer la quantité d'oxygène contenu dans l'air).

ACIDE AZOTEUX

$$AzO^2H = AzO.OH = 47.$$

227. — L'anhydride azoteux, Az^2O^3, est très instable. Au-dessous de 0°, il constitue un liquide bleu foncé, bouillant vers 0°; aux températures supérieures à la température ordinaire, sa vapeur est partiellement décomposée. Il est soluble dans l'eau, et sa dissolution, lorsqu'elle est suffisamment étendue, est assez stable; elle contient de l'acide azoteux AzO^2H; cet acide n'a pas été isolé à l'état de pureté.

On connaît un très grand nombre d'azotites. L'azotite d'ammonium $AzO^2(AzH^4)$ prend naissance par l'oxydation lente du phosphore à l'air humide; sa formation a probablement lieu à partir de l'azote et de l'eau (90), grâce à l'énergie développée par l'oxydation. Les pluies d'orage contiennent de l'azotite d'ammonium dont la formation est due à l'action de l'électricité atmosphérique.

228. — L'acide azoteux est un réducteur. Il décolore le permanganate de potassium. Cette réaction peut servir à déceler sa présence dans l'acide azotique, qui, lorsqu'il n'en contient pas, ne décolore pas le permanganate.

Comme il a lieu pour tous les acides monobasiques, une molécule d'anhydride, en fixant les éléments de l'eau, donne deux molécules d'acide.

$$Az^2O^3 + H^2O = 2(AzO^2H).$$

PEROXYDE D'AZOTE OU HYPOAZOTIDE

$$AzO^2 = 46.$$
2 volumes.

229. Propriétés physiques. — A la température ordinaire, le peroxyde d'azote est un liquide rouge très volatil, d'une odeur suffocante; sa couleur devient de moins en moins foncée à mesure que sa température s'abaisse. A — 9°, il se prend en une masse solide, transparente et incolore. Il bout à + 22°,5.

Densité de vapeur. La densité de sa vapeur, calculée d'après la formule, serait donnée (32) par l'équation

$$46 = 28,8 \times x$$

d'où $x = 1,59$. L'expérience donne les résultats suivants :

à	la densité est
26°,7	2,65
60°	2,08
90°	1,72
154,0	1,58
183,2	1,57

La densité, régulièrement décroissante, ne devient normale qu'à 150°. En même temps, la couleur devient de plus en plus foncée. Pour expliquer ces anomalies, on admet qu'à basse température la molécule de peroxyde est représentée par $Az^2O^4 = 92$. La chaleur dissocie progressivement cette molécule, le dédoublement n'étant complet qu'au-dessus de 150°.

Propriétés chimiques. — 230. La chaleur détruit le peroxyde d'azote, mais seulement au rouge vif. C'est le plus stable des oxydes de l'azote. Il se détruit en azote et oxygène. L'étincelle le décompose aussi, mais la décomposition n'est pas totale. Elle est limitée par la réaction inverse (46 *b*).

231. — Le peroxyde d'azote est un oxydant énergique. Il oxyde le soufre et le phosphore; il oxyde à froid l'anhydride sulfureux. Il se forme un corps nommé *disulfate de nitrosyle* $S^2O^7, Az^2O^2 = O < \begin{matrix} SO^2 - O.AzO \\ SO^2 - O.AzO. \end{matrix}$

$$2SO^2 + 4AzO^2 = S^2O^7(AzO)^2 + Az^2O^3.$$

232. *Action de l'eau.* — Quand on verse dans de l'eau refroidie à 0° du peroxyde d'azote liquide, la liqueur se sépare en deux couches : la couche supérieure, incolore, contient de l'acide azotique; l'autre, bleue, de l'acide azoteux.

$$2AzO^2 + H^2O = \underset{\text{Acide azoteux.}}{AzO^2H} + \underset{\text{Acide azotique.}}{AzO^3H}.$$

Les alcalis donnent lieu au même dédoublement.

$$2AzO^2 + \underset{\text{Potasse.}}{2(KOH)} = \underset{\text{Azotite de potassium.}}{AzO^2K} + \underset{\text{Azotate de potassium.}}{AzO^3K} + H^2O.$$

Si l'eau est en excès, et à la température ordinaire, on n'a que de l'acide azotique.

$$3AzO^2 + H^2O + Aq = 2(AzO^3H) + AzO + Aq.$$

233. Caractère chimique. — Le peroxyde d'azote pourrait être considéré comme formé par la réunion de deux anhydrides; le dédoublement qu'il éprouve sous l'action de l'eau et des alcalis semble donner raison à cette manière de voir.

$$4AzO^2 = \begin{cases} Az^2O^3 \\ Az^2O^5. \end{cases}$$

Quand il ne manifeste pas ses propriétés oxydantes, il fonctionne comme un radical univalent, et a reçu le nom d'*azotyle*. Il se combine directement au chlore pour former le *chlorure d'azotyle*, AzO^2Cl, liquide presque incolore, bouillant à +5°, qui est un *chlorure acide* (**117**). Le peroxyde d'azote est le radical de l'acide azotique, $AzO^3H = AzO^2.OH$. L'action de cet acide sur les carbures d'hydrogène donne naissance à des composés où le radical azotyle a remplacé l'hydrogène.

$$\underset{\text{Acide azotique.}}{AzO^2OH} + \underset{\text{Benzine.}}{C^6H^6} = \underset{\text{Nitrobenzine.}}{C^6H^5AzO^2} + H^2O.$$

234. Préparation. — 1° On tire le peroxyde d'azote de l'azotate de plomb.

$$(AzO^3)^2Pb = 2AzO^2 + PbO + O.$$

Le sel, bien desséché, est placé dans une cornue en verre vert, ou dans un tube de même matière, que l'on chauffe au

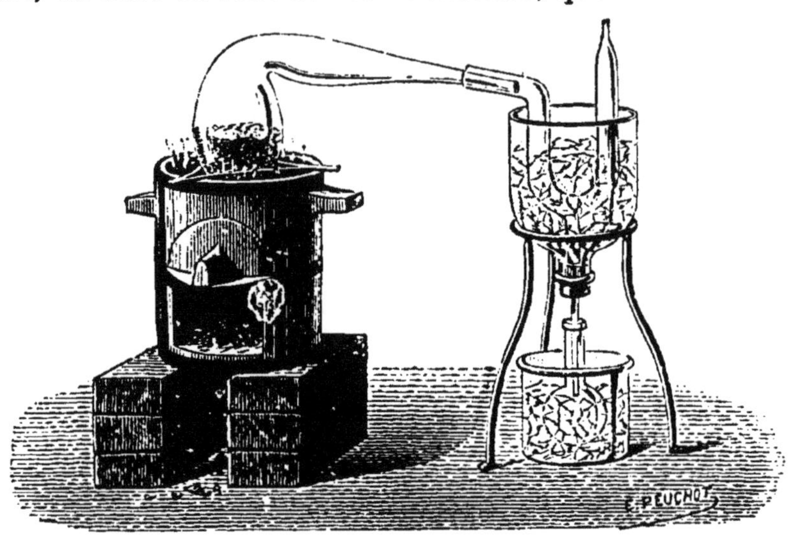

Fig. 117. — Préparation du peroxyde d'azote.

rouge (*fig.* 117); les vapeurs sont recueillies dans un matras refroidi, où elles se condensent. Pour que la condensation s'effectue bien, il faut que les vapeurs ne contiennent pas trace d'eau. Ce corps ne peut être conservé qu'en tube scellé.

2° On obtient le peroxyde d'azote à l'état de cristaux incolores en faisant arriver dans un mélange réfrigérant de l'oxyde azotique et de l'oxygène dans la proportion de 2 volumes du premier pour un du second.

$$AzO + O = AzO^2.$$

235. Circonstances de production. — Il se produit du peroxyde d'azote dans l'action de l'étincelle sur les mélanges d'azote et d'oxygène; la destruction des oxydes inférieurs et de l'acide azoteux, l'oxydation de l'oxyde azotique, la décomposition par la chaleur des azotates métalliques, en donnent aussi. On l'obtient mélangé à l'anhydride azoteux et à l'oxyde azotique, en attaquant le sucre et l'amidon par l'acide azotique. La réduction de cet acide en donne aussi dans la plupart des cas.

230. Composition. — On décompose par le cuivre un poids connu d'oxyde, on mesure le volume de l'azote obtenu, d'où on déduit le poids de cet azote. On a l'oxygène par différence.

On introduit le corps, à l'état liquide, dans une ampoule tarée (*fig.* 118); on ferme au chalumeau les deux pointes effilées du

Fig. 118. — Analyse du peroxyde d'azote.

tube sur lequel l'ampoule a été soufflée, et on la pèse; l'augmentation de poids donne le poids de peroxyde qui sera décomposé.

On relie alors l'ampoule à un long tube contenant du cuivre, terminé par un tube abducteur se rendant sur une cuve à mercure, et d'où on a chassé l'air par un courant d'acide carbonique. On brise la pointe *a* de l'ampoule, et on volatilise le peroxyde. Quand l'expérience est terminée, on fait passer un peu de potasse dissoute dans l'éprouvette où l'on recueille le gaz; un courant d'acide carbonique balaie l'appareil et entraine les dernières portions d'azote. Il ne reste plus qu'à mesurer le volume de ce gaz; on en déduit facilement son poids.

On trouve que, pour 14 d'azote, il y a 32 d'oxygène. En

divisant par les poids spécifiques, 1,257 pour l'azote et 1,430 pour l'oxygène, on arrive à 11,1 et 22,3, c'est-à-dire 1 volume d'azote pour 2 d'oxygène.

1 litre d'azote pèse.	$1^{gr},293 \times 0,967$
2 litres d'oxygène pèsent.	$1^{gr},293 \times 2,211$
la somme.	$1^{gr},293 \times 3,178$

représente le poids de 2 litres de peroxyde d'azote, en admettant pour densité de vapeur le nombre 1,59.

Donc, 2 volumes de peroxyde résultent de l'union de 1 volume d'azote et de 2 volumes d'oxygène, avec condensation du tiers.

ANHYDRIDE AZOTIQUE

$$Az^2O^5 = 118.$$
2 volumes.

237. — C'est un corps solide, cristallisé, fondant à $+29°$; point d'ébullition, 47°. Il se décompose spontanément et très lentement, en peroxyde d'azote et oxygène. Sa décomposition est accélérée par la lumière et une élévation de température. Il est très avide d'eau, et s'y dissout en faisant entendre un bruit strident. La dissolution contient de l'acide azotique.

$$Az^2O^5 + H^2O = 2(AzO^3H).$$

Il n'a aucune application.

Ce corps présente un très grand intérêt théorique. C'est le premier exemple connu d'un anhydride correspondant à un acide monobasique, et la possibilité d'un tel corps avait été niée.

Il a été préparé pour la première fois par Sainte-Claire Deville en 1849, au moyen de l'action du chlore sur l'azotate d'argent; la réaction commence à 95°, elle se continue ensuite à 60°.

$$2AzO^3Ag + 2Cl = 2ClAg + Az^2O^5 + O.$$

On peut encore l'obtenir en appliquant un procédé imaginé par Gerhardt (1816-1856) pour la préparation des anhydrides des acides organiques. On fait agir sur le sel d'argent le chlorure acide correspondant à l'anhydride que l'on veut obtenir. Dans le cas actuel, ce chlorure acide est le chlorure d'azotyle AzO^2Cl.

$$AzO^2.OAg + AzO^2Cl = \begin{matrix} AzO^2 \\ AzO^2 \end{matrix} > O + ClAg.$$

ACIDE AZOTIQUE OU NITRIQUE

$$AzO^3H = AzO^2.OH = 63.$$

238. Propriétés physiques. — L'acide azotique est un liquide incolore quand il est pur; il se solidifie à — 50°, et bout à 86°. A 20°, sa densité est 1,54. Il fume à l'air, parce que sa vapeur forme avec la vapeur d'eau de l'air des hydrates dont la tension de vapeur est faible, et qui se condensent. Il peut être conservé dans l'obscurité, mais la lumière le décompose; la destruction, lente à la lumière diffuse, s'accélère sous l'action des rayons solaires.

$$2(AzO^3H) = 2AzO^2 + H^2O + O.$$

Le peroxyde d'azote formé, se dissolvant dans le liquide, le colore en rouge. Il ne peut être distillé sans se décomposer partiellement; on recueille un liquide plus dilué que celui qu'on a fait bouillir.

239. Hydrates de l'acide azotique. — Quand on distille de l'acide azotique, le point d'ébullition, qui au début est 86°, s'élève peu à peu jusqu'à une température comprise entre 121 et 128° suivant la valeur de la pression extérieure; la température et la composition du liquide qui distille restent constantes tant que cette pression reste elle-même constante. Si on distille un acide très étendu, le point d'ébullition, d'abord peu supérieur à 100°, s'élève peu à peu et, sous les mêmes conditions de pression que dans le premier cas, se fixe au même point. Sous la pression normale le point d'ébullition est 123°, et le liquide qui distille a une composition voisine de 68 p. 100 d'acide AzO^3H et

32 p. 100 d'eau; avec 70 p. 100 d'acide, la composition serait représentée par $2 AzO^3H, 3H^2O$.

On a longtemps admis l'existence d'un hydrate répondant à cette formule (acide *quadrihydraté :* $Az^2O^5 + 4H^2O$). Mais cet hydrate, s'il existe réellement dans le liquide, s'y trouve sans doute à l'état de mélange avec d'autres hydrates, ou avec un excès d'eau, car les phénomènes que présente la distillation de l'acide azotique sont identiques à ceux que l'on observe dans la distillation d'un mélange de liquides inégalement volatils; celui qui distille est le mélange dont la tension de vapeur est égale à la pression extérieure.

Quand on fait passer un courant d'air sec dans de l'acide azotique maintenu à 13°, on obtient un liquide renfermant 64 p. 100 d'acide AzO^3H, et qui peut être volatilisé sans décomposition; sa composition est à peu près invariable entre 13° et 60°. Elle correspond à la formule $AzO^3H, 2H^2O$.

L'acide ordinaire du commerce marque 36° à l'aréomètre Baumé; il correspond à peu près à la formule $AzO^3H, 3H^2O$. Ce n'est pas un hydrate défini.

Propriétés chimiques. — Les propriétés chimiques

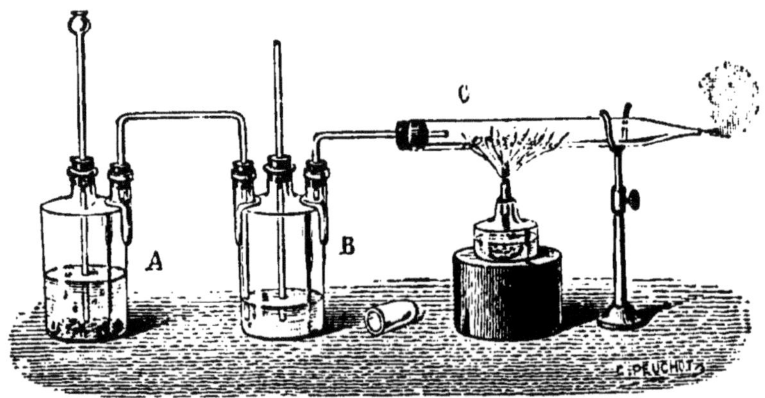

Fig. 119. — Réduction de l'acide azotique par l'hydrogène en présence de la mousse de platine.

des hydrates sont celles mêmes de l'acide azotique, avec une énergie plus ou moins grande suivant la quantité d'eau qu'ils contiennent.

L'acide azotique se comporte dans toutes ses réactions, comme un oxydant énergique. Il attaque presque tous les corps simples.

240. *Hydrogène.* — Si on fait passer dans un tube chauffé un courant d'hydrogène qui a barboté dans un flacon contenant de l'acide azotique étendu, cet acide est réduit, on obtient de l'azote.

$$2AzO^3H + 5H^2 = Az^2 + 6H^2O.$$

Si le tube contient de la mousse de platine, il se forme du gaz ammoniac, comme on s'en assure en présentant du papier de tournesol rouge au jet de vapeur qui s'échappe de l'extrémité effilée du tube C (*fig.* 112).

$$AzO^3H + 4H^2 = \underset{\text{Gaz ammoniac.}}{AzH^3} + 3H^2O.$$

241. *Métalloïdes.* — Le soufre, le phosphore, sont oxydés et, en présence de l'eau, transformés en acides sulfurique et phosphorique. Le charbon de bois en poudre, chauffé au voisinage du rouge, s'enflamme quand on verse sur lui de l'acide concentré; il se produit des torrents de vapeurs rutilantes. Pour faire l'expérience sans danger, on laisse tomber l'acide au moyen d'une pipette dans le têt contenant le charbon, et qui est posé sur une couche de sable dans un vase cylindrique profond (*fig.* 120).

Fig. 120. — Combustion du charbon par l'acide azotique.

242. *Métaux.* — Ils sont tous attaqués, sauf l'or et le platine. Cette attaque ne donne jamais d'hydrogène; l'action du métal consiste dans une réduction plus ou moins profonde de l'acide azotique, qui se distingue nettement par là des autres acides. Le degré de réduction qu'il subit dépend de l'oxydabilité du métal.

Le potassium fournit de l'azote. La réaction est d'une violence extrême.

$$6AzO^3H + 5K = \underbrace{5AzO^3K}_{\text{Azotate de potassium.}} + Az + 3H^2O.$$

Le zinc donne un mélange d'oxydes azoteux et azotique, où le premier domine; il peut même donner de l'azote.

$$10(AzO^3H) + 4Zn = 4(AzO^3)^2Zn_{II} + Az^2O + 5H^2O.$$

L'étain est transformé en acide *métastannique*,

$$Sn^5O^{11}H^2,4H^2O.$$

Ces métaux sont les seuls qu'attaque l'acide au maximum de concentration. Les azotates des métaux moins oxydables qu'eux étant insolubles dans l'acide azotique concentré, l'attaque s'arrête de suite ; la solubilité des azotates dans l'acide étendu permet au contraire à ce dernier de dissoudre les métaux tels que le cuivre, le mercure. L'attaque est très vive, par exemple, avec le cuivre et l'acide étendu de la moitié de son volume d'eau. Il se forme de l'oxyde azotique (224).

$$3Cu + 8AzO^3H = 3[(AzO^3)^2Cu] + 2AzO + 4H^2O.$$

Le fer, le nickel et le cobalt donnent lieu à des phénomènes particuliers. Le fer dans l'acide concentré ne paraît pas attaqué; bien plus, du fer qui a été plongé dans l'acide concentré n'est pas attaqué dans l'acide étendu, bien que d'ordinaire ce dernier le dissolve rapidement. On dit qu'il est devenu *passif*. La passivité cesse si on porte le fer passif dans le vide, avant de l'amener dans l'acide étendu, ou si, après l'avoir plongé dans cet acide, on le frotte avec un fil de cuivre, et on fait arriver en contact avec lui une bulle d'air. Le fer, au contact de l'acide concentré, se recouvre d'une couche très adhérente d'oxyde azotique; si on fait disparaître cette couche, l'attaque par l'acide étendu peut avoir lieu. La passivité peut être déterminée par un séjour prolongé dans l'oxyde azotique à une pression convenable (Varenne). En réalité, l'acide concentré attaque le fer, mais très lentement et sans dégagement gazeux.

243. — L'acide azotique oxyde un assez grand nombre de corps composés, notamment l'anhydride sulfureux, les sels ferreux; il se produit de l'oxyde azotique (224).

Il exerce sur les matières organiques des actions remarquables.

1° Formation de sels avec les *alcalis organiques*, tels que l'*aniline* par exemple.

2° Oxydation, souvent accompagnée d'une destruction de la substance; c'est ce qui a lieu pour la peau, l'indigo, les plumes, les étoffes.

3° Substitutions régulières dans lesquelles le radical azotyle AzO^2 prend la place d'un atome d'hydrogène, la substitution pouvant porter sur plusieurs atomes, remplacés chacun par un azotyle.

Exemple : nitrobenzine $C^6H^5AzO^2$ (233).

244. Fonction chimique. — L'acide azotique est monobasique. Il donne avec les métaux une seule série de sels.

Les azotates des métaux monovalents répondent à la formule AzO^3R, où R représente un métal monovalent, ceux des métaux divalents à la formule $(AzO^3)^2R_{II}$; on les appelle azotates *neutres*. Il existe des azotates dits *basiques*, qui doivent être considérés comme des combinaisons d'azotates neutres avec des oxydes.

Outre ce caractère d'acide monobasique, l'acide azotique est un oxydant énergique. Les azotates possèdent aussi des propriétés oxydantes.

245. Préparation. — Dans les laboratoires on prépare l'acide azotique en attaquant l'azotate de potassium ou salpêtre par l'acide sulfurique.

$$AzO^3K + SO^4H^2 = AzO^3H + \underset{\text{Sulfate monopotassique.}}{SO^4HK.}$$

On introduit dans une cornue A poids égaux d'acide et de sel (*fig.* 121). On verse l'acide sur le sel au moyen d'un tube à entonnoir, afin d'éviter de mouiller le col de la cornue; si des gouttes d'acide sulfurique se trouvaient déposées sur le col, les vapeurs d'acide azotique les entraîneraient, et le produit recueilli serait impur. On engage le col de la cornue dans le col d'un ballon B plongé dans l'eau froide, et on chauffe. La réaction commence à froid, mais s'arrête grâce à

Fig. 121. — Préparation de l'acide azotique.

la formation d'un équilibre entre les quatre corps; lorsqu'on chauffe, l'acide azotique, volatil, s'échappe, et l'équilibre est détruit; la réaction continue tant qu'il reste de l'azotate non décomposé. Au début, la cornue s'emplit de vapeurs rutilantes; l'acide sulfurique déshydrate les premières portions d'acide azotique mises en liberté, et l'anhydride se détruit en oxygène et peroxyde d'azote. Bientôt cette déshydratation cesse de se produire, et les vapeurs rouges disparaissent. Elles réapparaissent vers la fin de l'opération; on doit en effet élever la température assez fortement pour décomposer les dernières portions d'azotate, et l'acide azotique se décompose partiellement. La réapparition des vapeurs rouges est le signe de la fin de la réaction. L'acide ainsi obtenu est concentré, si l'azotate de potassium est bien sec, et si on a pris de l'acide sulfurique concentré. Il est assez pur, l'azotate de potassium étant cristallisé.

Quand on veut un acide moins concentré, on peut substituer à l'azotate de potassium l'azotate de sodium que l'on trouve, en masses considérables, au Pérou et au Chili. Mais ce produit contient souvent d'assez grandes quantités de chlorures qui, avec l'acide sulfurique, donnent de l'acide chlorhydrique (128); cet acide, réagissant sur l'acide azotique, donne alors des vapeurs vertes (cette couleur est due au chlore) qui persistent pendant toute l'opération. Leur production est un indice de l'impureté de l'azotate employé.

Industrie. — 246. L'industrie prépare, sous le nom d'acide azotique, plusieurs produits différents.

Acide fumant. — C'est de l'acide AzO^3H associé à une faible quantité d'eau. Il est souvent coloré en rouge par du peroxyde d'azote, qui se forme quand la température s'élève trop, et se dissout dans l'acide. Si on ménage l'action de la chaleur, on a un produit peu coloré, mais contenant de l'eau qu'on enlève en le distillant avec 3 fois son poids d'acide sulfurique, à une température inférieure à 130°. Cet acide est préparé au moyen de l'azotate de potassium et de l'acide sulfurique à 60°.

Acide ordinaire. — Sa composition varie entre $2AzO^3H, 3H^2O$ (43° Baumé) et $AzO^3H, 3H^2O$ (36° Baumé). On le prépare avec le nitrate du Pérou et de l'acide sulfurique à 60° Baumé. L'emploi du sel de sodium est avantageux d'abord à cause de son prix peu élevé, et aussi parce que le poids atomique du sodium étant inférieur à celui du potassium, un poids donné d'azotate de sodium donne plus d'acide que le même poids de sel de potassium (1). Mais il est nécessaire de purifier le produit obtenu.

On opère dans des marmites en fonte, placées dans des fourneaux; on y introduit d'abord le sel, puis l'acide, et on lute les ouvertures. Les vapeurs acides sont condensées dans une batterie de bonbonnes contenant de l'eau; les plus voisines du fourneau contiennent, à la fin de l'opération, un acide concentré; les dernières, un acide étendu; on mélange les divers liquides obtenus; l'acide ainsi préparé est toujours un peu coloré par des vapeurs nitreuses.

On peut préparer directement de l'acide blanc (exempt de vapeurs nitreuses) en déterminant, au moyen d'un tirage, un appel d'air qui se mélange aux vapeurs acides et oxyde les composés nitreux. Les gaz mélangés d'air s'échappent du fourneau par une

(1) Ainsi 85 kilogrammes d'azotate de sodium pur donnent le même poids d'acide que 101 kilogrammes d'azotate de potassium; avec de l'azotate de sodium impur à 95 pour 100 d'azotate, il faudrait 89 kilogrammes environ.

longue conduite en poterie de grès, dans laquelle ils se refroidissent (*fig.* 122). Ils traversent une série de bonbonnes disposées en gradins, et gagnent la cheminée d'appel à travers une tour T remplie de coke et qui reçoit à sa partie supérieure un courant d'eau pure; cette eau, de plus en plus chargée d'acide, descend d'une bonbonne

Fig. 122. — Préparation industrielle de l'acide azotique.
—➤— trajet des gaz; ---➤— trajet de l'eau.

à l'autre au moyen de siphons, et de A s'écoule constamment un acide marquant 36° à l'aréomètre Baumé. La condensation des vapeurs est complète, les gaz les plus chargés d'acide rencontrant de l'eau déjà presque saturée, et les plus pauvres en acide rencontrant de l'eau presque pure dont le pouvoir dissolvant est entier.

247. *Purification.* — Les impuretés de l'acide obtenu au moyen du nitrate de sodium consistent en vapeurs nitreuses, acide sulfurique entraîné, chlore et acide chlorhydrique dus aux chlorures que contient le nitrate employé (qui doit avoir été analysé avant l'emploi; on rejette celui qui contient plus de 10 pour 100 d'impuretés). On précipite le chlore et l'acide chlorhydrique par l'azotate d'argent, qui donne du chlorure d'argent insoluble.

L'acide sulfurique est précipité par l'azotate de baryum, les produits nitreux sont oxydés par le dichromate de potassium; il se produit du sesquioxyde de chrome, insoluble.

Le procédé de purification le plus simple consiste à débarrasser d'acide chlorhydrique l'acide brut, et à le rectifier sur du salpêtre; on met à part les premières portions recueillies, qui contiennent tout le chlore.

248. Etat naturel et circonstances de production. — Les pluies d'orage contiennent de l'azotate d'ammonium. Le salpêtre ou azotate de calcium se rencontre souvent sur les murs des caves, des écuries, des lieux humides. On trouve au Chili et au Pérou des bancs considérables de nitrate de sodium, mélangés de chlorures, et de petites quantités d'iodures et d'iodates.

L'étincelle électrique, jaillissant dans un mélange d'oxygène et d'azote, en présence de l'eau ou des bases, donne de l'acide azotique ou des azotates. L'oxydation de l'ammoniaque et des matières organiques azotées en fournit également. Cette oxydation se fait par l'intermédiaire d'un ferment organisé, nommé *ferment nitrique* par M. Schlœsing, auquel on doit des travaux très importants sur cette question. Le ferment fixe l'oxygène de l'air sur l'ammoniaque résultant de la putréfaction des matières organiques. Le ferment nitrique est très abondant dans le terreau; il existe dans presque tous les sols, dans les eaux d'égout, qu'il contribue à purifier; on le trouve dans toutes les eaux courantes, près du fond. Sa présence dans l'eau d'égout, notamment, est manifestée par ce fait qu'il se forme des nitrates quand on la fait passer à travers une longue colonne de sable et de calcaire.

249. Composition. — Elle a été déterminée par Gay-Lussac en 1816. Il a fait passer dans une cloche, sur la cuve à eau, 5 volumes d'oxygène et 4 d'oxyde azotique; il obtint comme résidu 2 volumes d'oxygène; l'eau contenait de l'acide azotique exempt de produits nitreux. L'anhydride est donc formé par l'union de 3 volumes d'oxygène et 4 d'oxyde azotique, ce qui, d'après la composition de ce gaz (225), donne 5 volumes d'oxygène et 2 d'azote. La formule correspondante est Az^2O^5.

250. Usages. — Les usages de l'acide azotique sont très nombreux. Dans les arts, il est employé au décapage des métaux. Sous le nom d'eau-forte, il est utilisé dans la gravure. Il sert à préparer les azotates métalliques, à transformer l'acide sulfureux en acide sulfurique; l'acide fumant est une des matières premières de l'industrie des couleurs d'aniline. Dans les laboratoires l'acide nitrique est constamment employé, soit comme oxydant, soit comme dissolvant pour l'analyse chimique.

Historique

251. — L'acide azotique a été signalé pour la première fois par l'Arabe Géber (huitième siècle), qui l'obtenait en distillant un mélange de vitriol bleu (sulfate de cuivre), salpêtre (azotate de potassium) et alun; le produit obtenu, mêlé au sel ammoniac (chlorure d'ammonium), donne, d'après Geber, une liqueur capable de dissoudre l'or (252). — Albert le Grand (1193-1280), théologien et alchimiste, préparait, vers 1220, l'acide nitrique, appelé alors *eau-forte*, par la distillation du mélange de vitriol vert (sulfate ferreux), salpêtre et alun. Il indiqua la dissolution de l'argent par le produit obtenu, la résistance de l'or, et la réaction du mélange d'eau-forte et de sel ammoniac. — Raymond Lulle (1235-1315) contribua à faire connaître ses propriétés; mais c'est Cavendish qui, en 1784, détermina le premier nettement sa nature.

Un mélange de 7 volumes d'oxygène et de 3 d'azote était placé dans un tube en V reposant dans deux godets contenant du mercure (*fig.* 123). Un des godets était mis en relation avec une machine électrique, l'autre avec le sol. De l'eau de chaux était placée au-dessus du mercure dans les deux branches du tube. — Un grand nombre d'étincelles électriques, jaillissant dans le gaz, déterminèrent une diminution de volume. L'eau de chaux, à la fin de l'expérience, s'était partiellement transformée, et contenait de l'azotate de calcium. Cette mémorable expérience constitue une synthèse qualitative de l'azotate de calcium, et par conséquent de l'acide azotique. Gay-Lussac effectua la synthèse quantitative (249).

Fig. 123. — Composition de l'acide azotique.

EAU RÉGALE

252. — Les alchimistes ont donné ce nom, qui est resté, au mélange d'acide chlorhydrique et d'acide azotique. Ce mélange est en effet capable de dissoudre l'or (le *roi* des métaux), qui résiste à l'action des acides isolés.

On fait à ce sujet l'expérience suivante. On introduit une feuille d'or dans deux petits ballons, puis on ajoute dans l'un de l'acide chlorhydrique, dans l'autre de l'acide azotique ; le métal n'est pas attaqué, même si on fait bouillir. Mais le mélange des deux acides chauds donne lieu à une attaque immédiate; l'atmosphère du ballon se colore en rouge orangé; l'or disparaît rapidement, et la liqueur devient jaune foncé; elle contient du chlorure d'or. La réaction des deux acides donne du chlore, qui dissout l'or, et du *chlorure de nitrosyle* AzOCl dont les vapeurs se dissolvent à la fois dans le liquide et dans l'atmosphère du ballon.

La propriété de l'acide azotique de dissoudre l'or quand on lui ajoute du sel ammoniac est connue depuis fort longtemps (236).

On emploie l'eau régale pour dissoudre l'or et le platine.

GAZ AMMONIAC

$AzH^3 = 17$.

2 volumes.

253. Propriétés physiques. — Gaz incolore, d'une odeur suffocante, d'une saveur caustique; densité : 0,591. Poids du litre : $1^{gr},293 \times 0,591 = 0,764$.

Changements d'état. — Température critique, $+131°$; pression critique, 113 atmosphères; point d'ébullition sous la pression normale, $-38°,2$.

La force élastique de la vapeur saturante du gaz liquéfié est d'après Bunsen,

$4^{at},8$ à 0°
$6^{at},5$ à 10°
$7^{at},6$ à 15°.

La liquéfaction du gaz ammoniac a été réalisée pour la

première fois par Bussy en 1821. Faraday l'a liquéfié également, au moyen du procédé général déjà indiqué (111).

Dans l'une des branches du tube en V on met du chlorure d'argent ammoniacal, qui, en se dissociant, dégage de grandes quantités de gaz. Il suffira de chauffer ce composé à une température telle que la tension de dissociation correspondante soit supérieure à la tension maxima de la vapeur du gaz liquéfié à la température de la branche refroidie. Les composés qui se dissocient sont au nombre de deux;

Fig. 124. — Appareil Carré pour la fabrication de la glace.

AgCl, $3AzH^3$, et 2AgCl, $3AzH^3$. La branche refroidie étant maintenue à 13°,5, il suffit de chauffer à 56° le premier composé et à 103° le second pour réaliser les conditions précitées.

L'évaporation rapide du gaz ammoniac liquéfié détermine un notable abaissement de température, que l'on utilise pour

(1) La chaleur de vaporisation est 4c,14 pour 17 grammes; la vaporisation de 1 gramme de AzH^3 peut abaisser de 24° environ la température de 10 grammes d'eau.

produire industriellement la glace et refroidir (par contact avec des solutions salines amenées au-dessous de 0°) l'air envoyé dans certains locaux (caves de brasserie, p. ex.). Nous mentionnerons, à titre de curiosité, l'appareil de laboratoire suivant, imaginé par M. F. Carré (*fig.* 117). On produit le gaz ammoniac en faisant bouillir la dissolution commerciale; le gaz va se condenser dans les augets contenus dans l'espace ménagé entre deux troncs de cône en tôle mince C; dans l'espace central est l'eau à congeler, et toute cette partie de l'appareil plonge dans de l'eau froide. Quand la température du thermomètre *a* marque 130°, l'opération est terminée; on refroidit alors le cylindre A qu'on vient de chauffer, et on laisse l'autre partie se réchauffer : le liquide se volatilise; le gaz, forçant une soupape, vient se redissoudre dans l'eau du cylindre, tandis que l'eau placée dans la partie *c* se congèle.

254. Action de l'eau. — A 0°, l'eau absorbe plus de 1000 fois son volume de gaz ammoniac. Cette avidité considérable peut être montrée par les expériences suivantes

1° Une éprouvette qu'on a remplie sur la cuve à mercure de gaz ammoniac bien pur se brise en général quand on la soulève sur la cuve à eau (*fig.* 125), à cause de la violence avec laquelle l'eau se précipite dans l'éprouvette, dès qu'elle arrive au contact du gaz.

Fig. 125.
Solubilité du gaz ammoniac.

2° Le flacon A (*fig.* 126) contient du gaz ammoniac. Quand on brise sous l'eau de la cuve B la pointe du tube, un jet d'eau se précipite dans le flacon; si on a coloré en rouge par la teinture de tournesol rougie l'eau de la cuve, on voit cette eau retomber bleue dans le flacon, ce qui montre les propriétés basiques de la dissolution de gaz ammoniac. Cette dissolution porte le nom d'*ammoniaque*.

Le coefficient de solubilité diminue quand la température s'élève. A 0°, il est égal à 1049; à 24°, il est réduit à 599; à 70°, il ne reste presque plus de gaz dissous.

La dissolution ne suit pas la loi de Henry ; à température constante, le poids de gaz dissous n'est pas proportionnel à la pression finale. Il n'y a pas simplement dissolution, en effet, mais combinaison. La liqueur contient des hydrates

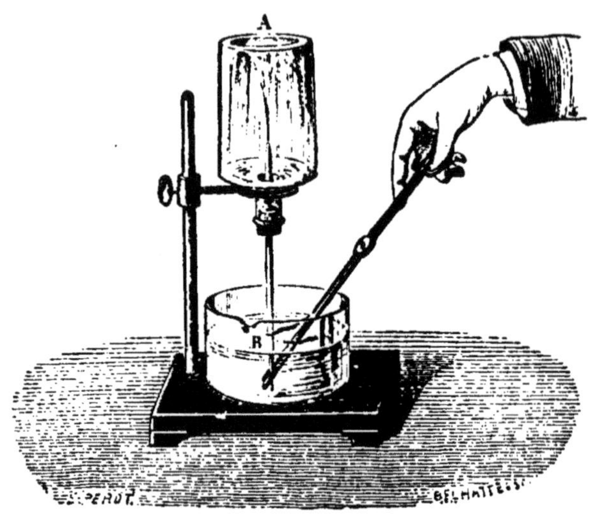

Fig. 126. — Solubilité du gaz ammoniac.

instables, qui se dissocient sous l'influence d'un abaissement de pression ou d'une élévation de température (1). La dissolution, saturée à froid, peut laisser cristalliser le corps AzH^3,H^2O.

Propriétés chimiques. — 255. *Chaleur.* — Le gaz est presque complètement détruit quand on le fait passer dans un tube rempli de fragments de porcelaine et chauffé au rouge vif (*fig.* 127). En présence de certains métaux, tels que le fer, la décomposition est plus facile ; la structure du fer est modifiée, ce qui indique peut-être la formation d'un azoture de fer, qui se détruirait ensuite. Le gaz AzH^3 est un corps exothermique, formé avec un dégagement

(1) Un seul hydrate défini aurait, à température constante, une tension de dissociation déterminée. Or, si on enlève du gaz sans faire varier la température, la pression ne reprend pas la valeur initiale ; elle se fixe à une valeur inférieure ; on a donc affaire à un autre composé.

de + 12,2 calories. Sa destruction par la chaleur est une dissociation ; elle est limitée.

Fig. 127. — Décomposition de l'ammoniaque par la chaleur.

Électricité. — L'étincelle électrique (une série d'étincelles d'induction) détruit presque complètement le gaz ammoniac ; la limite de la réaction est la même que dans le cas de la chaleur ; la présence de gaz non détruit est manifestée par les fumées que répand une bulle d'acide chlorhydrique introduite dans le tube à la fin de l'expérience (258).

L'effluve donne une destruction moins avancée ; 3 p. 100 environ du gaz restent inaltérés.

256. *Action de l'oxygène.* — Le gaz ammoniac peut brûler dans l'oxygène.

$$2AzH^3 + O^3 = 2Az \text{ gaz} + 3H^2O \text{ liq.}$$

La réaction dégage 182,6 calories, dans les conditions indiquées, soit 91,3 pour chaque molécule de gaz brûlé.

On peut réaliser cette combustion soit en enflammant dans l'oxygène un jet de gaz ammoniac sec, soit en employant l'appareil représenté par la figure 128.

On allume le gaz AzH^3 à l'extrémité du tube *t* lorsque le manchon M est plein d'oxygène.

Un mélange de 4 volumes de gaz ammoniac et de 3 d'oxygène détone violemment au contact d'un corps enflammé, ou par l'étincelle. La réaction donne de l'azote et de l'eau; si l'un des gaz est en excès, il y a en outre du peroxyde d'azote ou de l'azotate d'ammonium.

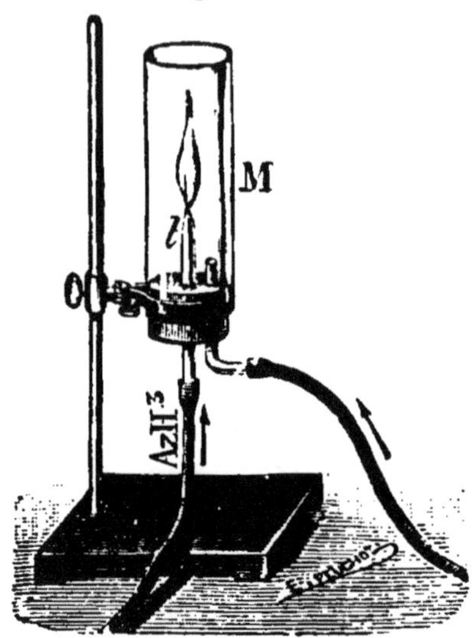

Fig. 128.
Combustion de AzH dans l'oxygène.

L'oxydation peut être plus complète en présence du platine.

1° Si l'on suspend au-dessus et presque au contact d'une solution ammoniacale à 20 pour 100 (densité : 0,925) chauffée légèrement par une lampe à alcool et traversée par un courant d'oxygène, une spirale de platine rouge (*fig.* 129), elle se maintient incandescente, et des fumées blanches d'azotite d'ammonium apparaissent. Elles sont dues à l'union de l'azote et de l'eau à la faveur de l'énergie mise en liberté par l'oxydation du gaz ammoniac entraîné par l'oxygène.

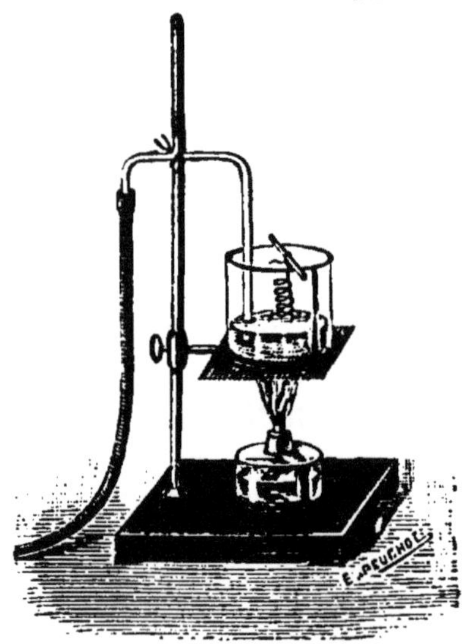

Fig. 129. — Lampe sans flamme.

Le courant gazeux n'est même pas nécessaire pour maintenir l'incandescence ; l'oxygène atmosphérique suffit.

2° Si l'on fait passer sur de la mousse de platine chauffée un courant chargé de vapeurs ammoniacales, il se forme de l'acide azotique.

$$AzH^3 + 2O^2 = AzO^3H + H^2O.$$

257. *Action du chlore.* — Le gaz ammoniac prend feu dans le chlore (*fig.* 130), et y brûle avec une flamme blanche en répandant d'épaisses fumées de chlorure d'ammonium.

$$4AzH^3 + 3Cl = \underset{\text{Chlorure d'ammonium.}}{3(ClAzH^4)} + Az$$

On peut montrer d'une autre manière le dégagement d'azote : on remplit aux $\frac{9}{10}$ d'une solution de chlore un tube de 1 mètre de longueur environ fermé à une de ses extrémités; on achève de remplir avec de l'ammoniaque, on bouche avec le doigt, on retourne le tube et on le dresse sur

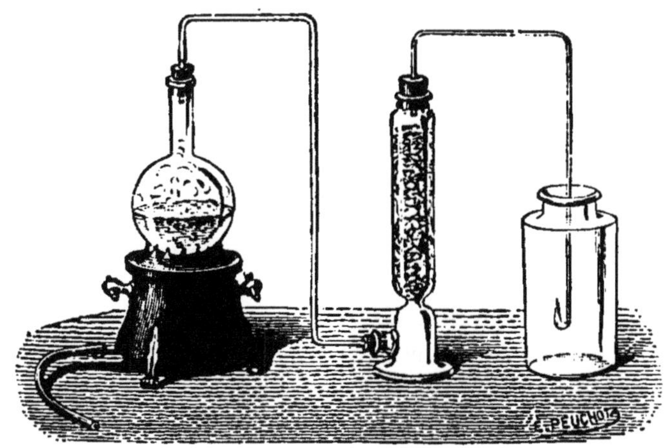

Fig. 130. — Combustion du gaz ammoniac dans le chlore.

une cuve à eau. Les deux solutions se mélangent, et l'azote qui se dégage gagne le haut du tube. A cause de la grande solubilité du gaz ammoniac, l'ammoniaque est toujours en excès dans cette expérience. Cela est nécessaire, car le chlore, réagissant sur le chlorure d'ammonium, donne du chlorure d'azote $AzCl^3$, liquide oléagineux extrêmement dangereux, qui détone fortement par une élévation de température.

$$ClAzH^4 + 6Cl = 4ClH + AzCl^3.$$

Le charbon attaque le gaz ammoniac; il se forme du *cyanure d'ammonium* et de l'hydrogène.

$$2AzH^3 + C = CAz(AzH^4) + H^2.$$

On fait l'expérience en envoyant un courant de gaz ammoniac dans un tube contenant du charbon de bois, et chauffé au rouge; le cyanure d'ammonium est condensé dans un tube en U refroidi au-dessous de zéro (1).

Les métaux alcalins peuvent se substituer à l'hydrogène du gaz ammoniac; en chauffant du potassium dans le gaz ammoniac, on observe un dégagement d'hydrogène, en même temps qu'il se forme un corps vert olive, l'amidure de potassium AzH^2K (2); cet amidure, traité par l'eau, reproduit le gaz ammoniac.

$$AzH^2K + H^2O = AzH^3 + KHO.$$

Si on chauffe l'amidure, il se dédouble en donnant un azoture.

$$3(AzH^2K) = AzK^3 + 2AzH^3.$$

L'azoture lui-même, à température plus élevée, se détruit en azote et métal.

Le cuivre attaque l'ammoniaque; la dissolution ammoniacale, filtrée lentement sur la tournure de cuivre, bleuit en absorbant l'oxygène de l'air. Il se forme dans cette action une certaine quantité d'azotite d'ammonium.

258. Fonction chimique. — Le gaz ammoniac bleuit le papier de tournesol rougi: il se combine par *addition* avec les acides pour former des sels. Si on met à côté l'un de l'autre deux verres contenant des dissolutions de gaz ammoniac et d'acide chlorhydrique, on voit apparaître des fumées blanches de chlorure d'ammonium qui résultent de l'union des deux gaz à volumes égaux.

$$AzH^3 + HCl = Cl(AzH^4).$$

De même le gaz ammoniac est absorbé par l'acide azotique.

$$AzH^3 + AzO^3H = AzO^3AzH^4.$$

(1) Le cyanure d'ammonium, qui bout à 36°, est très vénéneux.

(2) Cet amidure peut être considéré comme une combinaison de potassium avec un radical hypothétique, AzH^2, qui a reçu le nom d'*amidogène*.

Cette propriété, de donner avec les acides des composés d'addition, caractérise les corps que l'on appelle des *alcalis*.

La dissolution ammoniacale bleuit le tournesol. C'est une base assez énergique; elle donne des doubles décompositions avec les acides; ses sels ont la plus grande analogie avec ceux des métaux alcalins, avec lesquels ils sont souvent isomorphes. Pour rendre compte de cette analogie et l'exprimer dans les formules, Ampère proposa en 1816 d'admettre l'existence d'un radical hypothétique, l'*ammonium* AzH^4 ou Am; ce radical jouerait le rôle d'un métal univalent, et se dédoublerait en AzH^3 et H dans toutes les réactions où il tend à être mis en liberté. Les sels ammoniacaux sont dès lors des sels d'ammonium, formés comme les autres sels, et représentés par des formules semblables. Exemples :

	de potassium.	d'ammonium.
AzO^3H Acide azotique.	AzO^3K Azotate	AzO^3AzH^4 ou AzO^3Am Azotate
SO^4H^2 Acide sulfurique.	SO^4K^2 Sulfate	$SO^4(AzH^4)^2$ ou SO^4Am^2 Sulfate
ClH Acide chlorhydrique.	ClK Chlorure	$ClAzH^4$ ou $ClAm$ Chlorure

On peut faire cristalliser le composé AzH^3, H^2O (254). D'après ce qui précède, ce corps ne serait autre chose que l'hydrate d'ammonium, AzH^4OH, formé, par l'union de l'ammonium et de l'oxhydryle, comme l'hydrate de potassium KOH par le potassium et l'oxhydryle. C'est cet hydrate qui donnerait avec les acides les doubles décompositions indiquées.

$$AzH^4.OH + ClH = ClAzH^4 + H^2O,$$

$$2(AzH^4OH) + SO^4H^2 = SO^4(AzH^4)^2 + 2H^2O.$$

L'ammonium n'a jamais été préparé jusqu'à présent, mais on considère généralement comme un amalgame (1) de ce radical le corps terne et spongieux que Berzélius a préparé le premier en versant une solution de chlorure d'ammonium sur de l'amalgame de sodium.

(1) On appelle *amalgames* les alliages du mercure avec les métaux.

Ce corps abandonné à lui-même dégage, en effet, de l'hydrogène et du gaz ammoniac, en laissant comme résidu du mercure.

Le gaz ammoniac peut recevoir des substitutions très remarquables et qui conduisent aux *alcalis organiques*, *ammoniaques composées*, ou *amines*; dans ces corps un ou plusieurs *radicaux hydrocarbonés* monovalents sont substitués à l'hydrogène de AzH^3. Par exemple, avec le radical *méthyle* CH^3, on a les substitutions suivantes :

$$Az\begin{cases}H\\H\\H\end{cases}\qquad Az\begin{cases}CH^3\\H\\H\end{cases}\qquad Az\begin{cases}CH^3\\CH^3\\H\end{cases}\qquad Az\begin{cases}CH^3\\CH^3\\CH^3\end{cases}$$

Gaz ammoniac. Méthylamine. Diméthylamine. Triméthylamine.

On connaît des bases organiques analogues à l'hydrate d'ammonium. Elles ont l'aspect et les propriétés des hydrates alcalins. Elles résultent de la substitution de radicaux hydrocarbonés à l'hydrogène de l'ammonium. Exemple :

$$\text{Oxyde de tétraméthylammonium (1)}\quad Az\begin{cases}CH^3\\CH^3\\CH^3\\CH^3\\OH\end{cases} = Az(CH^3)^4OH.$$

250. Préparation. — On fait agir le chlorure d'ammonium ou sel ammoniac sur la chaux vive. Il se forme d'abord une combinaison de chlorure de calcium et de gaz ammoniac $2AzH^3,Cl^2Ca$, combinaison dissociable par la chaleur; de sorte que le résultat final de la réaction est

$$\underset{2\times 76,7}{2(Cl.AzH^4)_{sol.}} + \underset{132}{CaO_{sol.}} = \underset{24,4}{2AzH^3_{gaz.}} + \underset{170,2.}{Cl^2Ca_{sol.}} + \underset{69}{H^2O_{liq.}}$$

La réaction, comme on le voit, serait endothermique. Si l'on tient compte de la chaleur de formation du composé de chlorure et de gaz ammoniac (+ 28 calories), elle devient exothermique (Isambert).

(1) On remarquera que l'azote nous fournit un exemple de la relativité de la notion de valence. Trivalent dans AzH^3, ce métalloïde est pentavalent dans l'hydrate d'ammonium, comme dans tous les composés d'ammonium d'ailleurs.

On dispose l'appareil comme l'indique la figure 131 ; la dessiccation du gaz ne pouvant être faite ni par le chlorure

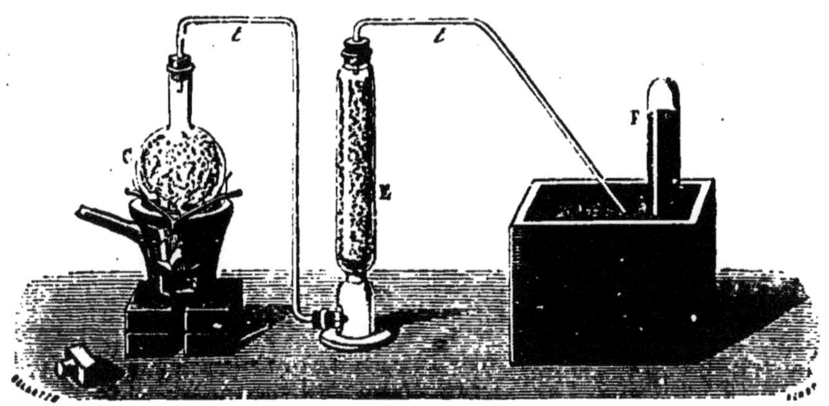

Fig. 131. — Préparation du gaz ammoniac.

de calcium, ni par l'acide sulfurique, on ajoute au mélange pulvérisé de sel ammoniac et de chaux des fragments de chaux vive qui retiennent la vapeur d'eau entraînée. Le gaz est recueilli sur la cuve à mercure. On peut encore profiter de sa légèreté pour le recueillir *par déplacement* (*fig.* 132). On retire le tube quand le papier de tournesol rouge bleuit franchement à l'orifice du flacon.

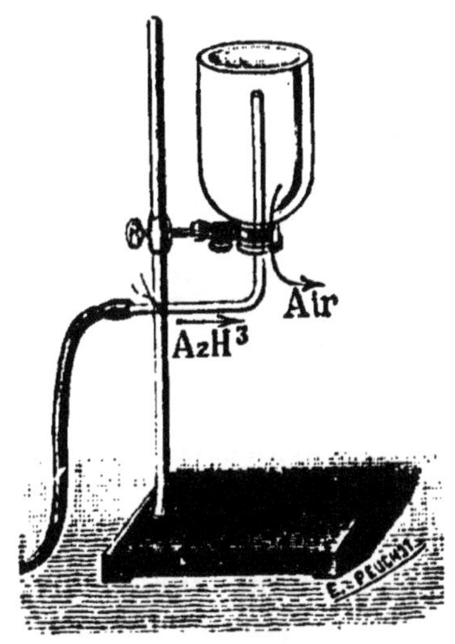

Fig. 132. — Manière de recueillir le gaz ammoniac par déplacement.

Si on veut préparer dans le laboratoire la dissolution ammoniacale, on peut employer l'appareil de Woolff (*fig.* 133) : la dissolution étant d'autant plus légère qu'elle contient plus de gaz, on fait plonger jusqu'au fond les tubes abducteurs. La saturation se fait méthodiquement, le gaz frais arrivant au contact de la solution la plus riche (la plus voisine de l'appareil). On demande en général le gaz destiné à cette préparation à l'attaque du sulfate d'ammonium par la chaux. On peut aussi évaporer la solution ordinaire du commerce. La réaction avec le sulfate d'ammonium s'exprime par l'équation :

$$SO^4(AzH^4)^2 + CaO = SO^4Ca + 2AzH^3 + H^2O.$$

Dans l'industrie, on prépare la dissolution ammoniacale et les sulfate, chlorure, azotate d'ammonium en recevant du gaz ammoniac dans l'eau, l'acide sulfurique, l'acide chlorhydrique, ou l'acide azotique. Ce gaz ammoniac est obtenu en distillant avec de la chaux des produits contenant de l'ammoniaque; les principales sources sont les eaux-

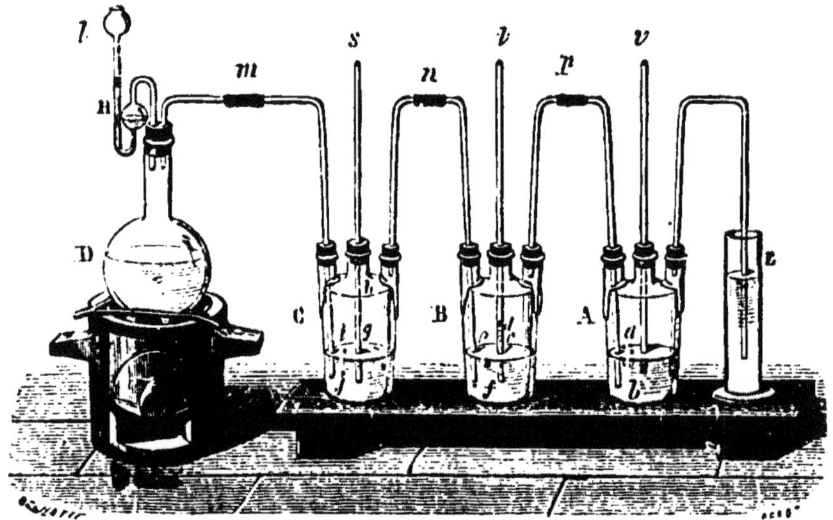

Fig. 133. — Appareil de Woolff pour préparer la dissolution ammoniacale.

vannes (urines putréfiées), les eaux qui se condensent dans la distillation du bois, de la houille, des os et des débris animaux; on a songé, depuis quelques années, à recueillir les quantités énormes de produits ammoniacaux mêlés aux gaz des hauts fourneaux où on brûle des houilles contenant plus ou moins de matières azotées.

260. Action physiologique. — Le gaz ammoniac irrite vivement les muqueuses, en causant une douleur passagère si son action est de courte durée. Mais, quand elle se prolonge, elle peut déterminer des troubles assez graves (ophtalmie des vidangeurs). La dissolution saturée, à dose un peu grande, est un poison; on combat ses effets par l'eau vinaigrée.

261. Etat naturel et circonstances de production. — Le gaz ammoniac n'a jamais été rencontré dans la nature qu'à l'état de sels ammoniacaux; chlorure, sulfate d'ammonium dans les émanations volcaniques; azotate, azotite et carbonate dans l'atmosphère; sels divers dans un grand nombre de liquides animaux ou végétaux. Il se produit de l'ammoniaque dans un grand nombre de cas.

1° Union directe de l'azote et de l'hydrogène sous l'influence d'une température élevée, de l'étincelle, de l'effluve; dans les deux premiers cas la production est insignifiante; elle atteint 3 pour 100 dans le dernier. La formation est limitée par la réaction inverse, et on tend vers le même équilibre, dans chaque cas, soit que l'on combine les gaz, soit que l'on décompose le gaz ammoniac.

2° Dans les oxydations lentes (rouille, oxydation du phosphore); l'azotite d'ammonium, produit accessoire à peu près constant de ces oxydations, est dû sans doute à l'union de l'azote à l'eau sous l'influence de l'énergie mise en jeu par la réaction.

3° Actions diverses, telles que la putréfaction des matières organiques azotées (les eaux d'égout, les matières fécales, doivent leur ammoniaque à des actions de ce genre), combustion des houilles riches en azote, distillation de la houille pour la fabrication du gaz d'éclairage; dans toutes ces réactions, les produits ammoniacaux proviennent de matières organiques azotées.

262. Composition. — Quand on décompose le gaz ammoniac par une longue série d'étincelles d'induction ou par la chaleur, le volume du gaz double. On analyse par l'eudiomètre le mélange d'azote et d'hydrogène. On ajoute à 100 volumes du mélange 50 volumes d'oxygène, et on excite l'étincelle; le résidu, après condensation de la vapeur d'eau, est de 37,5 volumes. Il en a disparu 112,5 dont les $\frac{2}{3}$, ou 75, sont de l'hydrogène, et le reste, 37,5, de l'oxygène. Les 37,5 volumes de résidu doivent donc contenir 50 — 37,5 = 12,5 d'oxygène, et 25 d'azote. C'est ce qu'on peut vérifier en absorbant l'oxygène par le phosphore; le résidu se réduit à 25 volumes. Donc, 3 volumes d'hydrogène et 1 volume d'azote s'unissent pour donner 2 volumes de gaz ammoniac. C'est ce qu'exprime la formule AzH^3.

263. Usages. — L'ammoniaque est très employée dans les laboratoires comme réactif, pour précipiter les oxydes, dissoudre certaines matières. La fabrication des engrais chimiques en absorbe de grandes quantités. La médecine l'emploie à l'extérieur comme caustique, contre les morsures, les piqûres d'insectes. A l'intérieur, on emploie la solution étendue pour combattre l'ivresse; les vétérinaires l'emploient pour combattre la *météorisation* des bestiaux (ballonnement des voies digestives par l'acide carbonique et l'acide sulfhydrique qui se produisent à la suite de l'ingestion de grandes quantités de fourrages humides). On l'emploie également comme *antichlore* (115) dans le blanchiment.

Historique

264. — Le gaz ammoniac, ou plutôt l'ammoniaque, fut découverte, dit-on, en 1612, par l'alchimiste Kunckel, qui l'obtint en distillant un mélange de chaux et de sel ammoniac. C'est Priestley qui recueillit le premier, en 1785, le gaz à l'état de pureté, et y reconnut la présence de l'azote et de l'hydrogène. Presque aussitôt Berthollet faisait connaître sa composition exacte.

PHOSPHORE ET SES COMPOSÉS

PHOSPHORE

Poids atomique :	$P = 31$: (1/2 vol.)
Poids moléculaire :	$P^4 = 124$. (2 vol.)
Equivalent :	31.

265. Propriétés physiques. — Le phosphore est un corps solide incolore quand il est pur, translucide, doué d'une odeur particulière; il éprouve avec le temps une modification qui le rend opaque; les bâtons de phosphore conservés dans l'eau se couvrent à la longue d'une couche blanchâtre formée de très petits cristaux de phosphore pur. Le phosphore cristallise en octaèdres appartenant au système cubique; à la température ordinaire, il est assez mou pour être rayé par l'ongle. Sa densité à 0° est 1,837. Il est insoluble dans l'eau et l'alcool. Il se dissout dans le sulfure de carbone; la dissolution, en s'évaporant, laisse déposer des cristaux octaédriques.

Il fond à 44°,2 et bout à 290° sous la pression normale. Sa densité de vapeur, à 932° (ébullition du zinc), est 4,35. Elle est sensiblement la même qu'à 500°. On en déduit, pour le poids moléculaire du phosphore, $4,3 \times 28,8 = 123,84$, ou 124 (32). Son poids atomique étant 31, la molécule comprend 4 atomes. Le phosphore est tétratomique (33).

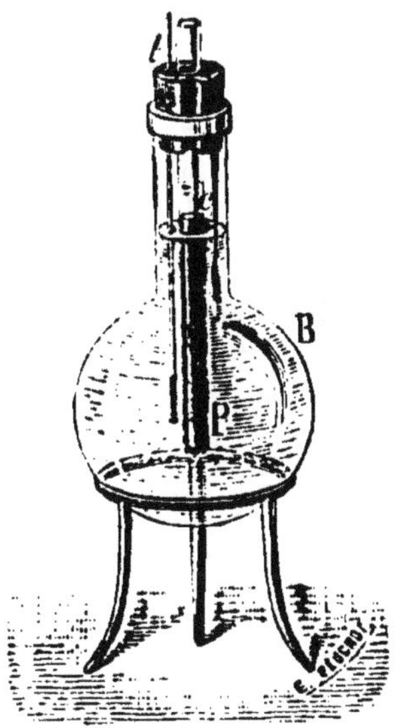

Fig. 134. — Surfusion du phosphore. — *t*, thermomètre; B, eau; *c*, couche d'eau pour éviter l'inflammation; P, phosphore.

Le phosphore éprouve facilement la surfusion. Quand on le laisse refroidir lentement à l'abri de toute agitation (au sein d'une grande masse d'eau, par exemple) (*fig.* 134), le phosphore fondu peut descendre fort au-dessous de 44° sans se solidifier. Au-dessous de 32°, l'agitation détermine la solidification. Entre 32 et 44°, on la provoque sûrement en touchant le liquide avec une petite parcelle de phosphore solide portée par une tige de verre; la température remonte brusquement à 44°.

266. *Variété allotropique.* — La lumière, l'électricité, la chaleur, transforment le phosphore ordinaire en *phosphore rouge*. Nous donnons plus loin (272) des détails sur cette transformation.

Propriétés chimiques. — 267. Le phosphore n'a pu être combiné directement à l'hydrogène, bien qu'on connaisse des composés, PH^3 ($+4^c,9$) et P^4H^2 ($+17^c,8$) qui sont exothermiques.

Le phosphore prend feu dans le chlore. Suivant que l'un ou l'autre des corps est en excès, il peut se produire soit le protochlorure ou trichlorure de phosphore, ou chlorure phosphoreux, PCl^3liq. ($+76^c,6$), soit le pentachlorure de phosphore, ou chlorure phosphorique, PCl^5sol. ($+109^c,2$).

Le brome et l'iode attaquent également le phosphore à la température ordinaire; avec le brome l'attaque est violente. Il se forme les corps PBr^3liq. ($+44^c,8$); PBr^5sol. ($+59$); avec l'iode, on a PI^2 sol. ($+9^c,9$) et PI^3 sol. ($+10,5$); les chaleurs de combinaison, correspondant au brome liquide et à l'iode solide, vont en décroissant du chlore à l'iode; c'est là un fait général.

268. Le phosphore se combine facilement à l'oxygène. Dans l'oxygène sec et pur à la température et à la pression ordinaire, il ne s'oxyde pas. Si on abaisse la pression, on voit se produire des fumées blanches; dans l'obscurité, ces fumées répandent une belle lueur bleuâtre; c'est le phénomène de la *phosphorescence*. Dans un courant d'air très rapide, on obtient de l'*anhydride phosphoreux* ou *oxyde phosphoreux* P^4O^6, cristallisé, très oxydable, se transformant avec une belle phosphorescence en anhydride phosphorique P^2O^5. Ce dernier peut être obtenu en brûlant du phosphore dans un courant d'air lent. C'est le produit ordinaire de la combustion du phosphore dans l'air ou l'oxygène secs [$P^2 + O^5 = P^2O^5$ dégage $365^c,4$]. L'inflammation du phosphore dans l'air a lieu dès la température de 60°. Aussi doit-on prendre de grandes précautions dans le maniement du phosphore, dont la brûlure est très grave (1).

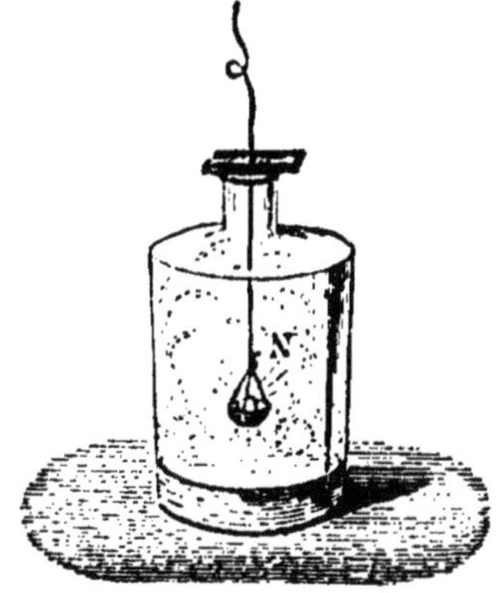

Fig. 135. — Combustion du phosphore dans l'oxygène.

Il faut le manier ou le couper sous l'eau, et le fondre sous une couche d'eau. On peut montrer au moyen des expériences suivantes la combustion du phosphore.

1° On enflamme le phosphore dans un flacon d'oxygène (68, *fig*. 135).

2° Dans une éprouvette à pied, on place du phosphore et

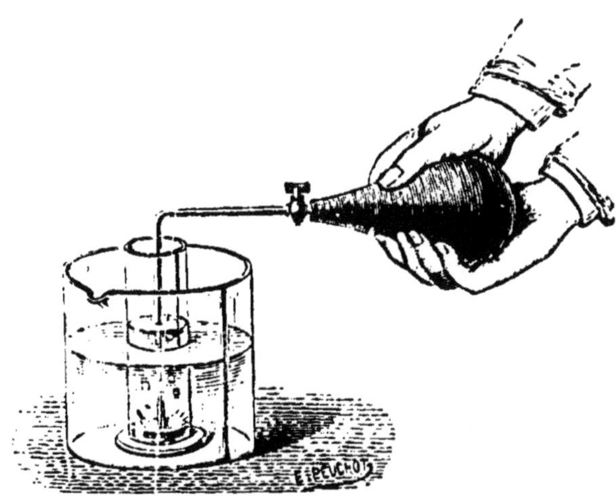
Fig. 136. -- Combustion du phosphore sous l'eau.

(1) Dès qu'on est atteint par du phosphore enflammé, il faut tremper dans l'eau la brûlure, puis la laver avec de l'eau dans laquelle on a délayé de la magnésie calcinée; on peut aussi se servir d'éther ou d'eau ammoniacale.

de l'eau à la température ordinaire, à laquelle on ajoute environ 3 fois son volume d'eau bouillante. Le phosphore fond, et se maintient fondu sous l'eau. On plonge alors dans la masse l'extrémité d'un tube relié à une vessie pleine d'oxygène; on presse la vessie pour chasser le gaz, chaque bulle qui se dégage au sein du phosphore produit une vive lumière (*fig.* 136).

3° On humecte du papier à filtrer avec une dissolution de phosphore dans le sulfure de carbone, et on laisse sécher; le phosphore très divisé, laissé dans les pores du papier par l'évaporation du dissolvant, s'enflamme spontanément.

Dans l'oxygène humide, le phosphore s'oxyde lentement à froid avec phosphorescence. Il se produit de l'acide *hypophosphorique* $P^2O^6H^4$.

269. *Phosphorescence.* — Les lueurs que répand dans l'obscurité le phosphore humide lui ont fait donner son nom (1). La phosphorescence a donné lieu à un grand nombre de travaux; il est aujourd'hui reconnu qu'elle ne se produit que dans l'oxygène, ou les gaz qui en contiennent à l'*état de liberté*. Le phosphore ne luit pas dans le vide barométrique, ni dans l'azote, comme on l'avait cru sur la foi d'expériences faites avec des précautions insuffisantes. La phosphorescence dans l'oxygène pur et sec n'a lieu que si la pression est inférieure à une certaine limite, qui dépend de la température (Joubert).

Ainsi, à 5°,	la pression limite est	428^{mm}
à 11°,5	—	580
à 19°,2	—	760.

La phosphorescence se produit dans des mélanges d'oxygène avec d'autres gaz, mais le gaz inerte n'agit pas simplement en diluant l'oxygène. S'il en était ainsi en effet, la pression propre de l'oxygène dans le mélange au moment où la phosphorescence commence serait égale à la pression de l'oxygène pur qui déterminerait la phosphorescence dans les mêmes conditions. Or, la pression

(1) Du grec : *phôs*, lumière, *pherô*, je porte.

de l'oxygène dans le mélange est toujours inférieure à cette dernière, et d'autant plus qu'il y a une plus forte proportion d'oxygène.

La phosphorescence est empêchée par un assez grand nombre de substances : l'acide sulfhydrique, l'ammoniaque, l'essence de térébenthine, le sulfure de carbone, l'éthylène, les alcools et les éthers notamment. Il est à remarquer que ces substances sont également celles qui détruisent l'ozone. Comme des expériences directes ont permis d'attribuer à l'ozone la phosphorescence qui se produit dans l'air et les gaz oxygénés très raréfiés quand on y fait passer des décharges électriques (Dewar), il semble permis de conclure que la phosphorescence dans l'oxydation du phosphore est liée à la production d'ozone; cette production est explicable par le grand dégagement de chaleur qui accompagne cette oxydation. Elle a d'ailleurs été constatée.

270. — Les métaux peuvent se combiner au phosphore sous l'influence de la chaleur.

Le phosphore est un corps réducteur. L'acide azotique le transforme en acide orthophosphorique PO^4H^3 (286). Il est de même oxydé par des alcalis. Il se forme un sel de l'acide *hypophosphoreux*, et un composé hydrogéné du phosphore (297).

271. Action physiologique. — Le phosphore est un poison violent; il agit sur le tube digestif et sur le système nerveux; son action toxique est liée à son oxydabilité; le contrepoison est l'essence de térébenthine. La vapeur de phosphore est très dangereuse. Elle détermine la carie des os et des dents; les ouvriers des usines où l'on manipule du phosphore doivent prendre de grandes précautions pour s'en préserver; en effet, le phosphore a dès la température ordinaire une tension de vapeur, faible il est vrai, mais sensible.

Phosphore rouge

272. Notions sur la transformation. — La lumière altère le phosphore; les bâtons de phosphore, abandonnés à la lumière diffuse, se colorent et prennent une couleur d'abord ambrée, et qui se fonce peu à peu. Cette coloration est due à la transformation en *phosphore rouge* de la couche superficielle; aussi prend-on la précaution de conserver le phosphore dans des flacons en verre jaune, qui arrêtent les rayons les plus actifs, c'est-à-dire les rayons violets et ultra-violets (1).

Des étincelles, jaillissant dans un tube contenant de la vapeur de phosphore très raréfiée, déterminent aussi la transformation, mais c'est l'action de la chaleur qui permet d'obtenir le plus facilement la modification rouge. Ce fait a été mis en évidence par Schrœtter en 1845.

La transformation du phosphore blanc en phosphore rouge a été l'objet de nombreux travaux, qui ont conduit à des résultats très intéressants. La transformation commence à 200°; l'élévation de température l'accélère. Jusqu'à 290°, le phosphore fondu se transforme seul en phosphore rouge; en vase clos, le liquide est surmonté d'une atmosphère de vapeur dont la force élastique est constante à température constante (tension maxima). La vapeur se transforme elle-même, au-dessus de 290°, et d'autant plus rapidement que la température est plus élevée. La transformation cesse quand la force élastique de la vapeur est descendue à une valeur *minima*, dépendant de la température, et qu'on appelle *tension de transformation*. Quand on chauffe *rapidement* au-dessous de 500°, dans un vase fermé et vide d'air, une quantité de phosphore supérieure à celle qui peut se vaporiser dans cet espace, la vaporisation se fait, jusqu'à ce que la tension maxima soit établie. Si on continue à chauffer, la vapeur se transforme peu à peu en phosphore rouge, jusqu'à ce que la valeur de la force élastique soit devenue égale à la tension de transformation. Supposons que nous vaporisions du phosphore dans une enceinte où la température n'est pas la même partout. Si la force élastique de la vapeur est supérieure à la valeur de la tension de transformation correspondant au point le plus chaud, la transformation s'effectuera d'abord en ce point, puisqu'elle est d'autant plus rapide que la température est plus élevée; le phosphore rouge se déposera donc sur la paroi la plus chaude, et la tension qui s'établira sera la tension de transformation correspondant à la température du point le plus chaud. Cette circonstance a permis de mesurer la tension de

(1) Ce sont les rayons les plus réfrangibles du *spectre solaire*, ceux qui sont le plus déviés vers la base du prisme.

transformation. Nous empruntons à MM. Troost et Hautefeuille, auxquels on doit l'explication de ces faits et la découverte de ce singulier *principe de la paroi chaude*, les données suivantes :

Températures.	Tensions maxima.	Tensions de transformation.
360°......	$3^{at},2$........	$0^{at},1$
440°......	7,5	1,75
503°......	18,0.........	»
510°......	»	10,0
511°......	26,2.........	»
531°......	»	16,0.

273. Propriétés. — Les propriétés du phosphore rouge varient avec la température où il a été obtenu. A 580°, il est cristallisé, et a pour densité 2,34. Sa densité est plus faible quand il a été préparé à température plus basse, et d'autant plus que cette température est moins élevée. La chaleur de combustion suit une progression inverse; les diverses variétés ont une chaleur de combustion supérieure à celle du phosphore cristallisé. La transformation de phosphore blanc en phosphore rouge cristallisé dégage 19,2 calories pour 31 grammes.

Les propriétés du phosphore rouge diffèrent notablement de celles du phosphore ordinaire. Il est plus dense, et ne se dissout pas dans le sulfure de carbone. Cette propriété est utilisée pour la séparation des deux phosphores. Il ne fond pas, mais commence à se transformer en phosphore blanc à partir de 265°.

Les propriétés chimiques des deux variétés de phosphore sont les mêmes, mais les réactions du phosphore rouge sont beaucoup moins violentes que celles du phosphore ordinaire; dans un grand nombre de cas, on a recours au phosphore rouge pour réaliser des préparations qui seraient dangereuses si on y employait du phosphore ordinaire. Le phosphore rouge ne s'enflamme dans l'air sec qu'à 260°. Il n'est pas phosphorescent. Le chlore et le brome l'attaquent dès la température ordinaire, mais l'iode ne l'attaque que si on chauffe les deux corps mélangés (il faut avoir soin d'opérer dans un gaz inerte). Les alcalis sont attaqués par le phosphore rouge à peu près comme par le phosphore ordinaire. Enfin, le phosphore rouge n'est pas vénéneux.

Nous résumons dans le tableau suivant les principales différences qui distinguent les deux corps.

Phosphore blanc.	Phosphore rouge.
Densité : 1,837.	Densité : entre 2,148 et 2,34.
Point de fusion : 44°,2.	Ne fond pas.
Point d'ébullition : 290°.	A 265°, commence à se transformer en phosphore blanc.
Soluble dans le sulfure de carbone.	Insoluble dans le sulfure de carbone.
S'enflamme dans l'air sec à 60°.	S'enflamme dans l'air sec à 260°.
Phosphorescent.	Non phosphorescent.
Vénéneux.	Non vénéneux.

274. Préparation du phosphore rouge. — Le phosphore rouge que l'on trouve dans le commerce est préparé de la manière suivante : on chauffe pendant douze jours, à 240°, du phosphore blanc dans une marmite en fonte ne communiquant avec l'extérieur que par une très petite ouverture destinée à laisser dégager la vapeur d'eau qui imprégnait le phosphore, et l'azote de l'air qui surmonte la masse (*fig.* 137). L'air ne se renouvelant pas, l'oxydation est presque nulle. Des thermomètres permettent de connaître la température de la masse et de régler le feu; on opère sur 200 kilogrammes de phosphore à la fois.

Fig. 137.
Préparation du phosphore rouge.

275. État naturel du phosphore. — Le phosphore

est très abondant dans la nature; il existe dans un certain nombre de minéraux, dont les plus importants sont les phosphates de calcium exploités dans quelques départements et utilisés pour la fabrication des engrais. On en trouve encore dans un grand nombre de matières animales ou végétales, graisses, substance nerveuse, sang, os, urine. Dans les os, le phosphore existe à l'état d'orthophosphate tricalcique, qui forme environ les 4/5 de la matière minérale des os.

276. Usages. — Le phosphore est employé principalement à la fabrication des allumettes. La pâte dont on enduit le bout des allumettes contient du phosphore mélangé à diverses substances ayant pour fonction de fournir de l'oxygène qui facilitera l'inflammation de la masse; la chaleur dégagée par la friction des allumettes sur un corps rugueux est suffisante pour déterminer l'inflammation du phosphore. On fait aussi des allumettes dites au *phosphore amorphe* (phosphore rouge), qui, en réalité, ne contiennent pas de phosphore; la composition phosphorée est déposée, en général, sur une portion des parois de la boîte. Ces allumettes ne peuvent prendre que si on les frotte sur la composition. Leur pâte doit alors contenir des substances facilement inflammables.

On fait aussi de la pâte phosphorée destinée à empoisonner les rats et les souris; cette pâte est mélangée à des boulettes de graisse.

Historique

277. — Le phosphore fut retiré de l'urine, en 1669, par un marchand de Hambourg, nommé Brandt, qui s'était adonné à l'alchimie, espérant réparer sa fortune perdue. Mais on doit regarder comme les véritables auteurs de cette découverte Kunckel (1630-1702), fils de l'alchimiste qui prépara le premier l'ammoniaque, et Boyle, qui parvinrent à en préparer, après en avoir vu des échantillons, par des procédés qu'ils durent inventer de toutes pièces. Kunckel savait seulement que le nouveau corps avait été retiré de l'urine, et Boyle, qu'il avait été retiré de *quelque chose appartenant au corps humain*. Dès 1679, Kunckel communiqua son procédé à plusieurs savants, dont Homberg (1652-1715); Boyle publia le sien en 1680.

Mais le phosphore resta une rareté jusqu'au moment (1769) où Gahn, chimiste suédois (1745-1818), signala sa présence dans les os; presque aussitôt, Sheele imagina, pour l'en extraire, le procédé que l'on suit encore aujourd'hui, et auquel on n'a fait qu'ajouter quelques perfectionnements.

ANHYDRIDES DU PHOSPHORE

ANHYDRIDE PHOSPHOREUX

$P^4O^6 = 220.$
2 volumes.

278. C'est un corps pulvérulent blanc, fondant à 22°,5, bouillant à 173°. Sa densité de vapeur, prise à 180°, correspond à la formule P^4O^6. Il s'oxyde facilement en donnant de l'anhydride phosphorique P^2O^5. On l'obtient en faisant passer sur du phosphore légèrement chauffé un courant d'air rapide. Il n'a pas d'usages.

ANHYDRIDE PHOSPHORIQUE

$P^2O^5 = 142.$

279. Propriétés. — C'est un corps blanc, pulvérulent, qui se dissout dans l'eau en faisant entendre un bruit strident et dégageant une grande quantité de chaleur (+ 41c,6 pour P^2O^5). La dissolution contient au début un acide de composition PO^3H (*métaphosphorique*), mais ne tarde pas à contenir un autre acide de composition PO^4H^3 (*orthophosphorique*). L'énergie avec laquelle l'anhydride absorbe l'eau le fait employer pour dessécher les gaz. Mais sa manipulation étant incommode et pouvant devenir dangereuse, car il est très corrosif, on tend à le remplacer par l'acide métaphosphorique, qui constitue une excellente substance desséchante.

280. Préparation. — On l'obtient en faisant brûler du phosphore dans un courant d'air sec. L'anhydride se condense et tombe dans des flacons où on le conserve. *Toutes* *les parties de l'appareil doivent être scrupuleusement desséchées et ajustées sans fuite.* La figure 138 fait connaître la manière de le monter.

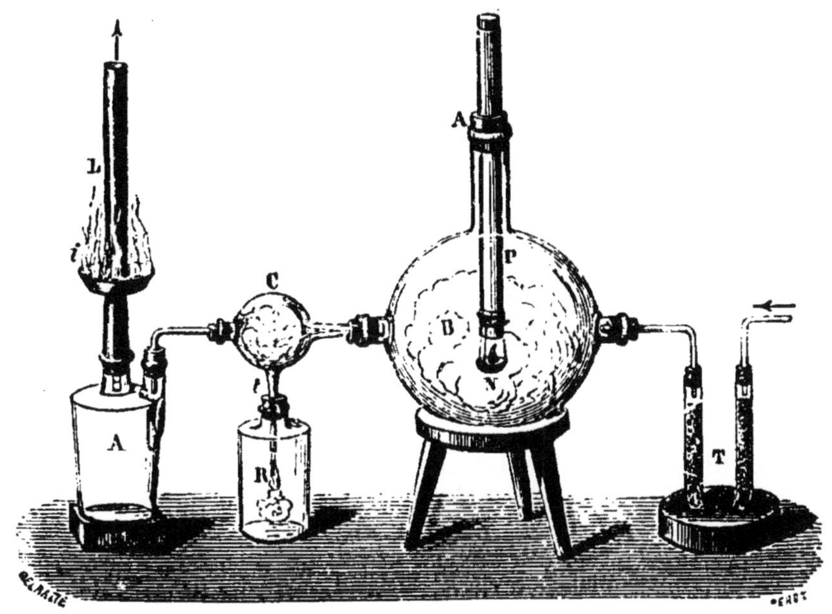

Fig. 138. — Préparation de l'acide phosphorique.
A, flacon aspirateur; N, têt en terre contenant du phosphore; T, tube desséchant.

Pour mettre en train l'expérience, on débouche le large tube P, on y laisse tomber rapidement une parcelle de charbon incandescent, et on le bouche de suite.

Historique

281. — La combustion du phosphore dans l'air sec avec production de *fleurs de phosphore* a été signalée vers 1740 par Marggraf (1709-1780), célèbre chimiste allemand, qui montra de plus que le phosphore existe dans l'urine à l'état de sel cristallisable; on lui doit encore une découverte capitale, celle du sucre dans la betterave, la démonstration de l'identité de ce sucre et de celui de la canne, et la publication d'un procédé permettant de le retirer (1765).

ACIDES DU PHOSPHORE

282. — Les acides du phosphore sont nombreux. Nous n'en signalerons que quatre, dont le premier est l'acide *hypophosphoreux* PO^2H^3, découvert par Dulong. Cet acide est monobasique, ce qui lui fait attribuer la formule $POH^2(OH)$ [Würtz]. On obtient son sel de potassium en faisant bouillir de la potasse étendue avec du phosphore (297).

283. Nous nous arrêterons plus longuement sur les *acides phosphoriques*, au nombre de trois, dont les deux premiers se rattachent directement à l'anhydride P^2O^5. Ce sont :

1° *L'acide métaphosphorique*,

$$PO^3H = PO^2(OH) = \frac{1}{2}\left[P^2O^5 + H^2O\right],$$

qu'on obtient en dissolvant l'anhydride dans l'eau froide;

2° *L'acide orthophosphorique*,

$$PO^4H^3 = PO(OH)^3 = \frac{1}{2}\left[P^2O^5 + 3H^2O\right]$$

obtenu en dissolvant l'anhydride dans l'eau bouillante, ou en faisant bouillir la dissolution du premier;

3° *L'acide pyrophosphorique*,

$$P^2O^7H^4 = P^2O^3(OH)^4 = 2PO^4H^3 - H^2O,$$

obtenu en chauffant à 215° l'acide ortho.

Ces trois acides sont bien distincts, comme nous le verrons, et ne présentent pas les caractères de trois hydrates différents d'un même acide. Nous décrirons d'abord le second, qui est de beaucoup le plus important.

ACIDE ORTHOPHOSPHORIQUE OU PHOSPHORIQUE ORDINAIRE

$$PO^4H^3 = 98.$$

284. Propriétés. — A la température ordinaire, au moment où sa concentration s'achève, ce corps constitue un liquide sirupeux à l'état de surfusion, car on peut, en le refroidissant, le faire cristalliser, et les cristaux ne fondent plus qu'à + 41°. Il est soluble en toutes proportions dans l'eau. Quand on le chauffe à 215°, il se transforme en acide pyrophosphorique et eau.

$$2PO^4H^3 = P^2O^7H^4 + H^2O$$

$$\begin{array}{l} PO \begin{cases} OH \\ OH \\ OH \end{cases} \\ + \\ PO \begin{cases} OH \\ OH \\ OH \end{cases} \end{array} = O < \begin{matrix} PO\,(OH)^2 \\ PO\,(OH)^2 \end{matrix} + H^2O$$

Au rouge, la déshydratation se poursuit

$$2PO^4H^3 = \underset{\text{Métaphosphorique.}}{2.PO^3H} + 2H^2O$$

Elle n'a pu être poussée plus loin ; les éléments de la dernière molécule d'eau ne se séparent que très faiblement à la température de volatilisation de l'acide métaphosphorique.

L'acide ortho peut être réduit par le charbon, en donnant du phosphore et de l'oxyde de carbone. Il partage cette propriété avec ses sels.

$$2PO^4H^3 + 5C = 5CO + 2P + 3H^2O.$$

285. Fonction chimique. Orthophosphates. — L'acide orthophosphorique est un acide des plus énergiques, qui dégage une grande quantité de chaleur en agissant sur les bases. Il est tribasique, et peut donner trois séries de sels. Sa formule est $PO(OH)^3$.

Considérons par exemple les sels de sodium. On connaît les suivants :

PO^4H^2Na, orthophosphate monosodique.
PO^4HNa^2, — disodique (phosphate sodique ordinaire du commerce).
PO^4Na^3, — trisodique.

Avec les métaux bivalents, comme le calcium, les formules sont un peu différentes :

$(PO^4H^2)^2Ca_{II}$ orthophosphate monocalcique.
$(PO^4H)^2Ca^2_{II}$ — dicalcique.
$(PO^4)^2Ca^3_{II}$ — tricalcique (phosphates naturels).

Les orthophosphates alcalins et les orthophosphates monométalliques sont seuls solubles.

D'ailleurs, les divers atomes d'hydrogène de l'acide peuvent être remplacés par des métaux différents, comme par exemple dans le phosphate ammonicosodique (sel de phosphore), $PO^4H.Na.AzH^4$, employé dans les analyses au chalumeau comme dissolvant.

Les orthophosphates solubles sont caractérisés par le précipité jaune qu'ils donnent tous les trois avec l'azotate d'argent, et qui est du phosphate triargentique PO^4Ag^3. Ainsi

$$PO^4Na^3 + 3AzO^3Ag = PO^4Ag^3 + 3AzO^3Na$$

$$PO^4HNa^2 + 3AzO^3Ag = PO^4Ag^3 + 2AzO^3Na + AzO^3H.$$

286. Préparation. — On peut obtenir l'acide orthophosphorique de plusieurs manières.

Fig. 139. — Préparation de l'acide orthophosphorique.

1° Dans les laboratoires, on peut avoir recours à l'oxydation du phosphore par l'acide azotique marquant 25°B, que l'on obtient en étendant l'acide du commerce de quatre à cinq fois son poids d'eau. Les deux corps sont placés dans une cornue tubulée bouchée à l'émeri, et on chauffe modérément; quand une certaine quantité de liquide s'est rassemblée dans le ballon réfrigérant (*fig.* 139), on *cohobe*, c'est-à-dire qu'on reverse ce liquide dans la cornue, et on poursuit la distillation jusqu'à ce que tout le phosphore ait disparu. Il ne reste plus qu'à concentrer la liqueur restée dans la cornue, ce qu'on fait en la portant progressivement au voisinage de 200°, dans une capsule en porcelaine ou mieux en platine (l'acide phosphorique concentré attaque le verre chaud).

La réaction est plus régulière avec le phosphore rouge, et ne présente pas de danger. Il faut éviter, si on emploie le phosphore ordinaire, de le mettre en contact avec de l'acide azotique concentré; il pourrait se produire une explosion due à un brusque dégagement de gaz. On représente la réaction par l'équation suivante :

$$P + 5(AzO^3H) = PO^4H^3 + 5AzO^2 + H^2O.$$

2° On traite le phosphate de calcium des os (1), ou le phosphate tricalcique naturel par l'acide sulfurique en quantité suffisante pour précipiter à l'état de sulfate tout le calcium du phosphate et du carbonate qui lui est mélangé, s'il y en a; l'anhydride carbonique se dégage, l'acide phosphorique reste dissous.

$$(PO^4)^2Ca^3_{II} + 3SO^4H^2 = 2(PO^4H^3) + 3SO^4Ca_{II}.$$
$$CO^3Ca_{II} + SO^4H^2 = CO^2 + SO^4Ca_{II} + H^2O.$$

Le sulfate de calcium précipité forme une bouillie cristalline qu'on sépare au filtre-presse (2). On évapore et on concentre comme il a été dit.

Si l'on veut utiliser la matière animale des os, on opère comme il est dit § 291.

(1) Quand on calcine les os à l'air, la matière organique est brûlée, il reste une masse blanche conservant la forme des os, et qui est composée pour 1/5 environ de carbonate, et pour 4/5 de phosphate de calcium. Pulvérisée, cette masse constitue la *cendre d'os*, qui servait autrefois à préparer le phosphore.

(2) Appareil formé par des châssis dans lesquels sont tendus des tissus

3° On peut encore décomposer le perchlorure de phosphore PCl^5 par un excès d'eau.

$$PCl^5 + 4H^2O = PO(OH)^3 + 5ClH.$$

287. Usages. — On prépare les phosphates alcalins en traitant par le carbonate correspondant l'acide phosphorique que l'industrie retire des phosphates naturels au moyen de l'acide sulfurique. L'acide phosphorique sert également à préparer le phoshpore.

288. Acide métaphosphorique. PO^3H. — Ce corps se présente sous la forme d'une masse vitreuse, incristallisable, très soluble dans l'eau, bien que la dissolution se fasse très lentement. Il peut être volatilisé sans décomposition. Au contact de l'eau, il se transforme à la longue en acide ortho. La transformation est rapide à l'ébullition.

Il coagule l'albumine du blanc d'œuf, et précipite en blanc les sels de baryum et d'argent.

On le prépare en calcinant le phosphate diammonique, ou phosphate d'ammonium du commerce, qui se décompose en gaz ammoniac, eau et acide

$$PO^4H(AzH^4)^2 = PO^3H + H^2O + 2AzH^3.$$

On coule la masse fondue sur une brique, où elle se solidifie.

289. Acide pyrophosphorique. $P^2O^7H^4$. — Au maximum de concentration, il constitue une masse tantôt molle, tantôt demi-cristalline, cristallisant assez difficilement. C'est un acide tétrabasique. On connaît, comme sels de sodium et de calcium, ceux qui répondent aux formules suivantes :

$$P^2O^7H^2Na^2 \qquad P^2O^7H^2Ca_{II}$$
$$P^2O^7Na^4 \qquad P^2O^7Ca_{II}.$$

Les pyrophosphates alcalins sont solubles et précipitent en blanc l'azotate d'argent. Le pyrophosphate à 4 atomes de sodium résulte de la calcination de l'orthophosphate disodique.

$$2PO^4HNa^2 = P^2O^7Na^4 + H^2O.$$

La dissolution de pyrophosphate, traitée par un sel soluble de plomb (azotate ou acétate), donne un précipité de pyrophosphate

filtrants ; les pâtes demi-solides, exprimées par pression à travers ces tissus, sont ainsi débarrassées du liquide qui les baigne.

de plomb insoluble, $P^2O^7Pb^2$. Ce précipité, mis en suspension dans l'eau, est soumis à l'action d'un courant d'acide sulfhydrique; il se fait un précipité de sulfure de plomb, qu'on sépare par filtration. On concentre ensuite la liqueur.

$$P^2O^7Pb_{II}^2 + 2SH^2 = 2SPb_{II} + P^2O^7H^4.$$

On peut encore obtenir l'acide pyrophosphorique en chauffant pendant quelque temps à 215° l'acide orthophosphorique.

290. Distinction des trois acides. — 1° L'acide *méta* coagule l'albumine du blanc d'œuf, et précipite en blanc les sels de baryum et d'argent.

2° Les autres acides ne coagulent pas l'albumine et ne précipitent pas par les réactifs indiqués. On les distingue de la manière suivante :

On neutralise l'acide par du carbonate de sodium, ce qui donne un phosphate de sodium. Le pyrophosphate précipite l'azotate d'argent en blanc ($P^2O^7Ag^4$); l'orthophosphate le précipite en jaune (PO^4Ag^3).

291. Préparation du phosphore. — La matière première est le phosphate des os.

1° Les os sont traités dans de grandes cuves en bois par de l'acide chlorhydrique très étendu, qui dissout complètement la matière minérale et laisse l'*osséine*, qui servira ensuite à préparer la *gélatine*. Le liquide est une dissolution de phosphate monocalcique et de chlorure de calcium.

$$\underset{\text{Phosphate tricalcique.}}{(PO^4)^2Ca^3} + 4ClH = \underset{\text{Phosphate monocalcique.}}{(PO^4H^2)^2Ca} + 2Cl^2Ca.$$

$$CO^3Ca + 2ClH = Cl^2Ca_{II} + CO^2 + H^2O.$$

En additionnant le liquide d'une quantité convenable de chaux, on précipite l'acide phosphorique à l'état de phosphate dicalcique.

$$(PO^4H^2)^2Ca + Ca(OH)^2 = (PO^4H)^2Ca^2 + 2H^2O.$$

Le phosphate dicalcique se précipite; on décante le liquide qui surnage, on exprime le précipité à la presse, puis, après l'avoir amené dans de grandes cuves en bois, on le traite par l'acide sulfurique, de manière à le décomposer complètement en acide phosphorique et sulfate de calcium insoluble.

$$(PO^4H)^2Ca^2 + 2SO^4H^2 = (PO^4H^3)^2 + 2SO^4Ca.$$

L'acide phosphorique en effet est complètement réduit par le charbon, tandis que les phosphates ne le sont qu'incomplètement. La dissolution phosphorique qui surnage le sulfate de calcium est évaporée, jusqu'à ce qu'elle marque 55 à 60° à l'aréomètre, puis mélangée à du charbon de bois pulvérisé, après avoir été additionnée d'une substance inerte destinée à empêcher l'acide phosphorique d'être entraîné par les gaz et les vapeurs qui se dégagent (1).

Le mélange est introduit dans de grands cylindres en poterie, de section ovale (*fig.* 140), placés au nombre de cinq dans un fourneau chauffé au rouge vif. Un tuyau latéral qui se recourbe presque immédiatement vers le bas conduit les vapeurs dans une caisse contenant de l'eau; le tuyau est séparé de l'orifice de dégagement *o* par une cloison *c* qui oblige les vapeurs à barboter dans l'eau; la condensation du phosphore est complète. La réduction de l'acide phosphorique est représentée par la réaction

$$2PO^4H^3 + 5C = P^2 + 5CO + 3H^2O.$$

Les caisses dans lesquelles le phosphore se condense sont à une température telle, qu'il y conserve l'état liquide. Il est recueilli et, toujours surmonté d'une couche d'eau tiède, envoyé dans des filtres à noir animal où il se débarrasse du phosphore rouge dont il est accompagné. Ces filtres sont placés dans des bains-marie chauffés à la vapeur. Le phosphore qui a subi cette première filtration en subit une seconde à travers une peau de chamois formant le fond d'un cylindre plongé dans l'eau tiède; on force le phosphore fondu à passer

(1) Cette substance inerte contient de la chaux et du sable, de telle sorte que la matière réellement traitée peut être considérée comme un mélange d'acide phosphorique et de phosphate monocalcique.

à travers les pores de la peau de chamois, en le soumettant à une pression de 4 mètres d'eau. Le phosphore filtré est ensuite moulé dans de petites caisses en tôle plongées dans

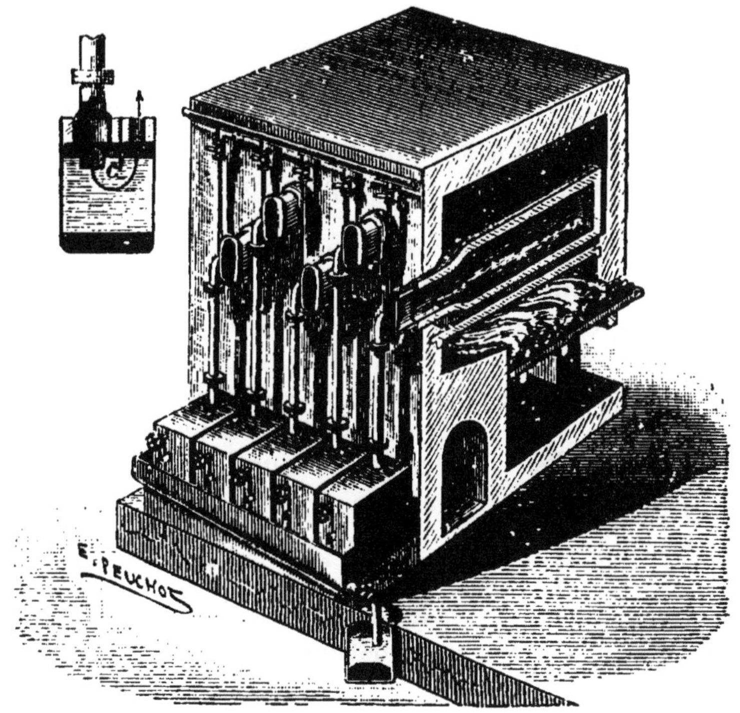

Fig. 140. — Préparation industrielle du phosphore.

un bassin rempli d'eau tiède. En remplaçant peu à peu l'eau tiède par de l'eau froide, on provoque la solidification ; à aucun moment, dans la suite de ces manipulations, le phosphore n'a été en contact avec l'air, et n'a couru le risque de s'enflammer.

HYDROGÈNE PHOSPHORÉ

On connaît trois composés d'hydrogène et de phosphore ; l'un d'eux est gazeux, PH^3 ; un second, liquide, PH^2 ; le troisième, P^2H, est solide. Nous nous occuperons surtout du premier.

PHOSPHURE D'HYDROGÈNE GAZEUX

$PH^3 = 34.$
2 volumes.

292. Propriétés physiques. — Gaz incolore, d'une odeur très désagréable, dite *alliacée;* sa densité est 1,185; 1 litre de ce gaz pèse donc $1^{gr},293 \times 1,185 = 1^{gr},532$. Cette densité correspond à la formule PH^3. Le gaz se dissout dans 8 fois son volume d'eau; il est plus soluble dans l'alcool.

293. Propriétés chimiques. — La chaleur rouge le détruit complètement, ainsi que l'étincelle, en phosphore et hydrogène. C'est un des corps qui, bien qu'exothermiques (la formation d'une molécule dégage $+ 4^c,9$), n'ont encore pu être produits directement. L'effluve le décompose aussi, mais d'une autre manière

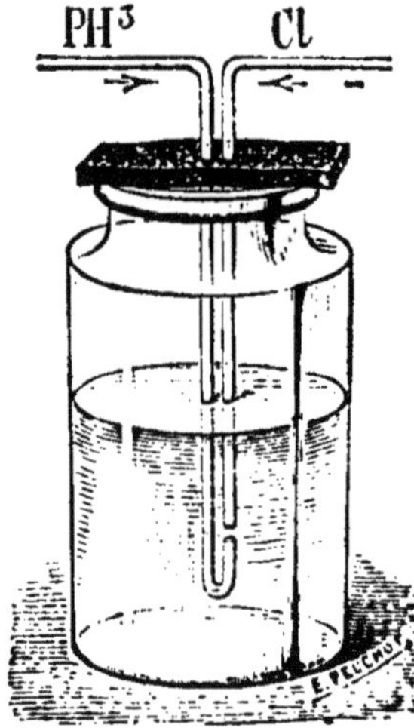

Fig. 141. — Combinaison d'hydrogène avec le chlore.

$$2PH^3 = H^5 + P^2H.$$

Il s'enflamme à 100° dans l'air. La combustion complète répond à l'équation

$$\underset{4\text{ vol.}}{2PH^3} + \underset{8\text{ vol.}}{O^8} = 3H^2O + P^2O^5.$$

Le mélange de phosphure et d'oxygène dans ces proportions détone par une élévation de température, ou par un abaissement de pression à température ordinaire. La combustion incomplète du gaz (dans une éprouvette longue et étroite, par exemple) donne un dépôt de phosphore rouge.

L'hydrogène phosphoré s'unit au chlore avec incandescence. Pour faire l'expérience sans danger, on amène les deux gaz, au moyen de deux tubes qui aboutissent à un centimètre l'un de l'autre environ, dans un grand flacon plein d'eau (*fig.* 141). Le liquide est sillonné d'éclairs quand les deux gaz se rencontrent. Le phosphure d'hydrogène est absorbable par la dissolution de sulfate de cuivre et la solution chlorhydrique de chlorure cuivreux. Il se forme, dans ce dernier cas, une combinaison cristallisable, $Cl^2Cu^2,2PH^3$.

294. Fonction chimique. — L'hydrogène phosphoré a une grande analogie avec le gaz ammoniac. Comme ce dernier, il peut s'unir directement aux hydracides pour donner des composés définis, cristallisés, isomorphes des composés correspondants du gaz ammoniac. Nous signalerons :

$PH^3.IH$, iodhydrate d'hydrogène phosphoré.
$PH^3.BrH$, bromhydrate.
$PH^3.ClH$, chlorhydrate.

Les deux premiers sont faciles à obtenir, le second ne se forme que vers — 30° sous la pression normale, et sous la pression de 20 atmosphères à 14°. Par analogie avec les composés ammoniacaux correspondants, on les appelle encore iodure, bromure, chlorure de *phosphonium* (phosphonium $= PH^4$).

On connaît un assez grand nombre de composés organiques, les *phosphines*, comparables aux ammoniaques composées (258). Comme le gaz ammoniac, l'hydrogène phosphoré est absorbé par les chlorures métalliques.

295. Préparation. — On prépare le phosphure d'hydrogène pur en détruisant par l'acide chlorhydrique le phosphure de calcium PCa (1).

$$PCa_{II} + 2ClH = PH^2 + Cl^2Ca_{II}.$$

Le phosphure liquide PH^2 qui se produit dans cette réaction se détruit au contact de l'acide chlorhydrique.

$$5PH^2 = 3PH^3 + P^2H.$$

(1) Substance brune obtenue en faisant passer des vapeurs de phosphore sur des bâtons de craie chauffés au rouge.

Le phosphure solide reste dans l'appareil, le phosphure gazeux se dégage. On opère dans l'appareil représenté par la figure 142. On commence par mettre l'acide chlorhydrique dans le flacon, puis on fait passer par le tube large un courant d'acide carbonique destiné à chasser l'air de l'appareil, afin d'éviter une explosion possible si une trace de phosphure liquide échappait à la décomposition; ce corps en effet s'enflamme spontanément à l'air; quand l'air a été chassé,

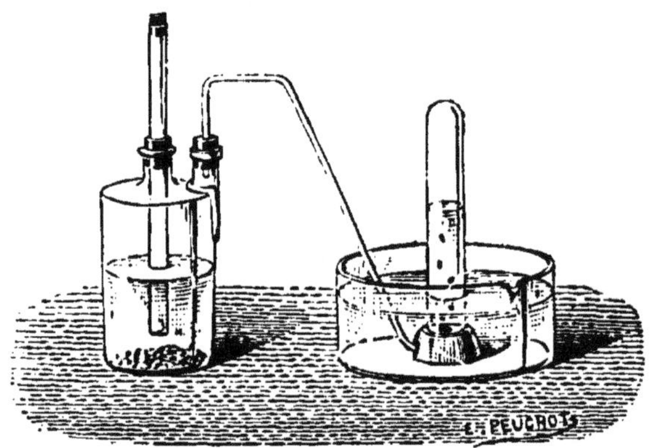

Fig. 142. — Préparation du phosphure d'hydrogène gazeux.

on introduit par le tube large le phosphure de calcium, et on bouche. Le gaz est recueilli sur l'eau.

296. Composition. — On détermine la composition de ce gaz en le décomposant par le cuivre, qui s'empare du phosphore et met l'hydrogène en liberté. On peut opérer dans une cloche courbe, comme pour l'acide sulfhydrique. On reconnaît alors que 2 volumes de phosphure donnent 3 volumes d'hydrogène.

Or, 1 litre de phosphure pèse. . $1^{gr},293 \times 1,185$

$\frac{3}{2}$ — d'hydrogène pèse. . $1^{gr},293 \times 0,1038$

Il reste pour le phosphore. . . . $1^{gr},293 \times 1,0812.$

1,0812 représente le quart de la densité de vapeur du phosphore; donc, 2 volumes d'hydrogène phosphoré sont formés par l'union de 1/2 volume de vapeur de phosphore et 3 volumes d'hydrogène. Cette composition correspond à la formule PH^3 (l'atome de phosphore n'occupe que 1/2 volume). On a des résultats plus exacts en faisant passer le gaz sur du cuivre chauffé au rouge dans un tube un peu long suivi d'un second tube également chauffé et contenant de l'oxyde de cuivre. Dans le premier tube il se forme du phosphure de cuivre, et dans le second de l'eau (57). On recueille et on pèse l'eau formée, d'où on déduit le poids de l'hydrogène; l'augmentation de poids du premier tube fait connaître le poids du phosphore.

207. Gaz de Gengembre. — Le chimiste Gengembre, faisant bouillir du phosphore dans une solution étendue de potasse, obtint un gaz qui s'enflammait spontanément à l'air (1789). On le nomma gaz de Gengembre. Il est formé pour la plus grande partie d'hydrogène phosphoré gazeux; une certaine quantité de vapeur d'hydrogène phosphoré liquide le rend spontanément inflammable. Il contient aussi un peu d'hydrogène libre.

On rend compte de cette composition complexe par les équations suivantes :

$$3KOH + 4P + 3H^2O = \underset{\text{Hypophosphite de potassium.}}{3POH^2.OK} + PH^3 \text{ (1)}$$

$$2KOH + 3P + 2H^2O = 2POH^2.OK + PH^2.$$

$$KOH + P + H^2O = POH^2.OK + H.$$

On peut encore préparer le gaz de Gengembre en substituant la chaux à la potasse. Nous ne répéterons que l'équation qui rend compte de la formation de PH^3.

$$3Ca(OH)^2 + 8P + 6H^2O = 3\left(\begin{matrix}POH^2.O\\POH^2.O\end{matrix}\!>Ca_{II}\right) + 2PH^3.$$

(1) Voy. n° 282.

On fait avec de l'eau et de la chaux éteinte une bouillie assez épaisse, qu'on réduit en boulettes; au centre de chacune d'elles on place un petit morceau de phosphore (on obtient ces menus fragments en coupant *sous l'eau*, avec des ciseaux ou un couteau, un bâton de phosphore); on remplit de ces boulettes, jusqu'au voisinage du col, un petit ballon de verre et on achève de remplir avec de la chaux éteinte en poudre, puis on adapte le tube abducteur, qu'on laisse ouvert dans l'air, et on chauffe (*fig.* 143). Au bout d'un moment, on

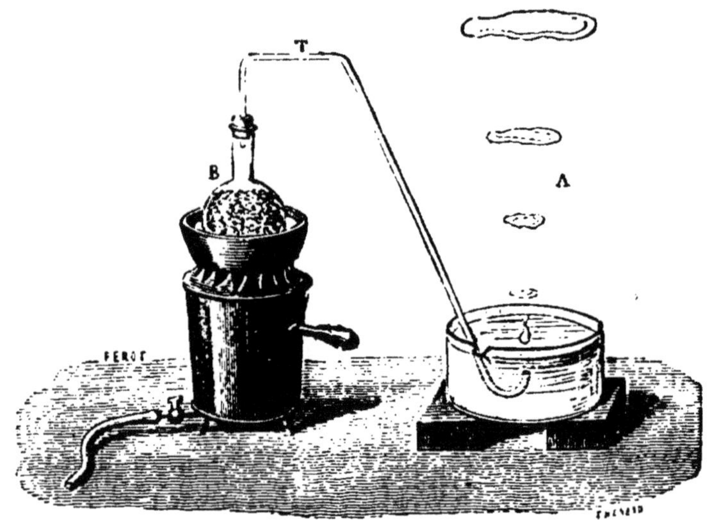

Fig. 143. — Préparation du gaz de Gengembre.

voit apparaître à l'extrémité du tube une flamme courte. On peut alors, mais *seulement alors*, plonger dans l'eau le tube abducteur et recueillir le gaz à la manière ordinaire. Si on ne place pas d'éprouvette au-dessus du tube, on voit chaque bulle de gaz s'enflammer en arrivant à l'air, et donner naissance à un anneau de fumée qui s'élève en s'élargissant et conservant sa forme circulaire si l'atmosphère est bien calme. Ces anneaux sont constitués par des fumées d'anhydride phosphorique.

On peut encore obtenir facilement les couronnes en projetant dans un verre plein d'eau de petits fragments de phosphure de calcium.

Il se fait du phosphure liquide qui est en partie détruit par l'eau et la chaux, en partie entraîné par le phosphure gazeux résultant de cette décomposition et qui est ainsi rendu spontanément inflammable.

$$PCa + H^2O = PH^2 + CaO.$$

Le gaz de Gengembre, abandonné à la lumière, perd en quelques heures la propriété d'être spontanément inflammable. Les parois de l'éprouvette qui le contient se sont recouvertes d'un enduit jaune de phosphure solide P^2H.

Historique

298. — La composition du gaz de Gengembre a été déterminée par Gay-Lussac et Thénard. L'inflammabilité de ce gaz a fait l'objet de longues recherches. C'est seulement en 1835 que Le Verrier (1) en a donné la véritable explication ; il a conclu de ses expériences que cette propriété *devait être due* à la présence d'un phosphure de formule PH^2, qu'il croyait gazeux, et qui se détruisait à la lumière en phosphure PH^3 et en un phosphure solide.

En 1845, Paul Thénard (1819-1884) parvint à isoler le phosphure PH^2 en recevant dans un vase refroidi le gaz dégagé dans l'attaque de l'eau par le phosphure de calcium. Il obtint un liquide incolore, s'enflammant spontanément dans l'air à la température ordinaire, et décomposable par la lumière en PH^3 et P^2H, ce qui confirme l'explication de Le Verrier.

ARSENIC

299. — L'arsenic ($As = 75$) est un corps solide gris, brillant, d'aspect métallique, se volatilisant sans fondre, à la pression ordinaire, vers 300°. Sa densité de vapeur, 10,6, correspond à un poids moléculaire $10,6 \times 28,8 = 299,5$. La molécule d'arsenic contient

(1) Le Verrier (1811-1877), célèbre astronome français, connu surtout pour avoir découvert par le calcul l'existence de la planète Neptune et indiqué sa position dans le ciel, ce qui permit à l'astronome allemand Galle de l'apercevoir au télescope, à Berlin, le 25 septembre 1846.

donc 4 atomes, comme celle du phosphore. L'arsenic forme avec l'oxygène un anhydride, l'*anhydride arsénieux* As^4O^6, dont la formule répond à celle de l'anhydride phosphoreux (278) On connaît un *acide arsénique* $AsO^4H^3 = AsO(OH)^3$, tribasique, dont les sels sont isomorphes des orthophosphates. L'arsenic forme avec l'hydrogène un composé indirect AsH^3 (endothermique), l'*arséniure d'hydrogène*, qui est un gaz ayant même composition que le phosphure gazeux, et absorbable comme lui par le sulfate de cuivre(1). Ce

(1) Ce corps est décomposable par la chaleur en hydrogène et arsenic, qui forme, sur les parois des vases où il se dépose, un enduit brun brillant. Il se forme toutes les fois qu'un composé de l'arsenic est en présence de l'hydrogène naissant; on a utilisé sa destruction par la chaleur pour rechercher l'arsenic dans les cas d'empoisonnement. On emploie l'*appareil*

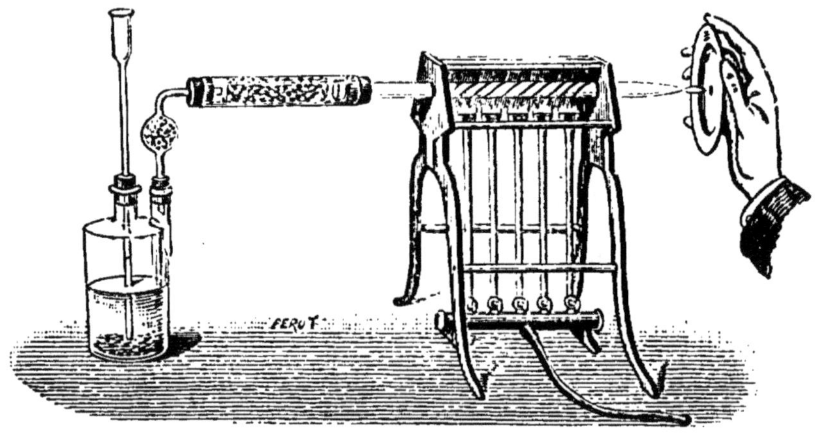

Fig. 144. — Appareil de Marsh.

de Marsh (*fig.* 144). Pour préparer l'hydrogène qui doit servir à l'expérience, on ne doit user que de produits *exempts d'arsenic*, ce dont on s'assure par un essai à blanc. Si cet essai ne donne pas de résultats, on peut procéder à la recherche. Les matières suspectes étant placées dans le flacon, avec le zinc et l'eau, on verse de l'acide sulfurique; quand l'air a été chassé, on chauffe le tube droit et on enflamme le gaz. S'il y a de l'arsenic dans les matières suspectes, la flamme prend une couleur livide particulière; un anneau brun se forme sur le tube en avant de la grille, et, si on écrase la flamme avec une soucoupe froide, la soucoupe se couvre de taches brunes, brillantes. L'anneau est volatil, et peut être facilement déplacé quand on le chauffe. L'anneau et les taches se dissolvent facilement dans l'acide azotique. La dissolution évaporée laisse un résidu blanc (acide arsenique), qui dissous dans l'eau précipite en *rouge brique* l'azotate d'argent (arséniate triargentique AsO^4Ag^3).

gaz est un poison violent. On connait des *arsines* organiques, comparables aux *phosphines* (294) et aux amines (258). On connait un chlorure d'arsenic $AsCl^3$ comparable au chlorure de phosphore.

ANTIMOINE

300. — L'antimoine (Sb = 120) est un corps solide d'aspect métallique, fondant à 629°, volatil au rouge blanc. Sa densité de vapeur correspond à un poids moléculaire 480. La molécule d'antimoine comprend donc 4 atomes. On connait l'*anhydride antimonieux* ou *oxyde d'antimoine* Sb^4O^6, l'*anhydride antimonique* Sb^2O^5, un acide *métantimonique* SbO^3H, un acide *pyroantimonique* $Sb^2O^7H^4$. On connait également l'*antimoniure d'hydrogène* SbH^3, gaz toxique, tout à fait comparable à l'arséniure par sa composition et ses propriétés (1). L'antimoine forme avec le chlore deux chlorures, $SbCl^3$ et $SbCl^5$.

FAMILLE DE L'AZOTE

301. — L'azote, le phosphore, l'arsenic, constituent la troisième des *familles naturelles* de Dumas (151, 205). Il faut y joindre l'antimoine. Ces quatre corps sont trivalents dans un grand nombre de leurs composés, notamment leurs composés hydrogénés qui répondent au type RH^3, et quintivalents dans d'autres, comme par exemple AzH^4OH (hydrate d'ammonium), Az^2O^5, P^2O^5, As^2O^5, Sb^2O^5. L'azote se sépare des trois autres par la constitution de sa molécule, qui comprend 2 atomes seulement, la molécule de chacun des autres en comprenant quatre. Mais l'analogie est manifestée par un grand nombre de composés de même formule et doués de propriétés voisines, que ces quatre corps forment avec divers autres, notamment par leurs composés hydrogénés. Les trois derniers corps forment un groupe très homogène.

Nous résumons ces analogies dans le tableau suivant :

(1) Dans l'appareil de Marsh, les composés d'antimoine donnent un anneau noir *très difficile, sinon impossible à déplacer par volatilisation*, des taches noires. Le traitement des taches d'arsenic, appliqué aux taches d'antimoine, ne donne pas de précipité.

	Az	P	As	Sb	
Poids atomique...	14	31	75	120	
Poids moléculaire.	2 × 14	4 × 31	4 × 75	4 × 120	
Etat physique...	gaz	solide { fond à + 44° bout à + 290°	solide { volatil vers 300°	solide { fond à + 629° volatil au rouge blanc	
Avec H...	AzH^3 { 1 vol. Az 3 vol. H	PH^3 { 1/2 v. P 3 vol. H	AsH^3 { 1/2 v. As 3 vol. H	SbH^3 { 1/2 v. Sb 3 vol. H	Capables de former des combinaisons organiques où l'hydrogène est remplacé par des *radicaux hydrocarbonés.*
Avec Cl...	$AzCl^3$ (endoth.)	Prennent feu dans le chlore, les deux derniers quand ils sont réduits en poudre. PCl^3 PCl^5	$AsCl^3$	$SbCl^3$ $SbCl^5$	
Avec O...	Az^2O^3 Az^2O^5, AzO^3H	P^4O^6 P^2O^5, PO^3H $P^2O^7H^4$ PO^4H^3	As^4O^6 As^2O^5 » » AsO^4H^3	Sb^4O^6 Sb^2O^5, SbO^3H $Sb^2O^7H^4$ »	Arséniates et orthophosphates isomorphes.

CHAPITRE XI

CARBONE, SILICIUM

CARBONE

Poids atomique : C = 12.
Poids moléculaire : $C^2 = 24$ (2 vol.).
Equivalent : 6.

302. — *On donne le nom de* **carbone** *à un corps dont 12 grammes, en brûlant complètement dans l'air ou l'oxygène, donnent 44 grammes d'un gaz rougissant faiblement la teinture de tournesol, troublant l'eau de chaux, et qu'on appelle* **anhydride carbonique.**

Les *charbons* sont des *polymères* (p. 173, note) du carbone, tel que nous venons de le définir. Nous étudierons à part ces polymères, que l'on peut diviser en trois groupes : 1° *diamant*; 2° *graphite*; 3° *charbons amorphes*.

303. — Les constantes physiques de l'élément carbone nous sont inconnues. Nous savons seulement qu'il passe directement de l'état solide à l'état gazeux; ce changement ne se produit que dans l'arc électrique, à une température qui a été évaluée à 3500° (Violle); sa densité de vapeur, qui n'a pu être déterminée par l'expérience, a été déduite de considérations théoriques (voy. p. 298). La vapeur de carbone se condense toujours à l'état de graphite.

Les propriétés chimiques attribuées au carbone sont celles des variétés que nous connaissons. Il s'unit à l'hydrogène dans l'arc électrique, en donnant de l'*acétylène* (387). Il s'unit directement au fluor (104) en donnant du tétrafluorure de carbone CF^4. Le chlore ne l'attaque pas. Il brûle dans l'oxygène au rouge, en donnant de l'anhydride carbonique [$C + O^2 = CO^2$]; la combustion de 12 grammes de diamant dégage $94^{cal},3$; celle du carbone amorphe $97^{cal},6$, ce qui montre que la transformation du carbone amorphe en diamant dégage $3^{cal},3$ par molécule. Il s'unit au soufre sous l'action de la chaleur en donnant du sulfure de carbone, CS^2 (344).

C'est un réducteur puissant. Il décompose l'eau (313), réduit tous les oxydes métalliques (314), les acides sulfurique (168), azotique (241), phosphorique (284).

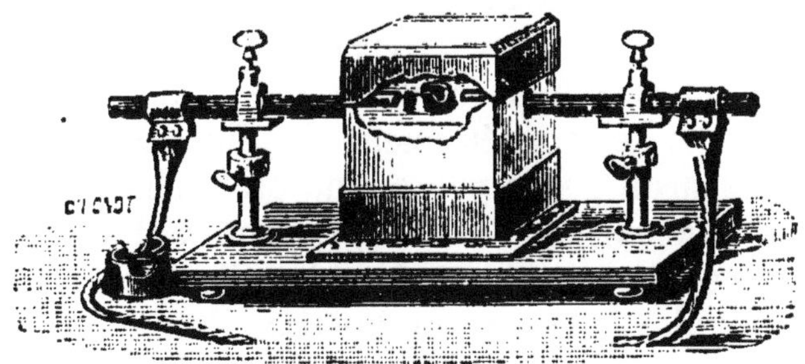

Fig. 144 *bis*. — Four électrique en partie sectionné.

Il donne avec le bore et le silicium des composés très durs.

On connaît depuis longtemps les *fontes*, carbures métalliques dissous dans un excès de métal. On prépare aujourd'hui au *four électrique* (*fig.* 144 *bis*) toute une série de carbures cristallisés résistant à l'action des températures les plus élevées. Un grand nombre d'entre eux sont décomposés par l'eau avec formation de carbures d'hydrogène.

DIAMANT

301. — Le diamant est extrêmement dur ; on ne connaît que deux corps capables de le rayer ; un *borure de carbone*, et un *carbosiliciure de titane* produit au four électrique. Sa densité est 3,5 ; il est très réfringent et donne lieu, quand il est convenablement taillé, à des jeux de lumière qui expliquent la faveur dont il est l'objet. Il conduit mal la chaleur et l'électricité.

Fig. 145. — Diamant brut.

Le diamant se rencontre dans la nature à l'état de cristaux à arêtes courbes se rattachant au système cubique (*fig.* 145) ; ces cristaux sont le plus souvent incolores ; quelquefois colorés, ou même noirs.

Chauffé dans le vide à température très élevée (arc électrique), il perd sa transparence et se change en *graphite*, au moins à sa surface. Si on l'expose à une élévation brusque de température, en le plaçant au foyer d'une lentille, par exemple, il éclate en fragments.

C'est du carbone presque pur ; il brûle lentement au rouge dans un courant d'oxygène, en donnant du gaz carbonique et un résidu de cendres très minime. Dès la fin du XVIIe siècle, les académiciens de Florence avaient constaté qu'il disparaît peu à peu quand on le chauffe dans l'air au moyen d'une lentille. En 1773, Darcet et Rouelle constatèrent qu'il ne s'altère pas dans le vide. C'est Lavoisier qui reconnut le premier que sa combustion donne de l'anhydride carbonique; Davy montra (1816) qu'elle ne donne que de l'anhydride carbonique.

Les diamants bruts subissent l'opération de la taille, imaginée en 1456 par un gentilhomme flamand nommé

Louis de Berquem. On ne taille que les plus limpides; on les dégrossit, en utilisant les faces de clivage des cristaux naturels, puis on les use en les frottant contre une plate-forme en acier tournant très rapidement et recouverte d'*égrisée* (ou poussière de diamant) réduite en pâte épaisse avec de l'huile. Les plus beaux diamants sont taillés en *brillant* (*fig.* 146), les moins gros en *rose* (*fig.* 147). Le poids des diamants est évalué en *carats*, unité particulière, qui vaut 0gr,212. Le prix du carat augmente avec la grosseur, et dépend de l'éclat et de la limpidité du diamant.

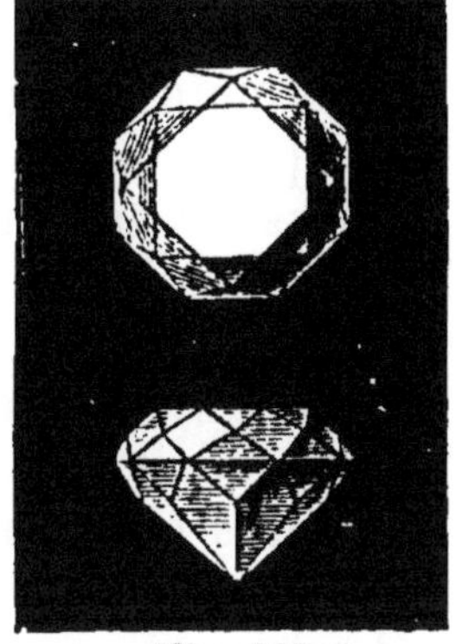

Fig. 146.
Diamant taillé en brillant.

Les éclats de diamant sont employés pour couper le verre; leurs arêtes courbes, écartant les deux lèvres de la rainure, facilitent la rupture sous un léger effort. Les diamants trop petits ou peu limpides, les *diamants noirs* du Cap notamment, servent à fabriquer l'égrisée, ou à garnir les forets destinés à attaquer les roches les plus dures.

On trouve le diamant dans les sables d'alluvion, principalement dans l'Inde, au Brésil, à Bornéo, au cap de Bonne-Espérance et dans l'Oural. Certaines *météorites* (pierres tombées du ciel) en contiennent.

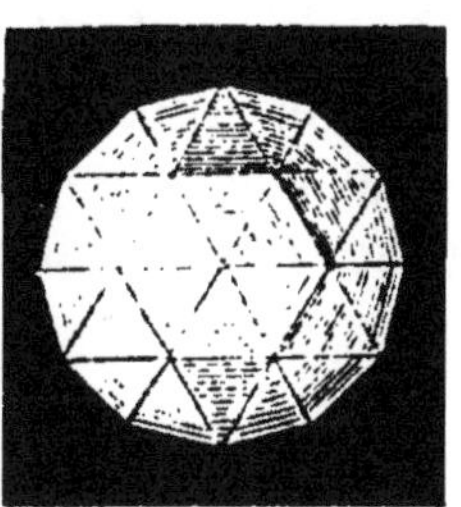

Fig. 147
Diamant taillé en rose.

M. Moissan a produit artificiellement des diamants de très petite dimension, en laissant refroidir lentement, sous une pression considérable, une solution de carbone dans du fer fondu. M. Rossel a montré que l'acier contient en général des cristaux octaédriques de diamant et d'autant plus qu'il a été obtenu à une température plus élevée.

GRAPHITE

303. — Le graphite ou *plombagine* est un corps noir, brillant, friable, laissant un trace grise sur le papier, cristallisé en lamelles hexagonales minces ; on le trouve dans des terrains cristallins ; il est très abondant en Sibérie aux environs d'Irkoutsk (graphite Alibert). Sa densité varie entre 2 et 2,2. Il conduit la chaleur et l'électricité.

Il est moins pur que le diamant. Il perd une notable partie de son poids quand on le chauffe. Même après fusion avec de la potasse et traitement par l'eau régale et l'acide fluorhydrique qui enlèvent les impuretés (silice, fer, chaux), la perte est encore sensible.

Il brûle moins facilement que le diamant, mais il donne le même produit (anhydride carbonique) en laissant un résidu de cendres qui peut atteindre jusqu'à 50 p. 100 du poids initial avec certains échantillons impurs.

Il est oxydé par un mélange de chlorate de potassium et d'acide azotique ; il se forme un produit contenant de l'hydrogène, du carbone et de l'oxygène, l'*oxyde graphitique* qui se présente sous la forme de lamelles jaunes insolubles.

On s'en sert pour faire des crayons, des creusets, pour adoucir les frottements des pièces d'engrenage, pour *métalliser* les moules de galvanoplastie.

Le carbone qui est disséminé à l'état libre dans la fonte grise (514) présente l'aspect et les propriétés du graphite.

CARBONES AMORPHES

Nous les distinguerons en charbons naturels ou fossiles, et en charbons artificiels.

Charbons fossiles

306. Anthracite. — L'anthracite est un corps noir, de densité 1,3 à 1,75, bon conducteur. On le rencontre dans les terrains antérieurs au *carbonifère*. Il contient de 70 à 90 p. 100 de carbone. Sa conductibilité le rend difficile à enflammer, car la chaleur ne peut se concentrer au point échauffé, comme cela a lieu pour les charbons non conducteurs; mais, quand il est allumé, il constitue un excellent combustible, dégageant une grande quantité de chaleur. On le brûle dans des fourneaux spéciaux. Il est très employé en Amérique pour chauffer les locomotives.

307. Houille. — Les houilles constituent de vastes amas souvent disposés en couches parallèles dans le terrain carbonifère. Elles sont brillantes, et présentent souvent des empreintes de feuilles ou de troncs d'arbres qui révèlent leur origine végétale. Elles contiennent de 75 à 95 p. 100 de carbone soit libre, soit engagé dans diverses combinaisons organiques. Leur densité varie de 1,25 à 1,35. Elles sont souvent accompagnées de matières bitumineuses, et aussi de matières minérales, parmi lesquelles une des plus fréquentes est la pyrite (ou sulfure de fer). On distingue : 1° les houilles grasses (à 89 p. 100 de charbon en moyenne) brûlant avec une flamme assez longue, et s'agglomérant par l'effet de la combustion; 2° les houilles maréchales (à 85 p. 100) brûlant aussi avec une flamme assez longue : ces deux variétés sont bonnes pour la forge; 3° les houilles à gaz (à 82 p. 100) employées à la fabrication du gaz d'éclairage; 4° les houilles maigres (à 78 p. 100) brûlant avec une flamme courte; on les emploie principalement au chauffage.

308. Lignite. — Les lignites contiennent de 55 à 75 p. 100 de charbon. Ils sont de formation postérieure à celle de la houille, et ont la même origine. Leur densité moyenne est 1,2. Ils constituent un bon combustible, facile à enflammer; on en emploie de grandes quantités en Allemagne pour le chauffage des machines; certaines variétés, très noires et très dures, pouvant acquérir un beau poli, sont utilisées sous le nom de *jais* ou *jayet* pour la fabrication des bijoux de deuil.

308 *bis*. Tourbes. — La décomposition de certaines plantes dans les marécages donne naissance de nos jours à des dépôts appelés *tourbes*. Les tourbières sont assez nombreuses dans la Somme. La tourbe n'est pas proprement un charbon, à cause de l'énorme proportion de matières organiques qu'elle renferme. Elle brûle en répandant une fumée épaisse et une odeur infecte; mais en la desséchant et en la comprimant, on en fait un combustible qui rend de réels services.

Charbons artificiels

309. Charbon animal. — Quand on calcine les os en vase clos, on obtient un produit dont le poids est environ 60 p. 100 de celui des os traités, et qui contient un dixième de carbone. C'est le noir animal, qui conserve la forme des os, et qu'on pulvérise ou qu'on réduit à l'état de fragments de la grosseur d'un pois (noir en grains), suivant les usages auxquels on le destine. Pour donner au noir une structure poreuse, on a eu soin, avant la calcination, de faire bouillir les os pour enlever les matières grasses, qui, se décomposant dans les pores des os, les auraient oblitérés. En lavant ce produit par l'acide chlorhydrique à chaud, on dissout la matière minérale (phosphate et carbonate de calcium) et il reste du charbon pur.

310. *Propriétés décolorantes.* — Le noir animal possède des propriétés décolorantes remarquables. Si on agite avec du noir en poudre du vin ou du tournesol et qu'on passe au filtre, le liquide est décoloré (*fig.* 148). Cependant la matière colorante n'est pas détruite, car, si on verse sur le filtre une dissolution alcaline faible (quand on a opéré avec du tournesol), elle passe colorée en bleu. Les propriétés décolorantes du noir animal s'affaiblissent quand il a servi plusieurs fois; pour les régénérer on le calcine

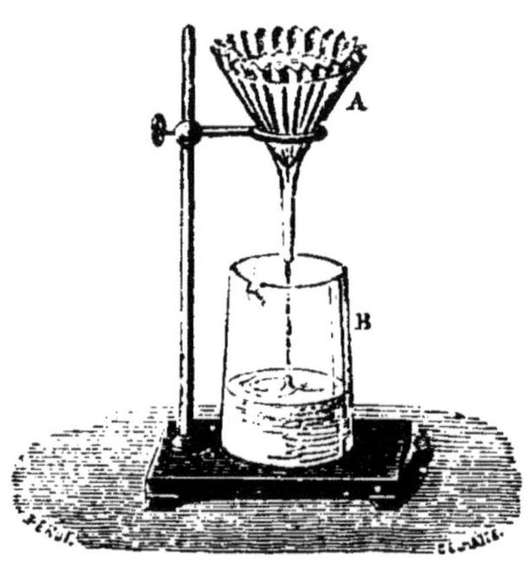

Fig. 148.
Décoloration par le noir animal.

fortement, mais il ne les reprend jamais complètement.

Le noir animal absorbe les sels de calcium; il constitue d'excellents filtres pour les eaux trop calcaires.

Il est employé dans l'industrie comme décolorant, et aussi dans les arts pour faire de la peinture noire (noir d'ivoire).

311. Charbon de sucre. — Quand on calcine dans un creuset de porcelaine du sucre de canne $C^{12}H^{22}O^{11}$, il se dégage d'abord une grande quantité de vapeur d'eau; la masse brunit, et finalement il reste un charbon très pur, noir, brillant, léger, dur, difficile à attaquer et à brûler. C'est le charbon de sucre.

312. Charbon de bois. — On appelle ainsi le résidu de la distillation du bois. Cette distillation se fait par deux procédés différents.

Procédé des meules, ou des charbonniers. — Ce procédé n'est économique que si on veut distiller le bois dans la forêt même; on en brûle une partie, dont la chaleur de combustion distille le reste. Il a l'inconvénient d'être irrégulier dans sa marche, et de perdre les produits de la distillation (esprit de bois, acide acétique, produits ammoniacaux et goudron) dont la plupart sont précieux pour l'industrie.

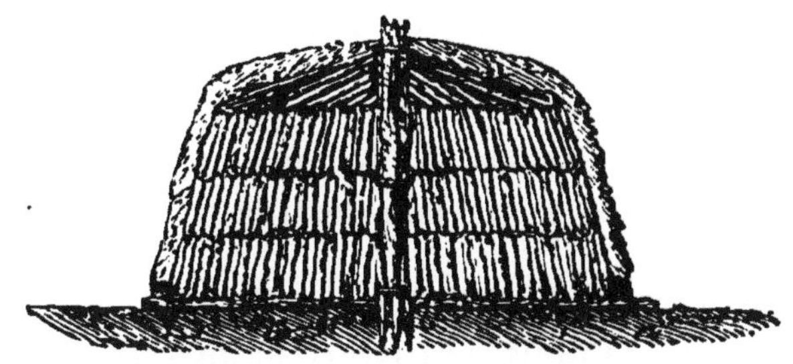

Fig. 149. — Meule de charbon.

Le bois, débité en rondins, est empilé par couches autour d'une cheminée centrale formée de quatre pieux verticaux. On couvre la *meule* avec de la mousse et de la terre battue, puis on jette des broussailles dans la cheminée et on les enflamme en jetant sur elles quelques charbons ardents (*fig.* 149, 150). Quand la fumée que dégage la cheminée est devenue transparente, on bouche la cheminée et on perce des évents plus bas; on les bouche à leur tour pour en ouvrir d'autres quand ils donnent une fumée transparente, et ainsi de suite jusqu'en bas. Ce procédé très primitif donne toujours une notable proportion de *fumerons* (morceaux mal

Fig. 150. — Meule de charbon.

brûlés), et de morceaux trop brûlés, friables et hygrométriques. On obtient un charbon de meilleure qualité en faisant l'opération dans des fosses creusées en terre et dont les parois sont revêtues de briques. Ce procédé est employé pour obtenir le charbon destiné à la fabrication de la poudre (493).

Procédé des cylindres. — Les rondins sont placés dans des cylindres de tôle munis de tuyaux et de serpentins qui permettent de recueillir les produits de la distillation. L'avantage de ce procédé est de pouvoir arrêter la distillation à volonté. Quand on veut préparer un charbon de qualité déterminée, on emploie des cylindres dont la base antérieure est percée de trous dans lesquels sont logés des tubes de fonte où l'on met des thermomètres, et des rondins que l'on retire de temps en temps pour suivre les progrès de la calcination.

Les propriétés du charbon de bois dépendent de la température à laquelle il a été préparé. A 280°, on obtient un charbon très inflammable, grâce à l'excès d'hydrogène qu'il retient; à 440°, on a un charbon contenant 80 p. 100 de carbone, s'enflammant plus difficilement.

Le charbon de bois est noir, sa densité varie de 1,45 à 2; les plus lourds sont préparés à température élevée; ils sont moins poreux que les charbons obtenus à basse température; la porosité du charbon dépend également de la nature du bois calciné; avec les bois tendres, elle est plus grande qu'avec les bois durs. Les charbons poreux conduisent mal la chaleur et brûlent bien; les charbons compacts conduisent bien la chaleur et brûlent mal.

313. *Action de l'eau.* — On peut faire avec le charbon de bois les expériences suivantes :

Fig. 151. — Décomposition de la vapeur d'eau par le charbon.

Le charbon étant bien enflammé, on le plonge dans l'eau, en l'amenant sous une éprouvette· il se dégage en abondance un gaz qui gagne le haut de l'éprouvette; ce gaz, inflammable, contient de l'hydrogène et de l'oxyde de carbone, avec un peu d'anhydride carbonique. La formation de l'oxyde de carbone répond à l'équation

$$H^2O + C = H^2 + CO.$$

Si on fait passer un courant de vapeur d'eau sur du charbon contenu dans un tube de porcelaine et chauffé au rouge (*fig.* 151), on recueille un mélange d'hydrogène, d'oxyde de carbone et d'acide carbonique. L'acide carbonique qui se forme dans cette expérience provient de la combinaison directe du carbone avec l'oxygène libre; la présence de ce dernier gaz est due à la dissociation de la vapeur d'eau à la température du tube.

Cette action de l'eau sur le charbon rouge explique pourquoi une *petite quantité* d'eau, projetée sur un foyer ardent, active la combustion. Elle est utilisée pour produire des gaz combustibles employés au chauffage dans quelques usines (gaz à l'eau). C'est alors le coke que l'on emploie (317).

314. *Réduction des oxydes par le charbon.* — C'est avec

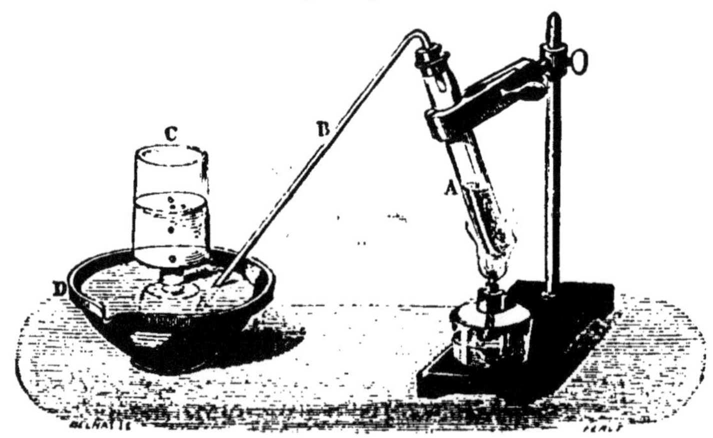

Fig. 152.

le charbon de bois qu'on réduit le plus souvent les oxydes métalliques dans les laboratoires. Quand la réduction a lieu à une température pas trop élevée (oxyde de cuivre, par exemple, *fig.* 152), on a de l'anhydride carbonique.

$$2CuO + C = CO^2 + 2Cu.$$

Quand elle se fait à température élevée, on a de l'oxyde de carbone (oxyde de zinc, par exemple).

$$ZnO + C = Zn + CO.$$

La chaux, la baryte, la strontiane, ne peuvent être réduites par le charbon qu'à la température du chalumeau oxhydrique. La magnésie, l'alumine, les oxydes de potassium et de sodium résistent même à cette température, mais tous les oxydes peuvent être très rapidement réduits dans le four électrique.

Dans l'industrie on emploie le plus souvent pour les réductions, la houille ou le coke.

315. *Absorption des gaz.* — Le charbon de bois en poudre absorbe les gaz, et d'autant mieux qu'ils sont plus facilement liquéfiables. Cette absorption est accompagnée d'un dégagement de chaleur. On peut la réaliser également avec du charbon en morceaux. Si on éteint un charbon rouge dans le mercure et qu'on l'amène sous une éprouvette pleine de gaz ammoniac par exemple, on voit le gaz disparaître très rapidement; le charbon, retiré de l'éprouvette, exhale une forte odeur d'ammoniaque.

D'après Favre, le charbon de bois absorbe :

178	fois son volume de gaz	ammoniac,
166	—	acide chlorhydrique,
165	—	anhydride sulfureux,
99	—	oxyde azoteux,
97	—	anhydride carbonique.

Si on fait passer sur un charbon imprégné de chlore *sec* un courant d'hydrogène *sec*, il se fait de l'acide chlorhydrique. Un charbon imprégné d'acide sulfhydrique *sec* s'enflamme dans l'oxygène également *sec*.

M. Melsens a utilisé l'absorption des gaz par le charbon pour liquéfier certains d'entre eux (1).

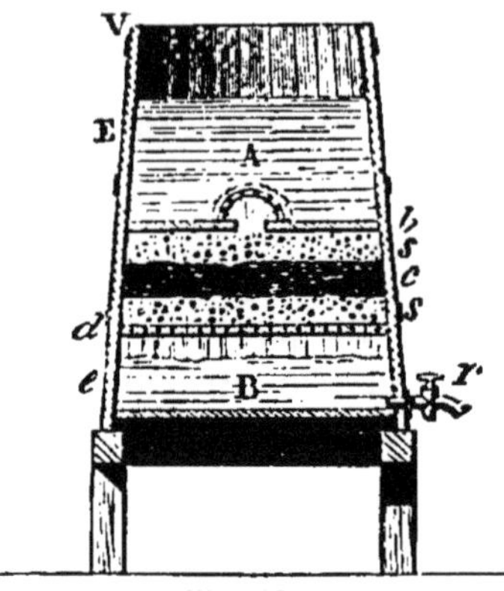

Fig. 153.
Filtre de charbon de bois.

Les propriétés absorbantes du charbon le rendent très propre à la confection de filtres pour les eaux bourbeuses. Le charbon en poudre est placé entre deux couches de sable *s*, serrées entre des planches percées de trous (*fig.* 153). Une eau croupissante versée dans le filtre devient potable en traversant le sable et le charbon.

316. Noir de fumée. — Quand une matière organique contenant une forte proportion de carbone brûle incomplètement, c'est-à-dire quand elle est en présence d'une quantité insuffisante d'oxygène, une partie du carbone est mise en liberté. On sait qu'en écrasant avec une soucoupe froide la flamme d'une lampe ou d'une bougie, on obtient sur la soucoupe un dépôt noir qui est du charbon. On obtient le noir de fumée en brûlant incomplètement des huiles et des graisses, et recevant la fumée dans de vastes chambres en maçonnerie tendues de toiles. Un cône en tôle râcle les parois et fait tomber le noir quand l'opération est terminée (*fig.* 154). On obtient ainsi un charbon en poudre très fine, et qui contient des impuretés en quantité assez variable. On le purifie par calcination.

On montre facilement, avec le noir de fumée, la réduction de l'acide azotique par le charbon (241).

Il est surtout employé dans la fabrication des encres d'imprimerie, des couleurs à l'huile, de l'encre de Chine, dans l'impression des tissus.

(1) Le procédé est celui de Faraday; le charbon chargé de gaz est mis dans un vase clos, le gaz est dégagé par la chaleur.

317. Coke. — C'est le résidu de la distillation de la houille et de l'anthracite. On l'extrait des cornues à gaz; on le fabrique également dans des *meules*, construites en maçonnerie et munies d'une tour centrale, qui fonctionnent à la manière des meules des charbonniers. Le coke des houilles

Fig. 151. — Préparation du noir de fumée.

grasses est poreux et boursouflé; celui des houilles maigres conserve la forme du combustible. Le coke des cornues à gaz est plus facile à brûler que celui des meules. Ce dernier est conducteur, et par conséquent difficile à allumer, mais il constitue un excellent combustible, dégageant beaucoup de chaleur, et très employé dans l'industrie.

318. Charbon des cornues. — La décomposition des carbures qui se dégagent dans la distillation de la houille donne lieu à un dépôt de carbone sur les parois des cornues à gaz (413). Ce dépôt, très compact et très dur, qu'on doit détacher au ciseau, constitue le charbon de cornue. C'est un charbon conducteur, comme tous les charbons préparés à haute température. On en fait des prismes destinés à servir de pôle positif dans la pile de Bunsen, des crayons pour l'arc électrique, des électrodes pour la décomposition des chlorures par le courant (le chlore ne l'attaque pas), des creusets.

OXYDE CARBONIQUE OU OXYDE DE CARBONE

$$CO = 28.$$
2 volumes.

319. Propriétés physiques. — Gaz incolore, inodore, insipide. Sa densité est 0,968, correspondant à la formule CO $\left[D = \frac{28}{28,8}\right.$ (32)$\left.\right]$. Le poids du litre est $1^{gr},293 \times 0,968 = 1^{gr},254$. Son coefficient de solubilité (19) dans l'eau est 0,027 à 9°; dans l'alcool 0,204 à 12°,9.

Changements d'état. — Température critique, — 141°; pression critique, 35^{at}; point d'ébullition sous la pression normale, — 190°. C'est donc un des gaz les plus difficiles à liquéfier; il a été liquéfié pour la première fois en même temps que l'oxygène (66).

Propriétés chimiques. — 320. *Chaleur.* L'oxyde de carbone est dissocié par la chaleur, mais faiblement.

Pour manifester sa dissociation, il faut avoir recours à l'appareil chaud et froid (125). On trouve à la fin de l'expérience un dépôt de charbon sur le tube central, et le gaz qui sort de l'espace annulaire contient un peu d'anhydride carbonique, résultant de l'action de l'oxygène mis en liberté sur l'oxyde carbonique non détruit.

321. *Oxygène.* — L'oxyde carbonique brûle dans l'oxygène avec une flamme bleue caractéristique, dont la température est très élevée. Il se forme de l'anhydride carbonique.

$$CO + O = CO^2 \ . \ . \ . \ . \ . \ + 68^c,2.$$

On peut enflammer le gaz en approchant un corps incandescent de l'orifice du vase qui le contient. Le mélange de deux volumes d'oxyde et d'un volume d'oxygène est détonant. Il s'enflamme vers 647°, ou à froid par l'action de la mousse de platine (1).

La grande quantité de chaleur que dégage l'oxydation de l'oxyde carbonique rend compte de ses propriétés réductrices. C'est lui, en effet, qui agit comme réducteur dans un grand nombre d'opérations métallurgiques, notamment dans le haut fourneau (515).

322. L'oxyde de carbone est absorbé par le chlorure cuivreux en solution chlorhydrique ou ammoniacale. Le gaz est chassé par l'action de la chaleur et du vide.

Chauffé au bain-marie, en tube scellé, avec de la potasse, l'oxyde de carbone se transforme lentement en formiate de potassium, sel de l'acide *formique* (543, 548).

$$CO + KOH = CHO^2K.$$

323. Fonction chimique. — En dehors de ses propriétés réductrices, l'oxyde de carbone se comporte comme un radical divalent; il est appelé *carbonyle*. Ainsi, quand on expose à la lumière solaire un mélange à volumes égaux d'oxyde de carbone et de chlore, le mélange se décolore et

(1) La formation de l'oxyde de carbone à partir du diamant dégage seulement +26c,0. En général, quand un corps présente plusieurs composés oxygénés, la formation du premier à partir des éléments dégage plus de chaleur que celle du second à partir du premier et de l'oxygène. Exemples :

$S + O^2 = SO^2$. . . . . +69,2 $Cu^2 + O = Cu^2O$. . . . . +42,0

$SO^2 + O = SO^3$. . . . . +22,6 $Cu^2O + O = 2CuO$ . . . . +34,8

Les composés oxygénés du carbone font exception à la règle. C'est une des raisons que l'on invoque en faveur de l'hypothèse du carbone gazeux (302). On explique la faible chaleur de formation de l'oxyde de carbone en admettant que le charbon ne peut entrer en combinaison avec l'oxygène qu'après avoir été amené à l'état gazeux, c'est-à-dire *dépolymérisé* (p. 73, note), ce qui exige qu'on lui fournisse une certaine quantité de chaleur, qui doit être retranchée de la chaleur totale. Si on admet que la formation de ce corps ne dégage pas plus de chaleur que son oxydation, et, d'après ce qui précède, c'est probablement une limite inférieure, on voit qu'il resterait au moins 68,2 — 26,0 = 42c,2 pour représenter la chaleur de polymérisation.

son volume se réduit de moitié. Le gaz résultant de la combinaison, découvert par Davy et appelé par lui *gaz phosgène*, a pour formule $COCl^2$; c'est le *chlorure de carbonyle*, détruit par l'eau en anhydride carbonique et acide chlorhydrique.

$$COCl^2 + H^2O = 2ClH + CO^2.$$

Le carbonyle est le radical de l'*acide carbonique*, $CO(OH)^2 = CO^3H^2$, dont on ne connaît que l'anhydride CO^2.

Le carbonyle se combine à certains métaux, notamment le potassium, le nickel et le fer, pour donner des composés doués d'allures spéciales, et qui ne rappellent en rien les propriétés de ces métaux : ces composés portent le nom de *carbonyles métalliques*. Exemple, le *nickel tétracarbonyle*, $Ni(CO)^4$.

324. Action physiologique. — L'oxyde de carbone est un poison des plus violents. Il suffit de quelques centièmes de ce gaz dans l'atmosphère pour tuer un chien. Lorsqu'il n'est pas en quantité suffisante pour donner la mort, il provoque des accidents très graves, si son action se fait sentir pendant un temps un peu long. Les recherches de Claude Bernard (1) ont montré qu'il agit en déplaçant l'oxygène des globules sanguins, et formant avec l'hémoglobine une combinaison stable. On peut quelquefois sauver des personnes ayant absorbé de l'oxyde de carbone, en leur faisant respirer de l'oxygène; dans les asphyxies *par le charbon*, c'est le gaz oxyde de carbone qui détermine le plus souvent la mort. L'anhydride carbonique est beaucoup moins dangereux que lui; ainsi, une bougie s'éteint dans une atmosphère contenant une quantité d'acide carbonique insuffisante pour la rendre irrespirable; un chien est foudroyé dans une atmosphère contenant quelques centièmes d'oxyde de carbone, et de l'acide carbonique en quantité trop faible pour qu'une bougie s'y éteigne. Cette expérience, due à F. Leblanc, montre combien l'oxyde de carbone est redoutable. La pro-

(1) Un des plus grands physiologistes du siècle (1813-1880); on lui doit la découverte de la *fonction glycogénique* du foie, et de belles études sur les anesthésiques et les poisons végétaux.

duction de ce gaz est très fréquente. Si de l'anhydride carbonique passe sur du charbon chauffé au rouge, il se réduit à l'état d'oxyde de carbone, et, comme ce gaz traverse la fonte rougie, il y a presque constamment de l'oxyde de carbone autour des poêles de fonte chauffés au charbon, quand on les laisse arriver au rouge. Aussi ne devrait-on jamais user que des poêles à double enveloppe dont l'espace annulaire communique avec le tuyau, de manière que le tirage puisse entraîner au dehors les gaz délétères. Les poêles dits *à combustion lente* dégagent presque toujours de l'oxyde de carbone, qui est refoulé dans les appartements si la cheminée dans laquelle on fait aboutir leurs tuyaux ne tire pas bien, ou gagne les autres étages de la maison si son conduit présente des fissures. Ces poêles ont occasionné de nombreux accidents, et on ne saurait prendre trop de précautions quand on les emploie.

325. Préparation. — On prépare ordinairement l'oxyde de carbone en déshydratant l'acide oxalique, qui se dédouble en oxyde de carbone, acide carbonique et eau.

$$\underset{\text{Acide oxalique.}}{C^2H^2O^4} = CO + CO^2 + H^2O.$$

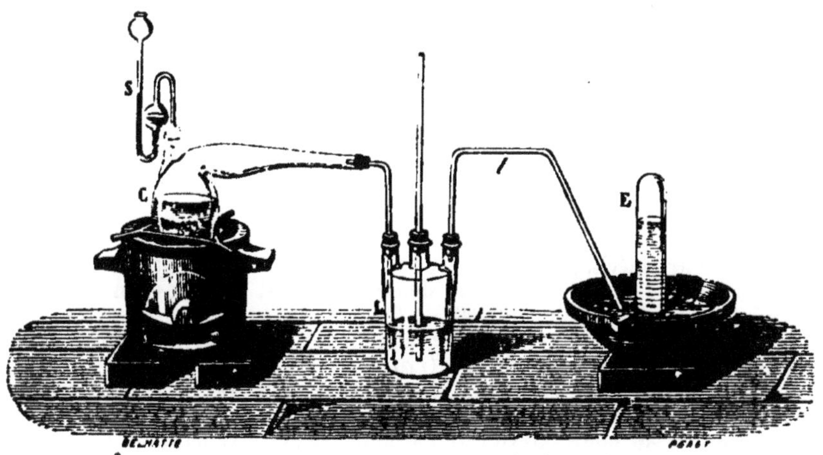

Fig. 155. — Préparation de l'oxyde de carbone.

Pour réaliser l'opération, on chauffe doucement dans un

ballon de l'acide sulfurique avec des cristaux d'acide oxalique répondant à la formule $C^2H^2O^4,2H^2O$. On retient l'anhydride carbonique en lavant le gaz dans une dissolution de potasse ou de soude, et on recueille l'oxyde de carbone sur l'eau (*fig.* 155). Quand on veut l'avoir sec, on le fait passer sur du chlorure de calcium, et on le reçoit sur le mercure.

326. Circonstances de production. — Il se produit de l'oxyde de carbone toutes les fois que de l'anhydride carbonique passe sur du charbon chauffé au rouge. Il s'en produit aussi dans la combustion incomplète de toutes les espèces de charbon. Enfin la réduction de certains oxydes métalliques en donne également (314).

Composition

327. — On détermine la composition de l'oxyde de carbone en le brûlant avec de l'oxygène dans l'eudiomètre; on met 2 volumes d'oxygène et 2 volumes d'oxyde carbonique. Quand l'étincelle a éclaté, on voit que le gaz est réduit à 3 volumes, dont 2, absorbables par la potasse, sont constitués par de l'anhydride carbonique; le troisième, absorbable par le phosphore, est de l'oxygène. L'acide carbonique renfermant son volume d'oxygène (337), les 2 volumes de ce gaz formés dans la combustion contiennent 2 volumes d'oxygène; les 2 volumes d'oxyde de carbone examiné en contenaient donc 1. La chaleur spécifique (1) de l'oxyde de carbone est égale, sous le même volume, à celle des gaz formés sans condensation et à volumes égaux. On est en droit d'en conclure que l'oxyde de carbone est formé de cette manière, et que 2 volumes de ce gaz contiennent 1 volume de carbone et 1 d'oxygène.

(1) La chaleur spécifique d'un corps est la quantité de chaleur capable d'élever de 0° à 1° l'unité de poids de ce corps. Il est question ici de la quantité de chaleur capable d'élever de 0° à 1° *un même volume des divers gaz*, par exemple le volume de la molécule; on obtiendra ce nombre en multipliant la chaleur spécifique (*rapportée à l'unité de poids*) par le poids moléculaire. L'expérience a donné 4,95 pour le bioxyde d'azote; 4,76 pour l'acide chlorhydrique, qui sont formés à volumes égaux sans condensation; 4,86 pour l'oxyde de carbone. Il est à remarquer que cette *chaleur spécifique moléculaire* a encore la même valeur pour les gaz simples (oxygène, hydrogène, azote). C'est là une des raisons que l'on invoque en faveur de l'hypothèse d'Avogadro (32).

Si de	$1,293 \times 0,968$,	poids de 1 litre d'oxyde de carbone,
on retranche	$1,293 \times 0,553$,	poids de 1/2 litre d'oxygène,
il reste	$1,293 \times 0,415$	qui doit être le poids de 1/2 litre de vapeur de carbone.

On est donc conduit à 0,8 à peu près comme densité de vapeur du carbone.

328. Usages. — L'oxyde de carbone est utilisé comme combustible dans l'industrie. M. Siemens a imaginé de chauffer les fours dans lesquels on fond l'acier en y envoyant un mélange d'air et d'oxyde de carbone chauds (fours Martin, 521); le contact des deux gaz détermine la combustion. L'oxyde de carbone est produit en faisant passer un courant d'air à travers du coke incandescent. Le gaz contient de 4 à 5 p. 100 d'acide carbonique et de 20 à 30 p. 100 d'oxyde de carbone; le reste est de l'azote.

Historique

329. Priestley obtint le premier de l'oxyde de carbone en calcinant de l'oxyde de zinc avec du charbon; il ne l'étudia pas et ne le nomma même pas. C'est en 1801 que sa composition fut déterminée par Cruikshank. Clément-Desormes, répétant les expériences d'un savant américain nommé Woodhouse, montra qu'il se produit dans l'action du charbon rouge sur l'anhydride carbonique.

ANHYDRIDE CARBONIQUE

$CO^2 = 44.$
2 volumes.

330. Propriétés physiques. — Gaz incolore, inodore, d'une saveur aigrelette. Sa densité à 0°, 760^{mm} est 1,529 répondant à la formule CO^2 $\left[D = \frac{44}{28,8} (32)\right]$. Un litre de ce gaz pèse $1^{gr},293 \times 1,529 = 1^{gr},977$.

On fait à ce propos plusieurs expériences. On remplit de gaz carbonique un grand seau de verre, qu'on recouvre d'une feuille de carton; on souffle des bulles de savon, qu'on dirige au-dessus du vase; si on enlève le carton, on voit que les bulles restent soutenues à une certaine distance du fond.

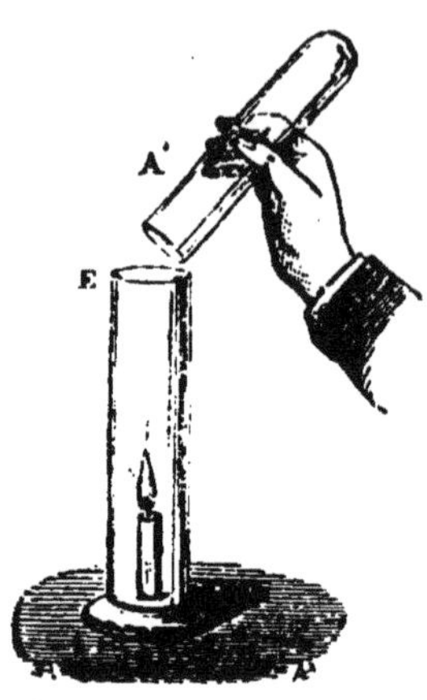

Fig. 156. — Extinction d'une bougie par l'acide carbonique.

Le gaz carbonique éteint les corps en combustion. On place, au fond d'une éprouvette à pied E, une bougie allumée. On approche alors, en la maintenant l'ouverture en haut, une éprouvette de gaz carbonique A, et on la renverse au-dessus de E. Le gaz tombe au fond de E, et éteint la bougie (*fig.* 156).

Le coefficient de solubilité du gaz dans l'eau est 1,8 à 0°; 1,0 à 15°; dans l'alcool, 4,33 à 0°.

Si on refroidit par détente du gaz carbonique déjà refroidi à 0° et comprimé à 30 atmosphères en présence d'une petite quantité d'eau, on obtient un hydrate solide auquel on a attribué la formule $CO^2 + 8H^2O$ (Wroblewski).

331. *Changements d'état.* — Temp. critique +31°; pression critique, +73 atm.; point d'ébullition sous la pression atmosphérique, — 79°; force élastique maxima de la vapeur d'anhydride liquéfié :

à 0°.	34^{at},3
18°.	44^{at},2
15°.	50

La liquéfaction du gaz carbonique est donc relativement facile. Faraday la réalisa dans son tube à deux branches (111). Le premier appareil donnant de grandes quantités d'anhydride liquéfié fut construit en 1834 par Thilorier (1), en application du principe de Faraday.

(1) Le premier appareil de Thilorier (qui professait à l'École de pharmacie de Paris) était mal construit; il éclata au cours d'une expérience, et l'explosion tua le préparateur qui assistait Thilorier.

On trouve aujourd'hui dans le commerce l'anhydride liquéfié dans des cylindres d'acier très résistants, nommés bombes (*fig.* 157), et fermés par des robinets à vis parfaitement travaillés. Le gaz est liquéfié dans ces cylindres par compression.

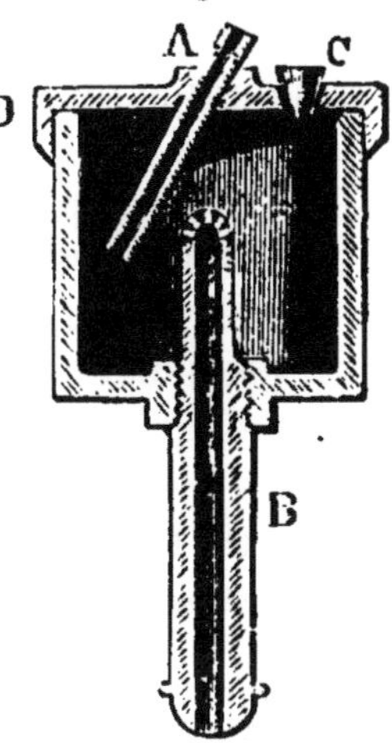

Fig. 157 *bis*. — Boîte à neige. A, tube incliné dans lequel on introduit le tube *t* du récipient; B, poignée creuse par où s'échappe l'excès de gaz; C, bouchon; D, couvercle, fixé par un mouvement de baïonnette; O, trous mettant la boîte en communication avec le canal de la poignée.

M. Cailletet a imaginé une pompe à piston mercuriel, sans espace nuisible, dont la soupape est mue automatique-

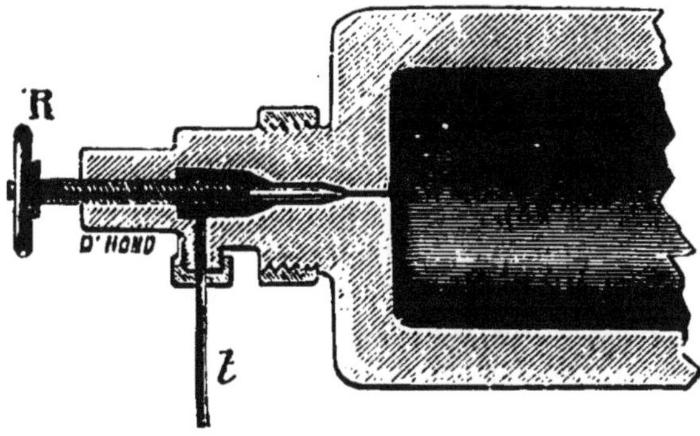

Fig. 157 — Récipient à anhydride carbonique. R, robinet à pointeau; *t*, tube par lequel s'échappe l'anhydride quand on ouvre R.

ment par la manivelle commandant le piston (*fig.* 158), et qui permet d'atteindre rapidement une pression assez forte.

Si l'on reçoit dans un sac en toile ou dans une boîte en ébonite le jet qui s'échappe quand on ouvre le robinet, on recueille une matière pulvérulente blanche (*neige carbonique*) qui est de l'anhydride solidifié. Cette neige, abandonnée à l'air dans une soucoupe, est à une température de — 79°; écrasée contre une goutte de mercure avec une baguette de verre, elle en détermine rapidement la solidification. Si on la place

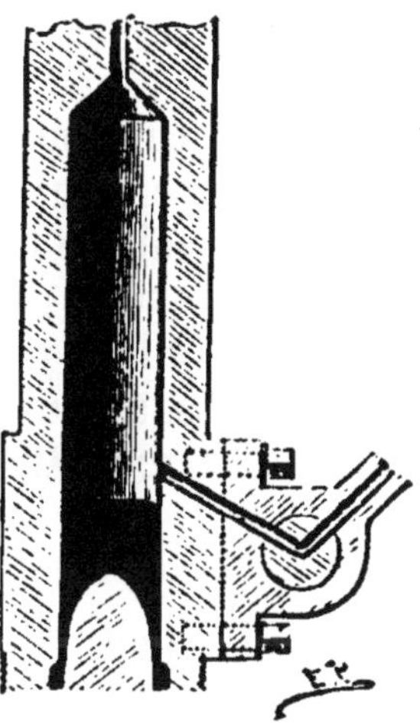

Fig. 158. Pompe Cailletet.

dans le vide, sa température s'abaisse à —125°. Elle fond à —57°, mais sous une pression de 5 atm. Sous des pressions inférieures, elle se volatilise rapidement. L'anhydride carbonique ne peut donc exister à l'état liquide à l'air libre. La neige carbonique forme avec le chlorure de méthyle CH^3Cl (367; p. 142, note), un mélange réfrigérant dont la température est —90°.

L'anhydride carbonique liquide est incolore, très mobile; son coefficient de dilatation est énorme. Sa densité à 0° est voisine de 0,9 (sous 35 atm.).

332. Propriétés chimiques. — Le gaz carbonique est dissocié à très haute température.

Sainte-Claire Deville a mis en évidence cette dissociation en faisant passer un courant très rapide de gaz dans un tube de porcelaine rempli de fragments de porcelaine pour répartir uniformément la température, et chauffé vers 1300°. Le gaz était reçu dans de longues éprouvettes remplies d'une solution de potasse destinée à absorber l'anhydride non décomposé. On trouvait en haut des éprouvettes un mélange d'oxyde de carbone et d'oxygène.

L'effluve et l'étincelle le décomposent de la même manière; dans le premier cas, la réaction est limitée par l'action inverse, et l'oxygène obtenu est fortement azonisé; dans le second, l'oxygène et l'oxyde carbonique se recombinent avec explosion quand ils sont en quantité suffisante.

Le gaz carbonique n'entretient pas la combustion en général; cependant le magnésium brûle avec éclat dans ce gaz; il se fait de la magnésie et du charbon; le phosphore y brûle lentement avec une flamme grisâtre.

Il est réduit par le charbon; un courant de gaz carbonique passant sur des charbons chauffés au rouge dans un tube de terre se transforme en oxyde de carbone.

$$CO^2 + C = 2CO.$$

Cette réduction se produit dans tous les foyers ou les fourneaux où les gaz de la combustion doivent passer sur du charbon incandescent. La flamme bleue des feux de charbon est due à la combustion de l'oxyde de carbone.

L'acide sulfhydrique réduit l'acide carbonique au rouge.

$$H^2S + CO^2 = CO + S + H^2O.$$

333. Fonction chimique. — Le gaz carbonique a tous les caractères d'un anhydride. Il est absorbé à chaud par les oxydes tels que la chaux ou la baryte; il se forme des carbonates. Il est absorbé à froid par la chaux éteinte, par la potasse et la soude caustique.

Le gaz carbonique trouble l'eau de chaux et l'eau de baryte, et ce trouble est utilisé pour le reconnaître.

$$Ca_{II}(OH)^2 + CO^2 = CO^3Ca_{II} + H^2O$$
$$Ba_{II}(OH)^2 + CO^2 = CO^3Ba_{II} + H^2O.$$

Le précipité de carbonate de calcium se redissout, d'ailleurs, en présence d'un excès de gaz carbonique. La dissolution carbonique dissout également ce précipité, comme il est aisé de le reconnaître en versant un peu d'eau de chaux dans une éprouvette de gaz carbonique que l'on ferme ensuite avec la main. Il se forme un précipité qui disparaît par l'agitation. La même chose a lieu quand on verse de l'eau de chaux dans de l'eau de Seltz.

L'acide carbonique $CO^3H^2 = CO(OH)^2$ est inconnu; les réactions de la dissolution sont celles du gaz lui-même; on n'a pas encore isolé l'acide, et tout porte à croire qu'il ne peut exister dans les conditions ordinaires. Mais les sels alcalins de cet acide justifient la formule qu'on lui attribue. On connaît en effet deux sels de potassium : le carbonate monopotassique $CO^3HK = CO<\begin{matrix}OH\\OK\end{matrix}$, et le carbonate dipotassique $CO^3K^2 = CO<\begin{matrix}OH\\OK\end{matrix}$.

334. Action physiologique. — L'anhydride carbonique communique à la peau une sensation de chaleur particulière. Il est irrespirable; les animaux ne tardent pas à succomber dans une atmosphère contenant 20 p. 100 de ce gaz; il empêche le sang de perdre en passant dans les poumons l'anhydride carbonique qu'il contient. Ce gaz s'accumule dans les lieux bas (caves où on a mis du vin incomplètement fait, fond des cuves où on abandonne à la fermentation les liquides donnant le vin ou la bière), et détermine souvent des accidents mortels. Comme la combustion cesse dans une atmosphère contenant une proportion d'acide carbonique insuffisante pour déterminer l'asphyxie, il sera toujours facile de s'assurer s'il s'en trouve dans les endroits où l'on a des raisons de soupçonner sa présence. Si une bougie y brûle, on peut y pénétrer sans crainte; si elle s'éteint, on assainira l'atmosphère en déterminant une ventilation énergique, ou en jetant de l'eau ammoniacale qui absorbe le gaz carbonique.

335. Préparation. — On dégage de l'anhydride carbonique en traitant un carbonate par un acide. Dans les laboratoires, on a recours au marbre blanc (carbonate de calcium) et à l'acide chlorhydrique. L'appareil est le même que

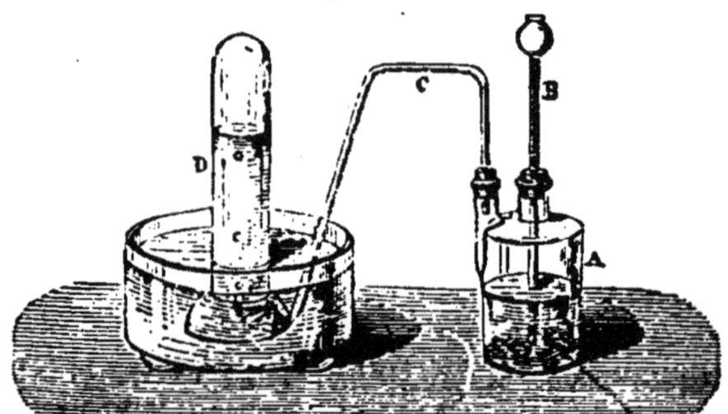

Fig. 159. — Préparation de l'acide carbonique.

celui que l'on emploie pour l'hydrogène (*fig.* 159), et on peut construire des appareils à fonctionnement continu semblables à ceux qu'on construit pour ce dernier gaz (62).

$$\underset{\text{Carbonate de calcium.}}{CO^3Ca_{II}} + 2ClH = \underset{\text{Chlorure de calcium.}}{Cl^2Ca_{II}} + CO^2 + H^2O$$

On n'emploie pas l'acide sulfurique à cause de l'insolubilité du sulfate de calcium, dont le dépôt à la surface du marbre arrêterait l'action.

$$CO^3Ca_{II} + SO^4H^2 = SO^4Ca_{II} + CO^2 + H^2O.$$

Dans l'industrie, on emploie la craie en poudre ou le carbonate de magnésium et l'acide sulfurique; l'insolubilité du sulfate de calcium ne nuit pas, parce qu'on peut, dans les appareils industriels, brasser constamment le mélange, de manière à multiplier les contacts; on utilise encore, dans un grand nombre de cas, le gaz que dégage la calcination des calcaires (509) et celle des bicarbonates ou carbonates monométalliques (506).

$$CO^3Ca_{II} = CO^2 + CaO$$
$$2CO^3NaH = CO^2 + CO^3Na^2 + H^2O.$$

336. État naturel et circonstances de production. — L'anhydride carbonique existe dans la nature en combinaison avec un assez grand nombre d'oxydes, ceux de calcium, de baryum, de magnésium, de fer, de cuivre notamment.

On le rencontre encore dissous dans un grand nombre d'eaux naturelles, soit libre (eau de Seltz), soit à l'état de bicarbonate (eau de Vals, de Vichy). Il s'accumule dans les grottes des pays volcaniques (grotte *du Chien*, près de Naples, grotte de Royat) et forme quelquefois à la surface du sol une couche de plusieurs centimètres d'épaisseur. Il se forme en abondance dans la combustion de toutes les matières organiques, dans la respiration des hommes et des animaux dans la fermentation alcoolique (527).

337. Composition. — Lavoisier reconnut le premier que le charbon, en brûlant dans l'oxygène, donne un volume de gaz carbonique à peu près égal au sien (1). L'expérience est la même que celle qui a été décrite pour l'anhydride sulfu-

(1) Il est un peu plus petit, le gaz étant plus compressible que l'oxygène (p. 186, note).

reux (170) (*fig.* 160). Les gaz obéissant à la loi de Gay-Lussac et contenant leur volume de l'un des composants contiennent en général la moitié de leur volume du second. Pour faire rentrer le gaz carbonique dans la loi, on a admis qu'il est formé de 2 volumes d'oxygène et de 1 volume de vapeur de carbone condensés en 2 volumes (1).

Or si de	$1^{gr},293 \times 3,058$	qui représente le poids de 2 litres de gaz,
on retranche	$1^{gr},293 \times 2,211$	— d'oxygène,
il reste	$1^{gr},293 \times 0,847$	qui doit représenter le poids de 1 litre de vapeur de carbone.

On est ainsi conduit, pour cette densité, au même nombre qu'en s'appuyant sur l'analyse de l'oxyde de carbone.

Dumas et Stas ont fait, en 1841, la synthèse en poids de l'anhydride carbonique. Cette expérience a une grande importance, en ce qu'elle fixe le rapport des poids atomiques du carbone et de l'oxygène. La méthode consiste à brûler, par l'oxygène pur et sec, un poids connu de carbone pur, graphite ou diamant. Le carbone, pesé soigneusement, était contenu dans une nacelle placée au milieu d'un tube de porcelaine chauffé au rouge vif; un courant d'oxygène pur traversait le tube, et le gaz carbonique était reçu dans des tubes à potasse dont on notait l'augmentation de poids. Des expériences plus récentes de M. Roscoë ont conduit à admettre 11,97 en prenant pour l'oxygène 15,96. Si on fixe le poids atomique de l'oxygène à 16, on a pour le carbone 12.

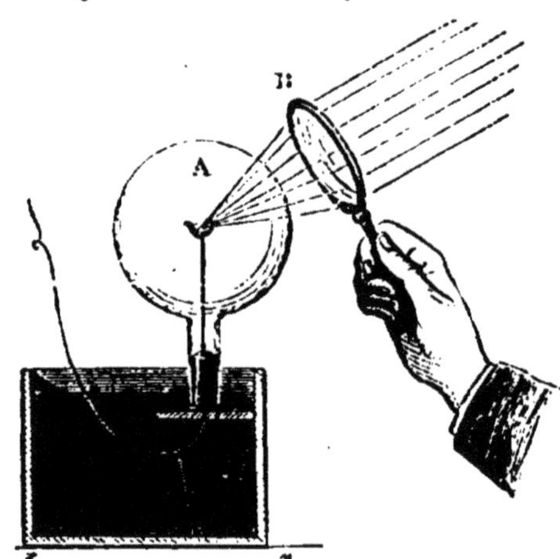

Fig. 160. — Composition de l'acide carbonique.

(1) De plus, la *chaleur spécifique moléculaire* (p. 298, note) est 7,96 pour le protoxyde d'azote; 7,87 pour l'anhydride sulfureux, formés avec condensation de $\frac{1}{3}$; 7,57 pour l'anhydride carbonique.

338. Usages. — L'anhydride carbonique, dissous dans l'eau sous une pression de 5 à 6 atmosphères, constitue l'eau de Seltz que l'on trouve dans le commerce dans des flacons à soupape dits *siphons*. On peut d'ailleurs en préparer soi-même au moyen de divers appareils; nous citerons le plus connu, l'appareil Briet (*fig.* 161).

Le gaz est demandé à la réaction de l'acide tartrique sur le carbonate monosodique. Ces deux corps, pulvérents, ne réagissent qu'en présence de l'eau. Le mélange étant fait en A, on retourne B et on le remplit d'eau; on adapte la pièce T, puis on visse B sur A. L'eau s'écoule par le tube T et vient mouiller le mélange. Le gaz se dégage alors par des orifices ménagés dans la pièce T, et vient se comprimer au-dessus de l'eau en B; en même temps il se dissout. L'eau de Seltz peut dégager de 5 à 6 fois son volume de gaz.

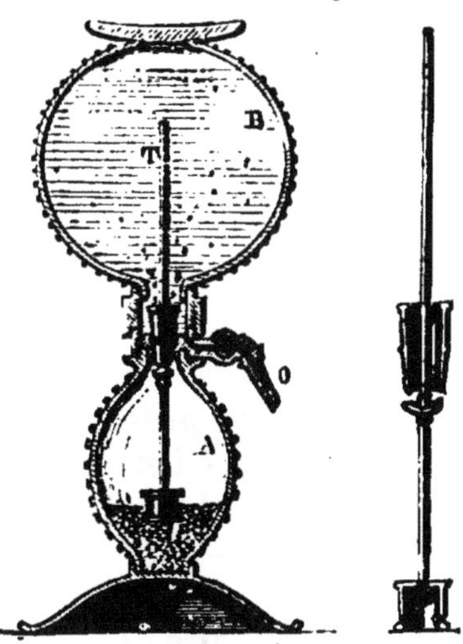

Fig. 161.
Appareil à eau de Seltz.

Dans les laboratoires, le gaz carbonique est constamment employé pour balayer l'air d'appareils où l'on veut effectuer des réactions que l'air empêcherait ou rendrait dangereuses. Nous en avons vu un exemple (295).

Dans l'industrie, outre la fabrication des eaux gazeuses, le gaz carbonique sert à fabriquer la céruse (carbonate de plomb), le carbonate de sodium par le procédé à l'ammoniaque (506), les bicarbonates alcalins (508); à précipiter la chaux employée en excès dans la défécation des jus sucrés (545). L'anhydride carbonique liquéfié est employé pour conserver à la bière sa fraîcheur et donner dans les tonneaux la pression nécessaire pour faire monter le liquide des caves où on le conserve aux endroits où on le débite.

Historique

339. — Le gaz carbonique fut entrevu par Van Helmont, qui indiqua l'identité du gaz dégagé dans la fermentation et de celui que produit la combustion du charbon. Priestley, Black, étudièrent ses propriétés; mais c'est à Bergmann qu'on doit les travaux les plus complets sur ce gaz ainsi que la première idée de la fabrication artificielle des eaux gazeuses. On l'appelait *air crayeux* ou *air fixe* à la fin du dix-huitième siècle. Lavoisier détermina sa composition et le nomma acide carbonique.

SULFURE DE CARBONE

$CS^2 = 76.$
2 volumes.

340. Propriétés physiques. — Liquide incolore, d'une odeur éthérée quand il est pur, et d'une odeur désagréable quand il est impur. La densité à 0° est 1,298. Il se solidifie à — 116° et ne fond plus qu'à — 110°. Il bout à 46°,6, répand à l'air des vapeurs sensibles dès la température ordinaire. La tension de vapeur est, en effet :

à 0°	128^{mm}
10°	199^{mm}
20°	298^{mm}.

Comme il forme avec l'air un mélange détonant (341), il est très dangereux à manier; il ne faut jamais laisser débouché à côté d'une flamme un flacon de sulfure de carbone, ni transvaser ce liquide à proximité d'un corps incandescent. La densité de la vapeur est 2,68; elle correspond à la formule $CS^2 \left[D = \frac{76}{28,8}(32)\right]$.

L'évaporation du sulfure de carbone dans le vide abaisse sa température à — 60°.

Le sulfure de carbone est insoluble dans l'eau; il se dissout en toutes proportions dans l'alcool.

Il dissout l'iode (143), le brome (135), le phosphore (265), le soufre (152), les matières grasses.

341. Propriétés chimiques. — Le sulfure de carbone est un corps endothermique.

$$C \text{ diam.} + S^2 \text{ sol.} = CS^2 \left\{ \begin{array}{l} \text{gaz. . . } -21^c,1 \\ \text{liquide . } -14^c,4 \end{array} \right. .$$

Il est détruit par la chaleur, mais cette destruction est incomplète, car elle se produit justement aux températures où le soufre et le carbone peuvent se combiner pour donner du sulfure de carbone. M. Berthelot a mis ce fait en évidence en chauffant dans un fourneau un large tube de porcelaine dont l'axe était occupé par un tube plus étroit ; l'espace annulaire était rempli de charbon. En faisant passer du soufre en vapeur sur ce charbon, M. Berthelot a pu recueillir du sulfure de carbone, tandis qu'un courant de vapeur de sulfure, passant par le tube intérieur, était décomposé.

Le sulfure de carbone s'altère lentement à la lumière solaire. On le conserve dans des flacons noirs ou jaune foncé.

Le sulfure de carbone est combustible.

$$\underset{2\text{ v.}}{CS^2} + \underset{6\text{ v.}}{O^6} = CO^2 + 2\,SO^2.$$

Un mélange de 3 volumes d'oxygène et 1 de vapeur de sulfure de carbone détone dans l'eudiomètre ; la réaction n'est pas exactement représentée par l'équation ci-dessus ; il se forme toujours de notables quantités d'anhydride sulfurique.

Si l'oxygène est en quantité insuffisante, il y a dépôt de soufre. On fait l'expérience en présentant un corps enflammé à l'orifice d'une éprouvette étroite dans laquelle on a versé un peu de sulfure de carbone.

Le sulfure de carbone brûle dans l'oxyde azotique avec une flamme éblouissante (221).

Le sulfure de carbone est décomposé par l'acide sulfhydrique au rouge en présence du cuivre :

$$CS^2 + 2SH^2 + 8Cu = \underset{\text{Formène.}}{CH^4} + \underset{\text{Sulfure cuivreux.}}{4Cu^2S}.$$

Il est attaqué au rouge par le chlore sec

$$CS^2 + 4Cl^2 = CCl^4 + 2SCl^2;$$

Tétrachlorure de carbone. Chlorure de soufre.

à froid la réaction est plus compliquée.

Un grand nombre de métaux sont attaqués à chaud; il se produit des sulfures et du charbon. Avec les alcalis, il se forme des *sulfocarbonates*.

$$3CS^2 + 6KOH = CO^3K^2 + 2CS^3K^2 + 3H^2O.$$

Carbonate de potassium. Sulfocarbonate de potassium.

342. Fonction chimique. — A CS^2 correspond l'acide *sulfocarbonique* $CS < {SH \atop SH}$, comparable à l'acide carbonique $CO < {OH \atop OH}$. (SH^2 joue vis-à-vis de CS^2 un rôle analogue à celui de H^2O vis-à-vis de CO^2; CS^2 est en quelque sorte l'anhydride de CS^3H^2.)

Les *sulfocarbonates* peuvent être préparés à partir du sulfure de carbone et des alcalis (341) ou des sulfures alcalins comme les carbonates à partir de CO^2 et des oxydes ou des alcalis.

$$CS^2 + SK^2 = CS^3K^2$$
$$CS^2 + 2SHK = CS^3K^2 + H^2S.$$

La solution de sulfocarbonate de potassium est rouge.

Le sulfure de carbone, endothermique et facile à décomposer, est un agent de sulfuration énergique.

343. Action physiologique. — Le sulfure de carbone est un poison. Mêlé à l'air en très petite quantité, il est inoffensif si on le respire accidentellement, mais provoque à la longue des accidents qui peuvent devenir très graves: maux de tête, vertiges, nausées, paralysie, troubles de l'intelligence.

344. Préparation. — On obtient le sulfure de carbone par l'action directe du soufre sur le charbon au rouge (*fig.* 162). Le charbon est placé dans un tube de grès verni intérieurement, et qu'on remplit autant que possible. Le tube est alors mis dans un fourneau incliné, et on adapte à son extrémité la plus basse une allonge courbe se rendant dans un flacon plongé dans l'eau. Quand le charbon est

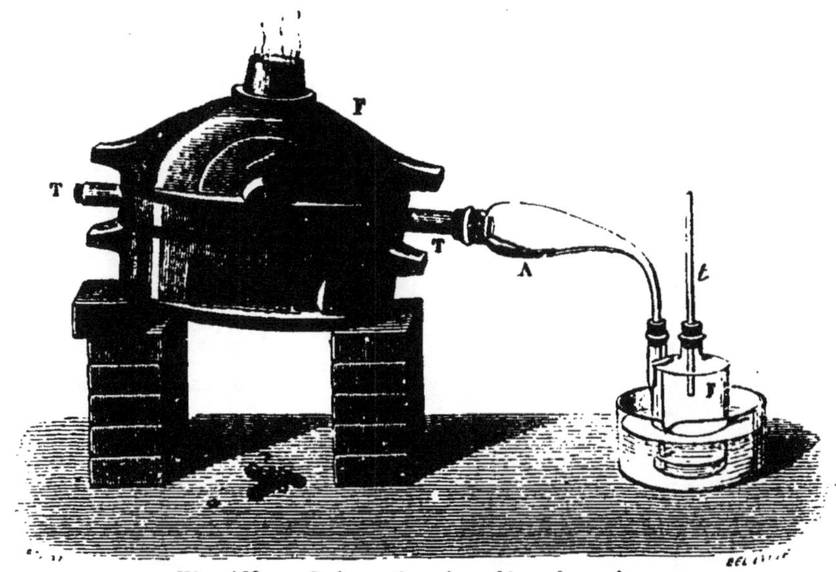

Fig. 162. — Préparation du sulfure de carbone.

porté au rouge, on introduit peu à peu par l'autre extrémité des fragments de soufre; ce corps fond, se vaporise et se combine au charbon. Le sulfure de carbone se condense dans le flacon.

Dans l'industrie (*fig.* 163), on emploie de grandes cornues en fonte remplies de charbon et chauffées dans un fourneau. Le soufre est introduit par la tubulure T; le soufre entraîné par les vapeurs se condense en B, et le sulfure de carbone dans les récipients cloisonnés et superposés C.

Pour purifier le sulfure de carbone, on le distille au bain-marie à une température de 45°, en évitant de le porter à l'ébullition. On le recueille dans un flacon bien sec.

345. Composition. — L'analyse du sulfure de carbone est une opération compliquée. On dose séparément le carbone sous forme d'anhydride carbonique, et le soufre sous forme d'acide sulfurique. Les proportions des composants sont 12 de carbone pour 64 de soufre; la densité de vapeur conduit à la formule CS^2.

346. Usages. — Le sulfure de carbone est utilisé comme dissolvant pour extraire le soufre de son minerai (158), pour séparer le phosphore blanc du phosphore rouge (273). Il est encore employé au désuintage des laines

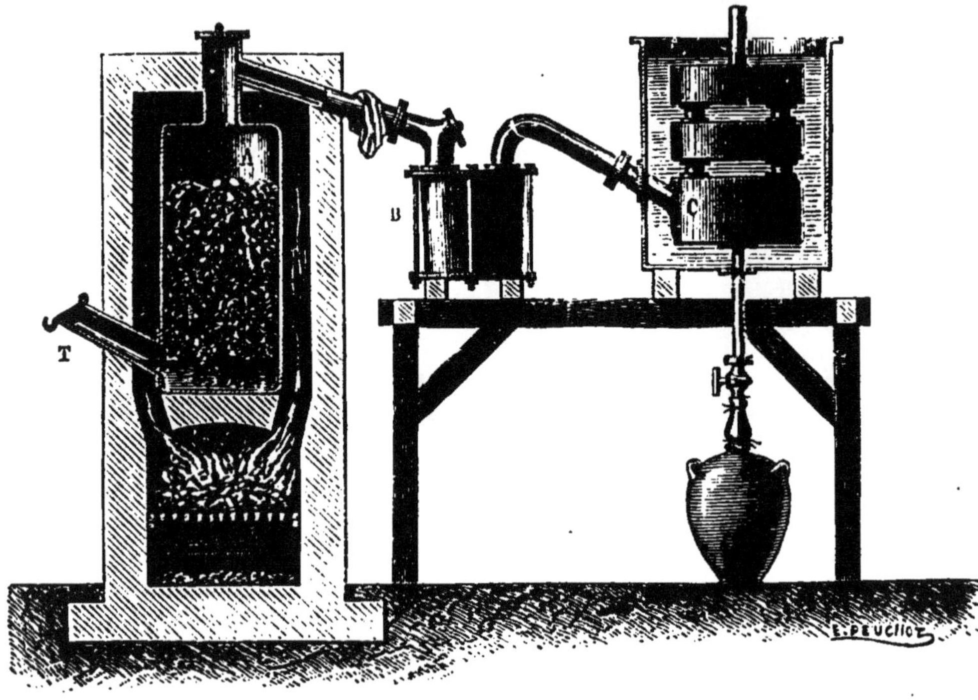

Fig. 163. — Préparation du sulfure de carbone dans l'industrie.

(dissolution de la matière grasse qui les imprègne). La vulcanisation du caoutchouc (p. 179, note) en consomme de grandes quantités. Enfin, on a utilisé ses propriétés toxiques pour la destruction du *phylloxera*, insecte parasite de la vigne. On emploie surtout à cet usage le sulfocarbonate de potassium.

Historique

347. — Le sulfure de carbone a été découvert en 1796 par Lampadius (1772-1842), professeur à Freyberg, qui l'obtint en distillant une tourbe pyriteuse. Sa composition a été établie par Vauquelin, qui montra que, si on le fait passer sur du cuivre chauffé au rouge, il se produit du charbon et du sulfure de cuivre.

CYANOGÈNE

$(CAz)^2 = 52.$
2 volumes.

348. Propriétés physiques. — Gaz incolore, dont l'odeur rappelle celle des amandes amères. Densité : 1,804, correspondant à la formule C^2Az^2 $\left[D = \frac{52}{28,8}(32)\right]$. Un litre de ce gaz pèse $1^{gr},293 \times 1,804 = 2^{gr},332$.

L'eau en dissout 4 fois son volume à 20°; l'alcool, 23 fois son volume.

Changements d'état. — Température critique, + 124°; pression critique, $61^{at},7$; point d'ébullition sous la pression normale, — 20°.

Pour le liquéfier à 15°, il suffit de le soumettre à une pression de 4,4 atmosphères. La liquéfaction se fait aisément dans le tube de Faraday; l'évaporation rapide du cyanogène liquide produit un froid suffisant pour solidifier la partie restée liquide. Le cyanogène solide fond à — 34°.

349. Action de la chaleur. Paracyanogène. — La chaleur ne décompose pas le cyanogène; mais le gaz, maintenu longtemps à 440° dans des tubes scellés, se transforme lentement en une substance solide, d'un brun noir, légère, spongieuse, insoluble dans l'eau, qui a même composition que le cyanogène; c'est un polymère du cyanogène, appelé *paracyanogène*. Ce corps se forme pendant la préparation du cyanogène (352) et reste dans l'appareil. Le paracyanogène, chauffé en vase clos, commence à se transformer en cyanogène gazeux à 500°. A chaque température, la transformation est limitée par une valeur déterminée de la tension des gaz émis. Cette tension de transformation augmente quand la température s'élève.

350. Propriétés chimiques. — L'étincelle décompose le cyanogène en azote et charbon. L'effluve le transforme en produits polymères.

A 500° le cyanogène et l'hydrogène se combinent à volumes égaux, sans condensation, pour donner de l'*acide cyanhydrique* CAzH ; la réaction est exothermique

Le cyanogène brûle dans l'air avec une belle flamme pourpre caractéristique.

$$(CAz)^2 + 2O^2 = Az^2 + 2CO^2.$$

La solution aqueuse de cyanogène s'altère assez rapidement en donnant naissance à des corps complexes, de nature organique; parmi eux se trouve l'oxalate d'ammonium $C^2O^4(AzH^4)^2$ (l'acide oxalique a pour formule $C^2O^4H^2$), qui résulte de la fixation sur le cyanogène des éléments de l'eau.

$$(CAz)^2 + 4H^2O = C^2O^4(AzH^4)^2.$$

351. Fonction chimique. — Le cyanogène est fortement endothermique [C^2 diam. + Az^2 = C^2Az^2 gaz... — 74,6]; mais son extrême stabilité est en contradiction avec son caractère de composé indirect.

En réalité, dans un grand nombre de ses réactions, *le cyanogène se comporte comme le ferait un corps simple univalent ayant de l'analogie avec le chlore;* aussi le représente-t-on souvent par le symbole Cy. Nous avons signalé (350) l'acide cyanhydrique (CAz)H = CyH, formé à partir du cyanogène et de l'hydrogène comme l'acide chlorhydrique à partir de ses éléments. Les métaux forment avec le cyanogène, soit directement, soit indirectement, des *cyanures* isomorphes des chlorures, des bromures et des iodures. Le potassium est attaqué rapidement à chaud, il se forme du cyanure de potassium $CyK = CAzK$; le zinc, lentement attaqué à froid, est attaqué un peu plus rapidement à chaud, et donne du cyanure de zinc $(Cy)^2Zn_{II} = \begin{matrix} CAz \\ CAz \end{matrix} > Zn_{II}$.

Le cyanogène est absorbé par les solutions alcalines. On a la réaction suivante :

$$2Cy + 2KOH = \underset{\text{Cyanure de potassium.}}{CyK} + \underset{\text{Cyanate de potassium.}}{CyOK} + H^2O.$$

L'on a, avec le chlore (114)

$$2Cl + 2KOH = \underset{\text{Chlorure de potassium.}}{ClK} + \underset{\text{Hypochlorite de potassium.}}{ClOK} + H^2O \text{ (1).}$$

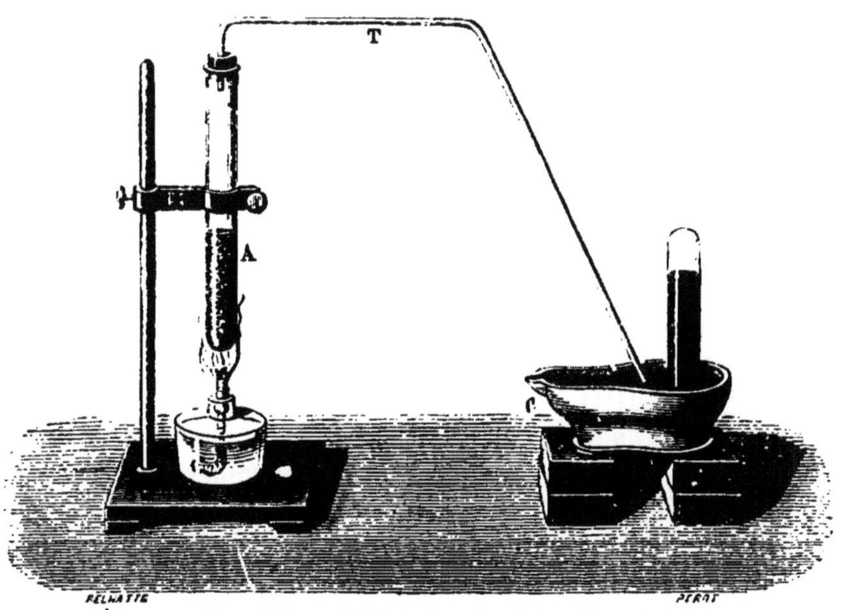

Fig. 161. — Préparation du cyanogène.

352. Préparation. — On prépare le cyanogène en

(1) L'*acide cyanique*, CAzOH, liquide incolore qui n'est stable qu'au-dessous de 0°, a été considéré comme un acide monobasique ; en réalité c'est un corps organique appartenant à la classe des *nitriles* (547).

détruisant par la chaleur le cyanure de mercure. On peut faire l'expérience soit dans une cornue, soit dans un tube en verre vert (*fig.* 164). Il est bon d'opérer sur un produit sec, si l'on veut avoir du gaz pur; quand le gaz est humide, en effet, le produit obtenu est souillé d'anhydride carbonique, d'acide cyanhydrique et de gaz ammoniac. Il reste dans le tube une substance brune qui est le paracyanogène. On recueille le gaz sur la cuve à mercure.

353. État naturel et circonstances de production. — Le cyanogène n'existe pas dans la nature, mais il se produit des cyanures dans un grand nombre de réactions.

Quand on fait passer un courant d'azote sur un mélange de charbon et de potasse ou de carbonate de potassium chauffé au rouge vif, il se fait du cyanure de potassium.

On obtient également des cyanures en calcinant, à très haute température, des matières organiques azotées (sang, corne) avec du carbonate de potassium. L'action de l'oxyde de mercure sur le cyanure de potassium donne le cyanure de mercure.

En calcinant un mélange de matières animales (rognures de corne, cuir, poils, tendons) avec du carbonate de potassium et des rognures de fer, on obtient un corps extrêmement important, le *ferrocyanure de potassium* ou cyanure jaune $FeCy^6K^4 + H^2O$, qui est considéré comme le sel de potassium d'un acide particulier, l'acide *ferrocyanhydrique* $FeCy^6H^4$. Ce ferrocyanure donne, avec les sels ferriques, un précipité bleu foncé qui est le *bleu de Prusse*, ou ferrocyanure ferrique.

$$\underset{\text{Chlorure ferrique.}}{2\,Cl^6(Fe^2)_{VI}} + \underset{\text{Ferrocyanure de potassium.}}{3\,(FeCy^6K^4)} = 12\,ClK + \underset{\text{Bleu de Prusse.}}{(FeCy^6)^3(Fe^2)^2}$$

354. Composition. — Pour déterminer la composition du cyanogène, on introduit dans un eudiomètre 1 volume de ce gaz, 3 volumes d'oxygène et un certain volume de gaz tonnant (1) destiné à prévenir la formation d'acide azotique. Quand l'étincelle a éclaté, on trouve un résidu de 4 volumes, dont 2, absorbables par la potasse, sont de l'acide carbonique; 1 volume, absorbable par le phosphore, est de l'oxygène; le quatrième est de l'azote. Les 2 volumes d'anhydride carbonique contiennent 1 volume de vapeur de carbone; donc, 1 volume de cyanogène est formé de 1 volume de vapeur de carbone et de 1 volume d'azote, condensés en 1 volume.

Historique

355. — Le *bleu de Prusse* fut obtenu accidentellement à Berlin, par Diesbach en 1704. En 1782, Sheele parvint à en retirer l'*acide prussique* ou cyanhydrique, dont Berthollet fixa la composition qualitative (carbone, azote et hydrogène). Gay-Lussac, reprenant la question, isola le cyanogène en 1811, étudia ses réactions, donna son analyse quantitative, et fit ressortir son analogie avec le chlore.

ACIDE CYANHYDRIQUE OU PRUSSIQUE

$$CAzH = 27.$$
2 volumes.

356. Propriétés physiques. — L'acide cyanhydrique est un liquide incolore, bouillant à $+26°,1$, se solidifiant à $-14°$ quand il est pur; il a une odeur spéciale, qu'il communique à l'eau de laurier-cerise. Sa densité est 0,7. Il se mélange à l'eau en toute proportion: le mélange est accompagné d'une contraction et d'un abaissement de température qui ont leur plus grande valeur pour des poids égaux des deux corps.

357. Propriétés chimiques. — La vapeur d'acide cyanhydrique, passant dans un tube chauffé, se détruit en

(1) On donne ce nom au mélange d'oxygène et d'hydrogène que l'on obtient en décomposant l'eau par la pile, et recueillant dans une même éprouvette tout le gaz dégagé.

cyanogène, hydrogène, azote et carbone. L'étincelle le décompose en acétylène et azote

$$2CAzH = C^2H^2 + 2Az.$$

L'acide cyanhydrique est combustible; il brûle avec une flamme bordée de pourpre; il forme avec l'oxygène un mélange qui détone violemment :

$$2CAzH + O^3 = 2CO^2 + H^2O + 2Az;$$

il se forme, dans ces circonstances, un peu d'acide nitrique.

Le chlore donne lieu à la réaction suivante :

$$CyH + 2Cl = ClH + \underset{\text{Chlorure de cyanogène.}}{CyCl}.$$

Les métaux alcalins détruisent l'acide cyanhydrique avec formation de cyanures

$$CyH + K = CyK + H.$$

Les alcalis donnent, à la température ordinaire, des cyanures :

$$CyH + KOH = CyK + H^2O.$$

De même, un certain nombre d'oxydes sont attaqués avec formation du cyanure correspondant.

En fixant les éléments de l'eau, l'acide cyanhydrique peut se transformer en un corps organique, le formiate d'ammonium (acide formique $= CO^2H^2$).

$$CAzH + 2H^2O = CO^2HAzH^4.$$

358. Fonction chimique. — On peut le considérer comme un hydracide, analogue à l'acide chlorhydrique. Mais il se rattache également à la chimie organique; il appartient au groupe des *nitriles* (547).

359. Action physiologique. — Ce corps est un poison violent. Sa vapeur, respirée en petite quantité, occasionne des maux de tête, des nausées; à la dose de 5 centigrammes, absorbés en une fois, il peut tuer un homme. Une goutte d'acide anhydre placée sur la langue d'un chien suffit pour foudroyer l'animal. Il faut prendre les plus grandes précautions quand on a à manipuler ce corps.

360. Préparation. — 1° On chauffe un mélange de cyanure de mercure et d'acide chlorhydrique (Gay-Lussac). Le gaz passe dans un tube contenant du carbonate de cal-

Fig. 165. — Acide cyanhydrique.

cium (pour arrêter l'acide chlorhydrique) et du chlorure de calcium (pour arrêter la vapeur d'eau); on condense dans un mélange réfrigérant (*fig.* 165).

$$(Cy)^2Hg_{II} + 2ClH = 2CyH + Cl^2Hg_{II}.$$

2° Pour obtenir d'assez grandes quantités d'acide, on chauffe au bain de sable 10 parties de ferrocyanure de potassium (353) auquel on a ajouté un mélange fait d'avance de 7 d'acide sulfurique et 14 d'eau (Wœhler). Le tube abducteur, dirigé d'abord vers le haut, se recourbe ensuite vers le bas (*fig.* 166), et son extrémité plonge dans le col d'une fiole entourée d'un mélange réfrigérant.

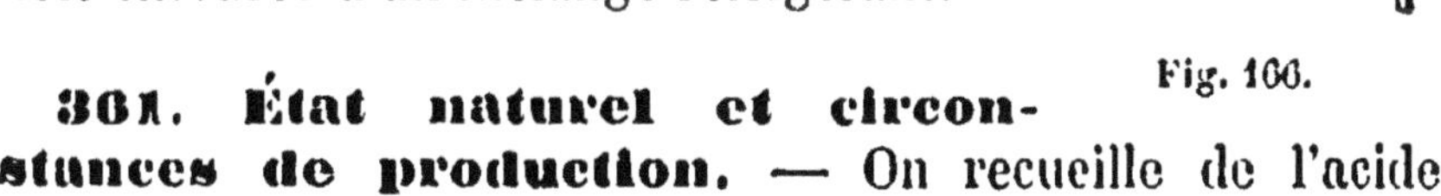

Fig. 166.

361. État naturel et circonstances de production. — On recueille de l'acide cyanhydrique en distillant un grand nombre de produits végétaux après les avoir traités par l'eau (eaux distillées de laurier-cerise, des fruits à noyau). Il s'en forme dans la fermentation de l'*amygdaline* que contiennent les amandes amères. M. Berthelot a réalisé la synthèse de l'acide cyanhydrique en faisant éclater une série d'étincelles dans un mélange d'azote et d'acétylène.

$$C^2H^2 + Az^2 = 2CyH.$$

302. Composition. — La composition de l'acide cyanhydrique a été déterminée par Gay-Lussac, au moyen de la combustion par l'oxygène dans l'eudiomètre. L'expérience est compliquée. Elle a montré que la vapeur d'acide cyanhydrique contient volumes égaux de cyanogène et d'hydrogène unis sans condensation. Il est préférable d'employer les procédés d'analyse appliqués aux matières organiques.

Historique

303. — L'acide cyanhydrique a été découvert par Sheele, mais il est connu surtout grâce aux travaux de Gay-Lussac.

CARBURES D'HYDROGÈNE

304. Comme leur nom l'indique, les carbures d'hydrogène sont des composés de carbone et d'hydrogène. Ils sont extrêmement nombreux. Leur étude complète est du domaine de la chimie organique. Ils ont été distribués en *séries homologues* (531) dont chacune contient des corps doués de propriétés chimiques semblables, et dont les propriétés physiques suivent une gradation assez régulière, d'un terme à l'autre. Nous étudierons ici les premiers termes des principales séries, qui sont les suivants :

1° Le *formène* CH^4, qui est le plus hydrogéné de tous les carbures : il est dit *saturé*, les quatre valences du carbone étant satisfaites ;

2° L'*éthylène* C^2H^4 ;
3° L'*acétylène* C^2H^2 ;
4° La *benzine* C^6H^6.

FORMÈNE, MÉTHANE OU GAZ DES MARAIS

$CH^4 = 16$
2 volumes.

365. Propriétés physiques. — Gaz incolore, légèrement odorant. Sa densité est de 0,56, correspondant à la formule CH^4 $\left[D = \frac{16}{28,8}\ (32)\right]$. 1 litre de gaz pèse donc $1^{gr},293 \times 0,56 = 0^{gr},724$. A 15°, son coefficient de solubilité dans l'eau est 0,039 ; dans l'alcool absolu : 0,48.

Changements d'état. — Température critique : —81°,8 ; pression critique : $45^{at},2$. Ce corps a été liquéfié pour la première fois en même temps que l'oxygène (66).

366. Propriétés chimiques. — Au rouge, le formène se détruit ; en vase clos il se forme de l'hydrogène et des carbures, tels que C^2H^2, C^2H^4, C^6H^6, qui sont eux-mêmes décomposables par la chaleur. Il s'établit un équilibre compliqué [*équilibre pyrogéné* (Berthelot)]. Au-dessus de 1500°, ils sont tous détruits en carbone et hydrogène.

Le formène brûle avec une flamme jaunâtre, peu éclairante.

$$\underset{2\ v.}{CH^4} + \underset{4\ v.}{2O^2} = CO^2 + 2H^2O.$$

Le gaz peut être enflammé à l'orifice d'une éprouvette. Le mélange de 1 volume de formène et 2 d'oxygène détone violemment.

367. *Action du chlore.* — 1° On fait passer dans une éprouvette le tiers de son volume de formène, on achève de remplir avec du chlore, on retourne l'éprouvette et on approche un corps enflammé; le mélange brûle avec une flamme rouge, fuligineuse, et un dépôt de charbon se produit sur les parois de l'éprouvette.

$$\underset{2\ v.}{CH^4} + 2Cl^2 = \underset{4\ v.}{4ClH}.$$

2° A froid, sous l'influence de la lumière solaire, le chlore se substitue atome à atome à l'hydrogène du formène. Il peut se produire les quatre corps suivants :

Monochlorométhane ou chlorure de méthyle. . .	CH^3Cl,	gaz, bouillant à	$-23°$
Dichlorométhane	CH^2Cl^2,	liquide,	$+30°,5$
Trichlorométhane ou *chloroforme* (1).	$CHCl^3$,	—	$+60°,8$
Tétrachlorure de carbone..	CCl^4,	—	$+78°$

308. Fonction chimique. — Le formène est un corps *saturé*, incapable de fixer d'autres corps par addition, mais pouvant recevoir des substitutions qui donnent naissance à des corps également saturés. Les principaux dérivés du formène sont énumérés plus loin (ch. XXIV).

309. Préparation. — On retire le formène de l'acide acétique $C^2H^4O^2$, qui peut se dédoubler en anhydride carbonique et formène. On emploie en réalité l'acétate de sodium et un alcali qui retient l'anhydride carbonique.

$$C^2H^3O^2Na + NaOH = CH^4 + \underset{\text{Carbonate de sodium.}}{CO^3Na^2}.$$

Les alcalis fondus attaquant le verre, on remplace la soude par la *chaux sodée* (2). On chauffe (pas trop fort, pour éviter

(1) Découvert en 1831, en France, par Soubeiran; en Allemagne, par Liebig. Liquide incolore, mobile, d'une odeur caractéristique, rappelant un peu celle de la pomme reinette, doué de propriétés anesthésiantes remarquables. Les accidents qu'occasionne quelquefois son emploi (arrêt des mouvements du cœur) paraissent dus à des impuretés dont on peut le débarrasser en le faisant cristalliser à — 80°.

(2) On prépare la chaux sodée en éteignant de la chaux vive avec une

une destruction partielle de CH^4) dans une cornue en verre peu fusible (*fig.* 167) 1 partie d'acétate cristallisé et 4 parties de chaux sodée ; on incline vers le bas le col de la cornue pour éviter l'obstruction du tube par l'eau qui se forme dans la réaction. On recueille le gaz sur l'eau.

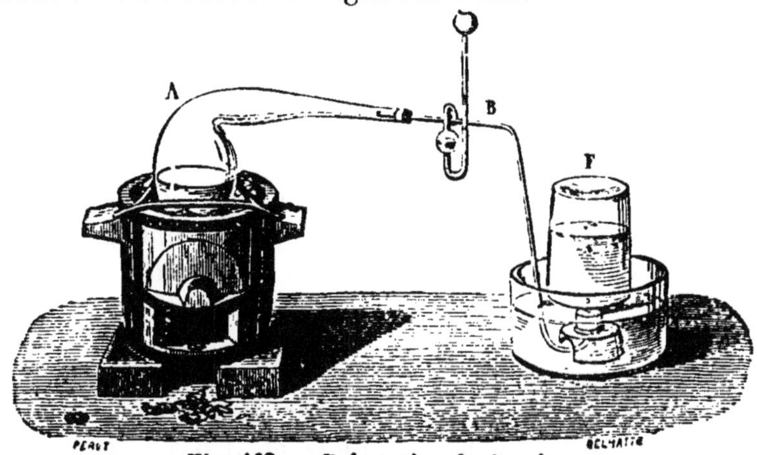

Fig. 167. — Préparation du formène.

On obtient du formène pur en attaquant par l'eau le *carbure d'aluminium* cristallisé C^3Al^4 (Moissan).

370. Etat naturel et circonstances de production. — Il se produit du formène dans la décomposition des matières organiques que contient la vase des marais ; le gaz qui se dégage quand on agite cette vase contient, outre le formène, de l'oxygène, de l'azote, de l'hydrogène et de l'anhydride carbonique (*fig.* 168). Le *grisou*, qui détermine des

Fig. 168. — Gaz des marais.

lessive de soude, et calcinant au rouge. — On peut encore employer, pour obtenir le formène, un mélange de 4 parties d'acétate de sodium cristallisé, 4 de potasse caustique, et 6 de chaux vive pulvérisée.

explosions si désastreuses dans les mines de houille, est du formène; il résulte de la décomposition des végétaux qui ont formé la houille, et se trouve souvent accumulé en quantités assez considérables entre les feuillets de la houille ou dans des cavités que le pic du mineur met à découvert. Le formène existe également dans les gaz intestinaux, et parmi les produits de la fermentation du fumier. M. Berthelot l'a produit synthétiquement en faisant passer sur du cuivre au rouge un mélange d'acide sulfhydrique et de vapeurs de sulfure de carbone (341).

Les pétroles bruts contiennent un grand nombre de carbures homologues du formène. Ces carbures ont reçu le nom de *paraffines*, à cause de leur faible aptitude à la combinaison.

371. Composition. — On la détermine dans l'eudiomètre, en faisant détoner le formène avec un excès d'oxygène. On prendra 1 volume de gaz et 3 d'oxygène. Après l'étincelle, on trouve un résidu de 2 volumes, dont 1 absorbable par la potasse (anhydride carbonique) et 1 par le phosphore (oxygène). L'anhydride carbonique contient la moitié de son volume de carbone. Les 2 volumes disparus, qui représentent de l'eau, contenaient 2 volumes d'hydrogène. Donc 1 volume de formène est formé de 1/2 volume de carbone et 2 volumes d'hydrogène condensés en 1 volume. La considération des densités vérifie cette conclusion.

Si à	$1^{gr},293 \times 0,41$	poids de	1/2 litre de vapeur de carbone,
on ajoute	$1^{gr},293 \times 0,138$	—	2 litres d'hydrogène,
on a	$1^{gr},293 \times 0,548$	—	1 litre de formène.

Historique

372. Le formène paraît avoir été signalé par Volta en 1778. Il a été étudié surtout par Dumas, qui a montré ses relations avec le chloroforme, Regnault, qui a étudié ses dérivés chlorés, et enfin M. Berthelot, qui en a fait la synthèse en 1855.

ÉTHYLÈNE OU GAZ OLÉFIANT

$C^2H^4 = 28.$
2 volumes.

373. Propriétés physiques. — Gaz incolore, dont l'odeur rappelle faiblement celle de la marée. Sa densité 0,978 correspond à la formule C^2H^4 $\left[D = \frac{28}{28,8}; (32)\right]$.
Un litre de ce gaz pèse $1^{gr},293 \times 0,978 = 1^{gr},264$. Coefficient de solubilité dans l'eau à 15°, 0,16; dans l'alcool, 2,73.

Changements d'état. — Température critique, +10°; pression critique, 51 at.; point d'ébullition sous la pression normale, —105°. Faraday l'a liquéfié à 0° sous une pression de 44 atmosphères.

374. Propriétés chimiques. — Au rouge, l'éthylène tend à se détruire en acétylène et hydrogène.

En vase clos, au rouge, on a un équilibre pyrogéné (366); au-dessus de 1500°, du carbone et de l'hydrogène.

L'éthylène, chauffé avec de l'hydrogène, se transforme en *éthane* C^2H^6; cette réaction est limitée par l'action de la chaleur sur l'éthane; mais la transformation est totale si on chauffe le gaz avec une solution saturée d'acide iodhydrique à 280°.

Il est combustible et brûle avec une flamme blanche, très éclairante, peu fuligineuse. Un mélange de 1 volume d'éthylène pour 3 d'oxygène détone violemment à l'approche d'une flamme.

$$\underset{2\text{ v.}}{C^2H^4} + \underset{6\text{ v.}}{3O^2} = 2CO^2 + 2H^2O.$$

375. — *Action du chlore.* — 1° On fait passer dans une éprouvette le tiers de son volume d'éthylène; on achève de remplir avec du chlore et on retourne l'éprouvette; si on approche une flamme, le mélange prend feu et brûle avec une flamme rouge et fuligineuse; les parois de l'éprouvette se recouvrent de charbon.

$$\underset{2\text{ v.}}{C^2H^4} + \underset{4\text{ v.}}{2Cl^2} = C^2 + 4ClH.$$

2° Un mélange à volumes égaux d'éthylène et de chlore est abandonné, sur une cuve à eau, à l'action des rayons solaires. Le volume du gaz diminue rapidement, en même temps qu'il se dépose sur les parois de l'éprouvette des gouttelettes huileuses de *bichlorure d'éthylène* $C^2H^4Cl^2$ (1), qui tombent peu à peu au fond de la cuve.

Cl peut être substitué à H dans l'éthylène, mais seulement par voie *indirecte*. Si on distille le chlorure d'éthylène avec une solution alcoolique de potasse, on peut recueillir un liquide répondant à la formule C^2H^3Cl; c'est l'*éthylène monochloré*.

$$C^2H^4Cl^2 + KOH = C^2H^3Cl + ClK + H^2O.$$

Le brome absorbe l'éthylène et donne du bromure $C^2H^4Br^2$.

376. *Action des oxydants.* — Les corps qui cèdent facilement leur oxygène, peuvent en fixer sur l'éthylène. Ainsi l'acide chromique le transforme en *acide acétique* $C^2H^4O^2$; le permanganate de potassium en *acide oxalique* $C^2H^2O^4$.

$$2C^2H^4 + 5O^2 = 2C^2H^2O^4 + 2H^2O.$$

376 *bis.* — L'acide sulfurique absorbe l'éthylène; 40 grammes d'acide peuvent absorber 1 litre de gaz. Il se fait de l'*acide éthylsulfurique*, $SO^4HC^2H^5$ (527, 540), qui, étendu de 8 à 10 fois son volume d'eau et distillé, donne de l'alcool C^2H^6O (Berthelot) (527).

377. Fonction chimique. — L'éthylène est un corps *incomplet* (2), capable de fixer par addition deux atomes d'un

(1) Ce corps est encore appelé *liqueur des Hollandais;* il a été découvert, en même temps que l'éthylène, par quatre chimistes hollandais.

(2) On donne à l'éthylène la formule $H^2C{=}CH^2$; on admet qu'au moment de la combinaison avec le chlore, par exemple, une des liaisons des 2 carbones se rompt, libérant ainsi deux valences ($H^2\dot{C}-\dot{C}H^2$) qui s'échangent (10 *bis*) avec celles des 2 atomes de chlore.

corps monovalent comme H, Cl, ou Br (formation de l'*éthane*, du *chlorure d'éthylène*, etc.).

La réaction caractéristique de l'éthylène est son absorption par le brome et par l'acide sulfurique.

378. Préparation. — La déshydratation de l'alcool ordinaire conduit à l'éthylène.

$$\underset{\text{Alcool.}}{C^2H^6O} = C^2H^4 + H^2O.$$

On réalise cette déshydratation au moyen de l'acide sulfurique. Il se forme d'abord de l'acide *éthylsulfurique*, qui se dédouble à 160° en éthylène et acide sulfurique

$$C^2H^6O + SO^4 <^{H}_{H} = \underset{\text{Acide éthylsulfurique.}}{SO^4 <^{C^2H^5}_{H}} + H^2O,$$

$$SO^4 <^{C^2H^5}_{H} = C^2H^4 + SO^4H^2.$$

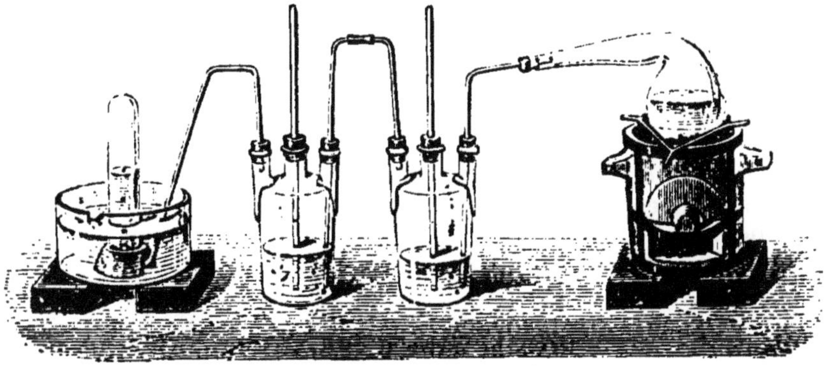

Fig. 169. — Préparation de l'éthylène.

On fait à froid le mélange d'alcool et d'acide sulfurique en versant peu à peu dans l'alcool, placé dans une cornue entourée d'eau et qu'on agite constamment, deux fois son volume d'acide concentré ; on ajoute du sable pour éviter le boursouflement de la masse, et on chauffe rapidement vers 160-170°. Il se fait généralement un peu d'éther (545). Le gaz est lavé dans deux flacons dont le premier contient de l'acide sulfurique pour retenir les vapeurs d'alcool et d'éther entraînées, et le second de la potasse pour arrêter l'acide sulfurique. On recueille sur l'eau (*fig.* 169).

379. Circonstances de production. — Il se forme de l'éthylène et des carbures éthyléniques dans la calcination de la houille, des matières grasses, du caoutchouc, des résines.

380. Composition. — On la détermine dans l'eudiomètre, comme pour le formène. On introduira 1 volume d'éthylène et 4 volumes d'oxygène. La détonation ne laisse que 3 volumes de résidu, dont 2 absorbables par la potasse (anhydride carbonique) et 1 par le phosphore (oxygène). Les 2 volumes de gaz carbonique contiennent 1 volume de vapeur de carbone; les 2 volumes qui ont disparu à l'état d'eau contenaient 2 volumes d'hydrogène. Donc, 1 volume d'éthylène est formé par l'union de 1 volume de vapeur de carbone et 2 d'hydrogène, condensés en 1 volume. On peut vérifier ces conclusions par la considération des densités, comme pour le formène.

HISTORIQUE

381. L'éthylène a été découvert en 1796 par quatre chimistes hollandais, qui découvrirent en même temps le produit d'addition qu'il donne avec le chlore. C'est Gay-Lussac qui a déterminé exactement sa composition.

ACÉTYLÈNE

$C^2H^2 = 26.$
2 volumes.

382. Propriétés physiques. — Gaz incolore, d'une odeur désagréable. La densité est 0,92. Elle correspond à la formule C^2H^2 $\left[D = \frac{26}{28,8}; (32)\right]$. Un litre de ce gaz pèse donc $1^{gr},293 \times 0,92 = 1^{gr},189$. L'eau en dissout à peu près son volume.

Changements d'état. — Température critique, $+37°$;

pression critique, 68^{at}. M. Cailletet a pu le liquéfier à 10° sous la pression de 63 atmosphères.

Propriétés chimiques. 383. — Chauffé au rouge, l'acétylène se polymérise (p. 169, note) et se transforme en benzine C^6H^6 (Berthelot); au-dessus de 1500°, il se détruit en C et H.

Il est combustible, et forme avec l'air des mélanges qui détonent avec une violence extrême. La combustion complète est représentée par l'équation

$$2C^2H^2 + 5O^2 = 4CO^2 + 2H^2O.$$

Si on l'enflamme dans l'air au bout d'un tube effilé, il brûle avec une flamme très éclairante et très fixe. L'expérience est facile (*fig.* 169 *bis*). Il est prudent de prendre un petit flacon (de 100 à $150^{cm},3$).

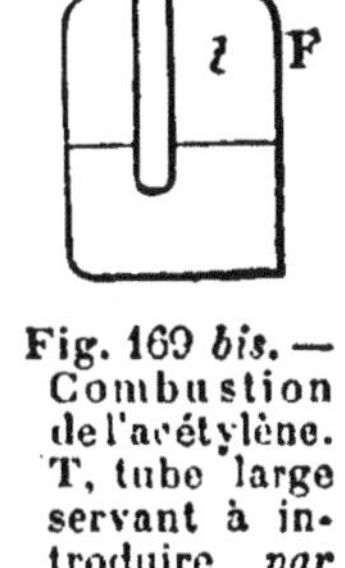

Fig. 169 *bis*. — Combustion de l'acétylène. T, tube large servant à introduire *par petits fragments* le carbure de calcium dans l'eau du flacon F.

Chauffé au rouge avec de l'hydrogène, il donne de l'*éthylène*. Sous l'action de l'acide iodhydrique à 280° en tube scellé, il se transforme en *éthane* C^2H^6.

Le chlore se combine directement à l'acétylène. On connaît les combinaisons $C^2H^2Cl^2$ et $C^2H^2Cl^4$.

Les oxydants peuvent fixer de l'oxygène sur l'acétylène. L'acide chromique donne de l'acide acétique $C^2H^4O^2$, et le permanganate de potassium donne de l'acide oxalique $C^2H^2O^4$.

384. Métaux. — Les métaux forment avec l'acétylène de véritables radicaux auxquels ce gaz doit la propriété de précipiter un certain nombre de solutions métalliques. Ainsi quand on fait passer un courant d'acétylène dans une solution ammoniacale de chlorure cuivreux, le gaz est absorbé, et il se forme un précipité rouge caractéristique d'*hydrate de cuprosacétyle* ou *acétylure cuivreux*, corps dangereux, qui détone par le choc ou au-dessus de 120° (1). Ce corps a

(1) Ce composé peut se former accidentellement dans les tuyaux de conduite du gaz d'éclairage si celui-ci a été mal épuré (dans la distillation de

pour formule $C^2HCu^2.OH$, le *cuprosacétyle* C^2HCu^2 fonctionnant comme radical monovalent (1). On connaît d'autres radicaux analogues.

385. Fonction chimique. — L'acétylène est un corps incomplet, capable de fixer 4 atomes d'un corps monovalent, comme H ou Cl, ou 4 radicaux monovalents. Il se polymérise facilement. Il est endothermique; la formation d'une molécule d'acétylène absorbe 58 calories. Comme beaucoup de corps endothermiques, il est explosif. L'explosion d'une capsule de fulminate ne se propage pas dans le gaz à une pression inférieure à 2 atmosphères, mais détermine la détonation du gaz comprimé. Une brusque élévation de tempéture, comme celle qui peut résulter par exemple d'une compression soudaine, peut également déterminer l'explosion. L'acétylène est donc un corps dangereux. Il est, de plus, toxique.

386. Préparation. — On prépare l'acétylène en détruisant par l'eau le carbure ou acétylure de calcium C^2Ca, obtenu en traitant la craie par le charbon au four électrique (303).

$$C^2Ca + 2H^2O = C^2H^2 + CaO^2H^2.$$

Le carbure, corps gris cristallisé, est attaqué avec une extrême violence, aussi ne doit-on le mettre en contact avec l'eau que par une faible surface. On pourra employer l'appareil représenté p. 272 (*fig.* 142); on introduira le carbure par petits morceaux, par le tube central.

On peut plus simplement faire passer dans une éprouvette pleine de mercure quelques centimètres cubes d'eau, puis un fragment de carbure de calcium de la grosseur d'un pois; théoriquement, 1 kilog. de carbure doit donner environ 350 litres d'acétylène.

la houille on obtient en effet de l'acétylène et des sels ammoniacaux), et déterminer des explosions dangereuses.

(1) Cu est divalent. Dans les composés cuivreux, Cu^2 ou —Cu-Cu—, est divalent. L'acétylène étant représenté par $HC \equiv CH$, le cuprosacétyle est $H.C \equiv C.Cu^2$ —.

387. Circonstances de production. — Il se produit de l'acétylène dans les décompositions pyrogénées des carbures et les combustions incomplètes. On le montre facilement au moyen des expériences suivantes :

1° On verse dans le fond d'une éprouvette un peu de chlorure cuivreux et quelques gouttes d'éther ; on agite pour saturer l'éprouvette de vapeurs d'éther, et on enflamme ; on obtient sur les parois le dépôt rouge d'acétylure.

2° On obtient le même dépôt en versant quelques gouttes de chlorure cuivreux dans une éprouvette d'éthylène ou de gaz d'éclairage et enflammant.

M. Berthelot a fait la synthèse de l'acétylène (1862), en faisant jaillir l'arc électrique dans un courant d'hydrogène.

387 *bis*. Usages. — On utilise l'acétylène pour l'éclairage, à cause de l'éclat et de la fixité de sa flamme ; on le brûle dans des becs à orifices étroits, placés sur une conduite alimentée par un gazomètre, ou portés par l'appareil même où se produit le gaz (lampes portatives). Les générateurs reposent sur le même principe que les appareils continus à hydrogène (62) ; il est essentiel que la réaction ne puisse avoir lieu que sur une petite quantité de matière à la fois, et que le gaz ne puisse se mélanger à l'air.

Historique

388. — L'acétylène a été découvert en 1836 par E. Davy. Son histoire a été fixée principalement par les travaux de M. Berthelot, de 1859 à 1862. La production en grand du carbure de calcium a rendu possibles les applications de l'acétylène (1894).

BENZINE

$C^6H^6 = 78.$

389. Propriétés physiques. — La benzine est un liquide incolore, mobile, d'une odeur aromatique spéciale. Sa densité est 0,899 à 0°. Elle bout à 80°, et se solidifie à 0° quand elle est parfaitement pure.

390. Propriétés chimiques. — Elle est très inflammable, et brûle avec une flamme éclairante, très fuligineuse. Il faut, en effet, pour la brûler complètement, une grande quantité d'oxygène, comme l'indique la formule

$$2C^6H^6 + 15O^2 = 12CO^2 + 6H^2O.$$

Le chlore donne avec la benzine soit des composés de substitution, soit des composés d'addition, suivant les conditions de l'expérience.

Elle est attaquée par l'acide azotique fumant; il se forme un liquide oléagineux, brun, très peu soluble dans l'eau, la *nitrobenzine*, ou *essence de mirbane*, $C^6H^5AzO^2$. Cette nitrobenzine, distillée avec la limaille de fer et l'acide acétique (source d'hydrogène), donne l'*aniline* $C^6H^5AzH^2$ (546), qui est la base d'un grand nombre de matières colorantes. L'aniline est reconnaissable à la belle coloration bleue qu'elle donne avec le chlorure de chaux (114). Les réactions que nous venons d'indiquer (transformation en nitrobenzine puis en aniline) peuvent servir à caractériser la benzine.

391. Fonction chimique. — La benzine se comporte dans certains cas comme un carbure saturé; il est extrêmement difficile de l'oxyder; elle donne, avec le chlore, des composés de substitution directs, parmi lesquels nous citerons la *benzine perchlorée*, ou *chlorure de Julin*, C^6Cl^6, cristallisé en aiguilles jaunes; elle peut aussi, à la manière des corps incomplets, fixer directement d'autres corps, en particulier le chlore, avec lequel elle donne un composé cristallisé, l'*hexachlorure de benzine* $C^6H^6Cl^6$.

392. Préparation. — On peut retirer la benzine de la distillation sèche du benzoate de calcium en présence d'un excès de chaux (1) (Mitscherlich).

$$(C^7H^5O^2)^2Ca_{II} + Ca(OH)^2 = 2C^6H^6 + 2CO^3Ca_{II}.$$

(1) L'acide benzoïque $C^7H^6O^2 = C^7H^5O.OH$ est un acide monobasique, qui se rattache à un carbure homologue de la benzine, le toluène C^7H^8 (531). Cet acide peut être retiré du benjoin. On remarquera l'analogie de cette préparation avec celle du formène à partir de l'acétate de sodium (369).

Mais la benzine que l'on trouve dans le commerce est obtenue dans la distillation fractionnée des goudrons de houille. Les produits qui passent entre 80° et 83° sont constitués par de la benzine qu'on ne peut jamais complètement débarrasser, par distillation, du toluène qui l'accompagne (le toluène bout à 110°). Ce n'est que par des cristallisations répétées à 0° qu'on peut obtenir la benzine chimiquement pure.

303. Circonstances de production. — La benzine, se produisant dans l'action de la chaleur sur l'acétylène (383), devra exister à côté de ce gaz dans toutes les réactions pyrogénées. Sa formation est donc très fréquente.

304. Usages. — La majeure partie de la benzine préparée par l'industrie est transformée en nitrobenzine, dont une petite partie est employée en parfumerie pour donner aux savons communs une odeur semblable à celle des amandes amères (essence de mirbane); le reste est transformé en aniline.

Historique

305. — La benzine a été découverte par Faraday, en 1825, dans un gaz portatif conservé sous pression. Mitscherlich a indiqué sa formation dans la décomposition du benzoate de calcium. C'est en 1842 qu'elle a été retirée du goudron de houille par Hofmann et Mansfield. M. Berthelot en a fait la synthèse.

SILICIUM

Poids atomique :	Si = 28.
Poids moléculaire :	Si^2 = 56.
Équivalent :	14.

306. — On connait le silicium sous plusieurs états allotropiques, dont un seul est bien nettement défini, le silicium cristallisé. Les cristaux, de forme assez compliquée, appartiennent au système du cube. Ils fondent entre 1 300 et 1 500°. Ils peuvent être chauffés au rouge blanc sans brûler; peut-être cette absence d'attaque n'est-elle qu'apparente. En effet, au rouge, le carbonate de potassium est décomposé par le silicium avec production d'anhydride silicique SiO^2; ce corps étant très réfractaire, il est possible que l'attaque du silicium par l'oxygène soit arrêtée très rapidement grâce à la formation d'un revêtement protecteur d'anhydride. La réaction $Si + O^2 = SiO^2$ dégage 211c,1.

Le silicium s'unit au chlore vers 500° pour donner du *chlorure de silicium* $SiCl^4$, et il décompose à la même température l'acide chlorhydrique pour donner du *silicichloroforme* $SiCl^3H$. On connait le *fluorure de silicium* SiF^4; on connait aussi un siliciure d'hydrogène SiH^4.

Le silicium est quadrivalent. L'ensemble de ses propriétés le rapproche du carbone; il a également de grandes analogies avec un métal, le titane.

On peut obtenir le silicium cristallisé en faisant passer un courant de vapeurs de chlorure de silicium dans un tube chauffé au rouge vif, et contenant une nacelle dans laquelle on a placé de l'aluminium (1). Le silicium mis en liberté se dissout dans l'excès d'aluminium, et cristallise par refroidissement.

SILICE

ANHYDRIDE SILICIQUE

$$SiO^2 = 60.$$

397. Propriétés. — C'est un corps blanc, qui n'a pu être fondu qu'au chalumeau oxhydrique ou dans un violent feu de forge. Il est rapidement fondu et volatilisé dans l'arc électrique à 3000°. L'anhydride silicique fondu peut s'étirer en fils fins, comme le verre fondu. Il est réduit par le charbon dans l'arc électrique; sous l'action combinée du chlore et du charbon, il se transforme en chlorure.

$$SiO^2 + 2Cl^2 + 2C = SiCl^4 + 2CO.$$

Il est attaqué par les lessives alcalines concentrées et bouillantes, et mieux encore par les alcalis fondus. L'acide

(1) L'aluminium fond à 625°.

fluorhydrique l'attaque également. Il est transformé en un *silicate* par le carbonate de sodium fondu.

On obtient l'anhydride silicique, ou *silice anhydre*, en calcinant au rouge la *silice gélatineuse* (400).

398. État naturel. — La silice est très abondante dans la nature. On en connaît plusieurs variétés.

1° *Quartz* ou *cristal de roche*. — Substance cristallisée en prismes à six pans terminés par des pyramides (*fig.* **171**). C'est de la silice pure; le quartz est le plus souvent incolore, mais il est quelquefois coloré par des traces de substances étrangères (quartz *enfumé*, noir; quartz *améthyste*, violet). Sa densité est 2,6. C'est la moins attaquable de toutes les variétés de silice. On l'emploie pour faire des verres de lunettes et divers instruments d'optique. Il est employé aussi dans l'ornementation (lustres, flambeaux).

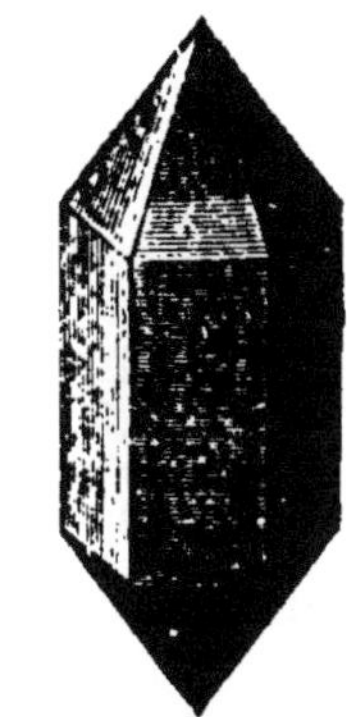

Fig. 171. Cristal de roche.

2° *Tridymite*. — Silice cristallisée en lamelles hexagonales, de densité 2,2.

3° *Silices amorphes*. — Les cailloux de rivière à cassure brillante, souvent incolores à l'intérieur, ou peu colorés, sont constitués par de la silice presque pure. L'agate, la cornaline contiennent de petites quantités de substances étrangères associées à la silice. Le silex, le grès, le sable, sont de la silice mélangée d'alumine et d'oxyde de fer.

HYDRATES SILICIQUES

399. Acide normal. — L'hydrate silicique dit *normal*, ou acide *orthosilicique*, serait $Si(OH)^4$, correspondant au chlorure $SiCl^4$, qui peut être décomposé par l'eau.

$$SiCl^4 + 4H^2O = Si(OH)^4 + 4ClH.$$

Mais cet acide n'a pas été isolé jusqu'à présent. Cependant, on connaît des *orthosilicates* qui lui correspondent exactement. Ainsi, on a décrit un orthosilicate de lithium SiO^4Li^4; on trouve dans la nature un silicate de zinc $SiO^4Zn_{II}{}^2$.

400. Silice gélatineuse. — Quand on verse de l'acide chlorhydrique concentré dans une solution concentrée de silicate de sodium, il se fait un précipité *gélatineux* de silice hydratée, assez consistant pour qu'une baguette de verre qu'on y enfonce se maintienne verticale (*fig.* 172). Ce précipité, desséché dans le vide sec, répond à peu près à la formule $3SiO^2, 2H^2O$ (1). C'est la silice gélatineuse, qui se dissout dans l'acide chlorhydrique et dans les lessives alcalines; elle est très légèrement soluble dans les acides étendus et dans l'eau; l'eau chargée d'acide carbonique en dissout des quantités notables.

Fig. 172.
Précipité de silice gélatineuse.

Cet hydrate peut être considéré comme résultant de la déshydratation partielle de trois molécules d'acide orthosilicique.

$$3\,[Si(OH)^4] - 4H^2O = 3SiO^2, 2H^2O.$$

Desséché à l'air, le précipité de silice gélatineuse durcit et prend la densité de l'opale.

401. Silice soluble. — Quand on verse dans un grand excès d'acide chlorhydrique étendu une dissolution étendue de silicate de sodium, on n'obtient pas de précipité. La silice a cependant été mise en liberté; en effet, si on verse la dissolution dans un vase A dont le fond est formé par une feuille de parchemin végétal (2) (dialyseur) (*fig.* 173) et

(1) On obtient facilement du silicate de sodium en chauffant au rouge, dans un creuset de platine, du sable blanc avec du carbonate de sodium; l'anhydride carbonique est chassé. En reprenant par l'eau chaude, après la fin de la réaction, on dissout le silicate, et l'on concentre à consistance sirupeuse. On obtient ainsi la *liqueur des cailloux*, utilisée pour durcir les pierres calcaires, pour donner de la rigidité aux bandages destinés à maintenir les membres fracturés.

(2) On prépare le parchemin végétal en traitant le papier non collé par l'acide sulfurique étendu de son volume d'eau.

plonge dans de l'eau distillée, on constate, au bout de deux ou trois jours, que l'eau du vase B précipite par l'azotate d'argent, tandis que la liqueur du vase A ne précipite plus par ce réactif. Tout le chlorure de sodium a traversé la membrane; la silice est restée dans le vase A (1). La dissolution de silice peut être concentrée à l'abri de l'air jusqu'à une teneur de 14 p. 100 de silice anhydre. Ces dissolutions de silice se *coagulent* à l'air au bout d'un temps plus ou moins long, suivant qu'elles sont plus ou moins étendues. La chaleur hâte la coagulation; la liqueur se transforme en une gelée ferme, transparente, incolore ou légèrement opaline. La silice hydratée est légèrement soluble dans l'eau; elle se dissout mieux dans l'eau chargée d'acide carbonique.

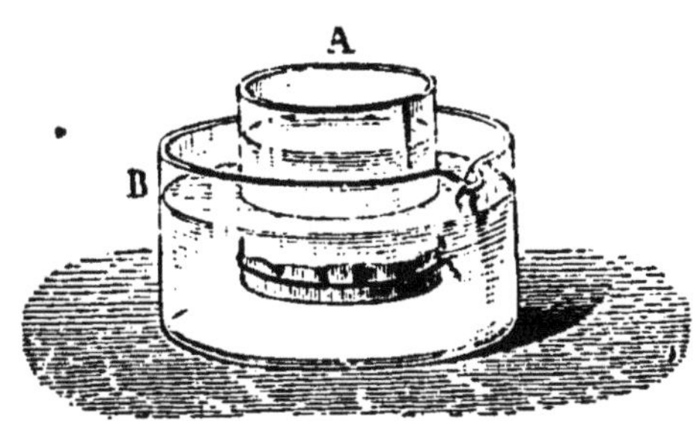

Fig. 173. — Dialyseur.

402. Fonction chimique. — La silice anhydre possède les caractères d'un anhydride; la silice hydratée a une fonction acide marquée (formation de *silicates* avec les alcalis). Cependant, elle possède aussi des propriétés basiques; ainsi on connaît un composé d'anhydride silicique et d'anhydride phosphorique. Le chlorure, le fluorure de silicium, sont comparables au chlorure, au fluorure d'aluminium, et pourraient être considérés comme des sels de silice, au même titre que les composés analogues de l'aluminium sont considérés comme sels d'alumine.

403. État naturel. — L'opale est de la silice hydratée; de même l'*hydrophane*, pierre opaque dans l'air et transparente dans l'eau. Les eaux naturelles riches en acide carbo-

(1) Les substances qui, comme la silice soluble, ne peuvent traverser les membranes organiques, sont dites *colloïdes*. Les substances, comme le chlorure de sodium, qui traversent ces membranes, sont dites *cristalloïdes*.

nique contiennent souvent de la silice en dissolution. Les *geysers* d'Islande lancent à une grande hauteur de l'eau très chaude et chargée de silice qui se dépose autour des orifices par lesquels l'eau est lancée (*fig*. 174). Les tiges des gra-

Fig. 174. — Geysers.

minées doivent leur rigidité à la silice qu'elles contiennent. Combinée aux oxydes métalliques, la silice existe dans la plupart des roches.

404. Silicates. — Les silicates sont extrêmement abondants. Ils sont tous insolubles dans l'eau, sauf les silicates de sodium et de potassium. Les silicates naturels ont une composition chimique extrêmement complexe, dans la plupart des cas. Leur étude complète rentre dans le domaine de la minéralogie. Parmi les silicates artificiels, nous signalerons le verre et le cristal, si importants par leurs applications, et qui contiennent, outre le silicate de sodium ou de potassium, de la chaux ou de l'oxyde de fer (verre) et de l'oxyde de plomb (cristal).

FAMILLE DU CARBONE

405. — Le carbone, le silicium, et un élément dont nous allons dire quelques mots, le bore (406-408), constituaient la quatrième famille de Dumas (151, 205, 301). On a dû faire sortir du groupe le bore, qui n'a pas, avec les deux premiers, de rapports suffisamment étroits.

Quant au carbone et au silicium, leurs analogies se réduisent à un petit nombre.

1° Au point de vue physique, on connait pour les deux corps des variétés cristallisées, et des variétés amorphes plus attaquables que les variétés cristallisées. Le silicium et le carbone cristallisés, sans être isomorphes, se rattachent au même système cristallin.

2° Au point de vue chimique, le silicium est tétravalent comme le carbone; on connait des composés SiF^4, $SiCl^4$, SiO^2, dont les formules sont comparables à CF^4, CCl^4. CO^2; SiO^2 est un anhydride comme CO^2, enfin le *silicichloroforme* $SiCl^3H$ a la même formule que le chloroforme CCl^3H, mais l'analogie s'arrête là. Enfin, on connait un hydrure SiH^4, mais ses propriétés ne rappellent nullement celles du formène.

CHAPITRE XII

BORE. — ACIDE BORIQUE

BORE

Poids atomique : $Bo = 11$.
Poids moléculaire : $Bo^2 = 22$.
Equivalent : 11.

406. — Jusqu'à présent, le bore pur n'est connu qu'à l'état amorphe. C'est une poudre marron clair, de densité 2,45. Il s'enflamme à 410° dans le chlore, à 700° dans l'air, à 610° dans le soufre. Il se combine à l'azote à 1200°. Il réduit au rouge la vapeur d'eau et l'oxyde de carbone. Il réduit les oxydes métalliques plus facilement que le charbon (Moissan).

Sa propriété la plus saillante est son pouvoir réducteur. Il est trivalent; on connait un *fluorure de bore* BoF^3, un chlorure $BoCl^3$, et on a signalé l'existence d'un hydrure BoH^3.

On l'obtient en traitant l'anhydride borique par le magnésium, le produit obtenu, mélange de bore et de borure de magnésium, est purifié par digestion au rouge avec un excès d'anhydride borique et des lavages à l'acide fluorhydrique (Moissan).

ACIDE BORIQUE

$$Bo(OH)^3.$$

407. — L'acide borique est un corps solide blanc, cristallisé en paillettes nacrées appartenant au sixième système. Il fond au rouge en passant par l'état pâteux, et se transforme en une masse vitreuse, l'anhydride borique Bo^2O^3.

$$2Bo(OH)^3 = Bo^2O^3 + 3H^2O.$$

L'acide borique est réduit par les métaux alcalins, le magnésium, l'aluminium; le bore mis en liberté forme avec ce dernier métal une combinaison cristallisée qu'on a longtemps prise pour du bore cristallisé.

L'acide borique fondu dissout les oxydes métalliques. Il est déplacé de ses sels par la plupart des acides à froid.

Il se dissout dans l'alcool, dont il colore la flamme en vert.

Il existe dans un grand nombre d'eaux naturelles; certaines fumerolles (1) en entraînent assez pour qu'il y ait avantage à les exploiter. La concentration de l'eau qui résulte de la condensation de la vapeur des fumerolles de la Toscane donne de grandes quantités d'acide borique; cette exploitation a été inaugurée en 1818.

On peut aussi le préparer en décomposant le *borax* ou tétraborate de sodium (2) en solution concentrée et chaude par l'acide chlorhydrique.

$$3H^2O + Bo^4O^3 < \begin{matrix}(ONa)^2\\(OH)^4\end{matrix} + 2ClH = 2ClNa + 4Bo(OH)^3.$$

L'acide borique cristallise par refroidissement.

On rencontre le borax dans la nature, notamment en Asie Mineure.

L'acide borique est employé dans l'industrie pour la fabrication du borax artificiel, et en médecine comme antiseptique. On en imprègne les mèches des bougies stéariques; l'acide borique fond dans la flamme et forme à l'extrémité de la mèche un globule qui se détache tout seul.

FAMILLE DU BORE

408. — Le bore avait été classé par Dumas dans la famille du carbone; mais la trivalence de cet élément ne permet pas de l'y maintenir. On ne peut pas davantage le mettre à côté de l'azote et du phosphore; il faut le placer à part. Dans une classification de l'ensemble des corps simples, il serait rangé à côté de l'aluminium et de quelques métaux rares (voir l'*Appendice*). D'ailleurs, on connaît des combinaisons d'anhydride borique avec d'autres anhydrides, l'anhydride phosphorique par exemple.

(1) Les fumerolles se dégagent de l'intérieur du sol par des fissures; elles sont constituées par de la vapeur d'eau chargée de matières salines et accompagnée de gaz divers.

(2) L'acide tétraborique $Bo^4O^3(OH)^6$ résulte d'une déshydratation partielle de l'acide borique.

$$4[Bo(OH)^3] - 3H^2O = Bo^4O^3(OH)^6.$$

Le borax a pour formule $Bo^4O^3 < \begin{matrix}(ONa)^2\\(OH)^4\end{matrix}$

---

408 *bis*. — En résumé, une classification naturelle des métalloïdes comporte cinq familles :

1° **F** ; Cl, Br, I	univalents.
2° **O** ; S, Se, Te,	bivalents.
3° **Az** ; P, As, Sb,	trivalents.
4° **C** ; Si,	quadrivalents.
5° **Bo** ;	trivalent.

Dans chacune des trois premières familles, le premier corps diffère plus des autres que les autres ne diffèrent entre eux (151, 205, 301) : il y a de notables différences entre le carbone et le silicium (405). On remarquera l'importance toute spéciale du fluor dans la nature minérale, celle de l'oxygène, de l'azote et du carbone dans la nature organique.

CHAPITRE XIII

GAZ DE LA HOUILLE. — FLAMME.

GAZ DE LA HOUILLE

Historique

409. — L'idée d'employer à l'éclairage et au chauffage les gaz combustibles qui se dégagent dans la distillation du bois et de la houille a été émise plusieurs fois dans la dernière moitié du dix-huitième siècle. L'honneur de l'avoir appliquée doit être attribué à l'ingénieur français Lebon (1769-1804) et au mécanicien anglais Murdoch (? -1839). Les essais de Lebon datent de 1797 ; il avait construit un *thermolampe*, appareil ayant pour but d'utiliser au chauffage et à l'éclairage les gaz résultant de la distillation du bois ; il indiqua également l'usage de la houille ; une mort prématurée l'empêcha de perfectionner suffisamment ses procédés ; aujourd'hui un grand nombre de villes de Suisse et d'Allemagne sont éclairées au gaz du bois.

En 1798, Murdoch éclaira au gaz de la houille une partie des ateliers où Watt (1) faisait fabriquer ses machines à vapeur. Les

(1) Watt (1734-1819), célèbre mécanicien anglais, introduisit de grands perfectionnements dans la machine à vapeur (condenseur, détente, transmissions de mouvement).

rues de Londres commencèrent à être éclairées au moyen du nouveau gaz en 1808; ce n'est qu'en 1816 que ce mode d'éclairage des voies publiques fut essayé à Paris dans le passage des Panoramas. Dès 1812, il fonctionnait à l'hôpital Saint-Louis. C'est vers 1820 qu'il commença à se répandre dans les principales villes.

410. Distillation. — La distillation sèche de la houille fournit un très grand nombre de produits :

1° Des produits gazeux à la température ordinaire, qui sont formés principalement d'hydrogène et de formène, avec de 4 à 7 p. 100 de gaz plus riches en carbone (éthylène, acétylène, propylène C^3H^6 et quelques autres). On y trouve aussi, en petite quantité, de l'anhydride carbonique et l'acide sulfhydrique.

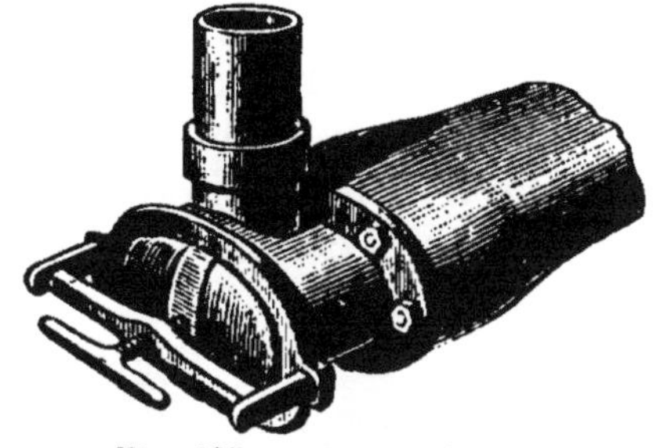

Fig. 175. — Cornue à gaz.

2° Des produits gazeux à haute température, mais liquides ou solides à la température ordinaire. Ce sont divers sels ammoniacaux (sulfure et carbonate), des *goudrons*.

3° Un résidu solide, le coke (317). En moyenne, 100 kilogrammes de houille grasse, variété la plus avantageuse, donnent 25 mètres cubes de gaz, $4^{Kgr},5$ de goudrons, et $1^{hl},66$ de coke.

La distillation se fait dans des cornues cylindriques et à section elliptique (*fig.* 175) en terre réfractaire, logées par batteries de 5 ou 7 dans des fourneaux chauffés au rouge (800 à 900°) (*fig.* 176).

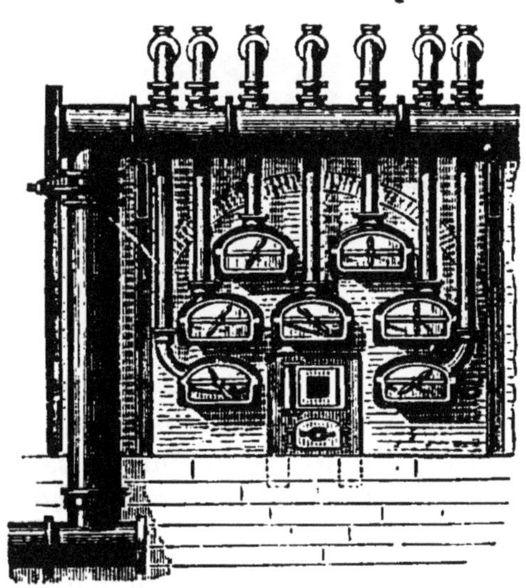

Fig. 176. — Four à gaz.

Chaque cornue, longue de 2m,50 environ, peut contenir 100 kilogrammes de houille. La cornue est terminée en avant par une tête en fonte sur laquelle on lute un obturateur pendant l'opération. Un tuyau vertical entraîne hors de la cornue les gaz dégagés. Ces gaz ne peuvent être utilisés directement, ils brûlent avec une odeur infecte et une flamme fuligineuse.

411. Epuration physique. — L'épuration physique débarrasse le gaz des produits condensables entraînés. Pour atteindre ce résultat, il faut le refroidir.

L'épuration commence dans le *barillet*, gros cylindre horizontal à moitié plein d'eau et qui reçoit les tuyaux de dégagement des cornues. Ces tuyaux plongent légèrement dans

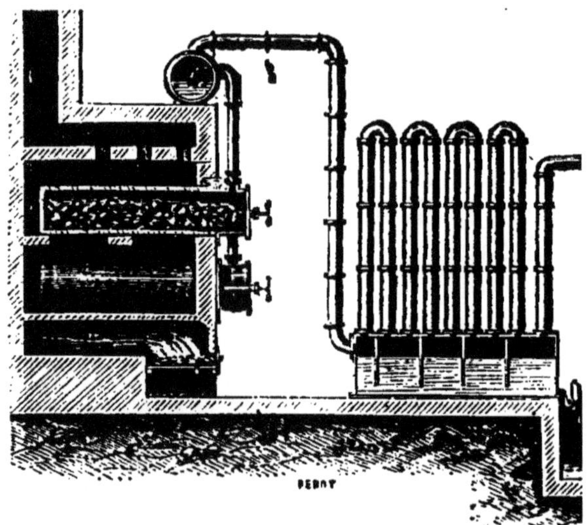

Fig. 177. — Four, barillet et jeu d'orgues.

l'eau, afin que le gaz puisse barboter. Un trop-plein, laissant écouler les goudrons qui se condensent au fond du barillet, empêche ce dernier de s'obstruer.

Le gaz passe ensuite dans un jeu de longs tuyaux en forme d'U renversés placé au-dessus de caisses pleines d'eau (jeu d'orgues) (*fig.* 177). Ces tuyaux sont exposés à l'air libre. La plus grande partie des goudrons et des produits ammoniacaux s'est condensée dans ces appareils; cependant le gaz qui en sort contient encore des produits condensables. L'épuration se termine dans des cylindres munis de plaques percées de trous qui se contrarient d'une plaque à l'autre; des pompes forcent le gaz à passer à travers ces trous nombreux et très fins; un jet mince de gaz, reçu sur un papier avant son entrée dans les cylindres, y laisse une tache noire; il n'en est plus de même à la sortie. (Appareil Pelouze et Audoin.)

412. Épuration chimique. — Le gaz qui sort des épurateurs physiques contient encore de l'acide sulfhydrique, du sulfure et du carbonate d'ammonium, de l'anhydride carbonique, qui doivent être détruits ou fixés par des procédés chimiques. On force le gaz à traverser une couche pulvérulente de substance épuratrice, qu'on obtient en précipitant une solution de sulfate ferreux par un excès de chaux, divisant le précipité par de la sciure de bois, et exposant à l'air. Le fer passe à l'état d'oxyde ferrique, et il se forme du sulfate de calcium. Le mélange épurateur est placé dans des caisses plates munies d'un faux fond perforé, et d'une fer-

Fig. 178. — Épurateur chimique.

meture hydraulique (*fig.* 178). Ces caisses sont associées méthodiquement par 3 ou par 4. Un système de vannes et de canaux permet de réaliser les communications de telle manière que le gaz traverse d'abord le mélange le plus frais. Le carbonate d'ammonium est transformé par le sulfate de calcium en sulfate; l'oxyde ferrique retient l'acide sulfhydrique à l'état de sulfure de fer, la chaux retient l'anhydride carbonique.

Quand le mélange est épuisé, on l'expose à l'air humide, après avoir enlevé par un lavage le sulfate d'ammonium, et ajouté de la craie en poudre; l'oxyde ferrique est régénéré.

$$4FeS + 3O^2 + 6H^2O = 2Fe^2(OH)^6 + 4S.$$

Le soufre s'accumule assez dans la substance pour en rendre la régénération impossible au bout d'un certain temps; on a imaginé des procédés pour extraire ce soufre.

Le gaz sortant des caisses d'épuration est envoyé aux

Fig. 179. — Gazomètre.

gazomètres (*fig.* 179). Ce sont de grandes cloches en tôle, soutenues par la pression du gaz et un système convenable de contrepoids au-dessus de vastes bassins pleins d'eau. Ces gazomètres, dont la capacité dans les grandes exploitations atteint souvent 20 ou 30 mille mètres cubes, fonctionnent à la manière des éprouvettes qui servent à recueillir les gaz sur la cuve à eau des laboratoires. Les tuyaux de conduite qui amènent le gaz aux points où il doit être consommé partent des gazomètres.

413. Produits secondaires et résidus. — L'épuration physique du gaz donne des *eaux ammoniacales* et des *goudrons*. Ces eaux peuvent être distillées sur de la chaux, et donnent alors du gaz ammoniac que l'on reçoit dans de l'eau ou dans des acides, suivant que l'on veut préparer l'ammoniaque ou des sels ammoniacaux. Des goudrons, on peut retirer, par distillation fractionnée, un grand nombre de produits très importants : nous signalerons la *benzine*, qui conduit à l'*aniline*, base de matières colorantes nombreuses, la *naphtaline*, l'*anthracène*, qui est la matière première de l'*alizarine* ou garance artificielle, l'*acide phénique* ou *phénol*, la *créosote*, qui sont des antiseptiques très employés.

Dans les cornues il reste le coke (317). Sur leurs parois on trouve le charbon des cornues (318) résultant des décompositions pyrogénées qui ont lieu dans ces appareils.

FLAMME

414. — Une *flamme* est une veine gazeuse portée à l'incandescence par un phénomène de combustion. Les corps qui en s'unissant à l'oxygène ne donnent pas de produits gazeux ou volatils brûlent sans flamme (fer). Au contraire, ceux qui donnent naissance à des produits gazeux ou volatils brûlent avec flamme (soufre, carbone, phosphore). On peut produire une flamme de bien des manières.

1° En approchant un corps enflammé de l'orifice d'un tube qui amène dans l'air un courant de gaz combustible (hydrogène, acide sulfhydrique, oxyde de carbone, hydrocarbures).

2° En approchant un corps enflammé de l'orifice d'un tube qui laisse écouler un mélange combustible (air et gaz d'éclairage, oxygène et oxyde de carbone, oxygène et hydrogène).

3° En déterminant la combinaison à l'orifice d'un tube amenant le gaz comburant (oxygène par exemple), dans une atmosphère de gaz combustible (hydrogène par exemple) [flammes renversées].

4° En enflammant dans l'air des vapeurs combustibles, dues à l'évaporation de liquides montant par *capillarité* le long de mèches convenables (lampes à huile ou à pétrole, bougies).

Dans tous les cas, il ne peut y avoir flamme que si la combustion, une fois amorcée, continue d'elle-même. Les réactions donnant lieu à des flammes sont toutes exothermiques, et dégagent une grande quantité de chaleur.

415. Constitution des flammes. — Si on examine la flamme de l'hydrogène ou de l'oxyde de carbone brûlant l'extrémité d'un ajutage de platine, on constate qu'elle se compose d'un cône intérieur, sombre, et d'une enveloppe jaunâtre et peu visible dans le cas de l'hydrogène, bleue dans le cas de l'oxyde de carbone (*fig.* 180). Le cône central est obscur parce qu'il est constitué par un jet de gaz froid; l'air ne pénètre pas jusque-là. La partie incandescente correspond aux points où peut arriver l'air, et où par conséquent la combustion se produit. Les flammes ainsi constituées sont des *flammes simples*.

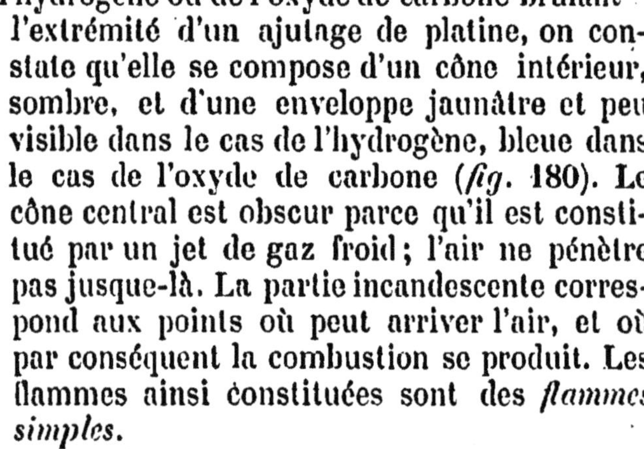

Fig. 180. — Combustion de l'hydrogène.

Examinons au contraire la flamme du gaz d'éclairage brûlant à l'extrémité d'un tube, sous une faible pression (flamme courte). Nous verrons qu'elle est composée de 3 parties; au centre un cône sombre; c'est le jet de gaz froid; autour de lui, une enveloppe brillante, où la combustion est incomplète, et où la décomposition du corps combustible donne naissance à du charbon, comme on peut le constater en écrasant la flamme avec une soucoupe froide; autour de la zone brillante, une zone étroite, très chaude, où la combustion est complète. Ces différentes parties sont très nettement visibles, et le cône sombre en particulier est nettement limité si on regarde la flamme à travers un verre rouge. La flamme est séparée de l'orifice du tube par une région bleuâtre dont la teinte est due à la combustion de petites quantités d'oxyde de carbone.

La flamme de la bougie montre la même constitution que la flamme du gaz (*fig.* 181); il en est de même de la flamme des lampes où l'on brûle des combustibles liquides. Dans toutes ces flammes, la décomposition pyrogénée des hydrocarbures contenus dans les gaz ou les vapeurs combustibles donne du charbon, qui, entraîné par le courant gazeux ascendant, vient brûler complètement dans la région externe.

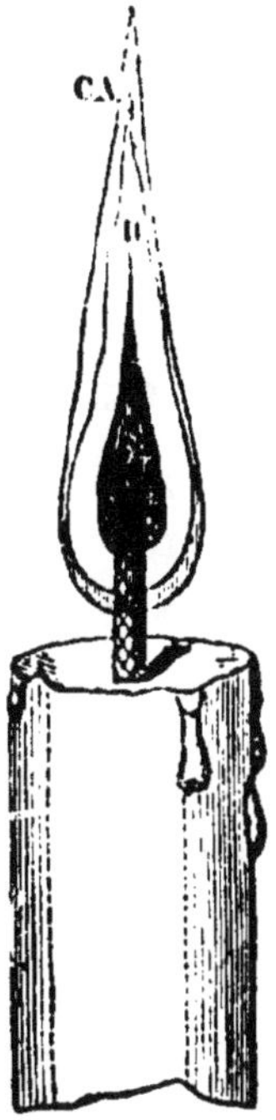

Fig. 181. — Constitution de la flamme d'une bougie.

Une belle expérience de Faraday permet d'analyser la flamme. Si on plonge jusqu'au centre de la flamme d'une bougie, par exemple, un tube deux fois recourbé dont la seconde branche se rend dans un ballon (*fig.* 182), on aspire des vapeurs d'acide stéarique, se condensant en une fumée blanche et épaisse; on peut enflammer ces vapeurs. En portant l'orifice du tube un peu plus haut, dans la partie éclairante, on recueille dans le ballon une fumée

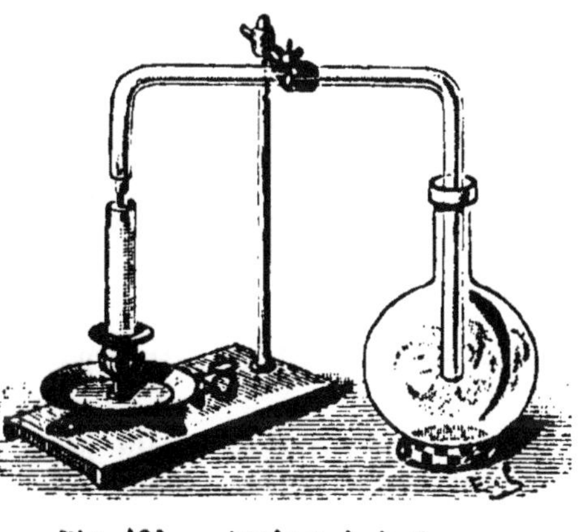

Fig. 182. — Analyse de la flamme.

noire et abondante, montrant la présence du charbon dans cette partie de la flamme. On met en évidence l'absence d'oxygène au centre de la flamme en y introduisant une allumette qu'on a eu soin de mouiller très légèrement pour l'empêcher de prendre feu en traversant la couche externe et la couche moyenne.

Les flammes présentant cette constitution sont des *flammes composées.*

416. Chalumeau. — Si on introduit de l'air au centre de la flamme, on modifie profondément sa constitution. C'est ce qu'on réalise au moyen du *chalumeau* (1). La flamme est encore divisée en 3 zones, mais la zone centrale *a* est très chaude (*fig.* 183), la combustion y est complète; la température est maxima au voisinage de la pointe; des corps difficilement fusibles, placés vers *a*, y fondent rapidement. La zone intermédiaire *b* est brillante; la combustion y est incomplète, il y a du charbon en suspension; c'est la *zone réductrice*. La zone externe *c*, très chaude, est le siège d'une combustion complète *avec excès d'air*, c'est la *zone oxydante*. M. Bunsen a imaginé un *brûleur* qui rend les plus grands services dans les labora-

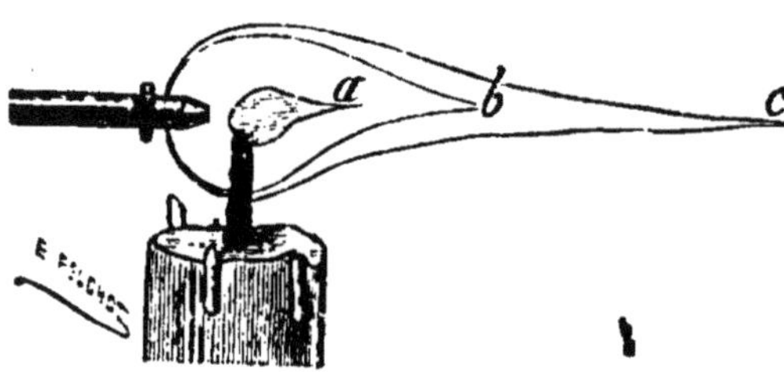

Fig. 183. — Flamme du chalumeau.

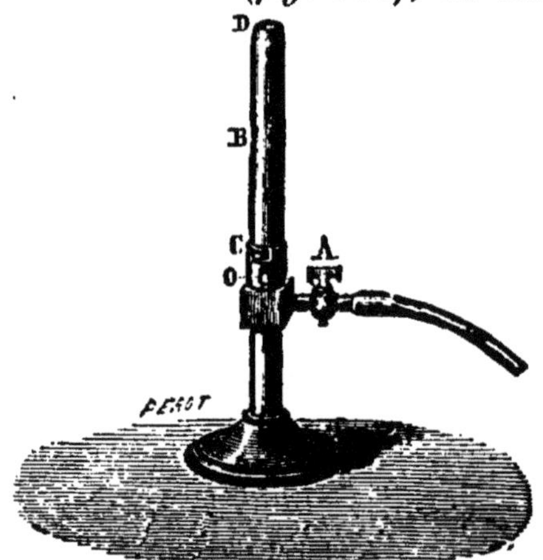

Fig. 184. — Brûleur Bunsen.

(1) L'emploi du chalumeau a été perfectionné surtout par Gahn (1745-1818) et par Berzelius; ce dernier en a fait un précieux instrument d'analyse qualitative pour les minéraux.

toires, et permet d'obtenir une température très élevée (*fig.* 184); le gaz arrive par un conduit étroit *a* au centre d'une cheminée percée de deux trous O au niveau du bec *a* (*fig.* 185). L'air appelé par ces ouvertures se mélange au gaz et vient brûler à l'extrémité B avec une flamme pâle très chaude. Une virole V permet d'aveugler à volonté ces ouvertures, de manière à avoir soit la flamme ordinaire, soit la flamme chaude.

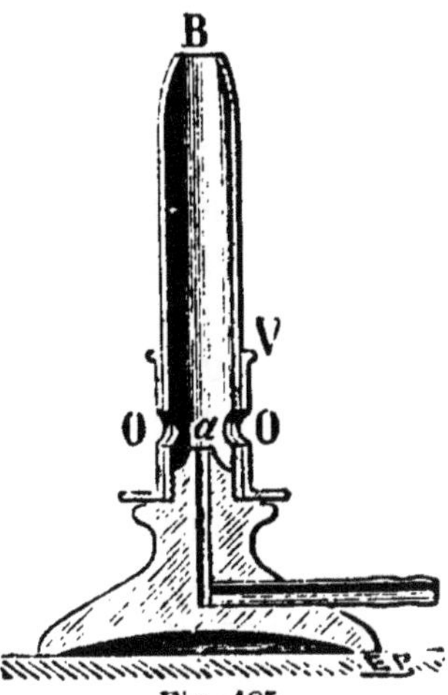

Fig. 185.
Coupe d'un bec Bunsen.

417. Température des flammes. — Quand la combustion ne donne lieu qu'à un produit gazeux, on peut facilement calculer la température de la flamme. Considérons la combustion d'un mélange d'hydrogène et d'oxygène (2 volumes d'hydrogène pour 1 d'oxygène). La formation de 18 grammes d'eau à l'état de vapeur dégage 58,2 grandes calories. Pour 1 gramme le dégagement de chaleur est $\frac{58200}{18} = 3233$ petites calories. La chaleur spécifique de la vapeur d'eau étant égale à 0,48, ces 3233 calories élèveront de $\frac{3233}{0,48} = 6734°$ la température de 1 gramme de vapeur d'eau. La température de la flamme serait donc voisine de 6800°. Mais à cette température, l'eau est dissociée, et la moitié seulement des gaz entre en combinaison (Bunsen); de plus, une partie de la chaleur dégagée échauffe les gaz non combinés; la température de la flamme sera donc très inférieure au nombre calculé tout à l'heure. De fait, cette température ne dépasse pas 2500°. Quand l'hydrogène brûle dans l'air, la température de la flamme est encore moins élevée, car l'azote la refroidit; cette température n'est pas supérieure à 2000°. Les flammes les plus chaudes que l'on connaisse sont celle de l'hydrogène et celle de l'oxyde de carbone. La température des flammes composées est beaucoup moins élevée. Ces flammes en effet contiennent du charbon, résultant des décompositions pyrogénées qui ont lieu dans le centre de la flamme, où l'air n'arrive pas (415), et ces particules de charbon refroidissent la flamme.

L'inflammation de la veine gazeuse ne se produit qu'au-dessus d'une température déterminée. Pour l'hydrogène par exemple, cette température est 500°. Si on refroidit la flamme au-dessous de la température à laquelle l'inflammation est possible, la flamme s'éteint. On peut obtenir ce résultat de plusieurs manières :

1° Si dans un mélange de deux gaz susceptibles de se combiner on augmente graduellement la proportion de l'un des composants, l'inflammation finit par devenir impossible, la présence de l'excès de gaz abaissant la température de combustion. Ainsi, un mélange de 2 volumes d'hydrogène et 1 d'oxygène fait explosion au contact d'une flamme. Si on augmente la proportion d'oxygène, l'explosion devient moins violente; un mélange de 16 volumes d'oxygène pour 1 d'hydrogène ne s'enflamme plus; dans un mélange de 10 volumes d'hydrogène pour 1 d'oxygène, la combustion se propage très lentement.

Fig. 186.
Pouvoir refroidissant des toiles métalliques.

2° Si on dilue le mélange dans un gaz inerte, le refroidissement pourra être suffisant pour empêcher la combustion de se propager.

3° Si on coupe une flamme au moyen d'une toile métallique (*fig.* 186), la flamme disparaît au-dessus de la toile;

le métal, en vertu de sa conductibilité, enlève assez de chaleur au courant gazeux pour abaisser sa température au-dessous du point d'inflammation; d'ailleurs, les gaz refroidis qui continuent la flamme au-dessus de la toile peuvent être enflammés de nouveau. De même, on peut, en plaçant une toile métallique à une certaine distance de l'orifice d'un bec de gaz ouvert (*fig.* 187), allumer le gaz au-dessus de la toile sans que la combustion se propage au-dessous.

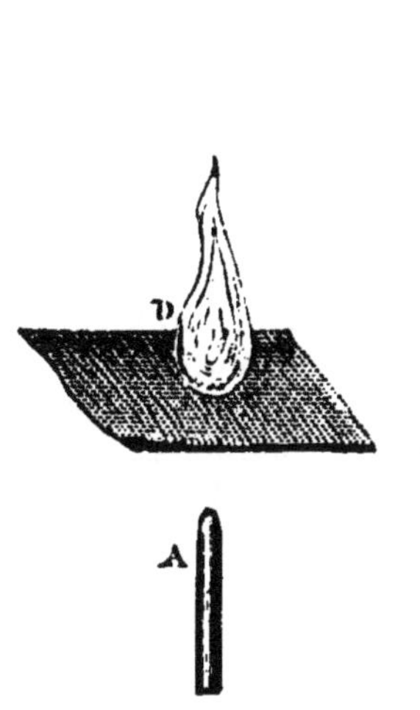

Fig. 187. — Effet des toiles métalliques.

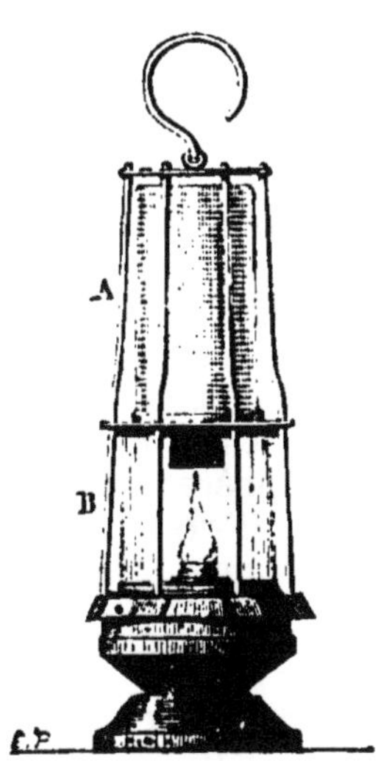

Fig. 188. — Lampe de sûreté.

Davy a utilisé cette propriété des toiles métalliques dans la construction d'une *lampe de sûreté* destinée à éclairer les travailleurs dans les mines de houille. La figure 188 représente une lampe de sûreté (modèle Combes). Si un mélange inflammable de grisou (370) et d'air pénètre dans la lampe, il fait explosion; la lampe s'éteint, et la toile métallique empêche la combustion de se propager au dehors. On est ainsi averti du danger, que l'on peut conjurer au moyen d'une ventilation énergique.

418. Eclat des flammes. — Les flammes éclairantes doivent, en général, leur éclat aux particules solides qu'elles tiennent en suspension, et qui sont portées à l'incandescence par la chaleur dégagée dans la combustion. La flamme de l'hydrogène est très pâle; mais que l'on vienne à enflammer ce gaz à l'extrémité d'un tube vers le milieu duquel se trouve une ampoule contenant un morceau d'éponge imbibé de benzine, la flamme devient éclairante; les vapeurs de benzine, entraînées par le courant gazeux, se décomposent partiellement avec production de charbon, comme on peut le constater en écrasant la flamme au moyen d'une soucoupe de porcelaine.

L'éclat considérable de la flamme de l'acétylène est dû à la richesse en carbone de ce composé, qui se déduit partiellement dans la région moyenne de la flamme (415).

Le pouvoir éclairant d'une flamme est lié à sa température et à la nature du spectre qu'elle donne. Les gaz incandescents donnent dans les conditions ordinaires un spectre discontinu, constitué par quelques raies brillantes; les corps solides incandescents donnent au contraire un spectre continu. En augmentant suffisamment la pression du gaz qui fournit la flamme, on peut arriver à la rendre éclairante. Ainsi un mélange d'hydrogène et d'oxygène comprimé, à 10 atmosphères donne une flamme brillante, et dont le spectre est continu (Frankland). La température est d'ailleurs notablement plus élevée que la température de la flamme produite sous faible pression.

419. Applications. — *Chauffage.* Les flammes peuvent être utilisées comme sources de chaleur. Leur température étant d'autant plus élevée que la combustion est plus complète, les appareils de chauffage devront être combinés de manière à réaliser cette condition. Nous avons décrit le brûleur Bunsen (416). Aujourd'hui on construit, pour les laboratoires, des appareils de chauffage au gaz qui permettent d'atteindre des températures très élevées; un certain nombre de becs ou d'orifices, amenant un mélange de gaz combustible et d'air, sont réunis sur un espace assez restreint protégé contre le refroidissement par des enveloppes en terre réfractaire. Des robinets permettent de régler l'écoulement du gaz et l'arrivée de l'air de manière à obtenir une combustion plus ou moins complète selon les besoins.

La substitution de l'hydrogène au gaz d'éclairage, ou de

l'oxygène à l'air, élève la température de la flamme. Le petit appareil représenté par la figure 189 et appelé chalumeau de laboratoire permet de fondre aisément la fonte ou même le fer, lorsqu'on fait arriver du gaz d'éclairage par le tuyau H et de l'oxygène sous une pression convenable par le tuyau O. La température de fusion de la fonte est de 1100 à 1200°; celle du fer, de 1500 à 1600°. Pour fondre le platine (1775°), on emploie le chalumeau *oxhydrique* (64), construit sur le même principe que l'appareil précédent; le platine est placé dans un creuset en chaux vive, complètement fermé, sauf le canal par lequel pénètre le chalumeau, et une ouverture destinée à donner passage aux gaz de la flamme (1).

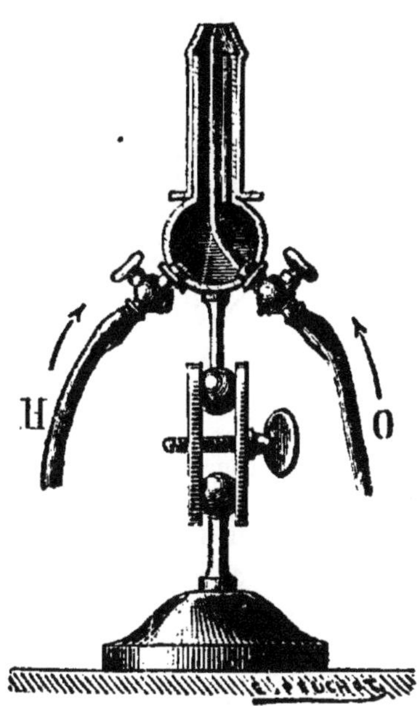

Fig. 189. — Chalumeau.

On utilise également dans l'industrie la combustion spontanée de l'oxyde de carbone par l'air, les deux gaz étant amenés en présence après avoir été séparément chauffés à 700 ou 800°.

420. *Éclairage*. — Si on veut employer la flamme comme source de lumière, on devra s'adresser à des flammes composées. L'éclat d'une pareille flamme dépend de la température des particules solides qu'elle tient en suspension. Si la production de charbon est trop abondante, la flamme est *fuligineuse*, rougeâtre, elle éclaire mal. On devra donc s'arranger de manière que la combustion, quoique incomplète, soit assez avancée pour que les particules de charbon,

(1) Pour obtenir une température supérieure à celle du chalumeau oxhydrique, il faut avoir recours au four électrique.

en proportion relativement faible, puissent être portées à très haute température par la chaleur de combustion. Tel est l'objet des cheminées de verre que l'on place sur les lampes et les becs de gaz destinés à l'éclairage; l'air arrive par des trous placés au-dessous du niveau de la flamme; la combustion est ainsi régularisée et on obtient des flammes très brillantes. Dans le *bec Bengel* ou bec à couronne de trous (*fig.* 190), un cylindre annulaire reçoit par en bas le gaz qui s'échappe par des trous très fins disposés sur la base supérieure. L'air arrive autour de la flamme par des trous pratiqués dans une pièce de porcelaine qui entoure la base du bec. Chaque petite flamme est analogue à celle d'une bougie; leur réunion constitue un anneau lumineux dont l'éclat est considérable.

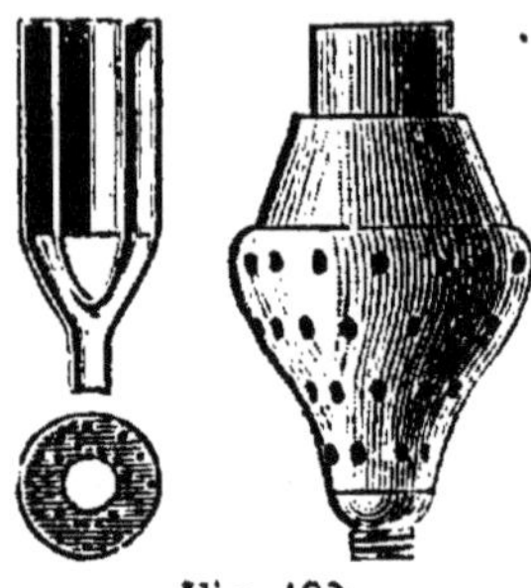

Fig. 190.
Bec à couronne.

On obtient une flamme encore plus brillante en l'alimentant avec de l'air qui s'est échauffé par son passage dans des conduits exposés à la chaleur de la flamme elle-même.

Quand on dirige la flamme du chalumeau à gaz d'éclairage et oxygène contre une des faces d'un prisme de chaux vive, la chaux devient incandescente; on obtient ainsi une lumière d'un grand éclat (lumière Drummond, 64); la plage lumineuse est assez nettement limitée pour qu'on puisse l'employer à projeter des photographies sur verre (1)

Dans le bec Auer, fondé sur le même principe, la flamme pâle et très chaude d'un brûleur genre Bunsen porte à l'incandescence un capuchon de toile imprégné d'oxydes réfractaires.

On a essayé, il y a assez longtemps, d'utiliser à l'éclairage public le *gaz à l'eau* (313), composé principalement d'hydro-

(1) On obtient une meilleure limitation en substituant au crayon prismatique une pastille de la largeur d'une pièce de cinquante centimes ou une perle de la grosseur d'un pois. Ces pastilles et ces perles sont faites avec de la magnésie, qui donne une lumière plus blanche que la chaux.

gène et d'oxyde de carbone. La flamme, naturellement pâle, était dirigée sur un réseau de fils de platine, ou sur de la chaux, ce qui la rendait éclairante. Ces essais, bientôt abandonnés, ont été repris depuis quelques années dans certaines usines qui utilisent le gaz d'eau comme source de chaleur et de lumière.

CHAPITRE XIV

LES MÉTAUX

421. Définition. — On appelle *métaux* des corps doués, en général, d'un éclat particulier appelé éclat métallique que l'on peut constater sur le fer, le zinc, l'argent, par exemple. Cependant, les métaux pulvérisés sont ternes, et ne reprennent leur éclat que par l'opération du *brunissage*, qui consiste à frotter la poussière métallique avec un corps dur. Les métaux sont, en outre, bons conducteurs de la chaleur et de l'électricité; ils sont tous électropositifs (35) par rapport aux métalloïdes; ils donnent avec l'oxygène au moins un *oxyde basique*. Ils peuvent se dissoudre dans les acides en formant des sels.

La ligne de démarcation entre les métaux et les métalloïdes n'est pas très nette; le tellure, l'antimoine, que l'on range parmi les métalloïdes, possèdent certaines propriétés des métaux; le bismuth, que l'on classe parmi les métaux, ressemble à certains métalloïdes (arsenic, antimoine) par quelques points de son histoire.

422. Propriétés physiques. — Les métaux sont, en général, gris ou blancs; certains, cependant, sont colorés; leur couleur est avivée si la lumière arrive à l'œil après s'être réfléchie un grand nombre de fois sur le métal (comme quand on regarde au fond d'une coupe profonde, par exemple); dans ces conditions, le cuivre paraît rouge intense, l'or rouge, l'argent jaune, le zinc bleu, le fer violet. Réduits en feuilles assez minces, certains métaux sont transparents; les feuilles d'or qu'emploient les doreurs laissent passer une lumière verte. Certains métaux frottés acquièrent une odeur spéciale (cuivre, étain). Ils sont, en général, dépourvus de saveur.

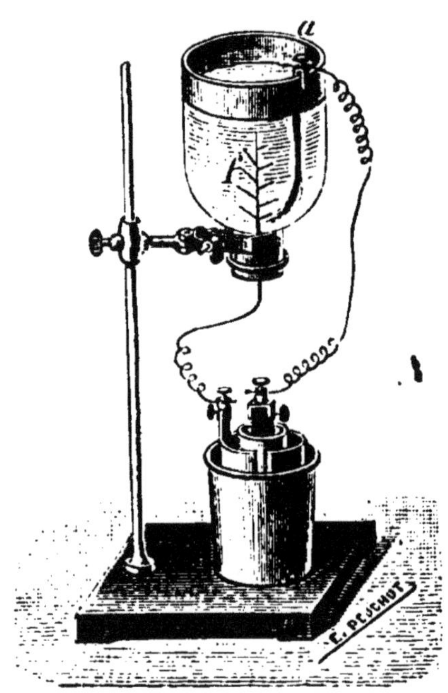

Fig. 191. — Electrolyse du chlorure d'étain. — f, fil de laiton; a, bande de papier d'étain que doit baigner le liquide.

Ils peuvent cristalliser. Ainsi, on obtient de beaux cristaux d'étain quand on électrolyse une dissolution de chlorure d'étain par un courant très faible. Le métal se dépose sur l'électrode négative. La figure 191 montre comment on doit disposer l'expérience. Le bismuth fondu cristallise quand on le laisse refroidir lentement; il donne des cubes dont la surface est irisée grâce à la formation d'une couche d'oxyde assez mince pour être transparente.

Les divers métaux ont des densités très différentes; un petit nombre sont moins denses que l'eau; le platine et les métaux voisins ont une densité supérieure à 20. L'écrouissage (modification subie par un métal qui a été laminé, martelé ou étiré à la filière) augmente la densité.

Les points de fusion des métaux varient entre 62°,5 (potassium) et 1775° (platine). Quelques-uns (potassium, zinc, cuivre) sont volatils à température plus ou moins élevée. Le mercure est liquide.

423. Propriétés mécaniques. — Les propriétés suivantes sont très importantes au point de vue des applications pratiques des métaux.

Malléabilité. — Les métaux malléables sont ceux qui peuvent être réduits en feuilles minces par le battage ou l'action du laminoir (appareil formé de deux cylindres tournant en sens inverse et dont la distance peut être réglée à volonté (*fig.* 192). L'or, l'argent, le plomb sont très malléables. Le fer ne l'est pas à froid, mais le devient au rouge, ce qui permet de le façonner au marteau.

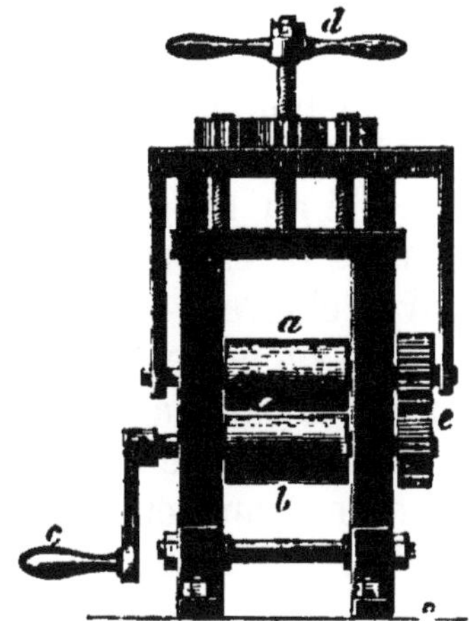

Fig. 192. — Laminoir.

Ductilité. — Un métal ductile peut être réduit en fils fins par l'action de la filière (*fig.* 193), qui consiste en une plaque d'acier percée de trous de diamètres décroissants, à travers lesquels doit passer le fil métallique sous l'influence d'une traction énergique. La ductilité implique donc une autre propriété, la résistance à la rupture par traction. L'or, l'argent, le fer sont ductiles. Le plomb ne l'est pas.

Fig. 193. — Filière.

Ténacité. — La ténacité d'un métal s'évalue par le poids qui déterminerait la rupture d'une barre de 1^{mmq} de section. Le fer, par exemple, se rompt sous une charge de 60 kilogrammes par millimètre carré. Le plomb, sous une charge de 1^{Kgr},36. On conçoit donc que le plomb, malgré sa grande malléabilité, ne soit pas ductile.

Dureté. — La dureté est la résistance à la rayure. Certains métaux, comme le nickel, le fer, sont assez durs pour rayer le carbonate de chaux cristallisé (spath d'Islande). Le plomb peut être rayé par l'ongle. Le potassium est mou comme la cire.

424. Propriétés chimiques. — Les métaux sont attaqués par la plupart des métalloïdes, avec dégagement de chaleur. Ce dégagement est parfois suffisant pour déterminer des phénomènes d'incandescence.

Ainsi, le potassium prend feu dans le chlore; le cuivre chauffé au rouge brûle dans ce gaz en donnant d'épaisses fumées de chlorure de cuivre. Le mercure est attaqué à froid par le chlore.

L'oxygène sec n'attaque à froid aucun métal. Mais, quand on élève suffisamment la température, il les attaque tous à l'exception de l'argent, de l'or et du platine. On a vu (68) comment on peut faire brûler du fer dans l'oxygène. L'oxydation des métaux dégage moins de chaleur que leur chloruration; il n'y a d'exception que pour l'aluminium. L'air humide agit plus énergiquement que l'air ou l'oxygène secs, lorsqu'il peut se former un hydrate dont la production dégage beaucoup de chaleur; c'est ce qui arrive pour le potassium et le sodium. L'attaque est favorisée, dans certains cas, par l'acide carbonique de l'atmosphère. Ainsi, le fer se rouille dans l'air ordinaire sous l'action combinée des trois agents : oxygène, eau, acide carbonique; si l'un des trois manque dans l'atmosphère avec laquelle le fer est en contact, ce métal ne subit pas d'altération.

Le soufre attaque à chaud presque tous les métaux, mais moins énergiquement que l'oxygène. On a vu (25) que sa combinaison avec le cuivre peut donner lieu à un phénomène d'incandescence.

L'eau est décomposée dès la température ordinaire par le potassium et le sodium; le zinc, l'aluminium, le magnésium, le manganèse la décomposent au-dessous de 100°. Le fer, le nickel, décomposent la vapeur d'eau au rouge; la décomposition de la vapeur d'eau au-dessus du rouge par les autres métaux (étain, plomb, cuivre) n'est sans doute qu'apparente. A ces températures, en effet, l'eau est certainement dissociée, et le métal se trouve en présence d'oxygène libre.

L'action des acides sur les métaux a été indiquée à propos

des divers acides (125, 178, 194, 242). Dans tous les cas l'attaque d'un métal donne lieu à un sel.

Quelques métaux, tels que l'étain, le zinc, se dissolvent dans les hydrates alcalins en donnant des sels dans lesquels l'hydrate du métal joue le rôle d'acide.

$$Zn + 2KOH = Zn(OK)^2 + H^2O.$$

Zincate de potassium.

Notice historique

425. — Les métaux usuels (fer, zinc, étain, cuivre, plomb, argent, or, mercure) sont connus depuis la plus haute antiquité. L'or était considéré comme le *roi des métaux*, comme le métal parfait. Tous les autres, plus ou moins imparfaits, devaient pouvoir, par la vertu de la *pierre philosophale*, se transformer en or. La croyance à la transmutabilité des métaux disparaît peu à peu à partir du seizième siècle. Leur caractère simple a été établi par Lavoisier. Les seuls métaux connus à la fin du dix-huitième siècle étaient les métaux usuels, et un petit nombre d'autres parmi lesquels le platine et le manganèse, qui ont été découverts dans la dernière moitié de ce siècle.

La plupart des métaux actuellement connus ont été isolés postérieurement à 1807, date de la découverte du potassium par Davy.

Le four électrique (303) permet aujourd'hui de préparer facilement des métaux qui ne pouvaient être obtenus, jusqu'à ces dernières années, qu'en petite quantité et assez péniblement.

426. Classification. — On a vainement tenté de faire une classification naturelle des métaux, analogue à celle des métalloïdes. On a dû se contenter de classifications artificielles, appuyées sur un petit nombre de caractères arbitrairement choisis. La plus célèbre est celle de Thénard. Elle a l'inconvénient de laisser dans l'ombre certains caractères parfois très importants et de dissimuler des analogies réelles mais elle a rendu des services, et contient au moins un groupe naturel, celui des métaux alcalins.

Le premier caractère est la résistance de l'oxyde à la chaleur. Les métaux dont les oxydes sont indestructibles par la chaleur seule sont distingués les uns des autres par la manière dont ils se comportent vis-à-vis de l'eau. Ceux dont les oxydes sont décomposés par la chaleur sont distingués par leur oxydabilité.

Nous empruntons à Debray une classification établie conformément aux principes de Thénard, en tenant compte de faits révélés par une connaissance plus complète des propriétés des métaux. Nous n'y comprenons que les métaux les plus importants par leurs applications.

OXYDES IRRÉDUCTIBLES PAR LA CHALEUR SEULE (COMPLÈTEMENT DU MOINS) s'oxydent dans l'air sec à température plus ou moins élevée.					NE S'OXYDE PAS sensiblement même à température élevée.	OXYDES facilement décomposables par la chaleur.	
						OXYDABLE	INOXYDABLES à toute température.
Ire SECTION — Décomposent l'eau à froid.	IIe SECTION — Décomposent l'eau vers 100°.	IIIe SECTION — Décomposent l'eau vers le rouge, ou à froid en présence des acides forts.	IVe SECTION — Décomposent l'eau au-dessus du rouge, et à froid en présence de la potasse.	Ve SECTION — Ne décomposent l'eau qu'à température très élevée, et faiblement.	VIe SECTION	VIIe SECTION	VIIIe SECTION
Potassium. Sodium. Barym. Strontium. Calcium.	Magnesium. Manganèse.	Fer. Nickel. Cobalt. Chrome. Zinc.	Etain.	Cuivre. Plomb. Bismuth.	Aluminium.	Mercure.	Argent. Or. Platine.

Il est important de joindre à ce tableau les remarques suivantes.

L'analogie n'existe en général, pour les corps que rapproche ce tableau, qu'*au point de vue spécial choisi comme base de la classification*. Ainsi, les composés du bismuth et ceux du plomb, ceux de l'argent et du platine, sont très différents par leur composition et l'ensemble de leurs propriétés. Par contre, les composés du zinc se rapprochent de ceux du magnesium; ceux du manganèse ont la plus grande analogie avec ceux du fer. D'ailleurs la poudre de zinc décompose l'eau au-dessous de 100°, et l'aluminium la décompose également vers 100° en donnant de l'hydrogène. Pour manifester la décomposition par l'aluminium, il faut ajouter au liquide un chlorure alcalin qui dissout l'alumine formée. Ce corps, ainsi que l'oxyde de zinc, étant insoluble, on conçoit que l'attaque de l'eau s'arrête immédiatement, si on ne prend pas de précautions spéciales.

Nous insistons sur ces remarques uniquement pour bien montrer le caractère artificiel de cette classification. Il est bon cependant de la connaître, car elle indique nettement les relations des métaux avec l'oxygène.

La décomposition de l'eau par les métaux de la 3e et de la 4e section n'est qu'apparente; en réalité ceux de la 3e *décomposent certains acides* (1) *avec dégagement d'hydrogène*, ceux de la 4e *décomposent la potasse avec dégagement d'hydrogène*, à cause de leur tendance à former avec l'oxygène des oxydes comparables aux anhydrides métalloïdiques, et dont les hydrates peuvent fonctionner comme des acides véritables.

Une classification des métaux fondée uniquement sur la valence conduirait aussi à des contradictions. On ne connait pas de classification naturelle des métaux; cela tient surtout à leur grand nombre, ainsi qu'à l'indécision des connaissances que l'on a encore sur un certain nombre d'entre eux (2).

Nous indiquerons cependant la valence des principaux métaux.

Le *potassium*, le *sodium*, l'*argent* sont *monovalents*.

Le *baryum*, le *strontium*, le *calcium*, le *magnésium*, le *zinc*, sont nettement *divalents*.

Le *cuivre*, le *plomb*, le *mercure* peuvent également être considérés comme divalents.

Le *fer*, le *cobalt*, le *nickel*, le *chrome*, le *manganèse* forment un groupe assez bien défini; ils donnent deux catégories de sels, dans lesquels la valence du métal n'est pas la même : dans les sels ferreux, par exemple, Fe est divalent; dans les sels ferriques, Fe^2 est hexavalent. L'aluminium sert de trait d'union entre ces métaux et le zinc, Al^2 est hexavalent.

(1) Les acides sulfurique et chlorhydrique.

(2) Voir l'appendice sur la classification générale des corps simples.

L'*étain*, le *platine* sont *tétravalents; l'or* est *trivalent;* le bismuth est *trivalent* ou *pentavalent*.

TABLEAUX RELATIFS AUX MÉTAUX

	DENSITÉ	POINT DE FUSION	POINT D'ÉBULLITION
Aluminium { fondu.....	2,56	654°	»
Aluminium { laminé....	2,67		
Argent..............	10,5	960°	1500 à 2000°
Bismuth..............	9,82	265°	1600 à 1700°
Cuivre { fondu........	8,85	1080°	au-dessus du point de fusion.
Cuivre { laminé........	8,95		
Etain.................	7,29	232°	»
Fer { fondu...........	7,2	de 1500 à 1600°	»
Fer { forgé...........	7,8		
Magnesium............	1,74	vers 632°	vers 1000°
Manganèse............	8,01	»	»
Mercure { solide.......	14,4	— 39°,5	350°
Mercure { liquide......	13,6		
Or { fondu............	19,26	1061°	vers 2000°
Or { laminé..........	19,36		
Platine fondu..........	21,45	1775°	»
Plomb................	11,35	335°	1600 à 1800°
Potassium....	0,86	62°,5	vers 700°
Sodium...............	0,97	90°	vers 700°
Zinc { fondu..........	6,87	419°	930°
Zinc { laminé.........	7,2		

MALLÉABILITÉ	TÉNACITÉ (Charge de rupture par millimètre carré : dépend du travail auquel a été soumis l'échantillon essayé.)	DUCTILITÉ	DURETÉ
Or.	Fil de fer. . . . de 50 à 80 Kgr.	Or.	Nickel. } rayent le spath d'Islande.
Argent.	Fil de cuivre rouge. de 40 à 70	Argent.	Fer... } rayent le spath d'Islande.
Aluminium.	Fil de platine (recuit).. . 34	Platine.	Zinc.. } rayent le spath d'Islande.
Cuivre.	Zinc fondu. 6	Aluminium.	Platine.. } rayés par le spath.
Etain.	Etain. 1	Fer.	Cuivre.. } rayés par le spath.
Plomb.	Fil de plomb . . . . . . 1,36.	Cuivre.	Argent.. } rayés par le spath.
Zinc.		Zinc.	Or..... } rayés par le spath.
Fer.		Etain.	Etain... } rayés par le spath.
		Plomb.	Plomb.. } rayé par l'ongle.

CHALEURS DE COMBINAISON AVEC L'OXYGÈNE

$K^2 + O = K^2O$ solide..............	$+ \ 97^{cal},2$
$Na^2 + O = Na^2O$..................	$+ 100,2.$
$Ca + O = CaO$....................	$+ 132,0.$
$Zn + O = ZnO$....................	$+ \ 86,4.$
$Fe + O + Aq = FeO$ hydraté.......	$+ \ 69,0.$
$Cu + O = CuO$ précipité...........	$+ \ 40,4.$
$Ag^2 + O = Ag^2O_{}$ »	$+ \ \ 7.$

ALLIAGES

427. On n'emploie isolés qu'un petit nombre de métaux : zinc, fer, cuivre, plomb, aluminium, étain, mercure, platine, nickel.

Mais, en associant ces métaux les uns aux autres, on obtient des corps nommés *alliages*, et doués souvent de propriétés que ne possédaient pas à un égal degré les métaux composants. Ainsi, l'or et l'argent ne pourraient pas être employés seuls à la fabrication des médailles et des monnaies, à cause de leur défaut de dureté. Ils acquièrent une dureté suffisante si on leur allie un peu de cuivre. Le plomb, très fusible mais très mou, acquiert de la dureté si on lui allie l'antimoine(1). On obtient ainsi l'alliage des caractères d'imprimerie. Un alliage est un véritable métal industriel. Les alliages contenant du mercure s'appellent *amalgames*.

428. Propriétés. — La densité d'un alliage n'est jamais égale à celle que le calcul donnerait en supposant les métaux simplement mélangés, ce qui montre que l'union des métaux est accompagnée d'une contraction ou d'une expansion. Pour les alliages monétaires d'or et d'argent, par exemple, il y a expansion; pour l'alliage des caractères d'imprimerie, contraction.

On peut facilement calculer la densité d'un mélange de deux corps. Soient P et P' les poids des métaux, *d* et *d'* leurs densités;

(1) L'antimoine possède tous les caractères *physiques* des métaux, bien que ses propriétés chimiques doivent le faire ranger parmi les métalloïdes.

'es volumes correspondants sont $\frac{P}{d}, \frac{P'}{d'}$. S'il n'y a pas de variation de volume, on devra avoir, en appelant D la densité du mélange,

$$P + P' = D\left(\frac{P}{d} + \frac{P'}{d'}\right),$$

d'où $$D = \frac{(P + P')dd'}{Pd' + P'd}.$$

Fig. 191.

Fusion de l'alliage de Darcet.

La fusibilité d'un alliage est en général intermédiaire entre celles des métaux qui le composent. Cependant elle peut être supérieure à celle du plus fusible de ces métaux.

Ainsi, l'alliage de Darcet (8^p de bismuth qui fond à 265°, 5^p de plomb qui fond à 335°, 3^p d'étain qui fond à 228°) fond dans la vapeur d'eau bouillante (*fig.* 191).

La ductilité, la dureté, la ténacité, la malléabilité d'un alliage sont moindres en général que celles du métal le plus favorisé à cet égard. Cependant le bronze d'aluminium (aluminium et cuivre) est plus ductile que chacun de ces métaux. En général, les alliages résistent mieux que leurs composants à l'action des agents chimiques.

Cependant, si l'un des métaux est très électropositif par rapport à l'autre, les produits d'oxydation tendant à s'unir l'un à l'autre, l'alliage peut être plus oxydable que chacun des métaux qui le composent. Ainsi, un alliage de 1^p d'étain et 3^p de plomb, légèrement chauffé, brûle avec incandescence.

Le caractère électropositif de l'antimoine (voir p. 365, note) rend très oxydables les alliages qui en contiennent. Ainsi l'alliage de Cooke (qui est mieux nommé *antimoniure de zinc*), Sb^2Zn^3, décompose l'eau à 100° plus rapidement que le zinc.

Les alliages sont de véritables composés définis dissous dans un excès de l'un des métaux.

On peut en donner plusieurs preuves.

Il y a souvent dégagement de chaleur quand les métaux s'unissent. Ainsi, le sodium se dissout dans le mercure avec dégagement de chaleur. L'alliage peut cristalliser.

Quand un alliage fondu est refroidi lentement, la marche descendante du thermomètre n'est pas régulière. A de certains moments, la température reste constante pendant quelques instants. Cet arrêt correspond à un dégagement de chaleur, dû à la formation d'un composé défini qui cristallise au sein de la masse fondue. Ce phénomène, appelé *liquation*, donne au métal une hétérogénéité souvent gênante; pour parer à cet inconvénient dans la fabrication des canons de bronze, on laissait au-dessus de la masse qui devait former le canon une assez grande quantité de métal nommée masselotte, et qui, par la pression qu'elle exerçait, s'opposait à la liquation.

429. Préparation. — On prépare les alliages en fondant ensemble les métaux à allier. On fond d'abord le plus fusible, et on ajoute ensuite les autres.

Dans les laboratoires, on fait cette opération au creuset, en ayant soin de recouvrir la masse de charbon en poudre,

Fig. 195. — Four à réverbère.

pour éviter l'oxydation, si on a affaire à des métaux oxydables. Si l'un des métaux est volatil, on l'ajoute en léger excès aux autres, quand ceux-ci sont déjà fondus.

Dans l'industrie, quand on veut obtenir de grandes quantités d'alliages, on emploie le four à réverbère, four en briques réfractaires muni d'un foyer et d'une cheminée d'appel. Les produits de la combustion, rabattus ver la sole par la voûte très surbaissée (*fig.* 195), viennent lécher les matières placées sur cette sole et élèvent leur température. En réglant convenablement le courant d'air introduit dans le foyer, on pourra éviter l'oxydation des métaux placés dans le four.

TABLEAU DES PRINCIPAUX ALLIAGES

	Au	Ag	Cu	Sn	Pb	Zn	Ni	Sb	Al
Monnaies d'or	900	»	100	»	»	»	»	»	»
Vaisselle et médailles	916	»	84	»	»	»	»	»	»
Bijoux d'or (1er titre)	920	»	80	»	»	»	»	»	»
Monnaie d'argent	»	900	100	»	»	»	»	»	»
Monnaie divisionnaire	»	835	165	»	»	»	»	»	»
Vaisselle et médailles	»	950	50	»	»	»	»	»	»
Orfèvrerie d'argent (1er titre)	»	950	50	»	»	»	»	»	»
Bronze des monnaies et médailles	»	»	95	4	»	1	»	»	»
— des canons	»	»	90	10	»	»	»	»	»
— des cymbales	»	»	80	20	»	»	»	»	»
— des miroirs de télescope	»	»	67	33	»	»	»	»	»
— d'aluminium	»	»	90	»	»	»	»	»	10
Laiton	»	»	67	»	»	33	»	»	»
Maillechort	»	»	50	»	»	25	25	»	»
Enveloppes de balles	»	»	80	»	»	»	20	»	»
Caractères d'imprimerie	»	»	»	»	80	»	»	20	»
Mesures d'étain	»	»	»	82	18	»	»	»	»

CHAPITRE XV

OXYDES MÉTALLIQUES. — POTASSE. — SOUDE. — CHAUX

Oxydes

L'oxygène forme, avec les métaux, des composés nommés oxydes.

430. Propriétés physiques. — Tous ces corps sont solides, dépourvus d'éclat. Un certain nombre, ceux de zinc, de magnésium notamment, sont blancs; les autres sont colorés; l'oxyde cuivreux Cu^2O est rouge vif; l'oxyde cuivrique CuO est noir; les conditions dans lesquelles les oxydes sont préparés influent souvent sur la couleur; ainsi la litharge PbO est rouge orangé; le massicot, qui a la même composition que la litharge, mais est obtenu à température moins élevée, est jaunâtre.

La fusibilité des oxydes est très variable. Ainsi, la chaux CaO n'a pu être fondue que dans l'arc électrique, à une température que l'on évalue à 3000°; l'alumine Al^2O^3 fond au chalumeau oxhydrique, la litharge vers 900°.

431. Action de l'eau. — Les oxydes de potassium et de sodium se dissolvent dans l'eau en dégageant une grande quantité de chaleur. Les dissolutions contiennent les hydrates des métaux correspondants, $NaOH$ et KOH. Les autres oxydes sont peu solubles ou insolubles, mais dans ce cas ils peuvent former avec l'eau des composés indirects, que l'on peut obtenir en versant de la potasse dans une dissolution d'un sel du métal. Exemple :

$$\underset{\text{Potasse.}}{2KOH} + \underset{\text{Sulfate de cuivre.}}{SO^4Cu} = \underset{\text{Hydrate de cuivre.}}{Cu(OH)^2} + \underset{\text{Sulfate de potassium.}}{SO^4K^2}$$

On obtient un précipité bleu clair d'hydrate de cuivre. Les hydrates ainsi obtenus ont souvent une couleur différente de celle des oxydes correspondants.

La dissolution des oxydes alcalins dans l'eau est accompagnée d'une action chimique;

$$K^2O + H^2O = 2KOH \qquad \text{dégage} + 42^c,4$$
$$Na^2O + H^2O = 2NaOH \qquad — \quad 17,7.$$

Les composés ainsi formés peuvent encore s'unir à l'eau en dégageant de la chaleur. Ainsi la dissolution

$$KOH \text{ solide} + \text{eau} = \text{potasse étendue}$$

dégage $12^c,5$.

De même l'oxyde de baryum donne avec l'eau un hydrate dont la formation dégage beaucoup de chaleur. Les éléments de l'eau sont si énergiquement retenus quelquefois, que la potasse et la soude distillent sans décomposition au rouge et qu'il faut atteindre cette température pour les enlever à l'hydrate de baryum. Dans les autres hydrates métalliques, les éléments de l'eau sont moins fortement fixés sur l'oxyde anhydre, car la chaleur les détruit tous, en dégageant de l'eau. L'hydrate de cuivre se déshydrate si on le fait bouillir au sein même de la dissolution dans laquelle il a pris naissance. Les hydrates dits *normaux* sont représentés par la formule $M_n(OH)^n$, où n représente la valence du métal; exemples $Ba_{II}(OH)^2$, $Cu_{II}(OH)^2$.

432 Propriétés chimiques. — La chaleur décompose certains peroxydes, comme le peroxyde de manganèse MnO^2 (70). Les protoxydes résistent à son action, sauf ceux de mercure, d'or, d'argent et de platine.

Les oxydes sont décomposés par tous les corps simples dont l'union avec le métal ou l'oxygène dégage plus de chaleur que n'en a dégagé la formation de l'oxyde (Principe du travail maximum, 52.)

Ainsi, l'hydrogène décompose le sesquioxyde de fer, l'oxyde de cuivre (57), en donnant de l'eau.

La réduction du sesquioxyde de fer donne lieu à des remarques intéressantes. On connait trois oxydes de fer : l'oxyde ferreux FeO, l'oxyde magnétique Fe^3O^4; l'oxyde ferrique ou sesquioxyde Fe^2O^3. La formation du premier dégage 69 calories. L'oxydation de FeO, pour passer à l'état de Fe^3O^4, dégage $20^c,6$, et à l'état de Fe^2O^3, $26^c,1$. La réduction de l'oxyde ferrique donne d'abord de l'oxyde magnétique, puis, vers 450°, de l'oxyde ferreux, qui, si l'on prend certaines précautions, est *pyrophorique*, c'est-à-dire, grâce à son état de division extrême, devient incandescent quand on le projette dans l'air. Ces réactions sont assez fortement exothermiques. Mais la réaction de FeO à l'état de fer métallique est endothermique, la formation de l'eau H^2O dégageant seulement $58^c,2$. Cependant on peut obtenir par l'action de l'hydrogène vers 700° du fer métallique. Ce fait, en contradiction avec le principe du travail maximum, s'explique par une dissociation de l'oxyde ferreux à 700°. L'équilibre ne peut pas s'établir; en effet, l'oxygène étant constamment entraîné par le courant de gaz hydrogène, sa force élastique ne peut s'élever jusqu'à la valeur de la tension de dissociation (50).

La réduction de l'oxyde de cuivre est conforme au principe. La formation de cet oxyde dégage en effet $40^c,4$

$CuO + H^2 = Cu + H^2O$		Différ. :
40,4	58,2.	+ 17,8.

Le charbon décompose tous les oxydes; ceux des métaux assez peu oxydables sont réduits à une température relativement basse et on a du gaz carbonique (oxyde de cuivre). Les oxydes des métaux facilement oxydables sont réduits à une température plus élevée; on a alors de l'oxyde de carbone (oxyde de zinc). Les oxydes alcalins et alcalino-terreux sont réduits seulement dans le four électrique. On a dans ce cas des carbures ou acétylures (314).

L'oxyde de carbone réduit aussi un grand nombre d'oxydes en donnant du gaz carbonique; c'est lui qui, dans beaucoup d'opérations métallurgiques, réduit les minerais (dans le haut fourneau, par exemple). L'oxydation de l'oxyde de carbone [$CO + O = CO^2$] dégage, en effet, $68^c,2$.

Le chlore détruit les oxydes. Il se forme des chlorures. Il n'y a d'exception que pour l'alumine Al^2O^3, dont la formation dégage plus de chaleur que celle du chlorure d'aluminium Al^2Cl^6.

433. Fonction chimique. — La fonction chimique des oxydes dépend de leur degré d'oxydation, ainsi que de la nature du métal. Les oxydes des métaux très électropositifs, comme les métaux alcalins, sont des oxydes fortement basiques, attaqués par les métaux et formant avec eux des sels; si le métal est peu électropositif, comme l'étain, le bismuth, l'or et le platine, les oxydes possèdent, en général, le caractère des véritables anhydrides (39), pouvant former, avec les oxydes basiques, des sels. De plus, quand le métal forme plusieurs oxydes, le caractère basique diminue et le caractère d'anhydride s'accuse à mesure que le degré d'oxydation est plus avancé.

a. — Comme oxydes à fonction nettement basique, nous citerons les suivants :

K^2O,	oxyde de potassium;	FeO,	oxyde ferreux;
BaO,	— barymu;	MnO,	— manganeux.
CuO,	— cuivre.		

b. — Aux oxydes MnO^3 (anhydride manganique), CrO^3 (anhydride chromique), SnO^2 (anhydride stannique), correspondent des sels très bien cristallisés nommés manganates, chromates, stannates.

L'*acide chromique* normal serait $CrO^4H^2 = CrO^2(OH)^2$. Il est inconnu; mais on en connait deux sels potassiques, le chromate dipotassique ou neutre CrO^4K^2 et le dichromate de potassium $Cr^2O^7K^2$ (encore appelé bichromate de potasse); ce dernier correspond à un acide $Cr^2O^7H^2$ qui aurait avec l'acide chromique CrO^4H^2 les mêmes relations que l'acide disulfurique $S^2O^7H^2$ avec l'acide sulfurique (190).

Ces oxydes peuvent être appelés *oxydes acides*.

c. — Un certain nombre d'autres, l'oxyde de zinc ZnO, l'alumine Al^2O^3, l'oxyde manganique MnO^2, sont solubles à la fois dans les acides et dans les hydrates alcalins. Ce sont des *oxydes indifférents*.

d. — Quelques autres ne rentrent dans aucune de ces catégories, mais sont de véritables sels; ainsi, l'oxyde magnétique de fer, Fe^3O^4, peut être considéré comme une combinaison d'oxydes ferreux et ferrique ($Fe^2O^3 + FeO = Fe^3O^4$); le *minium* Pb^3O^4, comme une combinaison d'oxydes plombeux et plombique, $2PbO + PbO^2 = Pb^3O^4$ (1). On les appelle *oxydes salins*.

e. — Le bioxyde de baryum BaO^2, qui ne rentre dans aucune de ces catégories, est un oxyde *singulier*; avec l'acide chlorhydrique, il donne de l'*eau oxygénée* H^2O^2 (88).

431. Préparation. — On peut obtenir un certain nombre d'oxydes en chauffant le métal dans l'oxygène ou dans l'air. C'est ainsi qu'on prépare l'oxyde de zinc destiné à la peinture (blanc de zinc, ZnO), la litharge, l'oxyde de cuivre CuO.

Le plus souvent, on décompose par la chaleur un sel dont l'anhydride soit volatil, un carbonate ou un azotate. C'est ainsi que l'on obtient, à partir du calcaire ou carbonate de calcium naturel, la chaux destinée aux constructions.

$$\underset{\text{Carbonate de calcium.}}{CO^3Ca} = CaO + CO^2.$$

(1) L'action de l'acide azotique sur le minium justifie cette manière de voir. On a, en effet, la réaction

$$Pb^3O^4 + 4(AzO^3H) = 2[(AzO^3)^2Pb] + PbO^2 + 2H^2O.$$

L'oxyde rouge de mercure est obtenu par la calcination de l'azotate mercurique

$$(AzO^3)^2Hg = 2AzO^2 + O + HgO.$$

Azotate mercurique.

On obtient par double décomposition certains oxydes et les hydrates métalliques en versant de la potasse ou de la soude dans un sel du métal. Exemple :

$$(AzO^3)^2Hg + 2KOH = 2AzO^3K + HgO + H^2O$$

Azotate mercurique. Oxyde mercurique.

L'oxyde de mercure ainsi obtenu est jaune.

$$SO^4Cu + 2KOH = SO^4K^2 + Cu(OH)^2.$$

Hydrate cuivrique.

Quand on veut obtenir de cette manière les hydrates à fonction acide, il faut avoir soin de ne pas employer un excès de potasse, qui dissoudrait le précipité. C'est ce qui a lieu avec les sels de zinc et d'aluminium. On peut alors remplacer la potasse par la solution ammoniacale. Exemple :

$$(SO^4)^3Al^2_{VI} + 6(AzH^4OH) = 3[SO^4(AzH^4)^2] + Al^2(OH)^6$$

Sulfate d'aluminium. Hydrate d'aluminium.

435. Etat naturel. — Les oxydes sont très abondants dans la nature. On les rencontre soit anhydres, soit hydratés. Parmi les plus communs, nous signalerons les divers oxydes de fer utilisés comme minerais (fer oligiste Fe^2O^3 et les ocres qui ne sont que des combinaisons de celui-ci avec l'eau, fer magnétique Fe^3O^4). On rencontre encore l'oxyde stannique SnO^2, le peroxyde de manganèse MnO^2, l'alumine (corindon).

Potasse : KOH

436. — On appelle *potasse caustique* ou *potasse* l'hydrate de potassium KOH.

Propriétés. — C'est un corps solide blanc, onctueux au toucher, attaquant les chairs, fusible au rouge sombre et volatil sans décomposition au rouge vif. Au rouge blanc (1 300°), la potasse se dissocie; cette dissociation donne l'explication du premier procédé chimique indiqué pour préparer le potassium, le procédé de Gay-Lussac et Thénard, qui consiste à faire passer de la potasse en vapeur sur du fer chauffé au rouge. Cette réaction est en effet contraire au principe du travail maximum; elle ne peut avoir lieu que grâce à la dissociation de l'oxyde de potassium, qui met l'oxygène libre en présence du fer dans des conditions où ils peuvent se combiner; la rapidité du courant de vapeur qui entraîne le potassium (rapidité indispensable au succès de l'expérience) empêche ce métal de décomposer l'oxyde de fer.

La potasse se dissout dans l'eau avec un grand dégagement de chaleur. Il se forme un hydrate $KOH,2H^2O$; la dissolution dégage $12^c,5$ pour une molécule de potasse. La potasse est soluble dans l'alcool.

Elle s'unit également avec les acides pour donner des sels très stables. La chaleur dégagée dans l'union des acides étendus avec la solution étendue de potasse est employée pour définir la *force relative* des acides (452).

Exposée à l'air, elle absorbe l'acide carbonique et la vapeur d'eau, et se transforme peu à peu en carbonate de potassium, sel très déliquescent (450).

437. Préparation. — On prépare la potasse en détruisant le carbonate de potassium par la chaux.

L'équation suivante représente la préparation :

$$\underset{\text{Chaux.}}{CaO^2H^2} + \underset{\text{Carbonate de potassium.}}{CO^3K^2} = \underset{\text{Carbonate de calcium.}}{CO^3Ca_{II}} + \underset{\text{Potasse.}}{2KOH.}$$

On verse par petites portions un lait de chaux dans une *solution étendue* de carbonate; le carbonate de calcium formé se précipite; quand une petite quantité du liquide filtré ne fait plus effervescence avec les acides, on décante la solution de potasse, et on l'évapore dans une capsule d'argent, jusqu'à ce que la masse soit amenée à l'état de fusion tranquille. Ce liquide est la potasse KOH. On la coule alors sur une plaque de marbre, on concasse la masse refroidie et on l'introduit dans des flacons secs.

Il est indispensable de maintenir constant le niveau de l'eau dans la chaudière où on fait l'opération, car en liqueur concentrée c'est la réaction inverse qui a lieu (461).

La potasse ainsi préparée, dite *potasse à la chaux*, contient les impuretés des produits qui ont servi à la préparer (chlorures et sulfates); elle peut aussi retenir du carbonate non décomposé. Pour l'avoir pure, on la dissolvait autrefois dans l'alcool, qui ne dissout pas les impuretés, et on évaporait la solution. Ce procédé, très coûteux, est abandonné. Aujourd'hui on fait agir, en quantités strictement équivalentes, le carbonate de potassium *pur* sur la chaux *pure*.

438. Usages. — La potasse ou pierre à *cautères* est employée en médecine pour cautériser. A cet effet on la coule dans une lingotière en argent dont les cavités sont cylindriques. Dans les laboratoires, on l'emploie comme réactif pour la précipitation des oxydes insolubles. Elle sert dans l'industrie à la fabrication des savons mous; pour cette application, il est inutile de la purifier.

Soude : NaOH

439. — La soude NaOH a l'aspect extérieur de la potasse. Elle fond au-dessous du rouge, se volatilise moins facilement que la potasse, et se dissocie au rouge blanc. Elle est un peu moins caustique que la potasse. Sa chaleur de dissolution est $9^c,8$ pour NaOH. Elle s'unit énergiquement aux acides; elle absorbe la vapeur d'eau et le gaz carbonique de l'air. On la prépare comme la potasse. On l'obtient également en électrolysant le chlorure de sodium dissous; elle se forme autour de l'électrode négative (454).

Elle sert à la fabrication des savons durs, de l'eau de Javel (114). On l'emploie dans les laboratoires au même titre que la potasse.

Chaux

On connait la chaux, ou oxyde de calcium, à l'état anhydride (CaO) et à l'état d'hydrate $Ca(OH)^2 = CaO^2H^2$.

440. Chaux anhydre ou chaux vive, CaO. — C'est une substance blanche, amorphe, de densité 3,3, résistant même à la température du chalumeau oxhydrique; elle cristallise vers 2500° et ne fond que vers 3000°, dans un four spécial chauffé par l'arc électrique; à cette température, elle est rapidement réduite par le charbon (Moissan).

A haute température, elle absorbe l'anhydride carbonique; il se forme du carbonate de calcium CO^3Ca.

Elle dégage de la chaleur en s'unissant à l'eau. La réaction

$$CaO + H^2O = CaO^2H^2$$

dégage 7,5 cal.; l'élévation de température d'un morceau de chaux sur lequel on verse une petite quantité d'eau peut atteindre 300°. En s'unissant à l'eau, la chaux vive se *délite* et tombe en poussière; cette poussière d'hydrate de chaux est la chaux *éteinte*.

On doit conserver la chaux vive dans des flacons bien fermés.

On prépare la chaux vive pure en calcinant l'azotate de calcium cristallisé

$$(AzO^3)^2Ca = CaO + 2AzO^2 + O.$$

441. Hydrate de calcium, $Ca(OH)^2$. — La chaux hydratée est une poudre blanche, très peu soluble dans l'eau, et dont la solubilité diminue quand la température s'élève. On appelle *lait de chaux* le liquide laiteux constitué par de l'eau tenant de la chaux en suspension ; en laissant reposer ce liquide ou en le filtrant, on a une liqueur limpide qui est l'*eau de chaux*. L'eau de chaux absorbe l'acide carbonique de l'air et bleuit le tournesol.

La chaux hydratée perd son eau par la calcination.

C'est une base presque aussi énergique que la potasse et la soude.

442. Chaux industrielles. — La chaux qu'on trouve dans le commerce pour les besoins de la construction est obtenue par la calcination du calcaire ou carbonate de calcium naturel.

$$CO^3Ca = CaO + CO^2.$$

Elle contient de petites quantités d'oxydes de fer, de magnésium, d'aluminium et d'autres impuretés. Les propriétés de la chaux dépendent de la nature et de la proportion des matières étrangères qui l'accompagnent. Les chaux ordinaires ou *aériennes*, provenant de la calcination des calcaires purs, sont divisées en *grasses* et *maigres*. Les chaux grasses sont les plus pures; elles foisonnent quand on les éteint, c'est-à-dire augmentent beaucoup de volume; les chaux maigres, chargées de magnésie, de fer et d'argile, s'éteignent plus difficilement; elles donnent une pâte peu liante.

La pâte obtenue avec l'eau et la chaux subit un retrait en séchant. Pour obvier à cet inconvénient, on y ajoute du sable. On a ainsi le *mortier*. Les chaux aériennes durcissent à l'air (formation de carbonate de calcium). On les emploie aux constructions aériennes.

Les *chaux hydrauliques*, faisant prise dans l'eau et employées dans toutes les constructions sous-marines, contiennent de 10 à 30 p. 100 d'argile ; on les obtient par la calcination des calcaires argileux. Le durcissement de ces chaux est dû à la formation d'un silicate de calcium et d'aluminium insoluble (l'argile est du silicate d'aluminium) ; on fabrique des chaux hydrauliques artificielles en calcinant des mélanges convenables de calcaires et de matières argileuses. (Vicat.)

Les *ciments*, contenant de 30 à 60 p. 100 d'argile, sont obtenus par la calcination de calcaires fortement argileux (Boulogne-sur-Mer, Vassy). Mélangés à l'eau, ils se solidifient en quelques instants.

443. Fabrication. — On *cuit* la chaux dans des *fours à chaux*. Les plus économiques de ces appareils sont les *fours coulants* ou continus. Le four étant rempli de pierre à chaux, on allume les foyers latéraux (*fig.* 196). La chaux cuite s'écoule par la base du four, que l'on charge par le haut. Souvent, pour activer la calcination, on introduit dans le four des charges alternatives de calcaire et de combustible. La fabrication est continue.

444. Usages. — Les diverses chaux sont employées dans la construction pour faire des mortiers. La fabrication des sels am-

Fig. 196. — Four à chaux (four coulant).

moniacaux et celle du carbonate de sodium par le procédé à l'ammoniaque (506) en consomment également de grandes quantités.

CHAPITRE XVI

SELS

445. — Comme on l'a déjà vu, un sel peut prendre naissance de trois manières différentes :

1° Substitution d'un métal à l'hydrogène dans un acide. Exemples :

$$\underset{\text{Acide sulfurique.}}{SO^4H^2} + Zn = \underset{\text{Sulfate de zinc.}}{SO^4Zn} + H^2.$$

$$2ClH + Fe = Cl^2Fe + H^2,$$

Acide chlorhydrique. Chlorure ferreux.

2° Action d'un acide sur un hydrate métallique ou sur un oxyde basique. Exemples :

$$SO^4H^2 + 2KOH = SO^4K^2 + 2H^2O.$$

Acide sulfurique. Hydrate de potassium. Sulfate de potassium.

$$2AzO^3H + PbO = (AzO^3)^2Pb + H^2O.$$

Acide azotique. Azotate de plomb.

3° Combinaison directe d'un anhydride et d'un oxyde basique.

$$CO^2 + BaO = CO^3Ba.$$

Anhydride carbonique. Baryte. Carbonate de baryum.

446. Propriétés générales. — Les sels sont tous solides à la température ordinaire; un très grand nombre sont solubles dans l'eau, et, placés dans des conditions convenables, peuvent cristalliser. En fixant les éléments de l'eau, ils donnent des corps nommés *hydrates salins*. La couleur des sels est très variable. Un grand nombre sont incolores; les sels d'un même métal ont souvent une couleur caractéristique; ainsi, les sels cuivriques sont bleus ou verts; les sels ferreux, vert clair; les sels ferriques ont une couleur ocreuse; les chromates (sels de l'acide chromique qui est un acide métallique [433]) sont jaunes, orangés ou rouges. La couleur d'un hydrate change souvent quand il perd les éléments de l'eau; ainsi le sulfate ferreux cristallisé $SO^4Fe,7H^2O$, qui est vert clair, se transforme en une poudre blanche amorphe quand on le chauffe à 300° (1).

La plupart des sels ont une saveur qu'ils doivent principalement au métal; ainsi, les sels de magnésium sont *amers*

(1) A l'abri de l'air, car au contact de l'air il absorbe de l'oxygène pour se transformer en un sous-sulfate ferrique, qu'on peut considérer comme représenté par la formule $(SO^4)^3Fe^2, 5Fe^2O^3$.

(sel de Sedlitz, ou sulfate de magnésium SO^4Mg) ; ceux de sodium, *salés* (sel marin, ou chlorure de sodium ClNa) ; ceux d'aluminium, *astringents* (alun, sulfate double d'aluminium et de sodium) ; ceux de fer ont une saveur dite *métallique* (eaux ferrugineuses naturelles).

447. Solutions salines. — Si dans un certain poids d'eau (100 grammes), on met une grande quantité de sel et si on agite, il s'établira, à température déterminée, entre le sel et le liquide, un équilibre caractérisé par le poids de sel dissous. Quand cet équilibre, qui varie avec la température, a été atteint, on dit que la solution est saturée. Elle contient le poids maximum de sel qu'elle puisse dissoudre. Ce poids, rapporté à 100 grammes d'eau, est proportionnel à ce que nous avons nommé coefficient de solubilité. Pour certains sels, ClNa, p. ex., la quantité de sel qui détermine la saturation varie très peu avec la température. Pour d'autres, au contraire, la variation est très grande (AzO^3K).

Les phénomènes qui se produisent dans les solutions salines quand on fait varier leur température en les maintenant saturées sont assez complexes. Non seulement la quantité de sel dissous varie, mais sa composition change; ainsi, le sulfate de sodium peut exister sous trois états différents : sel anhydre SO^4Na^2; hydrate $SO^4Na^2,7H^2O$ et hydrate $SO^4Na^2,10H^2O$. Ces trois sels peuvent coexister dans la même solution, et dans des proportions qui dépendent de la température. Ainsi, lorsqu'on chauffe au-dessus de 33° une solution d'hydrate $SO^4Na^210H^2O$, il se précipite une poudre blanche qui est SO^4Na^2.

Une solution d'un sel peut en dissoudre un autre; en général chaque sel est moins soluble dans le mélange que dans l'eau pure, mais on ne peut rien déduire, quant au mélange, des solubilités respectives dans l'eau. Ainsi, dans un mélange *saturé* de ClNa et AzO^3K, la proportion de AzO^3K augmente rapidement, celle de ClNa diminue quand la température s'élève.

Les solutions salines entrent en ébullition au-dessus de 100°. L'élévation du point d'ébullition, pour une solution déterminée, est d'autant plus grande que la concentration est plus grande; il est maximum pour la solution saturée.

Exemples :

	Point d'ébullition maximum.		Poids de sel qui sature 100 grammes d'eau.
Sel marin	108°,4.	. .	41gr,2.
Azotate de potassium.	115°,9.	. .	335gr,1.
Carbonate de potassium.	135°,0.	. .	205gr,0.
Chlorure de calcium.	179°,5.	. .	325gr,0.

Les solutions salines se congèlent au-dessous de zéro. L'abaissement du point de congélation est d'autant plus grand que la solution est plus concentrée.

448. Cristallisation. Sursaturation. — Nous avons indiqué dans quelles conditions les sels cristallisent de leurs solutions (6) et défini la sursaturation (7). Nous allons donner quelques détails sur ce phénomène.

On obtient facilement une solution sursaturée en faisant une dissolution saturée à chaud, et la laissant se refroidir lentement, à l'abri de toute agitation. On peut répéter à ce sujet les expériences suivantes :

1° On place dans un tube effilé 30 grammes d'hydrate $SO^4Na^2,10H^2O$ et 15 grammes d'eau ; on scelle le tube à la lampe, on le chauffe au bain-marie jusqu'à dissolution totale, puis on laisse refroidir. La liqueur est encore limpide à 12°, bien que la quantité de sel capable d'être dissoute directement à cette température ne dépasse pas 4 grammes. Si la température descend à + 7°, il se forme un dépôt cristallin peu abondant d'hydrate à $7H^2O$. La liqueur qui reste est encore sursaturée par rapport à l'hydrate à $10H^2O$. En effet, un cristal de cet hydrate introduit au sein du liquide détermine immédiatement la sursaturation. Si la température s'abaisse à — 8°, tout le liquide se prend en masse. Si, cassant la pointe du tube, on verse dans une capsule le liquide qu'il contient, la cristallisation se produit au bout d'un certain temps ; M. Gernez a montré que la cristallisation s'explique par la chute, dans la solution, de petits cristaux microscopiques de sulfate $SO^4Na^2,10H^2O$ existant normalement dans les poussières des laboratoires.

2° On ajoute peu à peu à 100 grammes d'eau placés dans un ballon, 400 grammes de sulfate de sodium à $10H^2O$ et on fait bouillir quelque temps ; on observe le dépôt de sel anhydre. On coiffe le col du ballon d'un cornet de papier et on laisse refroidir. La solution cristallise *souvent* au moment où on enlève le cornet, quand elle est revenue à la température ordinaire. Elle cristallise *sûrement*, et un thermomètre en contact avec elle accuse une subite élévation de température, si l'on touche la surface du liquide avec une baguette de verre qui a été frottée sur un cristal de sulfate à $10H^2O$.

3° Dans certains cas, une action mécanique fait cesser la sursaturation. Ainsi, une solution sursaturée d'azotate de calcium peut être coulée sur une plaque de verre sans cristalliser. Mais si on frotte une baguette de verre sur la plaque qui supporte la solution, la cristallisation se fait aux points touchés par la baguette et gagne peu à peu la masse entière.

449. Hydrates salins. — L'eau des hydrates salins porte le nom d'*eau de cristallisation;* elle constitue un élément essentiel du sel, en ce sens que son existence est inséparable de la forme cristalline. Cette forme change, en effet, avec le nombre de molécules d'eau fixées sur le sel ; ainsi, on connaît deux sulfates de magnésium : $SO^4Mg,7H^2O$ et $SO^4Mg,6H^2O$; nous avons signalé les deux hydrates du sulfate de sodium. Ces hydrates différents coexistent souvent au sein d'une même solution.

Outre l'eau de cristallisation, les cristaux contiennent de l'eau *mécaniquement interposée;* c'est de l'eau mère qui a été emprisonnée dans le cristal, en quelque sorte, par le dépôt progressif de matière qui en a déterminé l'accroissement ; cette eau ne joue aucun rôle important. C'est à elle qu'est due la décrépitation de certains sels, tels que le chlorure de sodium, quand on les chauffe.

450. Efflorescence, déliquescence. — L'eau de cristallisation est chassée par la chaleur ; mais presque tous les sels tendent à la perdre à froid, en vertu d'une véritable dissociation. Un hydrate salin, abandonné sous une cloche, perd de l'eau sous forme de vapeur jusqu'à ce que la force élastique de cette vapeur atteigne une certaine limite, qui est fonction de la température. A l'air libre, il pourra perdre des quantités d'eau considérables; il se transforme alors peu à peu en une masse amorphe; on dit qu'il s'*effleurit*. Certains hydrates ont une tension de dissociation suffisante pour s'effleurir à l'air dans les conditions hygrométriques ordinaires; on les appelle sels *efflorescents*. Le carbonate de sodium $CO^3Na^2,10H^2O$ est dans ce cas; le sel effleuri correspond à la formule CO^3Na^2,H^2O.

Si l'hydrate est placé dans une atmosphère humide, où la force élastique de la vapeur d'eau soit supérieure à sa tension de dissociation dans les conditions de l'expérience, l'hydrate absorbe de la vapeur d'eau, on dit qu'il est *déliquescent;* les cristaux s'entourent d'une enveloppe aqueuse, pour ainsi dire, qui les soude les uns aux autres. Dans certains cas, la déliquescence est assez accusée pour que le sel se dissolve complètement dans l'eau qu'il a absorbée; c'est ce qui se produit pour le chlorure de calcium. Le carbonate de potassium, le chlorure de magnésium sont déliquescents. L'efflorescence ou la déliquescence ne sont pas des propriétés caractéristiques d'un sel déterminé; elles sont intimement liées à l'état hygrométrique de l'atmosphère qui entoure le sel. Dans le vide sec, tous les hydrates sont efflorescents (1).

451. Action chimique de l'eau sur les sels. — Un grand nombre de sels éprouvent de la part de l'eau une action décomposante progressive; cette décomposition est une véritable dissociation. Ainsi le sulfate mercurique SO^4Hg se détruit, en solution étendue, en donnant de l'acide sulfurique et un *sulfate basique* $SO^4Hg,2HgO$ peu soluble, qui précipite en jaune quand on ajoute de l'eau distillée à une solution limpide de sulfate mercurique. A température déterminée, la réaction est limitée par une certaine proportion d'acide sulfurique mis en liberté.

(1) Les études sur l'efflorescence et la déliquescence des sels sont dues à Debray.

Ainsi, à 12°, la réaction s'arrête quand la composition de la liqueur correspond à 67 grammes d'acide libre par litre. Si on ajoute de l'acide sulfurique, du sel basique se dissout et reforme avec l'acide le sulfate primitif jusqu'à ce que la concentration soit ramenée à la valeur limite de 67 grammes par litre. Si on ajoute de l'eau, il se décompose une quantité de sulfate telle que l'acide mis en liberté ramène au même point la concentration de la liqueur (Ditte).

452. Stabilité des sels. Force relative des acides et des bases. — Un bon critérium, pour juger de la stabilité d'un sel, vis-à-vis de la dilution, est le dégagement de chaleur qui se produit quand on mélange l'*acide étendu* et la *base étendue*, dont l'action réciproque donne naissance au sel.

On peut appeler *acides forts* ceux qui, en agissant sur les bases alcalines, dégagent, pour chaque molécule de base, une quantité de chaleur supérieure à 13,7. Les *acides faibles* sont ceux qui, dans les mêmes conditions, dégagent moins de 10^{cal}.

Ainsi :

SO^4H^2	agissant sur	2KOH	forme	SO^4K^2;	chaleur dégagée,	$+2\times 15,7$
AzO^3H	—	KOH	—	AzO^3K	—	$+13,8$
ClH	—	KOH	—	ClK	—	$+13,7$
CO^3H^2	—	2KOH	—	CO^3K^2	—	$+2\times 10,1$
SH^2	—	2KOH	—	SK^2	—	$+2\times 3,85$.

Les deux derniers acides sont faibles.

De même on pourra appeler bases fortes celles qui, en agissant sur l'acide sulfurique, dégagent beaucoup de chaleur, bases faibles celles qui en dégagent peu.

Ainsi :

SO^4H^2	agissant sur	$2\times$ KHO	dis.	forme	SO^4K^2	ch. dég.	$+2\times 15,7$
—	—	CaO^2H^2	—	—	SO^4Ca	—	$+2\times 15,6$
—	—	BaO^2H^2	—	—	SO^4Ba	—	$+2\times 18,4$
—	—	MgO	précip.	—	SO^4Mg	—	$+2\times 15,4$
—	—	CuO	—	—	SO^4Cu	—	$+2\times 9,2$
—	—	AgO	—	—	SO^4Ag	—	$+2\times 7,2$.

Les bases métalliques et les acides faibles réagissent avec de faibles dégagements de chaleur ; ainsi, avec l'acide carbonique et l'oxyde de cuivre, on observe, pour la formation de CO^3Cu, $2\times 2,4 = 4^c,8$ (1).

(1) L'acide sulfhydrique fait exception. Il dégage plus de chaleur avec les bases métalliques qu'avec les bases alcalines (462), et ce fait domine l'histoire des sulfures.

On peut dire d'une manière générale que la stabilité d'un sel est d'autant plus grande, que le dégagement de chaleur défini ci-dessus est plus grand. Les sels formés avec peu de chaleur sont facilement décomposables par l'eau. Les sels alcalins sont très résistants.

453. Action de la chaleur. — Un certain nombre d'hydrates salins chauffés commencent par fondre dans leur eau de cristallisation; c'est la *fusion aqueuse*, dont l'alun offre un exemple très net. La température s'élevant, l'eau est chassée et le sel prend l'état liquide proprement dit; c'est la *fusion ignée*. Enfin, si la température s'élève encore, le sel peut être décomposé. En général, les sels qui résistent à l'action de l'eau dans leurs dissolutions résistent également à l'action de la chaleur. Il n'y a d'exceptions que si l'acide est lui-même facile à détruire, comme l'acide azotique. Ainsi le sulfate, le chlorure et même le carbonate de potassium sont indécomposables par la chaleur. L'azotate se détruit en donnant de l'azotite (destruction de l'acide).

$$\underset{\text{Azotate de potassium.}}{AzO^3K} = \underset{\text{Azotite de potassium.}}{AzO^2K} + O$$

Les sels métalliques proprement dits (ceux des métaux communs) sont tous plus ou moins facilement détruits par la chaleur.

454. Action de l'électricité. — Les sels fondus conduisent le courant de la pile. En même temps, ils sont détruits. Le métal se dépose sur l'électrode négative, le reste de la molécule sur l'électrode positive, où ses éléments peuvent d'ailleurs se séparer.

Exemples :

		Electrode +	Electrode —
Chlorure de calcium.	Cl^2Ca	Cl^2	Ca
Sulfate de potassium.	SO^4Cu	SO^4 détruit en O SO^3	Cu

Les sels dissous rendent l'eau conductrice, et se détruisent suivant la même loi que les sels fondus. Mais la présence de l'eau peut donner lieu à des actions dites *secondaires* et qui masquent la loi. Exemple :

		Electrode +	Electrode —
Sulfate de sodium dissous.	SO^4Na^2	SO^4 détruit en	Na^2 donne avec $2H^2O$
		O SO^3	$2NaOH$ $2H$

SO^3, fixant les éléments de l'eau, donne SO^4H^2 ; on obtient, en définitive : à l'électrode positive, 1 molécule d'acide sulfurique et 1 atome d'oxygène ; à l'électrode négative, 2 molécules de soude et 2 atomes d'hydrogène.

155. Mélanges réfrigérants. — On utilise depuis très longtemps le froid produit par la dissolution (1). Si à l'absorption de chaleur qui accompagne la dissolution se joint celle qui accompagne la fusion de la glace ou de la neige, la réfrigération peut être très énergique.

On peut diviser les mélanges réfrigérants en trois classes.

1° Réfrigération par dissolution simple. Exemples :

Azotate d'ammonium..	1p	de + 10° à — 15°
Eau..........	1p	
Chlorure d'ammonium.	1p	de + 10° à — 12°
Azotate de potassium.	1p	
Eau..........	16p	

2° Emploi de l'eau solide. Exemple :

Sel marin............	1p	0° à — 15°.
Neige.............	1p	
Chlorure de calcium cristallisé.	3p	0° à — 45°.
Neige.............	1p	

3° Mélanges de sels et d'acides ; l'absorption de chaleur est due à la liquéfaction de l'eau de cristallisation du sel ; les phénomènes sont très complexes. Exemple :

Sulfate de soude à $10H^2O$.	8p	+ 10° à — 20°.
Acide chlorhydrique....	5p	

(1) Dès 1550, on rafraîchissait l'eau et le vin en plongeant dans de l'eau où on faisait dissoudre du salpêtre les vases qui les contenaient. L'usage des boissons glacées semble avoir pris naissance en Italie. Huygens raconte qu'à Rome on glaçait les liqueurs avec de la neige, de l'eau et du salpêtre (1650). Boyle a indiqué un grand nombre de mélanges frigorifiques.

456. Action des métaux sur les sels. — Si on plonge une lame de cuivre dans une dissolution d'azotate d'argent, la lame se recouvre aussitôt d'une couche noirâtre qui est constituée par de l'argent métallique; si on abandonne l'expérience à elle-même pendant un temps assez long, on constatera que la liqueur a bleui, par suite de la dissolution d'une certaine quantité de cuivre. La réaction est représentée par l'équation

$$\underset{\text{Azotate d'argent.}}{2AzO^3Ag} + Cu_{II} = \underset{\text{Azotate de cuivre.}}{(AzO^3)^2Cu_{II}} + 2Ag.$$

De même, le mercure précipite l'argent de ses sels. Si on abandonne une dissolution d'azotate d'argent dans un vase dont le fond est occupé par du mercure, l'argent se précipite peu à peu et forme de beaux cristaux au sein de la liqueur (*arbre de Diane*).

Une lame de fer précipitera de même les solutions de cuivre.

$$\underset{\text{Sulfate de cuivre.}}{SO^4Cu} + Fe = \underset{\text{Sulfate ferreux.}}{SO^4Fe} + Cu.$$

Le zinc précipite les sels de plomb; dans une dissolution étendue d'acétate de plomb additionnée d'une petite quantité d'acide acétique, on plonge une lame de zinc à laquelle sont attachés des fils de laiton; des cristaux de plomb, qui peuvent devenir assez volumineux, se déposent peu à peu sur les fils de laiton (*arbre de Saturne*) (*fig.* 197).

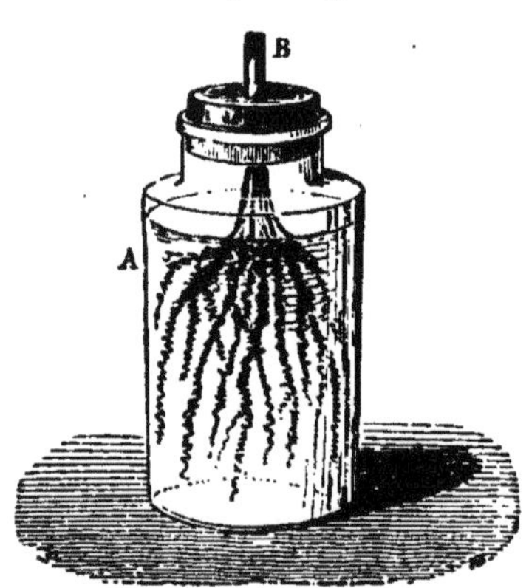

Fig. 197. — Arbre de Saturne.

Toutes ces réactions sont conformes au principe du travail maximum. Les substitutions des métaux les uns aux autres ont lieu entre les *équivalents* (30); ainsi, 28 de fer, 31,75 de cuivre, 108 d'argent, 33 de zinc, 103 de plomb sont les quantités qui se remplacent respectivement. Pour la plupart des métaux autres que les métaux alcalins, l'argent et le bismuth, l'équivalent est égal à la moitié du poids atomique.

457. Composition des sels. — A ce point de vue, on distingue trois groupes de sels qui portent le nom de sels neutres, sels acides, sels basiques.

A. — Les sels *neutres* sont ceux dans lesquels le métal a complètement remplacé l'hydrogène de l'acide.

Si l'acide est monobasique, le nombre des molécules qui entrent dans la molécule du sel neutre est égal à la valence du métal. Exemples :

Azotate de potassium	AzO^3K_I	
Azotate de baryum	$(AzO^3)^2Ba_{II}$	$= \begin{matrix} AzO^3 \\ AzO^3 \end{matrix} > Ba$;
Azotate de bismuth	$(AzO^3)^3Bi_{III}$	$= \begin{matrix} AzO^3 \\ AzO^3 \\ AzO^3 \end{matrix} - Bi$;
Chlorure de plomb	Cl^2Pb_{II}	$= \begin{matrix} Cl \\ Cl \end{matrix} > Pb$.

Si l'acide est polybasique, les sels neutres sont formés de telle façon que la valence du *résidu* uni à l'hydrogène (37) soit satisfaite complètement par le métal. Exemples :

Acide sulfurique SO^4H^2 ;	Sulfate dipotassique $SO^4K^2_I$;
	Sulfate de calcium SO^4Ca_{II} ;
	Sulfate mercurique SO^4Hg_{II} ;
Acide carbonique CO^3H^2 ;	Carbonate de baryum CO^3Ba_{II} ;
Acide sulfhydrique SH^2 ;	Sulfure de potassium SK^2_I ;
	Sulfure de plomb SPb_{II} ;
Acide phosphorique PO^4H^3	Phosphate tricalcique $(PO^4)^2Ca^3_{II}$.

Les sels neutres solubles sont, en général, sans action sur les *réactifs colorés*, tel que le tournesol. Cependant, un certain nombre d'entre eux, les sels métalliques proprement dits (sels de plomb, de zinc...), colorent le tournesol en rouge; on dit qu'ils sont à *réaction acide*. Les carbonates alcalins ramènent au bleu le tournesol rougi. On dit qu'ils ont une réaction alcaline (1).

(1) Le tournesol contient une matière colorante bleue, qui est le sel de calcium d'un acide particulier, l'*acide litmique*. Cet acide est rouge ; ses

B. — *Sels acides.* Dans ces sels, la substitution du métal à l'hydrogène de l'acide n'a été que partielle. Les acides polybasiques seuls donnent de véritables sels acides. Ces sels sont ce que l'on appelle des corps à *fonction mixte;* ils possèdent à la fois les caractères des acides, et ceux des sels. Exemples :

Acide sulfurique $SO^4 \left\{ \begin{matrix} H \\ H \end{matrix} \right.$ . . . Sulfate monopotassique $SO^4 \left\{ \begin{matrix} H \\ K \end{matrix} \right.$;

Acide phosphorique $PO^4 \left\{ \begin{matrix} H \\ H \\ H \end{matrix} \right.$ . . . Phosphate monosodique $PO^4 \left\{ \begin{matrix} Na \\ H \\ H \end{matrix} \right.$;

— disodique $PO^4 \left\{ \begin{matrix} Na \\ Na \\ H \end{matrix} \right.$.

Chacun de ces sels renferme de l'hydrogène remplaçable par les métaux, c'est-à-dire est encore un véritable acide. Les sels acides rougissent généralement le tournesol, comme les acides eux-mêmes.

Certains acides monobasiques présentent des sels acides, qui doivent être considérés comme de véritables combinaisons de l'acide avec le sel neutre.

C. — *Sels basiques.* Ces sels résultent de l'union d'un sel neutre avec un excès de base. Nous signalerons entre autres le sulfate trimercurique $SO^4Hg,2HgO$. Ces sels se forment fréquemment dans l'action de l'eau sur les sels neutres peu stables.

sels alcalins et alcalino-terreux sont bleus, ses sels métalliques sont plus ou moins rouges. Les acides *forts* détruisent complètement le litmate de calcium en faisant apparaître l'acide litmique, d'où la couleur rouge franc. Les acides *faibles* donnant lieu à une décomposition incomplète, la couleur tire plus ou moins sur le violet. Les sels neutres des bases fortes n'exercent aucune action sur le litmate de calcium; ceux dont la base est moins forte le décomposent (formation d'un sel de calcium incolore et de litmate métallique rouge). Quant à l'action alcaline du carbonate de sodium, elle s'explique par ce fait que l'acide litmique libre détruit partiellement le carbonate. Il faut encore tenir compte de l'état de dissociation dans lequel se trouvent certains sels en dissolution étendue. Les sels réellement *neutres* paraissent tels, en général, vis-à-vis d'un réactif nommé *hélianthine* ou *méthyle orange*, qui est naturellement jaune orangé en dissolution étendue, et qui vire au rouge rosé vif sous l'action des acides.

458. Sels doubles. — Les divers atomes d'hydrogène d'un acide polybasique peuvent être remplacés par des métaux différents. On a ainsi des *sels doubles*. Le phosphate ammoniacomagnésique $PO^4{<}^{Mg_{II}}_{AzH^4}, 6H^2O$ en est un exemple. Mais on connaît des sels doubles d'acides monobasiques, comme les chlorures doubles, et, enfin, des sels doubles dans lesquels se trouvent des acides différents. Tel est le minéral appelé *wagnérite*, qui répond à la formule $(PO^4)^2Mg^3_{II}, Cl^2Mg$ (chlorophosphate de magnésium).

459. Réactions entre les acides, les bases et les sels dissous. — Ces réactions sont conformes au principe du travail maximum. D'une manière générale on peut dire que :

1° *Un acide décompose un sel toutes les fois que le déplacement de l'acide du sel dégage de la chaleur;*

2° *Une base décompose un sel toutes les fois que le déplacement de la base du sel dégage de la chaleur;*

3° *Il y a double décomposition entre deux sels toutes les fois que la somme des chaleurs de formation des sels résultant de la double décomposition est supérieure à la somme des chaleurs de formation des deux sels primitifs.*

Les prévisions déduites de ces règles se vérifient *toujours* quand on compare les chaleurs dégagées en *considérant tous les corps dans l'état solide*, dans les réactions entre corps anhydres, et quand on fait intervenir les *chaleurs de formation des hydrates à l'état solide*, dans les réactions où l'existence d'hydrates stables est possible dans les conditions de l'expérience. En d'autres termes, pour appliquer sûrement la règle, il faut commencer par séparer du dissolvant les corps réagissants, et les considérer, abstraction faite des changements qui les ont amenés à leur état actuel.

Telles sont les seules règles vraiment générales que l'on puisse donner au sujet de ces réactions souvent complexes et qui semblent paradoxales lorsqu'on ne tient pas rigoureusement compte de toutes leurs circonstances.

Leur application exige, on le voit, la connaissance d'un grand nombre de données expérimentales; nous nous bornerons à citer un petit nombre d'exemples particuliers.

460. Action des acides sur les sels. — Quand l'acide libre et celui du sel sont à peu près de même force et qu'on fait agir l'acide sur le sel dissous, il s'établit, en général, un équilibre entre les deux acides et les deux sels. C'est ce qui arrive en particulier quand on verse de l'acide azotique dans un chlorure; il s'établit entre le chlorure, l'azotate, l'acide chlorhydrique et l'acide azotique un équilibre qui dépend du degré de dilution, et dont l'équation suivante peut donner une idée.

$$AzO^3H_{dis.} + ClK_{dis.} = mClH_{dis.} + (1-m)ClK_{dis.} + mAzO^3K_{dis.} + (1-m)AzO^3H_{dis}$$

C'est le coefficient m qui dépend de la dilution.

Dans des conditions où l'un de ces corps disparaît de l'équilibre par insolubilité ou volatilité, la réaction peut devenir totale.

C'est ce qui arrive quand on chauffe à 200° du chlorure de potassium avec de l'acide sulfurique; la réaction est la suivante :

$$2ClK + SO^4H^2 = ClH + \underset{\text{Sulfate monopotassique.}}{SO^4HK} + ClK$$

A froid, la réaction s'arrêterait là; mais le sulfate monopotassique étant dissocié par la chaleur, l'acide sulfurique que donne cette action détruit une nouvelle quantité de chlorure; l'acide chlorhydrique s'éliminant sans cesse et la dissociation du sulfate monopotassique se poursuivant, la décomposition du chlorure de potassium devient complète.

La formation de sels acides, dont un grand nombre sont dissociables par l'eau, vient compliquer les choses quand on fait réagir les acides polybasiques sur des sels d'acides monobasiques dissous, ou inversement; nous n'insisterons pas sur ces réactions.

Lorsqu'un acide fort agit sur un sel d'acide faible, la décomposition est totale dans quelque état que l'on considère les corps. Par exemple, les carbonates, soit solides, soit dissous, sont complètement détruits par les acides forts; l'acide carbonique reste dans la liqueur ou se dégage, suivant que la quantité d'eau en présence de laquelle a lieu la réaction est ou n'est pas suffisante pour maintenir ce gaz dissous.

$$\underset{\text{Carbonate de calcium.}}{CO^3Ca_{II}\ \text{sol.}} + 2ClH\ \text{dis.} = CO^2\ \text{gaz} \nearrow + H^2O\ \text{liq.} + \underset{\text{Chlorure de calcium.}}{Cl^2Ca_{II}\ \text{dis.}}$$

$$\underset{\text{Carbonate de sodium.}}{CO^3Na^2\ \text{dis.}} + 2AzO^3H\ \text{dis.} + Aq = CO^2\ \text{dis.} + H^2O\ \text{liq.} + \underset{\text{Azotate de sodium.}}{(2AzO^3Na)\ \text{dis.}} + Aq.$$

L'expérience a donné, pour la chaleur dégagée dans cette réaction, $+ 6^c,82$; on peut d'ailleurs calculer cette quantité de chaleur et le calcul conduit à $6^c,94$. On peut donc admettre que le mélange des deux dissolutions détermine la réaction totale, bien qu'en dehors du dégagement de chaleur aucun signe physique extérieur (dégagement gazeux) ne vienne la révéler.

401. Action des bases sur les sels. — Les bases fortes déplacent complètement les bases faibles. Ainsi, la potasse précipite tous les oxydes métalliques; elle déplace également la chaux, l'ammoniaque. Dans ce dernier cas, si l'on opère en présence d'une quantité d'eau suffisante, le gaz ammoniac reste dissous, aucun dégagement de gaz ne signale la réaction; si l'eau est en quantité insuffisante, il y a effervescence. De même, le chlorure d'ammonium dissous attaque l'hydrate de calcium.

$$Ca(OH)^2 \text{ sol.} + 2ClAzH^4 \text{ dis.} = Cl^2Ca \text{ dis.} + 2.AzH^4OH.$$

La réaction est exothermique. Elle dégage $2^c,24$.

Les lessives alcalines concentrées décomposent le carbonate de calcium :

$$CO^3Ca_{II} + 2NaOH = CO^3Na^2 + Ca(OH)^2.$$

Mais en liqueur étendue, c'est la réaction inverse qui se produit (préparation de la soude caustique). C'est la chaleur de formation des hydrates alcalins secondaires qui explique ce renversement de la réaction; la chaleur de dissolution de l'hydrate solide $Ca(OH^2)$ est en effet $3^c,1$, tandis que pour 2NaOH sol., la chaleur de dissolution est $2 \times 9,8 = 19^c,6$.

402. Action des sels sur les sels. — Le principe du travail maximum, appliqué aux corps anhydres solides ou aux hydrates stables solides (dans les cas où il peut s'en former) permet encore d'expliquer les réactions. Nous nous contenterons d'indiquer les cas les plus simples.

Quand on mélange les solutions de deux sels d'acides forts et de bases fortes, il s'établit un équilibre entre ces deux sels et ceux qui résultent de leur double décomposition; cet équilibre, qui limite la réaction, dépend de la température. Mais si l'un des corps est insoluble ou volatil, la réaction peut devenir complète ou presque complète, ce corps échappant à l'équilibre au fur et à mesure de sa formation. On peut dire d'une manière générale que ces équilibres se produisent toutes les fois que la réaction met en jeu de très faibles quantités de chaleur; il arrive même parfois que la précipitation d'un sel insoluble est accompagnée d'une faible absorption de chaleur à une certaine température, et d'un dégagement à une température différente. Dans ces conditions, on peut admettre qu'une cause d'ordre purement physique, telle que la volatilité ou l'insolubilité d'un des corps en présence, détermine les phénomènes. Considérons la réaction suivante (les chaleurs dégagées correspondent au mélange de l'acide et de la base dissous à une température voisine de 15°).

Cl^2Sr_{II} dis. +	SO^4Na^2 dis. =	SO^4Sr_{II} précip. +	ClNa dis.	Diff.
Chlorure de strontium	Sulfate de sodium	Sulfate de strontium	Chlorure de sodium	
28,0.	31,7.	31,8.	27,4.	—0,5.

La réaction est endothermique; elle a lieu néanmoins; il faut remarquer d'ailleurs que, si on considérait les chaleurs dégagées par la formation des corps dans l'état solide, elle serait assez fortement exothermique. (Berthelot.) La même remarque est applicable à tous les cas (assez nombreux) où la précipitation est accompagnée d'une faible absorption de chaleur. *A fortiori* elle s'applique aux cas où la précipitation est exothermique, comme la suivante :

Cl^2Ba dis. +	SO^4Na^2 dis. =	SO^4Ba précip. +	2ClNa dis.	Diff.
Chlorure de baryum		Sulfate de baryum		
27,7.	31,7.	36,8.	27,4.	+ 4,8.

Quand on fait agir l'un sur l'autre deux sels, l'un d'acide fort et de base faible, l'autre d'acide faible et de base forte, il tend à se faire une double décomposition complète, l'acide fort fixant la base forte, et l'acide le moins fort la base la plus faible. Ce double échange correspond au phénomène thermique maximum.

Ainsi, lorsqu'on mélange une dissolution d'acétate de sodium et une dissolution de sulfate ferrique, le mélange prend immédiatement la coloration brune de l'acétate ferrique. La réaction est complète, et tous les corps restent dissous.

C'est à ce genre de réactions qu'il faut rattacher la précipitation des sels métalliques par les sulfures alcalins, ou le sulfure d'ammonium $S(AzH^4)^2$ qui leur est comparable.

$(AzO^3)^2Pb$ +	$S(AzH^4)^2$ =	$2(AzO^3AzH^4)$ +	SPb.
Azotate de plomb.		Azotate d'ammonium.	Sulfure de plomb.

En effet, l'acide sulfhydrique, qui vis-à-vis des bases alcalines se comporte comme un acide faible, est au contraire un acide fort vis-à-vis des oxydes métalliques, à l'inverse de ce qui a lieu pour les acides chlorhydrique, sulfurique, azotique. Cela résulte du tableau suivant, qui donne les chaleurs dégagées dans l'action de l'acide sulfhydrique dissous sur les oxydes dissous ou précipités.

Soude	NaOH dis.	+ 7c,70	par molécule SH^2.
Oxyde de fer	FeO précip.	+ 14,6.	»
Oxyde de zinc	ZnO »	+ 19,6.	»
Oxyde d'argent	AgO »	+ 55,8.	»

403. Réaction de deux sels par voie sèche. — Il peut y avoir double décomposition entre deux sels solides quand on les chauffe fortement ; ainsi les silicates, les sulfates, sont détruits par le carbonate de sodium. On mélange le sel réduit en poudre fine avec 5 ou 6 fois son poids de carbonate de sodium bien sec ; le mélange intime est introduit dans un creuset de platine, et on chauffe fortement jusqu'à ce que la masse soit fondue. Il s'est formé un silicate ou un sulfate sodique, et un carbonate ; tous les sels de sodium étant solubles, un lessivage à l'eau bouillante séparera le sel sodique formé du carbonate insoluble.

Si le sel était du sulfate barytique, par exemple, on a eu la réaction

$$SO^4Ba + CO^3Na^2 = CO^3Ba + SO^4Na^2.$$

Cé procédé de double décomposition est appliqué dans l'analyse qualitative des sels insolubles ; on étudie séparément la solution et le résidu.

NOTICE HISTORIQUE

404. — Le mot *sel* fut pendant longtemps employé pour désigner des substances présentant avec le sel marin une certaine analogie de propriétés physiques. Stahl le premier essaya de donner une définition scientifique des sels ; pour lui, un sel *alcalin* était formé d'un *acide* et d'une *base*, un sel *métallique* résultait de l'union d'un *acide* et d'un *métal*. Rouelle, Bergmann, contribuèrent à éclaircir la notion de sel, et Lavoisier, dans sa nomenclature dualistique, appela *sel* le résultat de l'union d'un acide avec une base (43 *a*). La découverte de la composition de l'acide cyanhydrique et de l'acide sulfhydrique par Berthollet en 1789, la remarque de Gay-Lussac et Thénard, que la formation des *muriates anhydres* (chlorures) au moyen des oxydes et de l'*acide muriatique* (chlorhydrique) gazeux était toujours accompagnée de la mise en liberté d'un poids d'eau correspondant à l'oxygène de l'oxyde (1809), enfin les travaux de Davy sur le chlore et l'acide chlorhydrique (1815), marquent les étapes qui ont conduit aux définitions que nous avons données pour les sels ; les chlorures, bromures, iodures, ont été longtemps appelés *haloïdes* par les successeurs de Lavoisier, qui ne considéraient pas ces corps comme de véritables sels, à cause de l'absence d'oxygène.

La composition des sels a été l'objet de nombreux travaux. La neutralité était d'abord appréciée uniquement par l'action sur le tournesol. Wentzel reconnut le premier que les proportions de deux bases (potasse et chaux), qui neutralisent des poids égaux d'un même acide, neutralisent aussi les poids égaux de tout autre acide (464 *c*) ; ces expériences de Wentzel sont les premières qui aient fait entrevoir la loi des proportions définies. Richter, étudiant les précipitations des métaux les uns par les autres, conclut que le rapport du poids de l'acide au poids de l'oxygène uni au métal dans la base est constant. (Les sels étaient considérés par ces deux chimistes comme formés d'un acide anhydre et d'une base anhydre [$SO^4K^2 = SO^3 + K^2O$], suivant la doctrine dualistique.) Berzélius, à la suite d'un grand nombre d'analyses, donna la première définition rigoureuse de la neutralité, toujours d'après les mêmes idées; la neutralité était définie par le rapport du poids de l'oxygène de l'acide au poids de l'oxygène de la base.

Pour les sulfates, ce rapport était 3; $\frac{SO^3}{K^2O}$; $\frac{SO^3}{BaO}$,

— azotates, — 5; $\frac{Az^2O^5}{K^2O}$; $\frac{Az^2O^5}{BaO}$,

— carbonates, — 2; $\frac{CO^2}{K^2O}$; $\frac{CO^2}{CaO}$.

Bien que les seuls carbonates solubles (les carbonates alcalins) aient une réaction alcaline au tournesol, on admit le rapport 2 comme correspondant aux carbonates contenant la plus grande proportion de base. Cette définition est connue sous le nom de *loi de Berzélius*.

464 *a*. Equivalents. — On fut conduit ainsi à la notion d'*équivalents*; les équivalents des bases étaient les poids de ces bases capables de s'unir à un même poids des divers acides. Les nombres définis de cette manière n'étaient que des nombres proportionnels; on les fixa en prenant pour *équivalent* d'une base (oxyde) le poids de cette base contenant 8 d'oxygène; pour l'oxyde de potassium, par exemple, l'équivalent ainsi défini était 47. L'équivalent d'un acide fut alors défini comme le poids d'acide pouvant donner avec un équivalent de base un sel neutre; pour l'*acide azotique* (anhydride actuel) ce poids était 54; il contient $5 \times 8 = 40$ d'oxygène. La différence $54 - 40 = 14$ fut prise comme équivalent de l'azote, de même que $47 - 8 = 39$ fut pris pour équivalent du potassium. Le système des *équivalents* repose donc sur les lois de composition des sels. On définit les équivalents des métalloïdes d'après ceux des acides qu'ils formaient, et les équivalents des métaux d'après ceux des bases. Les équivalents ainsi définis sont d'ailleurs égaux à ceux que l'on déduit des précipitations des métaux les uns par les autres (456).

464 *b*. Lois de Berthollet. — La première notion des idées que nous exprimons aujourd'hui en parlant de la *force* des acides ou des bases semble due au chimiste français Geoffroy l'aîné

(1672-1731). Il admettait que les diverses substances pouvaient avoir plus ou moins de *rapport* les unes avec les autres; et une substance A, ayant plus de rapport avec une autre B qu'une troisième substance C, devait « *faire lâcher prise* » à C dans les corps où elle se trouvait unie à B. Bergmann développa cette idée des *affinités* ou *attractions électives*, et dressa des tables où il indiquait assez exactement les affinités relatives des acides pour les bases et des bases pour les acides (1775).

Pour Berthollet, il n'y a pas d'affinités électives. Un acide étant mis en présence d'un sel, par exemple, la base doit se partager entre les deux acides, et l'équilibre est uniquement réglé par les masses en présence. Si l'un des corps échappe à l'équilibre grâce à son insolubilité ou à sa volatilité, l'action doit se poursuivre, puisque l'équilibre tend toujours à s'établir, et elle deviendra totale. C'est là l'origine des énoncés longtemps enseignés sous le nom de *lois de Berthollet*, et qui, sous leur forme la plus générale, se réduisent à celui-ci.

Il y a action totale, quand on mélange un acide et un sel, une base et un sel, ou deux sels dissous, toutes les fois qu'il peut se former un corps insoluble ou volatil dans les conditions de l'expérience.

Les progrès des études de statique chimique ont montré qu'un tel énoncé a le double tort d'être inexact dans un très grand nombre de cas (dissolution de sels insolubles par certains acides, réactions totales dans lesquelles tous les corps conservent l'état dissous [460, 462]) et d'attribuer les réactions totales à une cause qui est loin d'être générale. L'ensemble de recherches le plus complet sur ces actions est dû à M. Berthelot (*Essai de mécanique chimique*); c'est à la thermochimie que l'on doit de pouvoir expliquer un grand nombre de réactions, nous avons indiqué comment (459). Les précipitations complètes auxquelles on donnait pour cause unique, sur la foi de Berthollet, l'insolubilité ou la volatilité, sont conformes au principe du travail maximum appliqué avec les précautions que nous avons fait connaître; toutes les réactions — et elles sont nombreuses — qui constituent des exceptions aux lois de Berthollet rentrent au contraire dans l'explication thermochimique.

CHAPITRE XVII

SULFURES MÉTALLIQUES

Les sulfures métalliques peuvent être considérés comme les sels de l'acide sulfhydrique. Cependant quelques-uns d'entre eux, les polysulfures, ne correspondent à aucun acide connu; leurs formules et leurs propriétés les rapprochent des oxydes correspondants.

465. Propriétés. — Ce sont des corps solides, présentant les colorations les plus diverses; ces colorations dépendent souvent des conditions de production. Ainsi, le sulfure de mercure précipité est noir; le sulfure sublimé est rouge vif; le sulfure naturel (cinabre) est rouge violacé.

Les sulfures alcalins et alcalino-terreux sont seuls solubles dans l'eau, qui en même temps exerce sur eux une décomposition progressive; l'instabilité de ces sels est expliquée par le fait que l'acide sulfhydrique et les bases alcalines dégagent dans leur action réciproque une faible quantité de chaleur (462).

Considérons par exemple le sulfure de potassium; on a

$$SK^2 + H^2O = KOH + SHK.$$

Monosulfure de potassium. — Sulfhydrate (1) de potassium.

$$SHK + H^2O = KOH + SH^2.$$

On connait encore des *polysulfures* alcalins, K^2S^2, K^2S^3, K^2S^4, K^2S^5, auxquels ne correspondent pas d'oxydes connus, sauf à K^2S^3, analogue au peroxyde de potassium K^2O^3.

Les autres sulfures métalliques sont insolubles dans l'eau.

La chaleur décompose les polysulfures; les monosulfures (SK^2, SPb,...) résistent à son action et sont seulement dissociés à haute température.

La destruction de la *pyrite martiale* (sulfure de fer FeS^2) est tout à fait parallèle à celle du peroxyde de manganèse

$$3FeS^2 = Fe^3S^4 + S^2.$$
$$3MnO^2 = Mn^3O^4 + O^2.$$

(1) Ce nom vient de ce qu'on peut considérer le corps comme résultant de la combinaison du monosulfure SK^2 avec l'acide sulfhydrique SH^2.

466. *Grillage des sulfures.* — Les réactions les plus importantes au point de vue pratique sont celles auxquelles donne lieu l'oxygène (grillage).

L'oxygène dégage plus de chaleur que le soufre en s'unissant aux métaux. Cependant on n'a jamais, en chauffant un sulfure à l'air, du soufre et l'oxyde. L'effet thermique maximum correspond à la formation du sulfate. Avec le sulfure de plomb, par exemple, la réaction est la suivante :

$$PbS + O^4 = SO^4Pb.$$

Si le sulfate est stable à la température de la réaction, il se forme; c'est ce qui a lieu pour les sulfures alcalins et alcalino-terreux. Les sulfates métalliques étant tous plus ou moins complètement détruits à haute température, le grillage des sulfures donne en général l'oxyde et de l'anhydride sulfureux, l'anhydride sulfurique étant lui-même détruit par la chaleur. C'est ce qui a lieu quand on grille les sulfures de zinc, de fer.

$$2FeS^2 + O^{11} = 4SO^2 + Fe^2O^3,$$
$$ZnS + O^3 = ZnO + SO^2.$$

Le grillage du sulfure de plomb à une température de 900 à 1000° donne un mélange de sulfate et d'oxyde, grâce à la dissociation du sulfate qui ne commence guère avant cette température.

Si l'oxyde lui-même est décomposable à la température de l'expérience, on a le métal; c'est ce qui a lieu pour le sulfure de mercure.

$$HgS + O^2 = Hg + SO^2.$$

Ces réactions ont une importance extrême pour la métallurgie, un grand nombre de minerais métalliques étant des sulfures.

Les métaux qui dégagent dans leur union avec le soufre plus de chaleur qu'un métal donné décomposent le sulfure de ce métal. Une action de cet ordre est utilisée dans certains cas, notamment pour réduire la galène (sulfure de plomb).

$Fe + PbS = FeS + Pb.$	Diff.
17,8 23,8	+ 6,0.

467. Fonction chimique. — Les monosulfures sont de véritables sels de l'acide sulfhydrique. Mais on peut les considérer à un autre point de vue; les polysulfures jouent en général vis-à-vis d'eux le même rôle que les anhydrides métalliques ou les oxydes acides vis-à-vis des oxydes basiques; il se forme des sulfures doubles; Berzelius avait appelé ces divers corps sulfacides, sulfobases, et sulfosels. Nous signalerons, parmi les sulfures à fonction basique, les sulfures de potassium SK^2, de magnésium SMg, le sulfure stanneux SSn ; parmi les sulfures à fonction acide, le sulfure d'or Au^2S^3, le sulfure stannique SnS^2, le sulfure platinique PtS^2. Le sulfure de zinc SZn est un sulfure *indifférent ;* la pyrite FeS^2, un sulfure *singulier ;* le sulfure $SK^2.Au^2S^3$ est un sulfure *salin.*

468. Préparation. — Un petit nombre de sulfures, tels que les sulfures de cuivre SCu, de fer SFe, sont obtenus par action directe du soufre sur le métal à chaud (25, 198).

On prépare les sulfures alcalins et alcalino-terreux en réduisant les sulfates par le charbon.

$$\underset{\text{Sulfate de baryum.}}{SO^4Ba_{II}} + 4C = SBa_{II} + 4CO.$$

La réaction appliquée au sulfate de potassium donne un monosulfure SK^2, impur, très divisé, et qui s'enflamme quand on le projette dans l'air (pyrophore de Gay-Lussac).

La décomposition des carbonates alcalins par le soufre donne des polysulfures.

On prépare un grand nombre de sulfures par double décomposition au moyen de l'acide sulfhydrique. On obtient de cette manière des sulfures purs. En faisant passer jusqu'à refus un courant d'acide sulfhydrique dans une dissolution de potasse, on a la réaction

$$KOH + SH^2 = SHK + H^2O.$$

Mélangeant alors le produit de cette réaction avec une quantité de potasse égale à celle qu'on a employée, on a

$$SHK + KOH = SK^2 + H^2O.$$

C'est un moyen analogue qu'on emploie pour préparer le sulfure d'ammonium $S(AzH^4)^2$, appelé encore sulfhydrate d'ammoniaque, réactif très usité dans les laboratoires.

On précipite les sulfures de plomb, d'étain, de mercure, de cuivre, en traitant par l'acide sulfhydrique un sel du métal. Exemple :

$$\underset{\text{Azotate de plomb.}}{(AzO^3)^2Pb} + SH^2 = 2AzO^3H + \underset{\text{Sulfure de plomb.}}{SPb}.$$

Ce procédé ne pourrait pas réussir avec les sulfures de zinc, de fer, de manganèse, qui sont attaqués par les acides étendus avec formation d'acide sulfhydrique, comme le représente l'équation

$$\underset{\text{Sulfure de fer.}}{SFe_{II}} + SO^4H^2 = \underset{\text{Sulfate ferreux.}}{SO^4Fe_{II}} + SH^2.$$

Ces sulfures seront obtenus en traitant un sel du métal par le sulfure d'ammonium. La réaction est exothermique; nous avons vu en effet (452) que, vis-à-vis de l'acide sulfhydrique, la force relative des bases n'est pas la même que vis-à-vis des acides forts. Exemple :

$$Cl^2Mn_{II} \text{ dis} + S(AzH^4)^2 \text{ dis} = SMn_{II} \text{ préc} + 2.ClAzH^4.$$

Chlorure de manganèse.	Sulfure d'ammonium.	Sulfure de manganèse.	Chlorure d'ammonium.

Deux des sulfures précédents ont une couleur caractéristique. Le sulfure de zinc précipité est blanc ; le sulfure de manganèse précipité est rose.

469. Etat naturel. — On trouve dans la nature un grand nombre de sulfures : les principaux sont les pyrites (sulfures de fer ou sulfures doubles de fer et de cuivre), la galène (sulfure de plomb), la blende (sulfure de zinc), le cinabre (sulfure de mercure).

On y rencontre encore du sulfure d'antimoine, qui a l'aspect d'un sulfure métallique et une fonction acide très nette, des sulfures doubles d'arsenic et d'argent, d'antimoine et d'argent. Tous ces sulfures, sauf la pyrite, peuvent être directement utilisés comme minerais des métaux correspondants. Aujourd'hui cependant la pyrite peut être utilisée *indirectement;* les fours perfectionnés qu'on emploie dans les fabriques d'acide sulfurique la transforment en sesquioxyde de fer ne contenant plus que des traces de soufre, dont la proportion est trop faible pour qu'elles soient nuisibles dans la suite des opérations métallurgiques.

CHAPITRE XVIII

CHLORURES

470. Propriétés. — Les chlorures sont les sels de l'acide chlorhydrique.

Les chlorures sont tous solides, sauf le chlorure stannique $SnCl^4$, ou *liqueur fumante de Libavius.* Ils sont plus fusibles que les sulfures. Tous sont volatils.

Les propriétés générales des chlorures sont celles que nous avons déjà indiquées pour les sels. Ils sont solubles, sauf le chlorure d'argent $ClAg$, le chlorure mercureux Cl^2Hg^2, le chlorure cuivreux Cl^2Cu^2 ; le chlorure de plomb Cl^2Pb est très peu soluble. Ils forment avec l'eau des hydrates ; ils sont électrolysables, soit à l'état fondu, soit en dissolution ; certains d'entre eux sont décomposés par l'eau avec formation d'*oxychlorures*, composés intermédiaires qui par l'action prolongée de l'eau finissent par se décomposer en acide chlorhydrique et oxyde. Ainsi, si on dissout le chlorure stanneux Cl^2Sn dans plus de trois fois son poids d'eau, il se forme un oxychlorure $SnOSnCl^2 = Sn^2OCl^2$.

Le fluor seul est capable de détruire les chlorures métalliques. L'oxygène, dégageant moins de chaleur que le chlore dans son union avec les métaux, n'attaque pas les chlorures ; les composés intermédiaires (oxychlorures) qui se forment dans l'action de l'oxygène sur le chlorure ferrique Cl^6Fe^2 à haute température sont dus à la dissociation du chlorure. Il y a exception pour le chlorure d'aluminium, qui est détruit par l'oxygène; la réaction est exothermique ; encore n'est-elle pas totale, et donne-t-elle lieu à la formation d'oxychlorures.

Les chlorures des métaux dégageant relativement peu de chaleur dans leur union avec le chlore sont détruits par les métaux qui en dégagent davantage. Ainsi, le sodium réduit les chlorures d'aluminium et de magnésium; les métaux sont mis en liberté. C'est de cette manière que l'on prépare ces métaux.

$Cl^2Mg + Na^2 = 2ClNa + Mg$	Diff.
155 $\quad\quad$ $2 \times 97,3$	$+ 39,6$
$Cl^6Al^2_{vi} + 6Na = 6ClNa + 2Al$	Diff.
321,6 $\quad\quad$ $6 \times 97,3$	$+ 262,2.$

471. Fonction chimique. — Le caractère de sels est plus marqué en général chez les chlorures que chez les sulfures. Berzelius les a partagés en *chlorobases*, *chloracides* et *chlorosels*. Les chlorures alcalins sont à fonction basique; les chlorures d'or Cl^3Au, de platine Cl^4Pt, à fonction acide; ceux de magnésium, de zinc, le chlorure ferreux, sont indifférents. On connaît un grand nombre de chlorures doubles qui ont tous les caractères des sels doubles des oxacides.

472. Préparation. — Un grand nombre de chlorures peuvent être préparés à partir du métal et de l'acide chlorhydrique, gazeux ou dissous, soit à chaud soit à froid ; de l'hydrogène se dégage, et il se forme le chlorure le moins chloruré; l'action du chlore donne au contraire le chlorure le plus chloruré. Ainsi en traitant à chaud par le chlore du fer, de l'étain, du cuivre, on a les chlorures Cl^6Fe^2, Cl^4Sn, Cl^2Cu ; avec l'acide chlorhydrique, on aurait les chlorures $ClFe$, Cl^2Sn, Cl^2Cu^2.

Avec le zinc, on a le chlorure Cl^2Zn, que l'on emploie l'acide chlorhydrique ou le chlore. La meilleure préparation consiste à dissoudre le zinc dans la dissolution chlorhydrique, et à faire cristalliser

$$2ClH + Zn = Cl^2Zn + H^2.$$

Le chlore et l'acide chlorhydrique décomposant les oxydes avec formation de chlorures, ces actions fourniront des moyens de préparation ; l'emploi de l'acide chlorhydrique est plus commode. Exemple :

$$PbO + 2ClH = Cl^2Pb + H^2O.$$

Litharge — Chlorure de plomb.

Le chlorure d'aluminium peut être préparé par l'action combinée du chlore et du charbon sur l'alumine. Le chlore seul est sans action sur cet oxyde ; c'est au contraire l'oxygène qui agit sur le chlorure.

Enfin on peut s'adresser aux doubles décompositions, ou à l'action de l'acide chlorhydrique sur les carbonates. En voici des exemples :

Préparation du chlorure mercurique :

$$SO^4Hg_{II} + 2ClNa = Cl^2Hg_{II} + SO^4Na^2.$$

Sulfate mercurique. — Chlorure de sodium. — Chlorure mercurique. — Sulfate de sodium.

La réaction se fait dans une fiole chauffée au bain de sable : le chlorure mercurique (sublimé corrosif) se sublime sur les parties froides de la fiole.

Préparation du chlorure de calcium :

$$CO^3Ca_{II} + 2ClH = Cl^2Ca_{II} + CO^2 + H^2O.$$

Carbonate de calcium. — Chlorure de calcium.

473. Caractères. — On reconnait les chlorures au précipité caillebotté, noircissant à la lumière, soluble dans l'ammoniaque et l'hyposulfite de sodium, qu'ils donnent avec l'azotate d'argent,

$$ClNa + AzO^3Ag = ClAg + AzO^3Na.$$

474. État naturel. — On rencontre dans la nature un certain nombre de chlorures. Le chlorure de sodium se trouve en grande quantité dans l'eau de mer, dans les sources salées, et dans un grand nombre de roches dont quelques-unes sont constituées par du chlorure de sodium à peu près pur (sel gemme). Il est souvent accompagné de chlorures de potassium et de magnésium, notamment à Stassfürt (duché d'Anhalt). On trouve également, mais en quantité bien moindre, des chlorures de mercure et d'argent.

CHLORURE DE SODIUM

$ClNa$.

475. Propriétés.— C'est un sel blanc, qui cristallise anhydre sous forme de cubes souvent accolés de manière à constituer des *trémies* (*fig.* 198). Il est soluble dans l'eau; à 18°, 100 grammes d'eau en dissolvent 36 grammes; la solubilité ne varie pas notablement avec la température. Il est légèrement soluble dans l'alcool, à la flamme duquel il donne une couleur jaune caractéristique. Le chlorure de sodium fond au rouge et se volatilise au rouge blanc (vers 1500°).

Fig. 198. — Sel marin.

476. État naturel. — Le chlorure de sodium est très abondant dans la nature. On le trouve :

1° Dans le sein de la terre, sous forme de roches compactes, ou de bancs stratifiés; il est accompagné de substances étrangères (sel gemme);

2° Dans l'eau des sources salées, qui doivent leur salure aux roches salines qu'elles ont rencontrées sur leur passage, et partiellement dissoutes;

3° Dans l'eau de mer.

EXTRACTION DU CHLORURE DE SODIUM

477. Sel gemme. — On exploite le sel gemme de deux manières : 1° par les procédés ordinaires de carrière ou de mine suivant que le gisement est à ciel ouvert, ou, comme cela a lieu le plus souvent, dans les profondeurs du sol; 2° en envoyant de l'eau pure dans des trous de sonde percés dans la roche; quand l'eau s'est saturée de sel, on la remonte et on l'évapore. La cavité primitive ne tarde pas à s'agrandir, et au bout de quelques mois il est nécessaire de creuser un second puits à une certaine distance du premier.

478. Sources salées. — Les sources assez riches en sel pour qu'on puisse les soumettre directement à l'évaporation sont assez rares. Nous citerons, en France, celles de Salins, de

Salies-de-Béarn, de Dax. Le plus souvent, il faut faire subir à l'eau une première concentration, soit en y dissolvant du sel gemme impur si on en peut avoir à très bon marché, soit en la faisant couler sur de grandes piles de fagots appelés bâtiments de graduation (*fig.* 199) ; l'eau exposée à l'air sur une large surface s'évapore avec une grande rapidité. Deux ou trois passages au bâtiment de graduation suffisent en général pour amener l'eau à contenir de 15 à 25 p. 100 de sel. Ce procédé a l'inconvénient d'être très irrégulier et de perdre une assez grande quantité de sel, entraîné par l'évaporation ou arrêté sur les fagots en même temps que les

Fig. 199. — Bâtiment de graduation.

produits peu solubles qui se déposent les premiers (carbonates). Dans certains cas, si on connaît la position du gisement salin, on fait des forages pour atteindre la nappe souterraine, d'autant plus chargée de sels qu'elle est plus voisine de la roche, et on remonte l'eau qui a généralement une concentration suffisante pour qu'on puisse la soumettre directement à l'évaporation.

Cette évaporation se fait dans des chaudières en fonte ou en tôle. Quand on veut avoir le gros sel, on conduit l'opération très lentement ; quand on veut du sel fin, on arrive à l'ébullition ; les cristaux deviennent en effet d'autant plus volumineux que le dépôt s'effectue plus lentement.

479. Marais salants. — L'eau de mer a une composition assez variable suivant les lieux et la distance à la côte du point où on la considère. Mais l'élément salin le plus important est toujours le chlorure de sodium (26 à 31 grammes par mètre cube). La densité moyenne de l'eau de mer est 1,024. Elle marque 3°,5 à l'aréomètre de Baumé. Les principaux sels qui accompagnent le chlorure de sodium sont, par ordre d'importance, le chlorure de magnésium, le sulfate de magnésium, le sulfate de calcium et le bromure de potassium.

On en extrait le sel en l'évaporant à l'air libre dans des bassins nommés marais salants (*fig.* 200), très nombreux en France, entre la Garonne et la Loire, et sur les côtes de la Méditerranée, au voisinage de Cette. L'exploitation de la Méditerranée est plus perfectionnée que celle de l'Ouest.

On laisse d'abord reposer l'eau dans de grands bassins où elle abandonne des matières en suspension (oxyde de fer et carbonate de calcium), et où elle se concentre jusque vers

Fig. 200. — Marais salants.

7° Baumé. On la fait passer ensuite dans une série de bassins de petites dimensions, où elle abandonne surtout du sulfate de calcium et où elle se concentre jusque vers 26°. A ce moment, elle est prête à donner du sel marin. Des pompes l'envoient dans des bassins où elle se clarifie; d'autres pompes la font passer dans les *tables salantes*, où elle dépose, entre 26 et 28 ou 30° Baumé, la majeure partie de son chlorure de sodium avec un peu de chlorure et de sulfate de magnésium. Quand l'eau marque 28 ou 30°, on la retire des tables salantes, et on recueille le sel, qu'on expose à l'air en tas; le chlorure de magnésium, très déliquescent, absorbe la vapeur d'eau et s'écoule. Il reste un sel marin contenant 95 p. 100 de chlorure de sodium, le reste étant constitué par de l'eau, des sels magnésiques divers, et des traces de matières terreuses.

L'eau mère était autrefois rejetée; comme elle contient encore de notables quantités de chlorure de sodium, de sulfate de sodium, de chlorure de magnésium et de sulfate de magnésium, on l'utilise aujourd'hui. Un des meilleurs procédés est le suivant, qui est un perfectionnement du premier procédé de Balard.

On concentre l'eau mère à l'air libre jusqu'à 35° Baumé environ; on a ainsi un dépôt de *sel mixte*, chlorure de sodium déposé pendant le jour (évaporation) et sulfate de magnésium déposé pendant la nuit (refroidissement; ce sel est en effet plus soluble à chaud qu'à froid). L'eau mère est traitée en vue de l'extraction des sels de potassium et des bromures qu'elle renferme encore. Le sel mixte est redissous, puis la dissolution concentrée est soumise à une température de — 3° ou — 4°. Il se fait une double décomposition entre le sulfate de magnésium et une partie du chlorure de sodium de l'eau mère;

$$SO^4Mg_{II} + 2ClNa + Aq = Cl^2Mg_{II} + SO^4Na^2.10H^2O + Aq.$$

Sulfate de magnésium. Chlorure de sodium. Chlorure de magnésium. Sulfate de sodium.

Le sulfate de sodium, insoluble dans ces conditions, se précipite. L'eau mère, contenant le chlorure de magnésium et du chlorure de sodium en excès, laisse déposer ce dernier sel par une nouvelle évaporation. Le chlorure de magnésium qui reste est utilisé comme source de chlore (120); on peut encore s'en servir pour produire du froid. La solution de chlorure, refroidie par son passage dans un serpentin entouré d'anhydride sulfureux liquide, est envoyée dans de grands bacs plats perforés d'où elle retourne lentement au serpentin, après avoir refroidi l'air en contact avec elle par la large surface des bacs. Cet air est ensuite distribué aux locaux à refroidir par des conduits convenablement disposés.

480. Usages. — Le sel marin est employé dans l'alimentation de l'homme et des animaux. Dans l'industrie chimique, il est utilisé pour fabriquer de l'acide chlorhydrique et du sulfate de sodium, qui a été longtemps un intermédiaire indispensable à la fabrication de la soude artificielle. Aujourd'hui on emploie directement le chlorure de sodium à cette fabrication (506).

CHAPITRE XIX

SULFATES. — ALUNS

481. Propriétés. — Les sulfates sont les sels de l'acide sulfurique, qui est bibasique : $SO^2(OH)^2 = SO^4H^2$.

Les métaux alcalins donnent deux catégories de sulfates : les sulfates monométalliques, tels que $SO^4HK = SO^2 \left\{ \begin{matrix} OK \\ OH \end{matrix} \right.$, sulfate monopotassique, et les sulfates neutres, tels que $SO^4K^2 = SO^4 \left\{ \begin{matrix} OK \\ OK \end{matrix} \right.$, sulfate neutre de potassium ou sulfate dipotassique.

Ces corps sont tous solides. Ils sont solubles sauf le sulfate de baryum SO^4Ba_{II}, dont le seul dissolvant est l'acide sulfurique concentré et bouillant; le sulfate de plomb est presque insoluble; le sulfate de magnésium, celui d'aluminium, sont très solubles.

La chaleur n'altère pas les sulfates alcalins. Les sulfates alcalino-terreux et celui de magnésium sont également très stables; le sulfate de plomb se dissocie vers 1 000° ; les autres sont tous détruits par la chaleur; le sulfate ferreux donne de l'acide pyrosulfurique $S^2O^7H^2$ (190) ; les autres, de l'acide sulfureux et l'oxyde (destruction de SO^3 par la chaleur) ; les sulfates d'argent et de mercure donnent le métal, l'oxyde étant décomposable par la chaleur.

La décomposition des sulfates monométalliques ou bisulfates conduit aux sulfates neutres, par l'intermédiaire des pyrosulfates

$$\underset{\text{Sulfate monosodique.}}{2SO^4HNa} = \underset{\text{Pyrosulfate de sodium.}}{S^2O^7Na^2} + H^2O.$$

$$\underset{\text{Pyrosulfate.}}{S^2O^7Na^2} = \underset{\text{Sulfate neutre.}}{SO^4Na^2} + SO^3.$$

La réaction finale, quand on chauffe suffisamment, est donc la suivante :

$$2SO^4HNa = SO^4Na^2 + H^2O + SO^3.$$

Les sulfates alcalins sont réduits par le charbon. Il se forme des sulfures. Avec les sulfates des métaux dont les oxydes sont facilement réductibles par le charbon, on a le métal et les anhydrides carbonique et sulfureux.

Ainsi le sulfate de plomb, chauffé au-dessus du rouge sombre avec une quantité de charbon convenable, donne lieu à la réaction

$$PbSO^4 + C = CO^2 + SO^2 + Pb$$

qui est utilisée dans la métallurgie du plomb.

482. Préparation. — On obtient la plupart des sulfates en attaquant le métal par l'acide sulfurique à froid (zinc, fer) ou à chaud (cuivre, mercure). Même lorsque le métal se dissout à froid, il est bon de chauffer légèrement pour accélérer la réaction. Ex. :

$$SO^4H^2 + Zn = SO^4Zn + H^2$$

$$2SO^4H^2 + Cu = SO^4Cu + SO^2 + 2H^2O.$$

Le grillage des sulfures donne également des sulfates, quand il peut être effectué au-dessous de la température de décomposition des sulfates.

483. Caractères. — Les sulfates donnent avec les sels solubles de baryum (chlorure et azotate) un précipité de sulfate de baryum insoluble dans l'eau et les acides.

$$(AzO^3)^2Ba + SO^4Na^2 = 2AzO^3Na + SO^4Ba.$$

484. Etat naturel. — Les sulfates sont assez abondants dans la nature. Le sulfate de calcium hydraté ou *gypse* constitue des amas puissants en maints endroits, notamment aux environs de Paris ; le sulfate anhydre ou *anhydrite* accompagne souvent le sel gemme. Les sources salées et l'eau de la mer contiennent des sulfates de calcium et de magnésium ; le sulfate de baryum existe aussi soit amorphe soit cristallisé dans tous les filons. Certaines eaux naturelles contiennent du sulfate de cuivre.

SULFATE DE CALCIUM

$$SO^4Ca.$$

485. — Le sulfate de calcium est un sel blanc, insipide, légèrement soluble dans l'eau. Il est très abondant dans la nature. Anhydre, il constitue l'*anhydrite* ; hydraté, on l'appelle *gypse*, et sa composition répond à la formule $SO^4Ca_{II}, 2H^2O$.

Le gypse existe en roche et cristallisé (fer de lance) (*fig.* 201); le gypse en masse constitue la *pierre à plâtre.* C'est sa présence dans certaines eaux des environs de Paris qui les rend impotables (eaux séléniteuses, 83).

Fig. 201. — Gypse fer de lance.

Le gypse chauffé vers 130° perd les 3/4 de son eau et se transforme en plâtre $2SO^4Ca,H^2O$. Le plâtre, mis de nouveau en contact avec une quantité d'eau convenable, s'hydrate et durcit; cette propriété explique ses applications. On *cuit* le plâtre dans des fours spéciaux où le gypse est entassé au-dessus de voûtes formées par les plus gros morceaux (*fig.* 202). On chauffe en allumant sous ces voûtes un feu de broussailles. Quand l'opération qui dure environ 12 heures est terminée, on broie le plâtre et on l'enferme dans des sacs qui doivent être tenus à l'abri de l'humidité. Le plâtre, en l'absorbant, deviendrait en effet impropre à ses divers usages.

Si la température atteint 194°, le gypse se déshydrate complètement, et le produit obtenu, ayant perdu la propriété de faire prise avec l'eau, n'est pas utilisable. La cuisson du plâtre exige donc des soins particuliers; il faut éviter de la pousser trop loin.

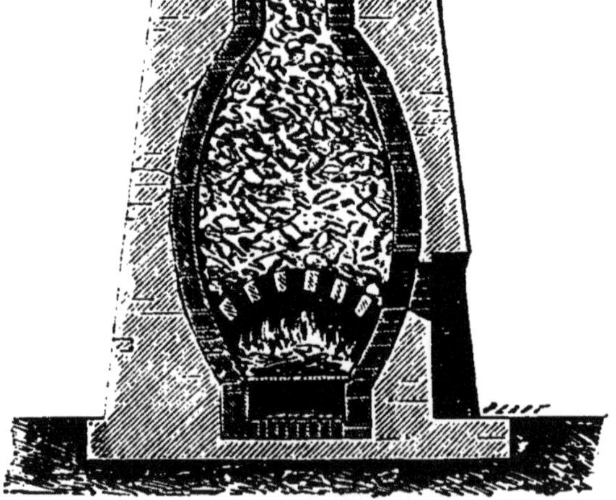

Fig. 202. — Four à plâtre.

Le plâtre bien cuit et gâché avec de l'eau forme une pâte adhésive durcissant à l'air; on l'emploie pour la décoration intérieure des habitations; à l'extérieur, il serait peu à peu entraîné par les pluies. Le plâtre le plus fin, réduit en bouillie claire avec de l'eau, sert à faire des moules de monnaies, de statues ou d'objets divers. Gâché avec de la colle forte, il constitue le *stuc,* matière très dure pouvant se polir et se travailler, et qui est souvent employée dans l'ornementation.

ALUNS

486. — On désigne sous le nom d'*aluns* des sulfates doubles de protoxyde et de sesquioxyde, qui ont tous des formules semblables, même forme cristalline, et peuvent cristalliser ensemble en toutes proportions. Les aluns offrent un bel exemple de sels isomorphes (12).

Les principaux aluns sont les suivants :

$(SO^4)^3Al^2_{VI} + SO^4K^2 + 24H^2O$	alun	de potasse, ou alun ordinaire	incolore
$(SO^4)^3Al^2_{VI} + SO^4Na^2 + 24H^2O$	—	soude	»
$(SO^4)^3Al^2_{VI} + SO^4(AzH^4)^2 + 24H^2O$	—	ammoniacal	»
$(SO^4)^3Fe^2_{VI} + SO^4K^2 + 24H^2O$	—	de potasse et de fer	gris
$(SO^4)^3Cr^2_{V} + SO^4K^2 + 24H^2O$	—	de chrome.	violet

Nous décrirons l'alun ordinaire.

Alun ordinaire. — 487. *Propriétés.* — L'alun est un sel doué d'une saveur astringente, soluble dans 10 fois son poids d'eau à froid, et dans 1/3 de son poids à 100° ; quand on abandonne au refroidissement lent une solution saturée à chaud, l'alun se dépose en beaux cristaux ; dans une solution neutre ou acide, les cristaux sont octaédriques (*fig.* 203) ; dans une solution contenant un excès de base, ils sont cubiques, ou même prennent quelquefois la forme de cubo-octaèdres. La solution est acide au tournesol.

Fig. 203. — Cristaux d'alun.

L'alun chauffé éprouve la fusion aqueuse (453) vers 92°. Si on le laisse alors refroidir, il se prend en une masse transparente. Si on le chauffe au rouge sombre, il se déshydrate et forme au-dessus du creuset où l'on fait l'opération un champignon poreux. C'est l'*alun calciné*, employé par les médecins comme caustique. Au rouge blanc, l'alun se détruit en anhydride sulfureux et oxygène qui se dégagent, alumine et sulfate de potassium.

La dissolution d'alun est précipitée par les carbonates alcalins et le bicarbonate de calcium (509). On a reconnu que 2 décigrammes d'alun suffisent pour clarifier 1 litre d'eau chargée de carbonate.

Cette pratique, excellente pour l'eau destinée aux usages industriels, *doit être absolument prohibée pour l'eau destinée à l'alimentation*, car la précipitation n'est jamais complète et il reste dans l'eau clarifiée une certaine quantité d'alun. L'usage d'une pareille eau est nuisible pour la santé.

Quand on verse une dissolution d'ammoniaque dans de l'alun, on obtient un précipité *gélatineux* d'hydrate d'aluminium, $Al^2(OH)^6$. Cet hydrate possède la propriété remarquable de fixer les matières colorantes et de donner avec elles des composés insolubles, ou *laques*, qui sont comparables à de véritables sels dans lesquels la matière colorante jouerait le rôle d'acide. On peut facilement obtenir une laque de la manière suivante : On fait une décoction de cochenille (1), et quand elle est chaude on y ajoute une solution d'alun. On précipite l'alun par l'ammoniaque, et on jette sur un filtre. La liqueur passe incolore; la *laque*, rosée, reste sur le filtre.

188. *Préparation.* — Pour obtenir l'alun dans les laboratoires, il suffit de mélanger, dans les proportions indiquées par la formule de l'alun, des dissolutions chaudes et concentrées de sulfate d'aluminium et de sulfate de potassium. Le sel double cristallise par refroidissement. L'industrie fabrique une grande quantité d'alun par des procédés qui varient suivant les matières premières employées. Nous décrirons seulement la fabrication à partir des schistes pyriteux et alumineux, communs en Picardie. Ces schistes sont soumis à un grillage modéré, qui donne lieu à la formation de sulfates de fer, d'aluminium, de potassium et d'ammonium (les schistes contiennent des matières azotées). La substance grillée est soumise à un lavage qui dissout les sulfates; une première concentration donne un dépôt d'aluns, une seconde fait cristalliser du sulfate ferreux. On analyse alors l'eau mère pour déterminer sa teneur en sulfate d'aluminium, et on ajoute du sulfate de potassium, ou du sulfate d'ammonium et du chlorure de potassium dissous dans un peu d'eau, de manière à transformer en alun tout le sulfate d'aluminium qui reste. Quand l'alun s'est précipité, on le redissout et on le fait cristalliser.

On retire encore l'alun d'un minéral très commun dans la campagne romaine, l'*alunite*, qui est constituée par de l'alun uni à un excès d'alumine. On en sépare l'alumine en calcinant modérément et humectant le minéral jusqu'à ce qu'il se soit complètement délité. Un lessivage dissout alors l'alun en laissant l'alumine. La décomposition de l'alunite n'est jamais complète; aussi l'alun de Rome

(1) La cochenille, substance tinctoriale qui contient une magnifique matière colorante rouge, est constituée par le corps desséché d'un insecte vivant sur certains cactus, cultivés à cet effet dans les pays chauds.

(c'est le nom du produit) contient-il toujours un excès d'alumine qui le rend particulièrement propre aux opérations de teinture.

L'alun des schistes pyriteux est souvent souillé de sulfate ferreux dont il est difficile de le débarrasser, et qui est nuisible dans la teinture. On reconnait la pureté des cristaux d'alun à ce qu'ils ne bleuissent pas quand on les humecte avec une dissolution de *cyanure jaune* (ferrocyanure de potassium, réactif des sels ferriques; donne avec eux un précipité de *bleu de Prusse* (353); le même précipité s'obtient avec les sels ferreux, mais seulement lorsque ceux-ci ont été oxydés par leur contact avec l'air).

489. Usages. — L'alun est employé en médecine comme caustique et astringent. Il sert de *mordant* en teinture; on en imprègne les substances à teindre avant de les plonger dans le bain de teinture, afin de déterminer sur la fibre elle-même la formation d'une laque insoluble, de rendre ainsi la teinture inaltérable au lavage.

L'alun entre également dans la composition dont on se sert pour rendre le papier imperméable (encollage); il sert pour conserver les cuirs, pour clarifier les suifs et les eaux bourbeuses.

490. — Les propriétés générales des autres aluns sont les mêmes que celles de l'alun de potasse. L'alun de soude et l'alun ammoniacal servent aux mêmes usages.

CHAPITRE XX

AZOTATES. — POUDRE

491. — Les azotates résultent de la substitution des métaux à l'hydrogène dans l'acide azotique, $AzO^3H = AzO^2OH$. Les azotates des métaux univalents répondent à la formule

$$AzO^3M_I = AzO^2OM_I.$$

Ceux des métaux bivalents, à la formule

$$(AzO^3)^2M_{II} = \begin{matrix} AzO^2.O \\ AzO^2.O \end{matrix} > M_{II}.$$

Ils sont tous décomposables par la chaleur. Les azotates alcalins donnent un azotite et de l'oxygène.

$$\underset{\text{Azotate.}}{AzO^3K} = \underset{\text{Azotite.}}{AzO^2K} + O.$$

Les autres donnent en général du peroxyde d'azote et de l'oxygène. Exemples :

$$2(AzO^3)^2Ba = 4AzO^2 + 2BaO + O^2$$
$$2(AzO^3)^2Pb = 4AzO^2 + 2PbO + O^2$$

Le trait dominant de l'histoire de ces corps est la facilité avec laquelle ils perdent de l'oxygène. Ce sont des *oxydants* énergiques, surtout les azotes alcalins.

On les prépare en attaquant par l'acide azotique le métal, l'oxyde ou le carbonate. Nous allons donner des exemples.

$$8AzO^3H + 3Cu = 3[(AzO^3)^2Cu] + 2AzO + 4H^2O.$$
$$2(AzO^3H) + PbO = (AzO^3)^2Pb + H^2O.$$
$$2(AzO^3H) + CO^3Ca = (AzO^3)^2Ca + H^2O.$$

On reconnait les azotates au dégagement d'acide azotique qu'ils donnent quand on les chauffe avec de l'acide sulfurique. Si on a eu soin d'ajouter avant de chauffer un peu de tournure de cuivre ou de sulfate ferreux, qui réduisent l'acide azotique, on a des vapeurs rutilantes de peroxyde d'azote.

AZOTATE DE POTASSIUM

$$AzO^3K = 101.$$

402. Propriétés. — L'azotate de potassium, appelé encore *nitre* ou *salpêtre*, est un corps solide cristallisé en longues aiguilles incolores, appartenant au système orthorhombique (*fig.* 204). Sa solubilité croît très rapidement avec la température. La dissolution saturée bout à 115°,9 et contient 335 grammes de sel pour 100 grammes d'eau.

Fig. 204. Salpêtre.

Au rouge le nitre se décompose en oxygène et azotite (491). Sa propriété la plus importante est la facilité avec laquelle il cède son oxygène. C'est un oxydant énergique. Il oxyde le charbon et le soufre.

$$4AzO^3K + 5C = 2CO^3K^2 + 3CO^2 + 2Az^2;$$
$$2AzO^3K + S^2 = SO^4K^2 + Az^2;$$

la première réaction dégage environ 110 litres de gaz, et la seconde, 44 litres.

Quand on projette dans un creuset porté au rouge de petites quantités de mélanges faits dans les proportions qu'indiquent ces équations, on voit les mélanges s'enflammer et brûler rapidement avec une flamme très vive.

Le mélange de salpêtre, de charbon et de soufre constitue la poudre à tirer.

403. Fabrication. — On obtient le salpêtre en traitant par le chlorure de potassium l'azotate de sodium que l'on trouve au Chili et au Pérou en masses considérables.

$$ClK + AzO^3Na = ClNa + AzO^3K.$$

On fait dissoudre dans la plus petite quantité d'eau bouillante des quantités convenables des deux corps, et on évapore; ClNa, moins soluble à chaud qu'à froid dans le mélange (417) se précipite; on l'enlève au moyen d'écumoires. Quand la liqueur marque 45° Baumé, on la soutire et on la verse dans de larges bassins où on l'agite constamment pendant son refroidissement pour éviter la formation de gros cristaux, qui seraient difficiles à purifier. Le sel obtenu retient en effet un certain nombre d'impuretés, carbonates, sulfates que contenaient les matières employées, et surtout des chlorures de potassium et de sodium. Pour avoir le salpêtre pur, il faut raffiner le *salpêtre brut* ainsi obtenu.

On commence par arroser les cristaux avec une solution saturée de nitre pur, qui dissout seulement les sels étrangers ; le salpêtre est ensuite dissous dans la plus petite quantité d'eau bouillante (on emploie pour cet usage l'eau de pluie, plus pure que l'eau de source). Quand la dissolution est complète, on précipite les impuretés en ajoutant une solution de colle de Flandre (gélatine), qui détermine la formation d'écumes que l'on enlève à mesure qu'elles apparaissent. Le salpêtre commence à cristalliser à la surface du bain quand la liqueur marque 56° à l'aréomètre; on la soutire alors, et on la fait arriver dans de grands réservoirs où on l'agite constamment pendant son refroidissement. Les cristaux sont ensuite placés dans de grandes caisses en bois munies d'un double fond percé de trous, et où ils sont arrosés d'une solution saturée de nitre pur. On les égoutte et on les sèche. Ils ne contiennent plus alors que des traces d'impuretés.

404. État naturel. — Le salpêtre s'effleurit dans les pays chauds (Inde, Egypte) à la surface du sol après la saison des pluies; on le recueille avec des pelles, et on le sépare des matières terreuses auxquelles il est mélangé en le dissolvant et le faisant cristalliser. Le produit ainsi obtenu est importé en Europe en quantités considérables sous le nom de *salpêtre de l'Inde.* Sa pureté est très variable.

Le salpêtre se forme dans tous les lieux humides contenant des matériaux qui renferment de la potasse (étables, caves). Quelles que soient les conditions locales de la formation du salpêtre, elle est presque toujours due à l'intervention du *ferment nitrique* (248), par l'intermédiaire duquel les matières azotées contenues dans le sol sont complètement oxydées. Dans les pays chauds, l'action de l'électricité atmosphérique, qui donne naissance à l'azotate et à l'azotite d'ammonium, doit avoir également une influence marquée sur la formation des nitrates.

405. Usages. — Le salpêtre est employé comme matière première dans la fabrication de l'acide azotique fumant; il est encore employé par les artificiers. Son application la plus importante est la fabrication de la *poudre à tirer*.

POUDRE

406. Fabrication. — La poudre est un mélange de soufre, de charbon (éléments combustibles), et de salpêtre (élément comburant). Sans entrer dans de longs détails au sujet de sa fabrication, nous en ferons connaître les principes. D'ailleurs son importance est aujourd'hui bien amoindrie, car elle n'est plus employée ni comme poudre de guerre ni comme poudre de mine.

On prend comme matières premières : 1° du soufre en canons, que l'on pulvérise finement dans des cylindres tournants en bois, au moyen de billes de bronze ;

2° Du charbon de bois finement pulvérisé et résultant de la distillation de bois légers (bourdaine, peuplier, saule) ; le charbon doit être noir, mat, friable, rapidement combustible en ne laissant qu'un très faible résidu ;

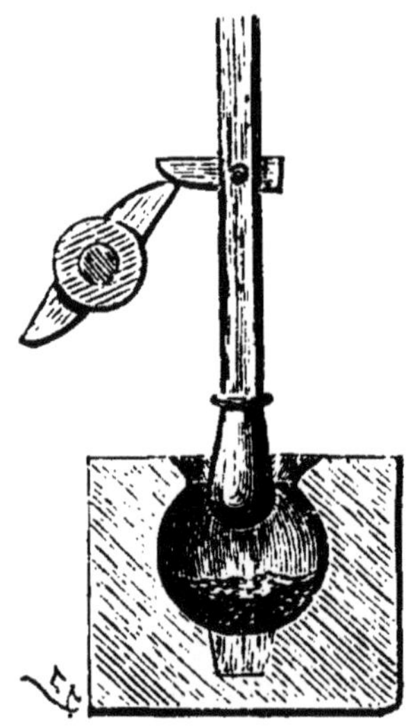

Fig. 205. — Mortier à poudre.

3° Du salpêtre aussi pur et aussi sec que possible; les chlorures étant déliquescents, la poudre fabriquée avec du salpêtre qui en contiendrait même des quantités assez faibles ne tarderait pas à s'altérer.

On mélange ces ingrédients humectés d'eau, dans des mortiers sphériques (*fig.* 205), creusés dans un bloc de chêne, dont le fond est formé par une pièce de bois plus dur; des pilons à tête de fonte, actionnés par un arbre à cames, triturent régulièrement la matière; on ajoute de temps en temps de l'eau de manière à maintenir la pâte humide. Les *galettes* retirées des mortiers sont séchées, puis divisées en grains de grosseur convenable (grenage) dans un tamis appelé *guillaume*, où la galette est secouée en même temps qu'un disque en bois dur alourdi par une calotte de plomb.

Les grains qui ont traversé le crible sont passés dans un second tamis plus fin, puis dans un troisième et enfin dans un blutoir qui ne laisse passer que le *poussier;* ce poussier est réduit de nouveau en galettes pour être ensuite grené. La poudre est séchée à l'air libre. Comme elle est très hygrométrique, il faut la conserver dans un endroit sec.

Les proportions des divers ingrédients sont légèrement variables, suivant les qualités de la poudre que l'on veut obtenir. Elles s'écartent peu des suivantes :

Azotate de potassium.....	74,8
Soufre..................	11,9
Charbon................	13,3

qui correspondent à la réaction

$$2AzO^3K + S + 6C = SK^2 + 6CO + Az.$$

407. Combustion de la poudre. — La poudre peut être enflammée par une élévation très brusque de température, atteignant 100° ; un choc peut également déterminer sa combustion, ainsi que le contact d'un corps enflammé. Elle brûle en répandant une odeur particulière, et une fumée assez épaisse. L'odeur est due à l'existence dans les produits de la combustion d'un certain nombre de corps accessoires, parmi lesquels le sulfure de carbone, et qui proviennent d'une combustion incomplète. La fumée est constituée par les produits solides, réduits à un état de division extrême, et qui sont entraînés par les gaz. Une partie de ces produits reste dans l'arme et constitue la *crasse* (1).

(1) On obtient des poudres douées d'une puissance balistique très considérable et dites *sans fumée*, en réalisant des mélanges dont la combustion ne donne naissance qu'à des corps gazeux. Un premier pas dans cette voie fut fait par deux chimistes de Hambourg, qui augmentèrent la dose de salpêtre, de manière à avoir une combustion complète, diminuèrent la dose de soufre, et substituèrent au charbon noir du *charbon roux*, incomplètement calciné, et renfermant encore de l'hydrogène. Dans les produits de la combustion se trouve la vapeur d'eau ; les produits solides, entourés d'une assez grande quantité de cette vapeur, s'y dissolvent et la fumée disparaît rapidement. Les diverses poudres sans fumée utilisées aujourd'hui, et qui sont assez nombreuses, sont à base de nitroglycérine et de fulmi-coton ; ces corps donnent lieu aux décompositions suivantes :

$$\underset{\text{fulmi-coton.}}{C^6H^7(AzO^2)^3O^5} = 2CO^2 + 4CO + 3H^2O + 3Az + H$$

$$\underset{\text{nitroglycérine.}}{2[C^3H^5(AzO^2)^3]} = 6CO^2 + 5H^2O + 6Az + O.$$

Ces deux corps sont d'un maniement très dangereux ; aussi doit-on prendre de grandes précautions dans la fabrication des poudres sans fumée. On est arrivé à exécuter toutes les manipulations dans de bonnes conditions de sécurité.

On a établi qu'un litre de bonne poudre, pesant 900 grammes, produit par sa combustion une température de 2 400°, ce qui porte à 4 000 litres le volume des gaz dégagés, lesquels, dans les conditions ordinaires, occuperaient 400 litres. C'est la pression énorme développée par la production brusque de ces gaz dans un espace restreint qui rend compte de la force balistique de la poudre. Cette force est d'ailleurs intimement liée à la construction de l'arme dans laquelle on l'emploie.

Nous dirons seulement que, pour obtenir d'une poudre tout l'effet qu'elle peut produire, il faut que la durée de la combustion soit égale à la durée du trajet du projectile dans le canon de l'arme, de telle sorte que les gaz soient développés progressivement. Si la combustion est trop rapide, une partie de la force développée est employée à vaincre le frottement du projectile contre la partie du canon qui lui reste à parcourir, et la vitesse initiale se trouve ainsi amoindrie ; d'ailleurs, le développement trop brusque d'une pression considérable peut déterminer la rupture de l'arme. Si la combustion est trop lente, les gaz n'ont pas eu le temps de se dégager complètement quand le projectile est expulsé, et l'on utilise seulement une portion de la force qui doit être mise en jeu.

La poudre doit être en grains proportionnés au calibre de l'arme. Une poudre trop fine brûle lentement, la combustion devant se propager de proche en proche ; au contraire, les grains laissent entre eux des intervalles au travers desquels les gaz chauds peuvent passer, déterminant ainsi rapidement la combustion de la masse tout entière.

Historique

498. — L'invention de la poudre a été faussement attribuée au moine allemand Schwartz (quatorzième siècle). Les Chinois connaissaient depuis la plus haute antiquité des mélanges combustibles ; ces mélanges ne furent introduits en Europe qu'au septième siècle. La première mention de la poudre à canon se trouve dan un ouvrage arabe sur les machines de guerre, dont l'auteur vivai en Egypte au milieu du treizième siècle (croisade de saint Louis) Roger Bacon (1214-1294) a décrit la poudre dans ses ouvrages, mais ne donne sa composition qu'en termes voilés. Albert le Grand (1193-1280) en fait connaître la composition et les proportions. Il semble que le canon ait été employé pour la première fois en Europe, en 1323, au siège de Baza en Espagne, par le roi de Grenade. En 1324, les habitants de Metz, dans une sortie, auraient employé le canon avec succès. En 1345, il existait à Cahors une fabrique de canons.

CHAPITRE XXI

CARBONATES

400. — Les carbonates sont les sels de l'acide carbonique $CO(OH)^2$, dont on ne connait que l'anhydride CO^2. Il y a deux séries de carbonates alcalins, les carbonates à un atome de métal, dont le type est le carbonate monopotassique ou bicarbonate CO^3HK, et les carbonates neutres, tels que le carbonate dipotassique CO^3K^2. Aux métaux alcalino-terreux et aux métaux voisins du fer (fer, zinc, manganèse) correspondent des carbonates de composition CO^3R_{II}, tels que le carbonate de fer par exemple, CO^3Fe_{II}, et aussi des carbonates acides, qu'on n'a pu isoler mais dont l'existence est rendue probable par ce fait que les carbonates neutres, insolubles dans l'eau pure, sont solubles dans l'eau chargée d'acide carbonique. Ces carbonates acides sont sans doute des combinaisons des carbonates neutres avec l'acide carbonique.

Les carbonates alcalins sont seuls solubles dans l'eau; les solutions des carbonates neutres bleuissent le tournesol rougi.

Les carbonates monométalliques sont décomposés par la chaleur.

$$2CO^3HK = CO^2 + CO^3K^2 + H^2O.$$

Les carbonates neutres des mêmes métaux sont indécomposables par la chaleur seule; mais ils se détruisent partiellement quand on les chauffe violemment dans un courant de vapeur d'eau.

Tous les autres carbonates sont détruits par la chaleur, avec dégagement de gaz carbonique. Le résidu est l'oxyde, ou le métal si l'oxyde est décomposable. Exemples :

$$CO^3Ca = CO^2 + CaO$$
$$CO^3Ag^2 = Ag^2 + O + CO^2.$$

Les carbonates sont reconnaissables à l'effervescence qu'ils donnent avec les acides, l'acide chlorhydrique notamment.

$$CO^3Ba + 2ClH = CO^2 + Cl^2Ba_{II} + H^2O.$$

CARBONATES DE POTASSIUM

$$CO^3K^2.$$

500. Propriétés. — Le carbonate de potassium est un sel blanc déliquescent, soluble dans son poids d'eau froide. On le prépare à l'état de pureté en calcinant le bitartrate ou le bioxalate de potassium. La réduction du carbonate de potassium par le charbon est utilisée pour préparer industriellement le potassium.

$$CO^3K^2 + 2C = K^2 + 3CO.$$

501. Potasses du commerce. — On trouve dans le commerce sous le nom de *potasses*, des produits de composition assez variable, et qui sont constitués par du carbonate impur. On les divise en potasses naturelles et potasses artificielles.

Les *potasses naturelles* proviennent de l'incinération des végétaux terrestres. Les sels organiques de potassium que contiennent ces végétaux se transforment en carbonate par l'incinération; les cendres sont soumises à un lessivage méthodique, jusqu'à ce que la lessive marque 15° Baumé. Cette lessive évaporée laisse comme résidu le *salin*, matière noirâtre, contenant des matières charbonneuses, et dont la calcination donne la *potasse*. Les produits les plus blancs et les plus purs portent le nom de potasses *perlasses*.

On retire aussi des sels de potossium, en particulier du carbonate, des *vinasses* de betterave, c'est-à-dire des résidus de la fermentation des mélasses ou eaux mères dans lesquelles a cristallisé le sucre (545).

La *potasse artificielle* est obtenue par un procédé calqué sur celui que nous décrirons à propos du carbonate de sodium, sous le nom de procédé Leblanc.

502. Usages. — La potasse est employée dans la fabrication du verre de Bohême (verre mince allant au feu), des verres d'optique, de la potasse caustique; la fabrication des savons mous en consomme de grandes quantités. L'emploi des cendres de bois dans les ménages pour faire l'*eau de lessive* s'explique par le carbonate de potassium qu'elles contiennent.

CARBONATES DE SODIUM

$$CO^3Na^2.$$

503. Propriétés. — Le carbonate de sodium est un sel blanc, efflorescent; il cristallise en prismes appartenant au système clinorhombique, et dont la composition est $CO^3Na^2,10H^2O$. Sa solubilité dans l'eau est maximum à 38° (1666 p. 100); il éprouve facilement la sursaturation. Sa solution est fortement alcaline au tournesol. Le carbonate de sodium humide absorbe l'acide carbonique de l'air et se transforme en sesquicarbonate $CO^3Na^2,2CO^3HNa$. La réduction du carbonate par le charbon est utilisée pour préparer industriellement le sodium

$$CO^3Na^2 + 2C = 3CO + Na^2.$$

On l'obtient à l'état de pureté en purifiant la soude commerciale.

504. Soudes du commerce. — Dans le commerce on donne le nom de soudes à des produits de composition variable, et formés principalement de carbonate de sodium impur.

Les *soudes naturelles*, provenant de l'incinération des végétaux marins ne contiennent pas plus de 25 à 30 p. 100 de carbonate.

Le *natron* d'Egypte, que l'on trouve déposé par le desséchement de lacs très chargés de matières salines, est un mélange de carbonate, de chlorure et de sulfate de sodium.

Le premier procédé de préparation de la soude artificielle fut breveté en 1791 par Leblanc (1). Il est encore employé aujourd'hui dans un certain nombre d'usines, mais tend à être remplacé par le *procédé à l'ammoniaque*, imaginé en 1855 par MM. Schlœsing et Rolland.

505. *Procédé Leblanc.* — On retire la soude du sel marin.

On commence par transformer le sel marin en sulfate de sodium, par l'action de l'acide sulfurique. Nous avons indiqué, à propos de

(1) Leblanc (1753-1806), chimiste français, est connu principalement pour avoir appliqué en grand le premier procédé de fabrication de la soude. Leblanc ne put profiter des avantages pécuniaires que devait lui procurer son invention. En effet, en 1793, le Comité de salut public exigea que tous les fabricants de soude lui soumissent leurs procédés, afin de permettre au commerce français de se procurer la soude qui ne venait plus de l'étranger; le procédé Leblanc, reconnu le meilleur, fut publié, et son inventeur fut ruiné. Il mourut presque dans la misère en 1806, après avoir vainement réclamé une indemnité.

l'acide chlorhydrique, les appareils dans lesquels on effectue cette transformation (129). Nous nous bornerons à rappeler qu'elle se fait en deux fois conformément aux équations ci-après :

1° $$ClNa + SO^4H^2 = SO^4NaH + ClH$$

2° $$ClNa + SO^4NaH = SO^4Na^2 + ClH.$$

Le sulfate de sodium est traité dans des fours à réverbère par le charbon et le carbonate de calcium. On explique la réaction par les équations suivantes :

1° $$SO^4Na^2 + 2C = SNa^2 + 2CO^2$$

2° $$SNa^2 + CO^3Ca = SCa + CO^3Na^2.$$

La réaction définitive serait donc :

$$SO^4Na^2 + 2C + CO^3Ca = SCa + 2CO^2 + CO^3Na^2.$$

Les matières ne sont pas mélangées dans la proportion indiquée par l'équation ; on emploie un excès de charbon et de calcaire. L'excès de charbon, décomposant le calcaire, donne de l'oxyde de carbone et de la chaux

$$CO^3Ca + C = CaO + 2CO.$$

Le gaz, se dégageant au travers de la masse, la rend poreuse, et par conséquent plus facile à lessiver. Quant à la chaux, elle donnera dans le produit final une certaine proportion de soude caustique, ce qui est avantageux pour certaines applications ; de plus, la chaux vive, quand les matières sont extraites du four et abandonnées à l'air avant le lessivage, absorbe la vapeur d'eau et favorise leur *délitement ;* le lessivage est rendu plus facile. La forme des fours à soude varie d'une usine à l'autre. Ils ont tantôt un, tantôt deux compartiments. Leur travail est extrêmement pénible, car la matière doit être constamment brassée si on veut que l'opération réussisse. Aussi tend-on à substituer aux anciens fours, où le brassage avait lieu à main d'homme, des fours tournants, vastes cylindres horizontaux garnis intérieurement de matières réfractaires, faisant saillie sur deux ou plusieurs génératrices. Ces cylindres, dans lesquels passent les gaz du foyer, sont animés d'un mouvement de rotation continu. Les matières sont ainsi brassées régulièrement et la conduite de l'opération n'offre pas de difficulté (*fig.* 206).

Pendant la calcination, on voit l'oxyde de carbone brûler avec la flamme jaune caractéristique des composés du sodium (1) ;

(1) A la température élevée du four, il y a volatilisation d'une petite quantité de produits.

on défourne avant que ces flammes aient complètement disparu.

La matière extraite des fours est appelée *soude brute;* elle contient, outre le carbonate de sodium, un peu de sulfate de sodium non détruit, du sulfure de sodium, et surtout du sulfure de calcium.

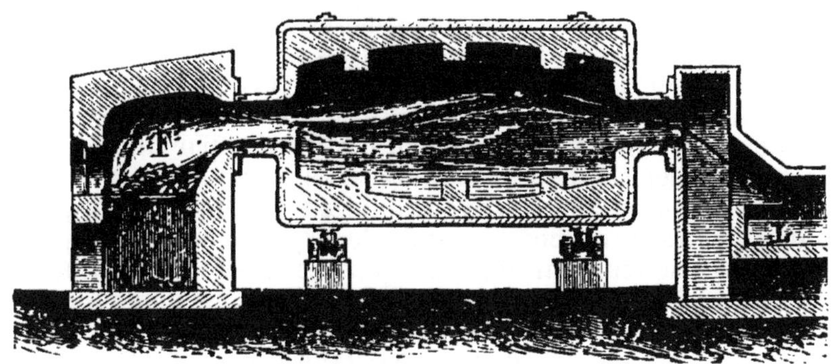

Fig. 206. — Four tournant.

La soude brute est employée telle quelle à la fabrication du verre à bouteilles et des savons durs de qualité inférieure. Mais on la soumet à un lessivage, en vue de la fabrication des *sels de soude* et des *cristaux de soude*. En présence du carbonate de sodium le sulfure de calcium est à peu près insoluble; le premier sel se dissoudra seul.

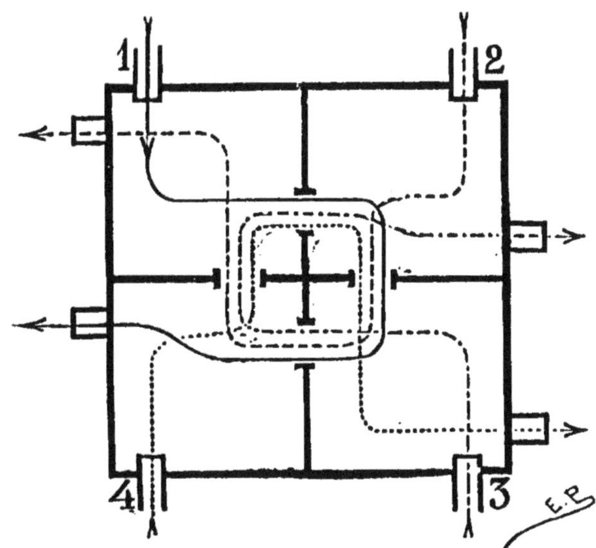

Fig. 207. — Schéma du lessivage. ——▶ Eau pure amenée dans 1; ---▶ eau pure amenée dans 2; —·—·—·▶ eau pure amenée dans 3; ·········▶ eau pure amenée dans 4.

Ce lessivage se fait d'une façon méthodique dans des caisses munies d'un double fond percé de trous, et associées d'ordinaire quatre à quatre (*fig.* 207). Supposons que la soude de la caisse 1 soit presque épuisée, et celle de la caisse 4 fraiche. On amène en 1 l'eau pure, on retire en 4 la lessive qui s'est enrichie en passant successivement dans 2 et 3. Quand 1 est complètement épuisée, on la vide, et on y remet de la soude fraîche. C'est alors 2 qui reçoit l'eau pure, et le soutirage s'effectue par 1; on supprime pendant ce temps la communication entre 1 et 2. On continue de la même manière.

La lessive est jaune pâle; elle marque de 20 à 28° à l'aréomètre Baumé. En l'évaporant et calcinant le résidu, on a le *sel de soude.*

Les *cristaux de soude* sont constitués par du carbonate à peu près pur, répondant à la formule $CO^3Na^2,10H^2O$. Pour les obtenir il faut employer une lessive très pure. On choisit les lessives des opérations les mieux réussies; on les purifie par une oxydation ménagée (transformation du sulfure en hyposulfite) et une carbonation (transformation de l'hyposulfite en carbonate, précipitation des oxydes étrangers, chaux, oxyde de fer, que contient toujours la lessive). La liqueur clarifiée est évaporée à sec; le résidu, après avoir été calciné, est redissous dans de l'eau à 38° (température du maximum de solubilité du sel); la solution concentrée est abandonnée à l'évaporation dans des cristallisoirs en fonte. Les cristaux sont employés dans la gobeletterie fine, et pour les usages domestiques (nettoyage des planchers, des boiseries, blanchissage du linge).

Le procédé Leblanc entraîne des pertes considérables de sodium, à cause du grand nombre d'opérations qu'il entraîne; transformation incomplète en sulfate de sodium, transformation incomplète du sulfate en carbonate, perte par formation de composés insolubles, perte au lessivage. On a établi que l'ensemble peut atteindre 20 p. 100; aussi le procédé Leblanc est-il délaissé aujourd'hui; on prévoit le moment où ce ne sera plus guère qu'un souvenir historique. Il tend à être remplacé de plus en plus par le procédé à l'ammoniaque, dont nous indiquerons seulement le principe, les appareils qui servent à l'appliquer étant d'une grande complication.

506. *Procédé à l'ammoniaque.* — Il est connu sous le nom de procédé Solvay, bien qu'il ait été imaginé par MM. Schlœsing et Rolland en 1855. M. Solvay a simplement introduit dans les appareils des perfectionnements qui l'ont rendu beaucoup plus pratique. La réaction fondamentale est celle du bicarbonate d'ammonium sur le sel marin.

$$(1) \qquad 2[CO^3H(AzH^4)] + 2ClNa = 2ClAzH^4 + 2CO^3HNa.$$

Une dissolution d'ammoniaque est pulvérisée dans des appareils parcourus par un courant d'anhydride carbonique, et maintenus à une température inférieure à 20°; le carbonate d'ammonium se précipite; on le recueille, on le lave, et on l'introduit dans de l'eau salée; la réaction a lieu, et le carbonate monosodique, très peu soluble, se précipite. Le sel, recueilli et lavé, est calciné ; le résidu est du carbonate sodique :

(2) $$2CO^3HNa = CO^2 + CO^3Na^2 + H^2O.$$

Le gaz carbonique dégagé dans la calcination est employé à refaire du carbonate d'ammonium ; le chlorure d'ammonium obtenu dans la réaction (1) est distillé avec de la chaux, et restitue du gaz ammoniac.

(3) $$2ClAzH^4 + CaO = Cl^2Ca + 2AzH^3 + H^2O.$$

La chaux nécessaire à l'opération est fabriquée dans l'usine même par la calcination du carbonate.

(4) $$CO^3Ca = CaO + CO^2.$$

Le gaz carbonique dégagé dans cette fabrication est joint à celui qui provient de la réaction (2), pour redonner, avec le gaz ammoniac de la réaction (3), le carbonate d'ammonium de la réaction (1). Le cycle est complet, et, sauf les légères pertes d'ammoniaque qu'il est impossible d'éviter, la fabrication de la soude consomme uniquement du sel marin et du calcaire. Les résidus sont constitués par du chlorure de calcium. La soude obtenue par ce procédé est très pure.

507. Usages du carbonate de sodium. — Le carbonate de sodium est employé à fabriquer la soude caustique, les savons durs, le verre ordinaire, les chlorures décolorants. La plus grande partie de celui qu'on fabrique aujourd'hui est transformée en soude caustique dans l'usine même, un grand nombre de savonneries employant directement ce produit ; celles qui travaillent au carbonate, en effet, doivent d'abord *caustifier* leur matière première par la chaux, autrement dit la transformer en soude caustique.

CARBONATE MONOSODIQUE OU BICARBONATE DE SODIUM

$$CO^3HNa.$$

508. — Ce corps est un sel blanc, très peu soluble, connu en pharmacie sous le nom de sel de Vichy. C'est lui en effet qui constitue la majeure partie du résidu salin des eaux minérales de Vichy. On le fabrique en faisant passer dans une dissolution de carbonate neutre, ou sur du carbonate solide cristallisé, un courant de gaz carbonique lavé.

On l'emploie surtout dans la fabrication des pastilles de Vichy, et, dans les ménages, pour faire de l'eau de Seltz artificielle (338).

Il est détruit par la chaleur

$$2CO^3HNa = CO^2 + CO^3Na^2 + H^2O.$$

CARBONATE DE CALCIUM

$$CO^3Ca.$$

509. Propriétés. — Le carbonate de calcium pur est un sel blanc, insoluble dans l'eau pure, mais soluble dans l'eau chargée d'acide carbonique; cette pseudo-dissolution est due à la formation d'un carbonate acide instable.

Il est décomposé, par la chaleur rouge, en chaux et anhydride carbonique

$$CO^3Ca = CO^2 + CaO.$$

Cette décomposition est le premier cas bien étudié de dissociation en système hétérogène (50).

VARIÉTÉS NATURELLES

Le carbonate de calcium est un des plus abondants parmi les corps naturels. On le rencontre dans tous les pays, en masses souvent énormes: il forme le sous-sol de contrées entières. Il présente dans la nature une grande diversité d'aspects. Nous ferons connaître rapidement ses principales variétés.

510. Carbonate cristallisé. — On le rencontre sous un assez grand nombre de formes, qui se rattachent à deux principales : la forme rhomboédrique, et la forme prismatique du système orthorhombique.

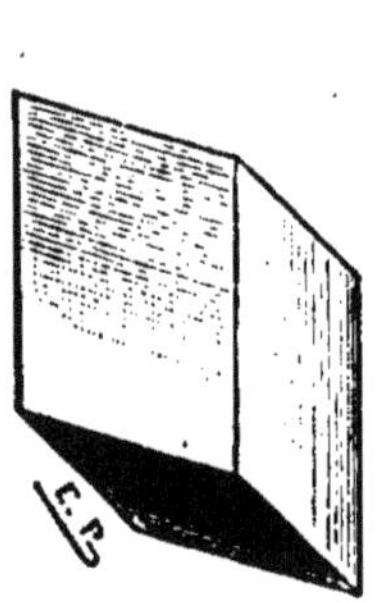

Fig. 208. Calcite.

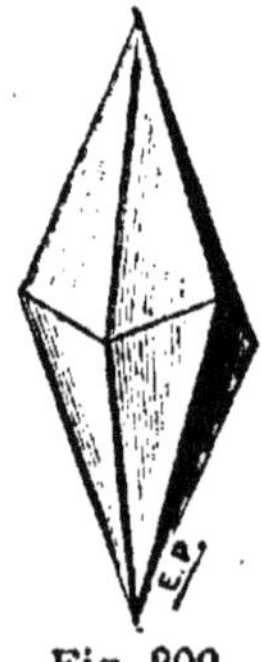

Fig. 209. Dent de cochon.

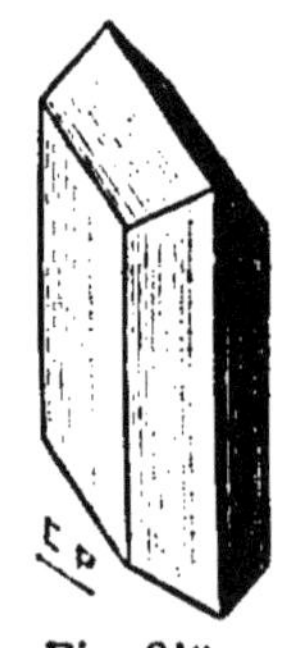

Fig. 210. Aragonite.

Carbonate rhomboédrique. — Sous cette forme, le carbonate de calcium se présente souvent en très beaux cristaux d'une grande limpidité; c'est le *spath d'Islande*, sur lequel le savant danois Bartholin découvrit le phénomène de la double réfraction (1670). Il présente 3 clivages remarquables, parallèles aux plans des faces du rhomboèdre. Sa densité est 2,7. Un grand nombre de cristaux sont opaques, et ont des angles un peu différents de ceux du spath ; c'est la *calcite* (*fig.* 208) : enfin, on rencontre fréquemment des cristaux pointus, pyramidés, connus sous le nom de *dents de cochon* (*fig.* 209). Nous nous contenterons de signaler ces trois variétés, bien qu'il y en ait un grand nombre d'autres.

Fig. 211. — Stalactites et stalagmites.

Carbonate prismatique. — On l'appelle *aragonite* (*fig.* 210). Il est d'un blanc laiteux, sa densité est 2,9. Un cristal d'aragonite, chauffé au rouge sombre, se désagrège en une grande quantité de rhomboèdres.

. Calcaires. — On donne ce nom au carbonate naturel non cristallisé; on en connaît un grand nombre de variétés.

Calcaire saccharoïde. — On nomme ainsi un calcaire très beau, semi-cristallin, à grain fin, employé pour la statuaire. J. Hall a reproduit du calcaire saccharoïde en chauffant de la craie dans un canon de fusil hermétiquement bouché; la craie fondit sous la pression énorme que produisait au-dessus d'elle le gaz carbonique (dissociation du carbonate) et prit en se solidifiant l'aspect saccharoïde.

Marbres. — Les marbres de couleur sont constitués par du calcaire compact, coloré par des traces de matières étrangères, des oxydes métalliques le plus souvent. Les Pyrénées fournissent une grande variété de marbres diversement colorés.

Pierres lithographiques. — Les pierres lithographiques sont des calcaires d'un grain très fin, pouvant se polir très bien, et qu'on emploie depuis 1799 à la place du cuivre pour recevoir les empreintes d'encre grasse lithographique.

Calcaire commun. — C'est le plus répandu. Sa densité varie entre 2,3 et 2,4. On l'emploie principalement comme pierre à chaux lorsqu'il est peu ferrugineux. Il est également très employé comme pierre de construction (pierre à bâtir, moellon); le plus beau est pris comme *pierre de taille* pour les parties soignées des édifices.

Craie. — La craie existe en amas considérables et a donné son nom à tout un étage géologique (terrain crétacé). Elle se compose de l'agglomération d'un nombre prodigieux de carapaces d'animaux microscopiques. On la connaît encore sous le nom de *blanc d'Espagne* ou *blanc de Meudon.*

Albâtre calcaire. — On nomme ainsi un beau calcaire translucide, que l'on extrait des stalactites et stalagmites des grottes creusées dans les terrains calcaires (*fig.* 211). La formation des stalactites s'explique de la manière suivante. L'eau, chargée de carbonate de chaux arrivant par une fissure au plafond de la grotte, perd son acide carbonique; le carbonate devenu insoluble se dépose aux bords de la fissure, et il finit par se former à la longue une sorte de canal dont les parois s'allongent constamment par le bas. Si l'eau arrive jusqu'au sol, elle s'y évapore en laissant un résidu de calcaire, de sorte qu'une colonne pleine monte à la rencontre de la stalactite creuse suspendue au toit de la grotte.

Incrustations calcaires. — Certaines eaux sont tellement chargées de carbonate de calcium, qu'elles recouvrent en peu de temps d'une couche pierreuse compacte les objets sur lesquels elles coulent. Telle est la célèbre fontaine de Saint-Alyre, à Clermont-Ferrand; l'eau qui en sort possède des propriétés incrustantes remarquables. C'est à des actions de ce genre qu'on doit attribuer la formation de masses calcaires nommées *tuf* ou *travertins*, communes dans un grand nombre de pays.

CHAPITRE XXII

PRINCIPES DE LA MÉTALLURGIE DU FER. — FONTES. — ACIERS

De tous les métaux usuels, le fer est le plus important par le nombre et la variété de ses usages. On ne l'obtient sous une forme utilisable qu'après une série d'opérations longues et délicates dont l'ensemble constitue ce que l'on appelle la *métallurgie du fer*.

512. Minerais. — Le fer ne se rencontre qu'exceptionnellement à l'état de liberté; les météorites (pierres tombées du ciel) en contiennent seules, et on raconte que certaines peuplades de la Scandinavie et de l'Amérique méridionale séparaient à grand'peine ce fer *météorique* de la substance pierreuse qui l'empâte, pour s'en fabriquer des couteaux ou des pointes de flèches.

Tout le fer employé dans l'industrie est retiré de *minerais*, dans lesquels il se trouve combiné à d'autres éléments, les combinaisons étant mélangées à une quantité plus ou moins grande de matières terreuses ou *gangue*. Les principaux minerais sont les suivants :

1° *Fer oxydulé* des minéralogistes, ou *fer magnétique* Fe^3O^4; c'est la pierre d'aimant. On le rencontre quelquefois cristallisé en octaèdres réguliers; le plus souvent, il constitue des amas puissants, formant des montagnes entières en Suède, en Norvège et dans l'île d'Elbe. C'est le plus riche de tous les minerais.

2° *Fer oxydé;* c'est de l'oxyde ferrique Fe^2O^3; quand il est anhydre, on l'appelle *fer oligiste.* On le rencontre quelquefois cristallisé en rhomboèdres; il constitue un excellent minerai très abondant à l'île d'Elbe et à Framont (Vosges).

L'*ocre* ou *hématite rouge* est encore du sesquioxyde de fer terreux. La *limonite* ou *hématite brune* est un sesquioxyde hydraté que l'on rencontre notamment en Bourgogne et en Franche-Comté, toujours accompagné de matières organiques dont il faut déterminer avec soin la nature et les proportions.

3° *Fer carbonaté*, *sidérose* ou *fer spathique;* carbonate ferreux souvent cristallisé en rhomboèdres semblables à ceux du spath d'Islande. On le rencontre souvent aussi en masses grisâtres, accompagnant des bancs de houille (Angleterre); cette circonstance est très avantageuse, le minerai se trouvant à côté des matières qui doivent servir à le traiter.

4° *Fer sulfuré* ou *pyrites;* longtemps inutilisables comme minerai de fer, à cause du soufre dont on ne savait pas les débarrasser. Aujourd'hui on les grille assez bien dans les usines à acide sulfurique, pour que le résidu du grillage (principalement constitué par du sesquioxyde) puisse être traité en vue de l'extraction du fer.

Au point de vue métallurgique, les minerais ont été divisés en trois catégories :

I. Minerais riches et purs (55 à 65 p. 100 de fer, ni soufre, ni phosphore : Suède, Algérie, Asturies).
II. Minerais moyens, moins riches (40 à 55 p. 100 de fer seulement, mais assez purs, à peu près exempts de soufre et de phosphore : Ardèche, Gard).
III. Minerais inférieurs, impurs, contenant des proportions très variables de fer, mais assez phosphoreux ou sulfurés.

La présence du manganèse ou du chrome dans les minerais de fer doit aussi entrer en considération. Enfin, la métallurgie du fer emploie aujourd'hui d'assez notables quantités de minerais de manganèse.

513. Traitement mécanique. — Avant de subir les opérations métallurgiques proprement dites, on sépare le minerai de sa gangue. On commence par le trier à la main, en rejetant les mor-

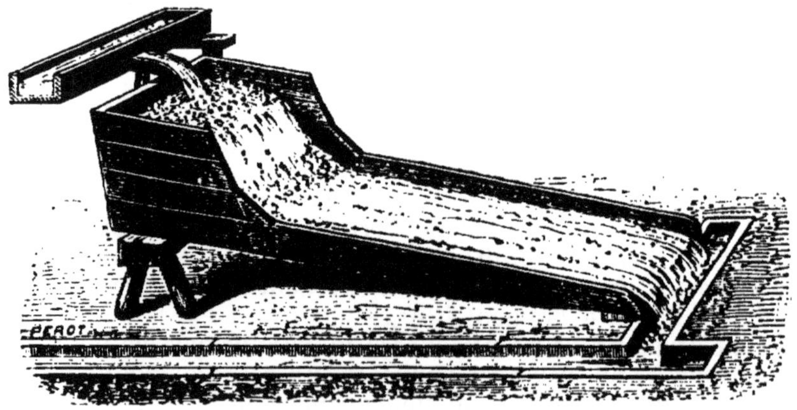

Fig. 212. — Lavage du minerai.

ceaux trop pauvres pour être traités avec avantage ; les gros morceaux jugés bons sont d'abord concassés entre des cylindres cannelés, puis enfin réduits en fragments assez petits au moyen de *bocards*, sortes de pilons mus par des arbres à cames ; ce dernier travail se fait dans un courant d'eau qui entraîne les fragments les plus petits et les plus légers. Le minerai broyé est ensuite *lavé*, on le soumet à l'action d'un courant d'eau; si la vitesse de ce courant est convenablement réglée, les fragments les plus purs, qui sont plus lourds, tombent au fond des auges, tandis que les fragments terreux, plus légers, sont entraînés (*fig.* 212).

Le minerai, amené au degré de division convenable, est soumis au traitement chimique.

514. Traitement chimique. — Il est fondé sur la propriété qu'ont les oxydes de fer d'être réduits par le charbon. Théoriquement, il suffira donc de mettre le minerai en contact avec le charbon, et de chauffer à la température nécessaire pour qu'il y ait réduction. C'est ce que l'on faisait autrefois dans quelques pays (forges catalanes); mais le procédé est aujourd'hui abandonné. Il ne pourrait être appliqué avec avantage qu'à des minerais très riches; en effet, une partie du minerai est réduite à l'état d'oxyde ferreux qui s'unit à la silice contenue presque toujours dans la gangue, et forme un silicate ferreux très fusible, constituant la *scorie* ou *laitier*.

Aujourd'hui tous les minerais de fer sont traités au *haut fourneau* (1). Comme il importe de ne pas laisser passer de fer dans la scorie, il faut empêcher la formation du silicate de fer; on y parvient en ajoutant au minerai et au combustible un *fondant* qui est le plus souvent calcaire (*castine*), la gangue étant presque toujours argileuse ou siliceuse; plus rarement, la gangue étant calcaire, on ajoute un fondant siliceux; le feldspath convient très bien à cet usage. En présence de la chaux ou de l'alumine, la silice ne s'unit pas à l'oxyde ferreux et la réduction pourra être complète. Le laitier est constitué principalement par des silicates de chaux et de bases terreuses, moins fusibles que le silicate de fer; aussi faut-il opérer à une température élevée, à laquelle le carbone se combine au fer. Le résultat de l'opération est un carbure de fer nommé *fonte*.

515. Haut fourneau. — Un haut fourneau est constitué par deux troncs de cône de hauteur inégale, accolés par leurs larges bases. On y distingue, en allant de haut en bas, les parties suivantes (*fig.* 213) : 1° le *gueulard* G, ouverture par laquelle on fait le chargement et par où s'échappent les gaz; 2° la *cuve* C, qui est le tronc de cône supérieur; 3° le *ventre* V, bande cylindrique étroite à la jonction des deux troncs de cône; 4° les *étalages* E,

(1) Imaginé au huitième siècle en Styrie, perfectionné en Angleterre au seizième siècle.

tronc de cône inférieur ; 5° l'*ouvrage* O, cylindre en pierres réfrac-

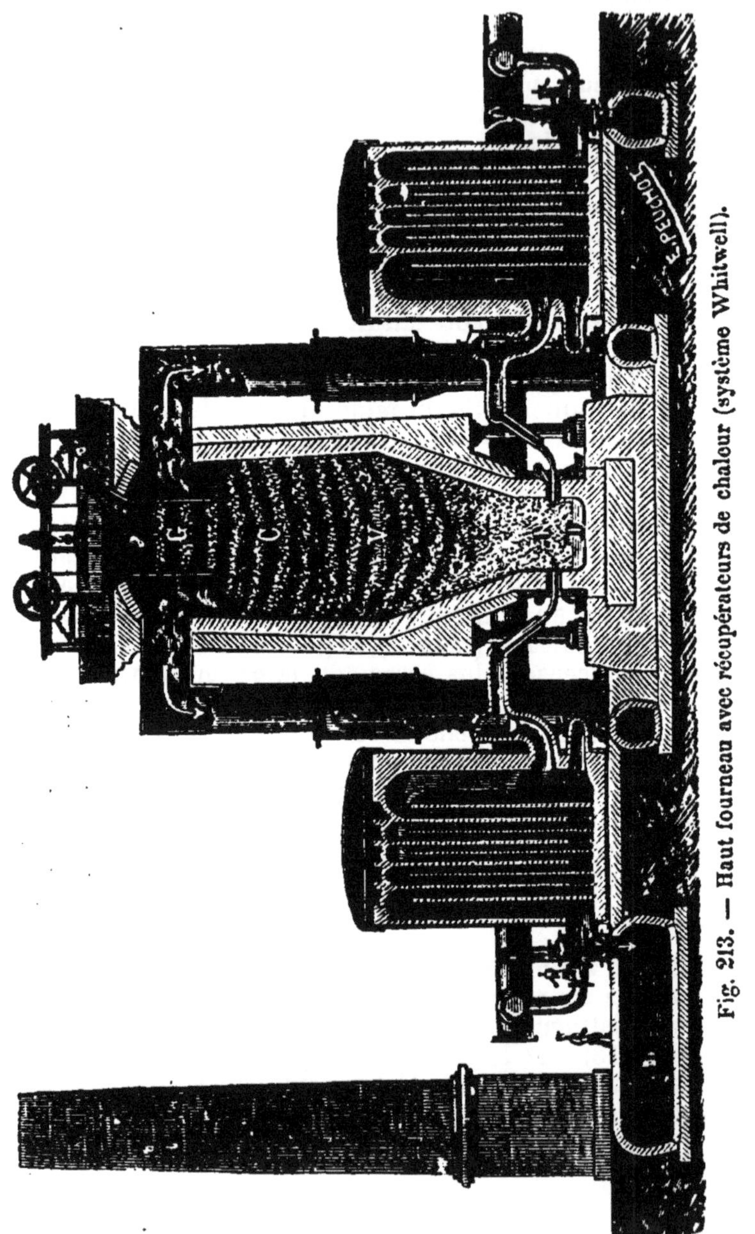

Fig. 213. — Haut fourneau avec récupérateurs de chaleur (système Whitwell).

taires, à la partie inférieure duquel débouchent trois ouvertures qui laissent passer les *nez* de trois *tuyères* par lesquelles on insuffle un fort courant d'air; 6° le *creuset* D, cavité cylindrique dans laquelle se rassemble le fer fondu; le creuset est fermé en avant par une paroi nommée *dame*, devant laquelle se trouve un plan incliné. Au fond du creuset est pratiqué un *trou de coulée* qui sert à recueillir la fonte à la fin de l'opération, tandis que le plan incliné sert à l'écoulement du laitier. Pendant la réduction, le trou de coulée et l'orifice pratiqué au-dessus de la dame sont bouchés par des tampons d'argile.

On construit aujourd'hui des hauts fourneaux dont la hauteur dépasse 20 mètres, et la capacité 300 mètres cubes.

Le gueulard communique par une tuyauterie convenable avec des appareils appelés *récupérateurs de chaleur* (1). La fig. 213 représente l'appareil *Whitwell;* les gaz chauds sortant du gueulard lèchent les parois de la chambre en maçonnerie A ; la chambre B, qui a été chauffée de la même manière dans une période précédente, reçoit le courant d'air de la machine soufflante; cet air s'échauffe au contact des parois, et arrive aux tuyères à une température de 700 à 800°; quand les parois ont cédé la chaleur qu'elles avaient emmagasinée, on renverse le fonctionnement des chambres : A reçoit l'air froid, et B, les gaz du gueulard. L'appareil *Cowper*, qui tend à remplacer le précédent, est une tour en matières réfractaires, contenant une cheminée et, à côté, un empilement de briques perforées. Les gaz chauds et combustibles arrivent, en même temps que de l'air, au bas de la cheminée, s'élèvent en brûlant et redescendent à travers les briques perforées; quand la tour est chaude, on y fait passer l'air froid en sens inverse. On associe à un même haut fourneau au moins quatre appareils Cowper. On réalise ainsi une grande économie de combustible.

Pour mettre en train le haut fourneau, on le remplit de combustible (charbon de bois, houille ou coke) et on y met le feu, en même temps que l'on envoie de l'air par les tuyères. Quand la combustion est bien déclarée, et que le combustible commence à se tasser, on charge par le gueulard des couches alternatives de minerai, de fondant et de combustible.

Voici quelles sont les réactions qui ont lieu dans le haut fourneau; elles ont été révélées par l'analyse des gaz puisés à diverses hauteurs (2).

(1) Les gaz du haut fourneau ont été utilisés pour la première fois comme combustibles dans le Cher, où on les employait à chauffer des fours à chaux (1820). C'est en 1828, en Ecosse, qu'on a pour la première fois injecté de l'air chaud dans un haut fourneau; mais ce n'est que vers 1850 que les gaz ont été utilisés dans l'appareil lui-même.

(2) Ces analyses ont été faites par Ebelmen (1814-1852), qui, outre ses travaux sur la métallurgie, a perfectionné la fabrication de la porcelaine et reproduit par synthèse un grand nombre de minéraux cristallisés.

Au niveau du gueulard, le minerai se dessèche; dans la cuve et le ventre, il se réduit; dans le ventre et les étalages, le métal se carbure : il fond dans l'ouvrage et tombe à l'état liquide dans le creuset.

L'air en excès au bas du haut fourneau se transforme en anhydride carbonique qui, rencontrant quand il s'élève du charbon fortement chauffé, se transforme en oxyde de carbone ; ce gaz réduit l'oxyde de fer en donnant CO^2 ; il se dédouble en même temps en CO^2 et charbon qui, descendant avec les matières, joue un grand rôle dans la carburation du métal; enfin il peut être décomposé lui-même par le fer, avec formation d'oxyde de fer; les dernières traces d'oxygène du minerai ne peuvent être enlevées que par le carbone résultant du dédoublement de CO; CO^2 et CO sont donc mélangés dans le haut fourneau. Pour chaque température, il y a un mélange inactif soit sur Fe soit sur l'oxyde ; dans les conditions ordinaires, ce mélange contient, en volumes 2, de CO et 1 de CO^2.

La réaction serait représentée par

$$3CO + FeO = 2CO + Fe + CO^2.$$

Les gaz qui s'échappent du gueulard sont composés pour les 2/3 environ d'azote, et pour 1/3 d'un mélange de CO^2 et CO (mélange inactif) avec quelques centièmes d'hydrogène.

Quand le creuset est plein (on connaît le temps qu'il met à se remplir), on débouche l'orifice percé au-dessus de la dame, et on laisse écouler le laitier; puis on ouvre le trou de coulée et on recueille la fonte qui s'écoule ; on la reçoit dans des rigoles creusées dans le sable qui forme le plancher de l'usine, et où elle se solidifie en *gueuses*.

Le haut fourneau marche d'une manière continue pendant 15 à 18 mois ; on ne l'éteint que pour y faire des réparations.

516. Fontes. — Le haut fourneau donne des produits appelés *fontes*, contenant comme éléments principaux associés au fer : de 2 à 5 p. 100 de carbone, du silicium, du soufre, du phosphore et du manganèse en proportions variables. D'après l'aspect de la cassure, on distingue les *fontes blanches* et les *fontes grises*.

La *fonte blanche* se laisse difficilement attaquer par l'outil, est fragile au choc. Sa densité est voisine de 7,5; elle fond entre 1050 et 1100°. Le carbone y existe en général sous deux états : *carbone dissous* ou *carbone de trempe*, réparti uniformément dans la masse et transformé en carbure d'hydrogène par l'acide azotique ; *carbone de carbure* associé au fer dans une combinaison définie, soluble dans l'acide azotique ; elle renferme quelquefois un *graphite* invisible à l'œil nu, mais insoluble dans les acides et transformable en carbure gazeux par un courant d'hydrogène sec. Les *fontes d'affinage*, employées à la fabrication du fer et de l'acier, sont presque toujours des fontes blanches; elles contiennent très peu de silicium et de soufre, des proportions variables de phosphore et de manganèse. Un refroidissement brusque de la matière fondue donne une fonte blanche.

La *fonte grise* se laisse facilement entamer par l'outil et résiste bien au choc; sa densité est voisine de 7; elle fond à 1200°. Elle augmente de volume en se solidifiant; aussi est-elle très propre au moulage; elle pénètre en effet dans toutes les cavités des moules où on la reçoit. Les objets grossiers sont moulés au moyen de la matière qui sort du haut fourneau; pour les objets délicats, on fait subir à la fonte une deuxième fusion dans un fourneau spécial appelé *cubilot*.

Outre le carbone de trempe, le carbone de carbure et le graphite de la fonte blanche, elle contient une autre variété de graphite inattaquable par les acides et l'hydrogène est visible à l'œil nu sous forme de lamelles noires qui donnent à la cassure sa couleur grise. La fonte grise contient de 1 à 4 p. 100 de silicium, peu de soufre, de phosphore et de manganèse; le refroidissement lent de la matière fondue donne de la fonte grise. Lorsqu'on coule la fonte dans un moule métallique, la couche extérieure, qui se refroidit très rapidement, acquiert la dureté et les propriétés de la fonte blanche; l'intérieur conserve celles de la fonte grise (cylindres de laminoirs).

Outre les produits précédents, on fabrique encore au haut fourneau des alliages ayant une grande importance dans la métallurgie du fer. Ce sont :

1° Des *spiegel-eisen*, ou *fontes miroitantes*, contenant de 12 à 20 p. 100 de manganèse et 5 à 6 p. 100 de carbone.

2° Des alliages de fer et de manganèse appelés *ferromanganèses*, qui contiennent jusqu'à 38, 40, 60 et même 80 p. 100 de manganèse, très peu de charbon, et qui servent à fabriquer les aciers extra-doux.

3° Des *ferro-siliciums*, et *ferro-silicium-manganèses*, dont le nom indique suffisamment la composition qualitative.

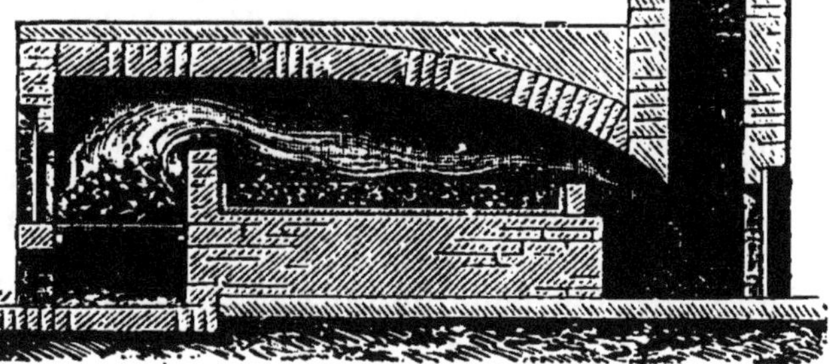

Fig. 214 — Four à puddler.

517. Fabrication du fer. — On obtient du fer en *affinant* la fonte, c'est-à-dire en la refondant dans une atmosphère oxydante qui brûle le charbon et le silicium, plus oxydables que le fer. La fonte blanche peut être affinée telle qu'elle; pour la fonte grise, on la transforme en une sorte de fonte blanche (*fine metal*) en la fondant dans un foyer assez analogue à une forge ordinaire, où le charbon en excès est oxydé par un courant d'air. L'affinage définitif ou *puddlage* se fait dans un four à reverbère dit four à *puddler* (*fig.* 214). On y introduit la fonte avec une quantité suffisante d'*oxyde des batitures* (1) dont l'oxygène se portera sur le carbone, le silicium et les substances étrangères plus oxydables que le fer. Quand l'oxydation est terminée, on réunit le fer en une masse spongiense ou *loupe* qu'on *cingle* au marteau-pilon pour en exprimer la scorie (silicate de fer formé par la silice et un peu d'oxyde de fer); on le réchauffe plusieurs fois en le battant au marteau-pilon après chaque réchauffement, et on l'envoie aux laminoirs. Le fer ainsi obtenu, ou *fer puddlé*, est à peu près pur; il ne contient que des traces de matières étrangères; on l'appelle *fer doux;* il est très ductile, très malléable.

ACIERS

518. — On appelle aciers des produits contenant une faible proportion de carbone. On peut les distinguer en *aciers doux*, offrant une résistance à la rupture relativement faible (de 40 à 60 kilogrammes par centimètre carré) et *aciers durs*, offrant une résistance supérieure à 60 kilogrammes. Les premiers contiennent de 0,135 à 0,5 p. 100 de carbone, les seconds de 0,5 à 1 p. 100 en général.

Les aciers durs, brusquement refroidis, se *trempent ;* ils acquièrent une dureté et une élasticité très grandes, mais deviennent en même temps très cassants.

On les trempe en les plongeant, après les avoir portés au rouge, soit dans l'eau, soit dans l'huile, le mercure, le plomb ou des alliages de plomb et d'étain, suivant les qualités qu'on veut leur donner et les usages auxquels ils sont destinés. Après avoir été trempés, les aciers doivent être *recuits* si on veut, tout en leur conservant leur dureté et leur élasticité, leur donner de la solidité. On les réchauffe à une température qui dépend des propriétés qu'ils doivent acquérir, mais qui dans aucun cas ne dépasse 316°, puis on les laisse refroidir très lentement. La trempe se donne sur les pièces déjà faites (lames de couteaux, de rasoirs, lancettes, scalpels, faux, scies, outils divers). Le recuit s'apprécie par la coloration que prend la couche mince d'oxyde qui se forme à la surface du métal dans cette opération.

Le tableau suivant, emprunté au *Dictionnaire de chimie* de Würtz, fait connaître ces couleurs et les températures correspondantes :

(1) On donne ce nom à des oxydes de formule assez complexe qui peuvent être considérés comme des combinaisons d'oxydes ferreux et ferrique; ils répondent aux formules Fe^3O^4, Fe^8O^9, $Fe^{11}O^{12}$.

TEMPÉRATURE	COULEUR DU RECUIT	DÉSIGNATION DES ARTICLES
221°.....	Jaune très pâle.	Lancettes.
232°.....	— pâle.	Rasoirs supérieurs, instruments de chirurgie.
243°.....	— ordinaire.	Rasoirs communs, canifs.
254°.....	Brun.	Petites cisailles, ciseaux, ciseaux à couper le fer à froid.
265°.....	Brun teinté de pourpre.	Haches, rabots, couteaux de poche.
277°.....	Pourpre.	Couteaux de table, grandes cisailles.
288°.....	Bleu pâle.	Épées, ressorts de montres et de sonnettes.
293°.....	— ordinaire.	Scies fines, poignards, tarières.
316°.....	— foncé.	Scies à main des charpentiers.

Les aciers doux prennent mal la trempe; en revanche, ils peuvent facilement s'étirer en fils et se laminer en plaques. Les plus doux (ceux qui contiennent le moins de carbone) s'étirent, se laminent et se soudent avec la même facilité que le fer puddlé.

519. Fabrication de l'acier. — On fabriquait autrefois l'acier en affinant incomplètement la fonte (acier puddlé) ou en chauffant dans des caisses réfractaires, des barres de fer avec du charbon (acier de *cémentation*). Il fallait ensuite refondre au creuset les produits obtenus pour leur donner de l'homogénéité. Aujourd'hui on fabrique encore par cémentation les aciers de qualité tout à fait supérieure destinés à la confection d'outils de petite dimension ; on fabrique aussi des aciers puddlés. Mais la nécessité d'obtenir de grosses pièces d'acier fondu pour l'artillerie et la marine (canons, cuirasses) a révolutionné la métallurgie du fer; on arrive à obtenir par de véritables réactions chimiques, et du premier coup, des aciers de composition voulue, en quantité aussi grande qu'on le désire.

Nous allons décrire sommairement les procédés employés.

520. *Procédé Bessemer.* — Ce procédé, imaginé en 1856, a atteint aujourd'hui un haut degré de perfection. Quand on traite des fontes non phosphoreuses, on emploie le procédé dit *Bessemer acide*. Quand on traite des fontes phosphoreuses, le procédé *Bessemer basique*.

Pour le Bessemer acide, la fonte est placée dans de grandes cornues mobiles sur deux tourillons (*fig.* 215); ces cornues, cylindriques et à fond hémisphérique, sont garnies d'un revêtement réfractaire en briques siliceuses; le fond est traversé par des tuyères venant d'une boîte à vent. La fonte étant amenée en fusion, on force le vent à travers le bain; le fer commence à brûler, le silicium brûle également et donne lieu à une scorie. Bientôt, le charbon brûle à son tour et on perçoit le bruit du bouillonnement dû au gaz qui s'échappe. Quand ce bruit cesse et fait place à un ronflement sourd, l'opération est terminée; il n'y a plus de carbone, mais de la scorie et un peu d'oxyde de fer. On ajoute alors du *spiegel;* le manganèse réduit l'oxyde de fer, et le carbone que contient le *spiegel* recarbure le fer et le transforme en acier. La composition de la fonte employée étant connue, ainsi que celle du spiegel ajouté, on est maître de la quantité de carbone que l'on introduit dans l'acier; on peut par ce procédé obtenir des aciers doux. On s'arrange de façon à laisser dans le métal définitif un peu de manganèse, qui le rend très ductile. On coule après l'addition de spiegel. Au moment de l'addition du spiegel-eisen, une partie du charbon de ce produit réduit de l'oxyde; il se forme de l'oxyde de carbone qui provoque le dégagement d'une certaine quantité d'hydrogène dissous dans la fonte; le gaz, en se dégageant, produit des soufflures; on calme immédiatement l'effervescense en ajoutant du ferro-silicium. On obtient ainsi un *acier coulé sans soufflures*, qui est doué d'une grande homogénéité.

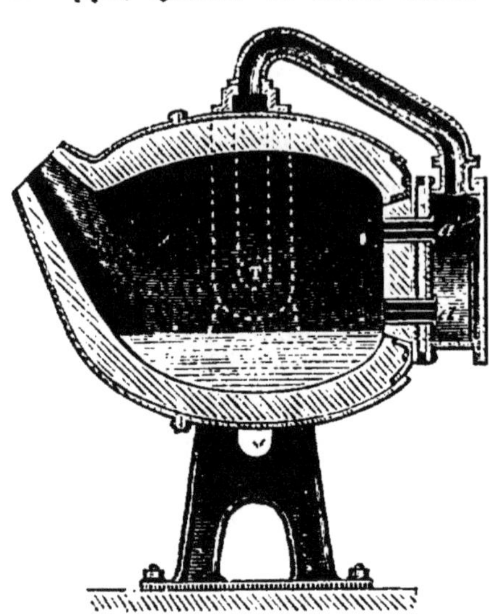

Fig. 215. — Convertisseur Bessemer.

Ce procédé, très bon pour des aciers doux, l'est beaucoup moins pour les aciers très durs, car la fonte miroitante à ajouter devant être très carburée, les chances d'avoir des soufflures sont augmentées. Ces aciers sont fabriqués aujourd'hui de la manière suivante (Darby). On désoxyde avec du ferro-manganèse ne contenant que très peu de charbon, et de manière à ne laisser dans le métal que très peu de manganèse; puis on verse le fer doux dans une *poche de coulée* dont le fond est garni d'une quantité convenable de charbon en poudre. Ce charbon, en vertu de sa faible densité, monte à travers le bain; la carburation se fait d'une manière très régulière, et le métal obtenu est très homogène; ce procédé a quelque analogie avec la cémentation.

Au Bessemer basique on traite des fontes phosphoreuses. On opère comme il vient d'être dit, mais l'oxydation doit être poussée plus loin, car le phosphore ne brûle qu'après le carbone. Pour faire passer dans la scorie l'acide phosphorique formé, on a eu soin de mettre dans la cornue, avec la fonte, de la chaux et de la magnésie. Pour que ces matières n'attaquent pas le revêtement de la cornue, on emploie, au lieu de briques siliceuses, des briques de dolomie fortement calcinée (1), pulvérisée et agglomérée avec du goudron, et cuite de nouveau à très haute température. Après l'oxydation, on réduit les oxydes formés par une addition de ferro-manganèse, avec du silicium pour éviter les soufflures. Les scories de Bessemer basique, riches en phosphates, sont utilisées comme engrais par l'agriculture.

521. *Procédé Siemens-Martin.* — Les fours Martin (*fig.* 216) sont chauffés par la combustion d'un gaz riche en oxyde de carbone, et que l'on obtient en faisant passer de l'air à travers une colonne de charbon incandescent. Le gaz et la quantité d'air nécessaire à sa combustion viennent passer dans des chambres séparées *g* et *a* où ils s'échauffent au contact des parois ; ils se mélangent dans le four, y brûlent, et les flammes, s'échappant, vont chauffer les parois des chambres *a'* et *g'*. Toutes les heures on renverse les communications, comme pour les récupérateurs. En bonne marche les chambres sont chauffées au cerise clair (1 000°) ; la sole ou *laboratoire* S, au blanc éblouissant (1 800°). On charge la sole de la fonte qu'on veut traiter ; quand la fonte est en pleine fusion, on la corrige en ajoutant une quantité convenable d'un fer ou d'un acier de composition connue. On suit la marche de l'opération au moyen de prises d'essai, et on l'arrête quand le corps possède les qualités qu'on voulait lui donner ; il ne reste plus qu'à couler.

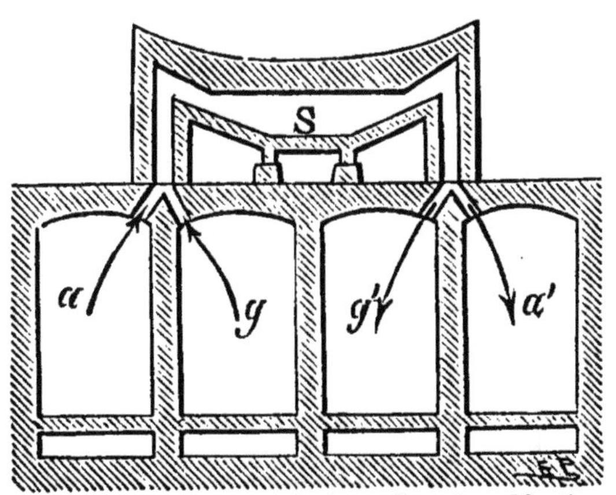

Fig. 216. — Coupe théorique d'un four Martin.

Les fours Martin sont revêtus en briques siliceuses.

522. Aciers divers. — L'industrie fabrique aujourd'hui des aciers très divers. Nous allons indiquer rapidement le rôle des substances qu'ils contiennent.

Le *carbone* rend les aciers rigides et élastiques. Au delà de

(1) La dolomie est un carbonate double de calcium et de magnésium ; sa calcination donne un mélange de chaux et de magnésie.

0,5 p. 100 de carbone, ils deviennent fragiles au choc, tout en ayant une très grande ténacité.

Le *manganèse* rend les aciers rigides et élastiques, comme le carbone; il leur communique en plus une assez grande résistance au choc, tant que sa proportion ne dépasse pas 1 à 1,2 p. 100.

Le *chrome* élève la charge de rupture, donne de la résistance au choc et à la compression.

Le *silicium* joue vis-à-vis du fer le même rôle que le carbone, mais avec un coefficient beaucoup moindre.

Le *soufre* diminue la résistance aux actions mécaniques.

Le *phosphore* rend les aciers rigides, mais pas durs. Les aciers phosphoreux sont fragiles. Le phosphore est d'autant plus nuisible que l'acier contient plus de carbone.

CHAPITRE XXIII

COMPOSITION DES SUBSTANCES ORGANIQUES

523. Chimie organique. — Lorsqu'un cristal est placé dans une solution saturée capable de donner naissance à des cristaux identiques, il s'accroît, grâce à l'apport continuel d'une substance toujours la même; pendant toute la durée de cet accroissement, il reste géométriquement semblable à lui-même, s'il est convenablement isolé au sein du liquide (s'il est suspendu à un fil, par exemple). Tout autre est le mécanisme du développement des êtres vivants. Une plante, par exemple, empruntera au sol dans lequel elle vit et à l'atmosphère, des substances qui se transformeront dans ses tissus et, au moyen de véritables réactions chimiques, souvent très compliquées et dont le mécanisme nous échappe encore, donneront naissance aux produits nécessaires à l'entretien de la vie de la plante. En même temps, il se formera des *déchets* qui devront disparaître, c'est-à-dire être restitués aux milieux ambiants. La chimie organique étudie ces composés dont la formation, dans les êtres vivants, est étroitement liée à l'exercice des fonctions vitales.

Mais les chimistes, quand ils ont mieux connu ces substances, ont étudié les réactions qu'elles peuvent exercer les unes sur les autres, ainsi que sur les corps de la chimie minérale; ils ont essayé d'y introduire les divers éléments connus; ils ont ainsi formé un nombre immense de composés artificiels, n'existant pas dans les êtres vivants et qui sont venus et viennent tous les jours étendre le domaine déjà si vaste de la chimie organique.

521. Eléments des êtres vivants. — La diversité des corps que nous avons étudiés en chimie minérale tient surtout à la diversité des éléments qui entrent dans la constitution de ces corps. Il en est tout autrement pour les êtres vivants.

1° Toute substance organique, chauffée suffisamment et à l'abri de l'air, finit par laisser comme résidu du charbon. Nous en avons vu des exemples à propos de la fabrication du noir de fumée, du charbon de sucre. Le carbone est donc un des éléments fondamentaux des substances organiques. Aussi a-t-on pu dire que la chimie organique est la *chimie du carbone*.

2° Toute substance organique, chauffée avec de l'oxyde de cuivre bien sec, donne de l'acide carbonique (combustion du charbon de la substance par l'oxygène de l'oxyde) et de l'eau. Donc l'hydrogène est un autre élément fondamental de ces substances.

3° On n'a pas encore découvert dans les êtres vivants de substance dépourvue de carbone et d'hydrogène; certaines essences végétales ne contiennent pas d'autres éléments (essence de citron, essence de térébenthine). Mais la plupart des matières organiques contiennent en outre de l'oxygène. L'énorme quantité de vapeur d'eau que dégage la calcination du sucre est une preuve de l'existence de l'oxygène dans ce corps; il s'y trouve, avec l'hydrogène, dans les proportions mêmes qui répondent à la composition de l'eau, ce qui a fait nommer le sucre et les substances voisines *hydrates de carbone;* mais, en général, les proportions d'hydrogène et d'oxygène contenues dans les substances organiques sont très variables.

4° Les substances d'origine animale, chauffées avec de la potasse, laissent dégager du gaz ammoniac. Tel est le cas du blanc d'œuf, de la chair des animaux, de la gélatine par exemple. Ces substances contiennent donc de l'azote.

En résumé le *carbone*, l'*hydrogène*, l'*oxygène*, l'*azote*, sont les éléments fondamentaux des substances organiques naturelles; quelques-unes d'entre elles contiennent en outre de petites quantités de soufre et de phosphore. En général les tissus végétaux contiennent surtout des matières ternaires, non azotées, et les tissus animaux des substances azotées.

525. Principes immédiats. — L'*analyse élémentaire* d'une substance comprend la détermination de la nature et des proportions des corps simples qui la constituent. Dans la chimie minérale, cette analyse est le plus souvent suffisante pour faire connaître la substance. Mais si on l'applique aux corps extraits des êtres vivants, on a des résultats si éloignés de la simplicité bien connue de la composition des matières minérales, qu'il est impossible d'en rien tirer.

C'est qu'en effet les *substances organisées* dont l'assemblage constitue les tissus des êtres vivants ne sont pas des corps doués de propriétés physiques ou chimiques nettes; ces corps se détruisent avant de fondre s'ils sont solides, avant de bouillir s'ils sont liquides. Ce sont des mélanges complexes de produits souvent très compliqués eux-mêmes.

Mais on peut en retirer par diverses opérations d'autres substances plus simples, qui possèdent des propriétés physiques et chimiques bien caractérisées, un point de fusion et un point d'ébullition déterminés, souvent une forme cristalline définie, des réactions nettes avec les différents réactifs de la chimie. Ces substances sont de véritables *espèces chimiques*. C'est à elles qu'on réserve le nom de *matières organiques*. On les appelle encore *principes immédiats*.

C'est ainsi que les *roches* sont le plus souvent des mélanges en proportions variables de *minéraux*, dont chacun a une composition chimique déterminée, et peut recevoir un nom formé d'après les règles de la nomenclature. Dans la terre arable, par exemple, on trouvera du carbonate de chaux, du silicate d'alumine, de la silice, etc...; dans le granit on reconnaîtra la présence du feldspath, du mica et du quartz.

526. Analyse immédiate. — La recherche des principes immédiats des substances organisées est l'objet de l'*analyse immédiate*. On peut l'effectuer de bien des manières : moyens mécaniques ou physiques, distillation, emploi de dissolvants.

Ainsi, quand on pétrit entre les doigts de la farine sous un filet d'eau, l'eau devient laiteuse; par le repos elle abandonne une matière pulvérulente blanche qui est l'*amidon;* elle conserve en solution une matière azotée analogue à l'albumine de l'œuf; il reste dans la main une matière grisâtre, élastique, le *gluten*, également azoté. L'albumine et le gluten sont eux-mêmes des mélanges complexes; ce ne sont pas des espèces chimiques proprement dites.

Voici un autre exemple : prenons du jus de citron, et traitons-le par du carbonate de calcium jusqu'à ce que l'acidité ait disparu. Il se forme un précipité qui, lavé et décomposé par l'acide sulfurique, donne un corps cristallisable, l'acide citrique. Le liquide au sein duquel s'est formé le précipité de citrate de calcium, est constitué par de l'eau, tenant en dissolution du sucre et de l'albumine. Le jus de citron est donc formé du mélange de solutions aqueuses d'acide citrique, de sucre et d'albumine. Laissons macérer dans l'eau à 75° de l'écorce de citron, et soumettons le tout à la distillation; nous recueillerons un liquide odorant, l'essence de citron, qui est un composé d'hydrogène et de carbone. Il restera dans la cornue un principe ligneux insoluble.

C'est aux principes immédiats que l'on applique l'analyse élémentaire.

527. Synthèse. — La chimie organique ne se contente pas de résoudre en leurs principes immédiats des substances organisées, et d'étudier ces principes. Elle se propose encore d'en faire la synthèse par les procédés du laboratoire, en dehors de l'intervention des phénomènes de la vie (1).

Le problème général de la synthèse organique est d'une complication extrême. Il ne faut pas songer à effectuer directement, à partir des éléments, la synthèse des substances complexes. Mais on peut procéder par étapes, partir de composés très simples, pour s'élever peu à peu à des corps plus complexes. Il est nécessaire pour cela de connaître les relations des corps organiques les uns avec les autres, et, en particulier, les réactions qui ramènent les principes immédiats à des corps de plus en plus simples, et les rattachent à ceux dont on sait faire la synthèse directe.

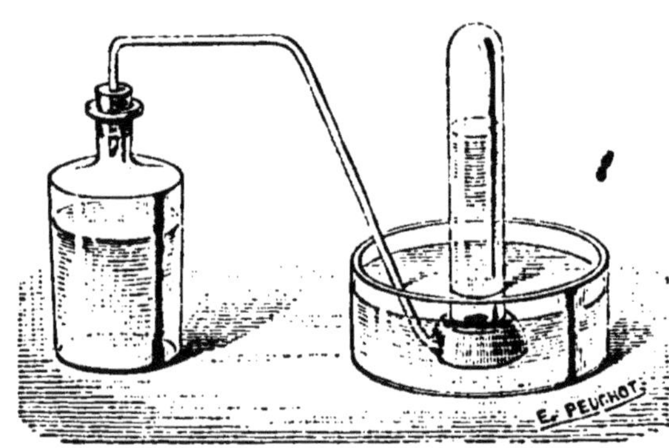

Fig. 217. — Fermentation alcoolique.

Considérons, par exemple, l'amidon $(C^6H^{10}O^5)^n$, que l'on extrait de la farine. Si nous le traitons par l'eau et l'acide sulfurique, il se transforme peu à peu en dextrine $(C^6H^{10}O^5)^{n'}$. La liqueur qui, au début, colore l'eau iodée en bleu, la colore en rouge fauve quand la transformation est terminée. L'action de l'eau acidulée continuant, la dextrine se transforme en glucose $C^6H^{12}O^6$, sans action sur l'iode.

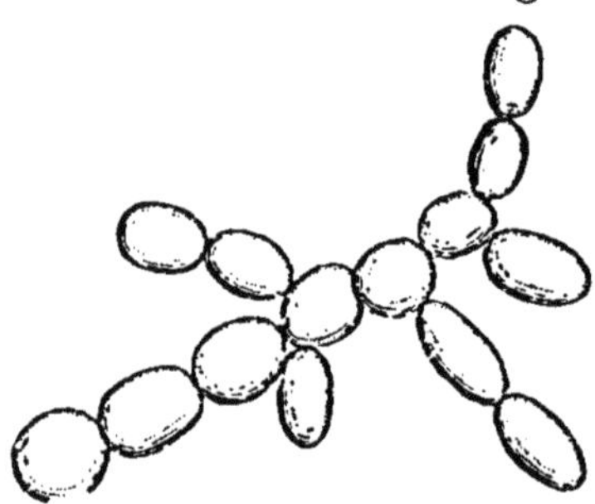
Fig. 218. — Levure de bière.

Si on introduit dans un flacon (*fig.* 217) une dissolution de glucose avec un peu de levure de bière (2), en maintenant la température au voisinage de 25°, on

(1) Voy. Notice historique.

(2) La levure de bière est un *ferment figuré*, organisme végétal vivant; les cellules de levure ont une forme ovale; on ne peut les distinguer qu'au microscope; elles se reproduisent par *bourgeonnement*, quand elles sont placées dans un milieu propre à leur développement.

voit bientôt des bulles de gaz se dégager; elles viennent se rassembler au sommet de l'éprouvette qui recouvre le tube abducteur dont on a muni le flacon; ce gaz est de l'acide carbonique. Le liquide qui reste quand le dégagement a cessé, soumis à la distillation, donne de l'alcool identique à l'alcool du vin, C^2H^6O. En présence de l'air et du noir de platine, l'alcool se transforme en acide acétique $C^2H^4O^2$. Le sel de calcium de cet acide, l'acétate de calcium, dégage de l'éthylène C^2H^4, quand on le chauffe. L'éthylène, chauffé au rouge, se détruit; parmi les produits de sa destruction se trouve l'acétylène C^2H^2.

Nous avons ainsi une série de corps de plus en plus simples, allant de l'amidon à l'acétylène :

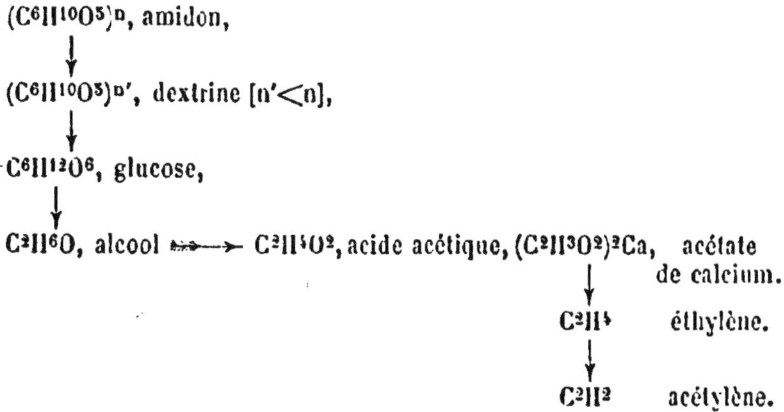

l'acétylène peut être obtenu par synthèse directe (387).

Nous donnerons plus loin un certain nombre d'exemples de synthèses organiques. Nous nous contenterons de signaler en ce moment la synthèse de l'alcool, réalisée en 1854 par M. Berthelot.

L'acétylène, chauffé avec de l'hydrogène, donne l'éthylène C^2H^4. Ce gaz, agité pendant longtemps avec de l'acide sulfurique, est absorbé par lui ; il se forme de l'acide *éthylsulfurique* ou *sulfovinique* $SO^4HC^2H^5$, qui donne de l'alcool C^2H^6O quand on le distille après l'avoir étendu de 10 fois son volume d'eau ($SO^4HC^2H^5 + H^2O = C^2H^6O + SO^4H^2$). On a la série suivante :

C^2H^2, acétylène.
↓
C^2H^4, éthylène.
↓
$SO^4HC^2H^5$ acide éthylsulfurique. ⟶ C^2H^6O alcool.

528. Analyse élémentaire; détermination de la formule. — Sans entrer dans les détails de l'analyse élémentaire des corps organiques, c'est-à-dire des procédés qui servent à déterminer leur composition centésimale, nous allons indiquer rapidement comment on fixe leur formule.

Si la substance n'est pas azotée, on détermine l'hydrogène et le carbone qu'elle contient en chauffant un poids connu de cette substance avec de l'oxyde de cuivre, et recueillant l'eau et l'acide carbonique dans des tubes à ponce sulfurique et à potasse caustique

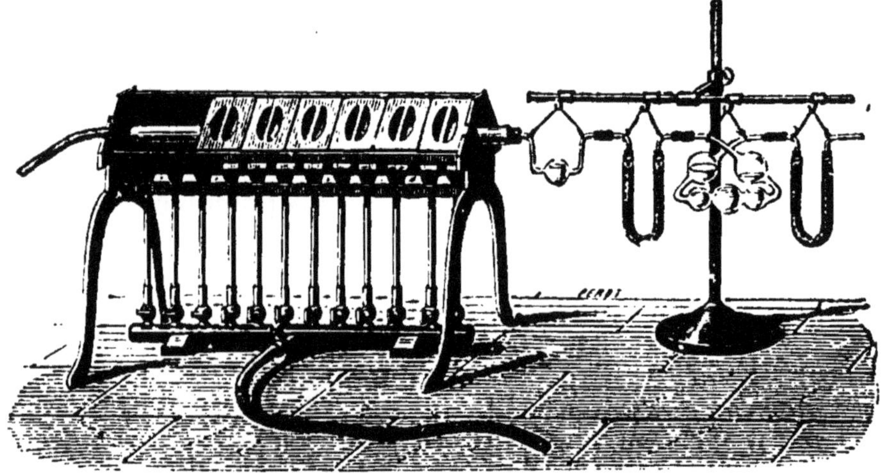

Fig. 219. — Analyse élémentaire d'une substance organique. -- T, tube fermé en A et contenant la substance à analyser, mélangée d'oxyde de cuivre; C, tube de caoutchouc servant à faire passer un courant d'oxygène à la fin de l'opération; G, grille à gaz; P, tubes à potasse et à acide sulfurique.

tarés d'avance (*fig.* 219). Le poids de l'hydrogène est 1/9 du poids de l'eau, celui du carbone les 3/11 de celui de l'acide carbonique. On a le poids de l'oxygène par différence. Si la substance est azotée, ce qu'on reconnaît par le procédé indiqué plus haut (524), on détermine comme précédemment le carbone et l'hydrogène. Cela fait, on dose l'azote seul. On peut employer deux procédés :

1° On brûle la matière au moyen de l'oxyde de cuivre, et on fait passer les produits sur de la planure de cuivre chauffée au rouge, qui retient les oxydes d'azote qui auraient pu se former. On recueille l'azote sur la cuve à mercure, dans une éprouvette contenant une dissolution de potasse (pour absorber l'acide carbonique). On mesure le volume du gaz, on en déduit son poids (Dumas). Ce procédé est absolument général.

2° On chauffe la matière avec de la potasse, et on recueille dans l'acide sulfurique le gaz ammoniac produit. On dose ensuite, par un procédé acidimétrique (1), la quantité de gaz ammoniac absorbé. Le poids de l'azote est les 14/17 du poids trouvé (Will et Warrentrapp). Ce procédé ne peut être appliqué qu'aux substances ne contenant pas l'azote sous forme de produits *nitrés* ou *nitrosés* (radicaux *azotyle* ou *nitrosyle*).

On continuera ainsi qu'il suit. Supposons que nous nous adressions à l'alcool ordinaire; l'analyse élémentaire donne, pour 1 gramme de matière analysée :

Acide carbonique 1gr,913
Eau 1gr,173
Pas d'azote.

Ces nombres correspondent à :

$$\frac{3}{11} \times 1,913 = 0^{gr},522 \text{ de carbone.}$$
$$\frac{1}{9} \times 1,173 = 0\ ,130 \text{ d'hydrogène.}$$
$$0\ ,652$$

Il reste $1,000 - 0,652 = 0,348$ d'oxygène.
Soit, pour 100 parties :

52,2 de carbone.
13,0 d'hydrogène.
34,8 d'oxygène.

Rapportons à 1 d'hydrogène. La composition devient :

Carbone...	$\frac{52,2}{13} = 4.$		$\frac{1}{3} \times 12$	ou $C^{1/3}$.
Hydrogène.	1	soit	1	ou H.
Oxygène...	$\frac{34,8}{13} = 2,67$		$\frac{1}{6} \times 16$	ou $O^{1/6}$.

(1) On verse dans l'acide sulfurique, jusqu'à neutralisation, une solution titrée d'un carbonate alcalin; la quantité versée fait connaître la quantité d'acide sulfurique libre restant dans la liqueur; on a par différence le poids d'acide sulfurique qui a formé du sulfate d'ammonium avec le gaz ammoniac absorbé, et par conséquent le poids de ce gaz ammoniac.

La formule ne devant contenir que des indices entiers, la plus simple que nous puissions prendre sera C^2H^6O. Mais $C^4H^{12}O^2$, $C^6H^{18}O^3$,..... $(C^2H^6O)^n$ correspondent à la même composition centésimale. Pour choisir entre elles, il faudra avoir recours à d'autres moyens.

L'alcool étant volatil, nous mesurerons sa densité de vapeur. L'expérience donnant 1,6. nous en conclurons pour le poids moléculaire la valeur $1{,}6 \times 28{,}8 = 46{,}8$, soit 46 (32). La formule C^2H^6O répond seule à ce poids moléculaire. C'est donc elle qui représente la molécule d'alcool.

Quand la substance n'est pas volatile, on doit s'adresser à d'autres caractères; on déterminera, par exemple, la quantité de potasse nécessaire pour la saturer si elle est acide; on lui donnera une formule correspondante à celle des corps homologues, s'il en existe qui soient connus, etc.

On n'a ainsi que la *formule brute*. On représente les corps par des formules dites *de constitution*, et dans lesquelles on sépare du reste de la formule certains groupements pour les mettre en évidence. Ce ne sont que des formules représentatives, destinées à indiquer au premier aspect la place du corps dans la classification, et par suite, ses propriétés générales. Leur emploi est extrêmement commode, et permet de reconnaître de suite la nature de corps très complexes, ce qui serait impossible avec la formule brute. Nous donnerons, au chapito suivant, quelque exemples de ces formules.

CHAPITRE XXIV

CARACTÈRES GÉNÉRAUX ET CLASSIFICATION DES SUBSTANCES ORGANIQUES

529. Réactions entre corps organiques. — La plupart des réactions de la chimie minérale s'effectuent très rapidement, immédiatement quelquefois (précipitations). Elles sont remarquables, le plus souvent, par la simplicité des produits auxquels elles donnent naissance. Quand ces réactions sont limitées (dissociations, par exemple), les équilibres auxquels elles donnent lieu s'établissent très rapidement et dépendent de la température.

Avec les corps organiques, les caractères sont tout différents. Les réactions sont en général lentes ; à côté du produit principal de la réaction se trouvent un assez grand nombre de produits secondaires, de sorte que le résultat total est très compliqué. Ainsi, quand on fait agir du chlore sur le formène sous l'action de la lumière solaire, il se forme un mélange des quatre corps CH^3Cl, CH^2Cl^2, $CHCl^3$, CCl^4, dont la séparation est difficile. L'établissement d'équilibres entre les produits des réactions et les corps réagissants est très fréquent : la température est souvent sans influence sur la valeur de ces équilibres, mais elle agit sur la rapidité avec laquelle ils se produisent.

Par exemple, l'alcool ordinaire, C^2H^6O, et l'*acide acétique* $C^2H^4O^2$ réagissent pour former l'*éther acétique ;* la réaction s'arrête quand 66 p. 100 d'alcool ont été transformés. A froid, l'équilibre exige plusieurs années pour être atteint ; à 100°, il s'établit en 150 heures ; à 200°, en tube scellé, il est atteint au bout de quelques heures (Berthelot et Péan de Saint-Gilles).

530. Conservation du type. — Un atome d'hydrogène peut être remplacé par un atome d'un élément monovalent ; la substitution peut être répétée plusieurs fois, comme celle du chlore dans le formène. Ce fait capital a été mis en évidence par Dumas en 1834. « Le chlore, dit-il, possède le pouvoir singulier de s'emparer de l'hydrogène de certains corps et de le remplacer atome par atome. »

De même, un atome d'hydrogène peut être remplacé par un radical monovalent, comme l'oxhydryle, qui pourra lui-même céder la place à d'autres, ce qui établit entre les différentes substances organiques des cycles de transformations sur lesquels nous reviendrons. Nous citerons seulement en ce moment l'exemple suivant ; dans le formène monochloré CH^3Cl, l'action de la potasse amène la substitution de l'oxhydryle à Cl.

$$CH^3Cl + KOH = ClK + CH^3OH.$$

CH^3OH est l'*alcool méthylique* ou *méthanol* (esprit de bois, l'un des produits de la distillation du bois). Bien que les substitutions modifient les propriétés particulières des corps qui les subissent, elles laissent subsister certains caractères généraux. Ainsi, quelque substitution que l'on pratique sur un corps *saturé* (33), on obtiendra un corps saturé, incapable de s'unir par *addition* à d'autres corps comme le gaz ammoniac AzH^3 s'unit à l'acide chlorhydrique ClH pour former le chlorure d'ammonium $ClAzH^4$, mais se prêtant facilement à de nouvelles substitutions. Les valences libérées par la disparition de l'élément ou du radical supprimé sont, en effet, toujours saturées exactement par celles de l'élément ou du radical introduit. Ainsi, CH^4 est saturé, C étant tétravalent ; la disparition de H laisse CH^3, radical monovalent, dont la valence libre est saturée par celle de Cl, de Br, ou de OH.

Il peut même arriver que le caractère chimique d'un corps ne soit pas modifié par certaines substitutions. Ainsi, de l'acide acétique $C^2H^3O.OH$, monobasique, dérivent par substitutions chlorées trois corps qui sont encore des acides, monobasiques énergiques, dont les sels sont bien cristallisés : ce sont les acides *monochloracétique* $C^2H^2ClO.OH$, *dichloracétique* $C^2HCl^2O.OH$, et *trichloracétique* $C^2Cl^3O.OH$.

531. Corps homologues. — Les corps organiques peuvent être distribués en séries de corps *homologues*, dont chacun diffère du précédent en ce que sa molécule renferme en plus CH^2. Les propriétés générales de ces corps homologues sont les mêmes, et leurs propriétés physiques suivent une progression assez régulière.

Une même substitution, répétée dans les termes d'une série homologue, donne naissance à une nouvelle série homologue. Nous citerons les carbures saturés et les alcools qui en dérivent par substitution de OH à H.

Formène ou *méthanez*	CH^4	ga ; p[t] crit. ; —81°,8	*méthanol*	CH^3OH ;	bout à 66°,5
éthane	C^2H^6	» » +35°	*éthanol*	C^2H^5OH ;	» 78°
propane	C^3H^8	» » »	*propanol*	C^3H^7OH ;	» 98°
butane	C^4H^{10}	» liq. à + 1° s. 76[cm]	*butanol*	C^4H^9OH ;	» 115°
pentane	C^5H^{12}	, liq. ; bout à 30°	*pentanol*	$C^5H^{11}OH$;	» 132°

532. Isoméries. — On rencontre fréquemment des corps ayant même composition centésimale, même formule (même densité de vapeur ou identité de *condensation* moléculaire), mêmes propriétés chimiques, mais des propriétés physiques différentes. Ainsi sont les carbures répondant à la formule $C^{10}H^{16}$ et qu'on appelle essence de térébenthine, de girofle, de genièvre, de poivre. Ces corps sont dits *isomères.* Lorsque l'identité de formule n'est pas accompagnée de l'identité des propriétés chimiques, elle est purement accidentelle; les isomères résultent alors du groupement de constituants différents. De tels isomères sont dits *métamères;* ainsi l'éther ordinaire et le butanol, dont le poids moléculaire correspond à la composition $C^4H^{10}O$. Dans la notation, ces corps ne peuvent être distingués qu'au moyen de leurs *formules de constitution;* $(C^2H^5)^2O$ pour le premier, C^4H^9OH pour le second. On voit par là l'utilité de ces formules.

533. Polymérie. — Un assez grand nombre de substances organiques, soumises à l'action de la chaleur ou d'agents chimiques spéciaux, se transforment sans que leur composition centésimale varie. La transformation résulte de la soudure de plusieurs molécules en une seule. Le corps obtenu est un *polymère* (1) du corps initial. Nous avons déjà vu des faits analogues : à 500°, la molécule de vapeur de soufre doit être représentée par S^6, tandis qu'à 1000° elle est S^2 ; à basse température la molécule de peroxyde d'azote est Az^2O^4 ; au-dessus de 150°, AzO^2. Ici, la chaleur exerce une *dépolymérisation.* Au contraire, l'acétylène se polymérise quand on le chauffe, et donne la benzine $C^6H^6=(C^2H^2)^3$.

534. Fonctions chimiques. — La classification des substances organiques, comme celle des corps précédem-

(1) Le premier exemple connu a été découvert en 1825 par Faraday, qui reconnut qu'un gaz fourni par la distillation des huiles et l'éthylène C^2H^4 ont même composition centésimale, le second étant deux fois moins condensé que le premier (C^4H^8).

ment étudiés, est établie d'après la *fonction chimique* de ces substances, c'est-à-dire l'ensemble des caractères généraux qui leur sont communs avec les substances analogues (acides, bases, sels). Mais le nombre des fonctions que l'on a dû définir pour comprendre toutes les substances connues est beaucoup plus considérable. Nous nous bornerons à signaler les suivantes :

1° Carbures d'hydrogène.
2° Alcools, auxquels se rattachent les phénols.
3° Aldéhydes.
4° Acides.
5° Ethers.
6° Alcalis, auxquels se rattachent les bases.
7° Amides et nitriles.

Chacun des groupes précédents comprend des subdivisions ; un certain nombre de substances, encore incomplètement connues, ne peuvent être classées avec certitude. Enfin, il en est qui possèdent à la fois plusieurs fonctions, qui sont à la fois acides et alcools, par exemple, ou même acides et alcalis (corps à *fonction complexe*). De même, en chimie minérale, les sels acides des acides polybasiques sont à la fois des sels et des acides, puisqu'ils peuvent encore manifester les réactions qui définissent la fonction acide.

535. Carbures. — *a.* — On appelle ainsi les corps qui ne contiennent que du carbone et de l'hydrogène. Chacun de ceux que nous avons étudiés est le point de départ d'une série de carbures *homologues* (531) ayant les mêmes propriétés générales. Les carbures qui se rattachent à la benzine ont une allure spéciale; ils forment la série dite *aromatique*, parce qu'un certain nombre de ces carbures ou de leurs dérivés ont été retirés des aromates.

La fonction carbure est en quelque sorte la pierre angulaire de la chimie organique. C'est en effet par *dérivation* de ces carbures, c'est-à-dire par la substitution à un ou plusieurs atomes d'H, de radicaux convenablement choisis, que l'on est conduit aux autres fonctions.

b. — Nous avons vu que dans le *méthane* CH^4, Cl, Br et I peuvent remplacer H atome à atome. Le premier dérivé iodé, l'*iodure de méthyle* (1) CH^3I chauffé avec du sodium, donne lieu à la réaction suivante :

$$2CH^3I + Na^2 = \underset{\text{Ethane.}}{\begin{matrix} CH^3 \\ | \\ CH^3 \end{matrix}} + 2INa.$$

Nous avons réalisé ainsi dans CH^4 la substitution de CH^3 à H, qui nous conduit à l'homologue supérieur du formène. On obtiendrait de même l'homologue supérieur de l'éthane en chauffant l'iodure d'éthyle C^2H^5I (éthyle $= C^2H^5$) et l'iodure de méthyle avec du sodium. L'éthane est gazeux comme le formène.

Les formules de constitution des homologues du méthane sont :

$CH^3.CH^3$ pour l'*éthane*,
$CH^3.CH^2.CH^3$ pour le *propane*,
$CH^3.(CH^2)^2CH^3$ pour le *butane*, etc.

536. Alcools. — *a.* — L'action directe du chlore sur le formène donne le *chlorure de méthyle* CH^3Cl. Avec la potasse, ce corps donne lieu à la réaction suivante :

$$CH^3Cl + KOH = \underset{\text{Alcool méthylique.}}{CH^3.OH} + ClK$$

La même réaction, faite sur le *chlorure d'éthyle* C^2H^5Cl, aurait conduit au corps C^2H^5OH, alcool ordinaire (2).

b. — Cette série de réactions réalise en fin de compte la substitution de OH à H dans le carbure.

Le méthane, CH^4, ou HCH^3, donne	HCH^2OH,		(*méthanol*).
L'éthane, $CH^3.CH^3$,	—	$CH^3.CH^2OH$,	(*éthanol*) (esprit de vin).
Le propane, $CH^3.CH^2.CH^3$,	—	$CH^3.CH^2.CH^2OH$,	*propanol*.

Le groupe CH^2OH caractérise la fonction alcool, dans les formules de constitution.

(1) On a donné le nom de méthyle au radical monovalent CH^3, qui est inconnu à l'état de liberté.

(2) Ce procédé *synthétique* est une curiosité de laboratoire, intéressante seulement au point de vue théorique. Pratiquement, tout l'alcool que l'on trouve dans le commerce est obtenu en faisant fermenter le glucose (521).

537. — Il existe des alcools *diatomiques*, qui sont aux homologues de l'alcool ordinaire, ou alcools *monoatomiques*, comme les acides bibasiques sont aux acides monobasiques. Tel est le *glycol* $C^2H^4(OH)^2$ découvert par Würtz en 1856. La *glycérine* $C^3H^5(OH)^3$, que Scheele retira le premier des corps gras en 1779, est un alcool *triatomique* dérivé du *propane* C^3H^8. Il y a des alcools d'atomicité supérieure à 3.

538. — Les propriétés caractéristiques de la fonction alcool sont les suivantes :

1° Une oxydation légère enlève de l'hydrogène et conduit à des corps appelés *aldéhydes*. Avec les alcools polyatomiques, on peut obtenir ainsi des corps à fonction complexe (534), les aldéhydes-alcools. Au carbure C^6H^{14} correspond un alcool *hexatomique*, la *mannite* $C^6H^8(OH)^6 = C^6H^{14}O^6$; le sucre que contient le jus de raisin, le *glucose* $C^6H^{12}O^6$, est un aldéhyde-alcool dérivé de la mannite.

2° Une oxydation plus profonde conduit à un acide. Ainsi l'alcool ordinaire C^2H^5OH, donne l'acide *acétique* $C^2H^3O.OH$.

$$C^2H^5OH + O^2 = C^2H^3O.OH + H^2O.$$

Cette oxydation est réalisée dans la nature aux dépens de l'oxygène de l'air, par l'intermédiaire du ferment *acétique* (aigrissement du vin, fabrication du vinaigre) (1).

L'oxydation des alcools polyatomiques conduit à des acides-alcools, et si elle est complète, à des acides polybasiques, tels que l'acide *oxalique* $C^2O^2(OH)^2$, dérivé du glycol $C^2H^4(OH)^2$.

3° Les alcools traités par les acides donnent de l'eau et des corps appelés *éthers-sels* (2), qui sous l'action des alcalis

(1) On fabrique du vinaigre soit à partir du vin, soit à partir de tout autre liquide contenant de l'alcool C^2H^6O (alcool de grains, de betterave), en soumettant ce liquide à l'action de l'air en présence du ferment acétique.

(2) A cause de l'analogie de la réaction qui les donne avec la double décomposition entre les acides et les bases.

$$KOH + C^2H^3O.OH = C^2H^3O.OK + H^2O.$$

ou de l'eau en excès, reproduisent l'alcool et l'acide générateurs. Exemple :

$$C^2H^5\boxed{OH} + C^2H^3O.O\boxed{H} = C^2H^3O^2.C^2H^5 + H^2O$$

Alcool. Acide acétique. Acétate d'éthyle, ou éther éthylsulfurique.

Les alcools polyatomiques et les acides polybasiques donnent naissance à des corps à fonction complexe.

4° L'union de deux alcools ou de deux molécules du même alcool donne naissance à un *éther-oxyde*. Exemple :

$$C^2H^5O\boxed{H} + C^2H^5\boxed{OH} = C^2H^5.C^2H^5.O + H^2O$$

Ether ordinaire, ou oxyde d'éthyle.

Cette réaction se produit quand on chauffe l'alcool avec l'acide sulfurique, qui n'intervient que pour former des composés intermédiaires, finalement détruits.

539. — Les formules de constitution sont :

$CH^3.CH^2OH$	alcool ordinaire;
$CH^2OH.CH^2OH$	glycol;
$CH^2OH.CHOH.CH^2OH$	glycérine.

La déshydrogénation qui conduit aux aldéhydes porte sur le radical CH^2OH; le groupe COH, dans les formules de constitution, caractérise en général la fonction aldéhyde. Exemple : H.COH, dérivé du *méthanol* $H.CH^2OH$; c'est l'aldéhyde formique ou *formol*, antiseptique puissant.

L'oxydation qui conduit aux acides substitue O à H^2 dans CH^2OH; le radical qui en résulte, le *carboxyle* CO^2H, caractérise dans les formules la fonction acide; le nombre des carboxyles marque la basicité d'un acide.

$CH^3.CO^2H$	acide acétique, monobasique,	dérivé de l'alcool CH^3CH^2OH
$CH^2OH.CO^2H$	— glycolique, acide-alcool	dérivés du glycol $CH^2OH\text{-}CH^2OH$
$CO^2H.CO^2H$	— oxalique, bibasique	

Un éther-sel résulte de la substitution à H, dans un acide, d'un radical d'alcool (obtenu en supprimant OH dans un alcool) (1); si

(1) La formule d'un éther-sel comprend donc un radical d'alcool et un résidu halogénique d'acide (40).

l'alcool est monoatomique et l'acide monobasique, on a un seul éther. Exemple : $C^2H^3O^2H$, acide acétique, et C^2H^5OH, alcool éthylique, donnent $C^2H^3O^2.C^2H^5$.

Si l'acide est polybasique, chacun des atomes d'hydrogène basique pouvant être remplacé isolément, on aura des éthers acides. Ainsi, le premier résidu SO^4H de l'acide sulfurique, monovalent, donne :

$SO^4H.C^2H^5$ sulfate monoéthylique ou acide éthylsulfurique (éther-acide).

le résidu SO^4, divalent, donnera :

$SO^4(C^2H^5)^2$ sulfate diéthylique (éther neutre).

Si l'alcool est polyatomique, on a un premier radical, monovalent, en supprimant OH ; un second radical, divalent, en supprimant $(OH)^2$, etc.; le nombre d'atomes d'H remplacé est égal à la valence du radical ; si l'acide est monobasique, un nombre égal de molécules d'acide devront contribuer à la formation de l'éther.

Avec la glycérine $C^3H^5(OH)^3$, par exemple, nous pourrons avoir les composés suivants :

$$C^3H^5\begin{cases}AzO^3\\OH;\\OH\end{cases}\qquad C^3H^5\begin{cases}AzO^3\\AzO^3;\\OH\end{cases}\qquad C^3H^5\begin{cases}AzO^3\\AzO^3\\AzO^3\end{cases}$$

Mononitrine. Dinitrine. Nitroglycérine, (éther neutre) explosif très puissant.

Avec l'*acide stéarique* $C^{18}H^{35}O^2H$, on aura deux éthers-alcools et un éther neutre, la tristéarine.

$$C^3H^5\begin{cases}C^{18}H^{35}O^2,\\C^{18}H^{35}O^2,\\C^{18}H^{35}O^2,\end{cases}$$

qui est identique à la stéarine naturelle.

510. — Les alcools donnent, avec les métaux, de véritables *sels* appelés *alcoolates*, très instables.

$$C^2H^5OH + KOH = C^2H^5OK + H^2O.$$

Alcoolate ou éthylate de potassium.

541. Phénols. — Aux alcools se rattachent les phénols, qui dérivent des carbures aromatiques (535) comme les alcools des carbures forméniques. Le type de ces corps est le *phénol* ordinaire ou *acide phénique*, C^6H^5OH, corps cristallisable que l'on retire du goudron de la houille et qui est très employé comme antiseptique.

Ce corps forme des éthers, mais assez difficilement.

Les phénols peuvent subir avec la plus grande facilité des substitutions chlorées ou nitrées ; en traitant le phénol par l'acide nitrique fumant, on est conduit au phénol trinitré $C^6H^2(AzO^2)^3OH$, corps très dangereux à cause de la facilité avec laquelle il détone par la chaleur. C'est l'acide *picrique*, ou *amer de Welter*, solide jaune cristallisé doué d'un pouvoir colorant considérable, teignant directement la soie, donnant des sels bien cristallisés, aussi dangereux que lui. La solution d'acide picrique calme et cicatrise rapidement les brûlures.

Les phénols donnent par double décomposition avec les hydrates alcalins des phénates qui sont plus stables que les alcoolates.

542. Aldéhydes. — Nous avons vu comment les aldéhydes dérivent des alcools. Ces corps sont caractérisés par les propriétés suivantes :

1° Oxydés, ils donnent des acides. Ils sont fortement réducteurs ; l'aldéhyde ordinaire C^2H^4O réduit les sels de cuivre en donnant un précipité rouge d'oxyde cuivreux Cu^2O. L'opération peut se faire dans un tube à essai (*fig.* 220), en chauffant avec l'aldéhyde un tartrate double de potassium et de cuivre nommé *liqueur de Fehling*.

Fig. 220.

Les dissolutions de glucose sont également réductrices, et l'action qu'exerce ce corps sur la liqueur de Fehling a été utilisée pour son dosage ;

2° L'hydrogénation d'une aldéhyde ramène à l'alcool correspondant. On obtient ordinairement cette hydrogénation en traitant l'aldéhyde par l'amalgame de sodium et l'eau; le mercure de l'amalgame n'agit ici que comme dissolvant de sodium

$$Na + H^2O = NaOH + H.$$

L'essence d'amandes amères, qui se forme dans la fermentation des amandes amères, est une aldéhyde.

543. Acides. — Nous avons indiqué (539) les relations des acides avec les alcools; les acides sont caractérisés par les propriétés suivantes :

1° Avec les alcools, ils donnent des éthers et de l'eau (540);

2° Ils donnent des sels par substitution avec les métaux, ou par double décomposition avec les hydrates métalliques;

3° Ils peuvent donner lieu, avec le chlore, à des substitutions dans lesquelles le chlore remplace l'oxhydryle de l'acide. Ces corps sont des *chlorures acides*, qui, agissant sur l'eau, régénèrent l'acide, et, agissant sur un sel de l'acide, donnent l'anhydride. Cette réaction générale, très importante, a été découverte par Gerhardt, en 1852. Nous l'avons vue utilisée pour produire l'anhydride azotique (237).

Ainsi, à l'acide acétique, $CH^3CO.OH$, correspond le *chlorure d'acétyle* ou *chlorure acétique* CH^3COCl, qui peut être obtenu par l'action directe du chlore sur l'aldéhyde. On a les réactions :

$$CH^3CO\boxed{Cl} + H|OH = \underset{\text{Acide acétique.}}{CH^3CO.OH} + ClH.$$

$$CH^3.CO\boxed{Cl} + CH^3CO.O|\boxed{Na} = ClNa + \underset{\text{Anhydride acétique.}}{\begin{matrix}C^2H^3O\\C^2H^3O\end{matrix}\!\!>O}.$$

Les acides sont très nombreux dans la nature, où ils existent soit libres, soit à l'état de sels ou d'éthers. Nous avons déjà signalé l'origine de l'acide acétique; l'acide oxalique existe à l'état de sel potassique dans le *sel d'oseille*, extrait des feuilles de l'oseille. L'acide tartrique est un acide-alcool que l'on peut extraire de la lie de vin, dans laquelle il existe à l'état de sel double de potassium et de calcium. L'acide formique CH^2O^2 (ou $H.CO^2H$), qui est à l'alcool de bois ce que l'acide acétique est à l'alcool de vin, existe dans les fourmis rouges. Le jus de citron contient de l'acide citrique, autre acide-alcool (539). Les tanins sont des acides faibles très répandus dans les végétaux.

544. — Ethers. — On a vu comment les éthers sont formés par l'union d'un acide et d'un alcool (*éthers-sels*) ou de deux alcools (*éthers-oxydes*).

Le résidu halogénique des hydracides est un élément, Cl, Br, ou I; il est remarquable que leurs éthers, qui en raison de ce fait peuvent être considérés comme résultant de la substitution de Cl, Br ou I à l'oxhydryle de l'alcool, soient identiques aux premiers dérivés chlorés des carbures saturés.

Exemple : $\underset{\text{Méthanol (esprit de bois).}}{CH^3OH} + ClH = \underset{\text{Chlorure de méthyle.}}{CH^3Cl} + H^2O$

$\underset{\text{Ethanol (esprit de vin).}}{C^2H^5OH} + ClH = \underset{\text{Chlorure d'éthyle.}}{C^2H^5Cl} + H^2O.$

Le premier de ces composés est utilisé pour produire du froid (105).

545. — La réaction qui conduit aux éthers rappelle celle qui donne les sels à partir des acides et des bases, mais elle en diffère par les caractères suivants :

1° Dans l'éther, les propriétés de l'acide sont dissimulées en quelque sorte; elles n'apparaissent que si l'éther vient à être détruit. Par exemple, le chlorure d'éthyle ne précipite pas l'azotate d'argent.

2° La réaction n'est jamais totale entre l'acide et l'éther; l'éthérification a une limite (529), tandis que l'action d'un acide sur une base peut être et est souvent totale.

Les éthers-sels sont détruits par l'eau et les bases; ils restituent l'acide et l'alcool, ou un sel de l'acide et l'alcool.

C'est ainsi qu'en traitant les corps gras naturels, tels que le suif ou l'huile d'olive, qui sont des éthers de la glycérine, par l'eau ou la potasse, on les détruit, et on obtient la glycérine et l'acide ou un de ses sels. Ces sels portent le nom de *savons*.

$$\underset{\text{Stéarine.}}{C^3H^5(C^{18}H^{35}O^2)^3} + 3KOH = \underset{\text{Glycérine.}}{C^3H^5(OH)^3} + \underset{\text{Stéarate de potassium. Savon de potasse.}}{3(C^{18}H^{35}O^2K)}.$$

La destruction des éthers par l'eau et les bases a été nommée *saponification*. La saponification est limitée par la réaction inverse de l'acide sur l'alcool (538,3°).

Les éthers oxydes ne sont détruits ni par l'eau ni par les bases.

Le sucre de canne ou *saccharose* (1), $C^{12}H^{22}O^{11}$, peut être considéré comme un éther oxyde, résultant de l'union du *glucose* et du *lévulose*, qui sont deux alcools-aldéhydes isomères (538) dont la formule brute est $C^6H^{12}O^6$. En effet, l'action de l'eau bouillante sur le saccharose le transforme en un mélange de glucose et de lévulose.

$$C^{12}H^{22}O^{11} + H^2O = \underset{\text{Glucose:}}{C^6H^{12}O^6} + \underset{\text{Lévulose:}}{C^6H^{12}O^6}.$$

On dit que le sucre *s'intervertit* dans cette opération ; l'interversion est hâtée par l'action des acides étendus.

540. Alcalis. — Les alcalis organiques ou *amines* présentent la plus grande analogie avec le gaz ammoniac. Quelques-unes sont gazeuses, toutes donnent avec les hydracides des composés d'addition comparables à l'iodure, au bromure, au chlorure d'ammonium, et avec les oxacides, des sels correspondant aux sels ammoniacaux. Les amines dissoutes donnent avec le sulfate de cuivre, comme l'ammoniaque, un précipité bleu clair d'hydrate de cuivre $Cu(OH)^2$ soluble dans un excès de réactif.

On peut considérer les amines comme dérivées de AzH^3 par substitution d'un radical hydrocarboné monovalent à H. Exemple :

$$Az\begin{cases}H\\H\\H\end{cases}\qquad Az\begin{cases}CH^3\\H\\H\end{cases}\qquad Az\begin{cases}CH^3\\CH^3\\H\end{cases}\qquad Az\begin{cases}CH^3\\CH^3\\CH^3\end{cases}$$

Gaz ammoniac. Méthylamine. Diméthylamine. Triméthylamine.

(1) Substance cristallisée bien connue, qu'on extrait du jus de la canne à sucre ou de la betterave; ce jus est traité par la chaux en excès et le gaz carbonique (*carbonatation*); la chaux sature les acides libres du jus, et forme avec le sucre une combinaison qui détruit CO^2. Le jus est ensuite décoloré, évaporé, et mis à cristalliser.

Il se forme de la triméthylamine dans la distillation des *vinasses* de betterave, ou résidus de la fermentation des *mélasses*, eaux-mères au sein desquelles s'est produite la cristallisation du sucre de betterave. L'iodure de méthylammonium $Az\left\{\begin{matrix}CH^3\\H\\H\\H\\I\end{matrix}\right.$ correspond à l'iodure d'ammonium $Az\left\{\begin{matrix}H\\H\\H\\H\\I\end{matrix}\right.$. L'aniline $Az\left\{\begin{matrix}C^6H^5\\H\\H\end{matrix}\right.$, base d'un grand nombre de matières colorantes, et qui se trouve dans les produits de la distillation des goudrons de houille, est dérivée de la benzine. (C^6H^5, radical univalent dérivé de la benzine C^6H^6, est appelé *phényle;* d'où le nom de *phénylamine* que porte quelquefois l'aniline.)

Pratiquement, on prépare l'aniline en réduisant par l'hydrogène la nitrobenzine $C^6H^5(AzO^2)$ (390). On demande l'hydrogène à l'action de la limaille de fer sur l'acide acétique.

On obtient les métylamines, ou plutôt leurs iodures, en faisant agir l'iodure de méthyle sur le gaz ammoniac [Hoffmann (1818-1892)].

$$\underset{\text{Iodure de méthyle.}}{CH^3I} + AzH^3 = \underset{\text{Iodhydrate de méthylamine ou iodure de méthylammonium.}}{CH^3(AzH^3).HI.}$$

A la base ammoniaque correspondent également des hydrates d'ammoniums composés.

Exemple :

$$Az\left\{\begin{matrix}H\\H\\H\\H\\OH\end{matrix}\right. \qquad\qquad Az\left\{\begin{matrix}CH^3\\CH^3\\CH^3\\CH^3\\OH\end{matrix}\right.$$

Hydrate d'ammonium. Hydrate de tétraméthylammonium.

Dans ces corps, Az est pentavalent, comme dans les sels formés par les alcalis avec les hydracides. L'hydrate $Az(CH^3)^4OH$ a des propriétés analogues à celles de la potasse.

On trouve dans les végétaux des principes nommés *alcaloïdes*, qui, pour la plupart, sont des poisons violents, et qui se rapprochent des ammoniaques composées (quinine du quinquina; strychnine de la noix vomique; morphine, narcotine, de l'opium; nicotine du tabac, etc.). Ces corps sont souvent à fonction complexe. Un grand nombre sont oxygénés.

547 Amides; nitriles. — Les amides résultent de la déshydratation partielle des sels ammoniacaux.

Ainsi la distillation de l'acétate d'ammonium $C^2H^3O^2AzH^4$, donne un corps solide incolore, dont la formule est $C^2H^3OAzH^2$; c'est l'*acétamide* ou *éthanamide*.

L'urée, un des principes de l'urine, est un amide; le sel ammoniacal correspondant est le carbonate neutre d'ammonium.

$$\underset{\text{Urée.}}{CO<^{AzH^2}_{AzH^2}} + 2H^2O = CO^3(AzH^4)^2.$$

Les amides, chauffés avec de l'eau, reproduisent le sel ammoniacal dont ils dérivent.

Les amides peuvent encore être déshydratés; on obtient alors les *nitriles*, composés dont le caractère principal est de reproduire par hydratation le sel ammoniacal correspondant ou ses éléments (acide et AzH^3).

Ainsi, en traitant l'acédamide par l'anhydride phosphorique, on obtient le *nitrile acétique* ou *éthanenitrile*.

$$\underset{\text{Acétamide.}}{C^2H^5AzO} - H^2O = \underset{\text{Acétonitrile.}}{C^2H^3Az}.$$

La déshydratation complète du formiate d'ammonium $CO^2H.AzH^4$ conduit au *formionitrile* ou *méthanenitrile*, qui est identique à l'acide cyanhydrique.

$$CO^2H.AzH^4 - 2H^2O = CAzH.$$

La déshydratation complète de l'oxalate neutre d'ammonium conduit au nitrile *oxalique*, qui est le cyanogène.

$$C^2O^4(AzH^4)^2 - 4H^2O = C^2Az^2.$$

Les nitriles se rattachent aux composés cyaniques.

La belle matière colorante bleue originaire de l'Inde, et qu'on appelle indigo, se rattache aux amides par sa fonction chimique.

Les amides ont avec les acides les mêmes relations que les alcalis avec les alcools. Ils résultent de la substitution de radicaux acides à H dans AzH^3.

Exemple : $CH^3.CO.AzH^2$, acétamide (1) ;

$$CO < \begin{matrix} AzH^2 \\ AzH^2 \end{matrix}$$ urée ou *diamide* carbonique (2).

On les prépare en faisant agir l'ammoniaque sur les chlorures acides.

$$\underset{\text{Chlorure d'acétyle.}}{CH^3.CO.Cl} + AzH^3 = CH^3.CO.AzH^2 + ClH.$$

$$\underset{\text{Chlorure de carbonyle.}}{COCl^2} + 2AzH^3 = CO(AzH^2)^2 + 2ClH.$$

La déshydratation de l'*éthanamide* CH^3COAzH^2 donne l'*éthanenitrile* CH^3-CAz ; en général le groupe CAz caractérise la fonction nitrile ; il est considéré comme résultant de la substitution de Az_{III} à H^3 dans un radical CH^3.

Le cyanogène C^2Az^2 ou CAz.CAz (*nitrile oxalique*) est l'*éthanedinitrile*, résultant de la substitution complète de Az dans l'éthane $CH^3.CH^3$.

548. Synthèse organique. — La connaissance des diverses fonctions des corps organiques et des relations mutuelles de ces fonctions permet d'aborder, dans toute sa généralité, le problème de la synthèse organique. Si un grand nombre de corps ont été reproduits de toutes pièces, un plus grand nombre encore n'ont pu l'être jusqu'à présent, mais les progrès des méthodes sont rapides, et on peut prévoir le moment où, par les seules ressources du laboratoire, on aura créé les principes immédiats qui s'élaborent dans les êtres vivants.

Les transformations successives qui conduisent aux principes immédiats sont souvent longues et pénibles ; on devra les considérer comme réalisant vraiment la synthèse, si, *au cours des diverses opérations, on n'a employé que des corps que l'on sait déjà reproduire de toutes pièces*, quelle que soit d'ailleurs l'origine de ces corps, puisqu'on pourrait au besoin

(1) $CH^3.CO$ est le radical de l'acide acétique $CH^3CO.OH$; on l'appelle *acétyle*.

(2) Le radical divalent CO de l'anhydride carbonique remplace deux atomes d'H, pris chacun dans une molécule différente d'AzH^3.

les demander à la synthèse directe. La possibilité de la synthèse en général dépend donc de celle des corps les plus simples, c'est-à-dire des carbures. On la réalise ainsi qu'il suit :

Acétylène : C^4H^2 : arc électrique jaillissant dans un courant d'hydrogène (387).
Ethylène : C^2H^4 : action de la chaleur sur un mélange d'acétylène et d'hydrogène (383).
Formène : CH^4 : réaction du sulfure de carbone et de l'acide sulfhydrique en présence du cuivre chauffé au rouge sombre (341).

D'ailleurs, il y a entre ces carbures des relations telles, que l'action prolongée de la chaleur sur un d'entre eux donne naissance à une certaine quantité des autres (équilibres pyrogénés) (366). L'acétylène conduit à la benzine (383), et par là à tous les carbures aromatiques.

La synthèse peut être abordée par deux voies différentes. 1° Si l'on part des éléments eux-mêmes pour en faire des carbures, on pourra, par les procédés déjà indiqués, passer aux alcools, aux aldéhydes, aux acides, aux alcalis, aux amides. On possède, pour introduire une fonction dans un corps, des méthodes générales, dans le détail desquelles nous ne pouvons entrer, mais dont nous donnerons deux exemples.

Fonction alcool. — La chloruration ou la bromuration des carbures conduit à des composés qui sont souvent des éthers. Il n'y a plus qu'à les saponifier par la potasse pour avoir les alcools.

$$CH^3Cl + KOH = CH^3OH + ClK.$$

Fonction alcali. — L'action du gaz ammoniac sur ces mêmes composés de carbures (plus spécialement sur ceux qu'on obtient avec l'iode) donne les alcalis

$$CH^3I + AzH^3 = AzH^2CH^3HI.$$

2° Le second moyen consiste à partir des éléments oxydés (acide carbonique et eau).

L'action du charbon sur l'acide carbonique au rouge conduit à l'oxyde carbonique

$$CO^2 + C = 2CO.$$

Si on chauffe en tube scellé ce gaz avec de la potasse, on aura du formiate de potassium

$$CO + KOH = \underset{\text{Formiate de potassium.}}{CO^2HK}$$

d'où on passe à l'acide formique.

En chauffant cet acide avec les alcalis à leur température de fusion, on obtient des oxalates. C'est là une synthèse directe de composés acides.

Quant à essayer de reproduire la substance vivante ou la cellule, c'est affaire au biologiste, non au chimiste. La synthèse de la cellule et celle des produits qu'elle élabore sont deux questions entièrement distinctes; on peut seulement dire que la solution complète de la seconde est tout à fait propre à favoriser les progrès de la première, en admettant qu'il soit possible de la résoudre.

Notice historique

540. — Le développement de la chimie organique était subordonné à celui de la chimie minérale; et, bien qu'on eût déjà amassé un certain nombre de connaissances sur les substances organiques à l'époque de Lavoisier, les progrès de la chimie des êtres vivants datent surtout des travaux de ce savant et de ses successeurs.

Les chimistes arabes affirmèrent les premiers que les propriétés actives des plantes ne résidaient pas dans la plante tout entière, mais dans certains de ses organes. Dès le huitième siècle, Geber distillait le vinaigre; au douzième siècle, Albucasis décrivait la distillation du vin; Arnauld de Villeneuve (?-1313) décrit l'alcool; Basile Valentin (quinzième et seizième siècles) apprend à le *dulcifier* par les acides (formation d'éthers). On sait à cette époque que les matières d'origine végétale ou animale sont toutes détruites par la distillation, et sont les seules qui donnent dans cette opération de l'eau, des huiles, de la terre (charbon), de l'alcali volatil (AzH^3).

Vers le milieu du dix-huitième siècle, on commence à s'occuper d'isoler les principes immédiats, et on imagine les procédés employés encore aujourd'hui (pression, dissolvants neutres, eau, alcool...), mais on méconnait leur vraie nature. Celle-ci ne fut fixée qu'à la suite des mémorables travaux de Chevreul (1) sur les corps gras (1815).

Alors seulement on reconnut qu'un principe immédiat est une espèce chimique *dont on ne peut, sans la détruire, tirer par analyse aucune autre substance*. L'association des principes immédiats en proportions infiniment variables, pour ainsi dire, rend compte de la diversité de propriétés des produits organisés.

La composition élémentaire des substances organiques ne pouvait être soupçonnée tant qu'on n'avait pas reconnu la simplicité du carbone, de l'hydrogène, de l'oxygène, de l'azote. Lavoisier, brûlant de l'alcool dans un appareil qui lui permettait de recueillir l'eau formée, trouva un poids d'eau supérieur au poids d'alcool brûlé, et vit dans ce résultat la preuve de l'existence de l'hydrogène dans l'alcool. L'acide carbonique produit dans cette combustion est une preuve de l'existence du carbone. La détermination de la composition du gaz ammoniac par Berthollet, en 1787, vient révéler la présence constante de l'azote dans les matières d'origine animale. Lavoisier, dans ses études sur la putréfaction, reconnut qu'elle dégage de l'ammoniaque, de l'eau, de l'azote, du gaz sulfhydrique, des carbures d'hydrogène, de l'hydrogène phosphoré.

En 1789, l'Académie des sciences posait au concours la question de savoir comment s'effectuait la circulation des éléments entre les trois règnes (les végétaux absorbent des éléments minéraux, les animaux se nourrissent de végétaux ou d'autres animaux, les uns et les autres restituent sous d'autres formes au milieu extérieur les éléments qu'ils lui ont empruntés); la conclusion du programme était : « on entrevoit que la végétation et l'animalisation doivent être des phénomènes inverses de la combustion et de la putréfaction. »

Lavoisier imagina le premier d'analyser les matières organiques en les brûlant par une quantité déterminée d'oxygène. Le procédé fut perfectionné par Berzélius, qui substitua à ce corps un peroxyde capable de perdre facilement son oxygène, et proposa le bioxyde de plomb PbO^2 ; par Gay-Lussac et Thénard, qui employèrent le chlorate de potassium auquel Gay-Lussac substitua bientôt l'oxyde noir de cuivre CuO; par Dumas qui imagina le

(1) Chevreul (1786-1889), auteur de nombreuses recherches sur la chimie organique et d'expériences remarquables sur la combinaison et les contrastes des couleurs.

dosage de l'azote en volume; par Liebig (1) qui rendit plus facile et plus exact le dosage de l'acide carbonique.

La notion de fonction chimique fut introduite dans la science par la découverte de l'esprit de bois, en 1835, par Dumas et Péligot, qui montrèrent ses liens avec l'alcool ordinaire. Dumas, l'année précédente, avait découvert le fait capital des substitutions. A partir de ce moment les progrès et les découvertes se succèdent rapidement. La notion de fonction se précise, des industries nouvelles se créent, comme celle des couleurs d'aniline (1856; l'aniline avait été découverte en 1826 par Unverdorben). En 1854, M. Berthelot établit la fonction trialcoolique de la glycérine. En 1856, Würtz (2) découvre le glycol, qui est un alcool diatomique.

La possibilité de la synthèse des corps organiques a longtemps été niée, et Gerhardt, vers 1850, attribuait encore les réactions qui donnent naissance aux corps organiques, à une *force vitale* particulière; il ne croyait pas qu'il fût possible de fabriquer de toutes pièces un principe immédiat. En 1828, Woehler (3) avait bien obtenu l'urée en chauffant avec de l'eau le cyanate d'ammonium; mais l'origine organique des composés du cyanogène ne permettait pas de considérer alors cette réaction comme une vraie synthèse. En 1854, M. Berthelot réalisa la synthèse de l'alcool et celle des principes immédiats des corps gras naturels; en 1862, celle de l'acétylène, qui est la synthèse fondamentale. La question était dès lors résolue et la possibilité de la synthèse était démontrée. En 1868, MM. Graœbe et Liebermann réalisèrent la synthèse de l'alizarine, matière colorante de la garance, et leur procédé perfectionné permet d'obtenir de l'alizarine artificielle. La synthèse des matières sucrées est un fait accompli aujourd'hui ou près de l'être.

(1) Liebig (1803-1871), un des plus grands chimistes du siècle; on lui doit la découverte de l'aldéhyde, du chloral; son nom a été popularisé par les *extraits de viande* dans lesquels il réussit à condenser les principes nutritifs de la viande.

(2) Würtz (1817-1884) a contribué par un grand nombre de recherches et de découvertes aux progrès de la chimie. C'était un des plus fervents promoteurs de la notation atomique.

(3) Woehler (1800-1882), chimiste allemand, collaborateur de Liebig dans un certain nombre de travaux, isola le premier l'aluminium.

APPENDICE

550. — Nous avons fait remarquer le caractère un peu artificiel de la distinction des corps simples en métalloïdes et métaux. On a souvent essayé d'établir une classification naturelle de l'ensemble des éléments. Nous allons indiquer celle qu'a proposée M. Mendelejeff. Si on range les corps simples connus dans l'ordre de grandeur des poids atomiques, on remarque, dans la succession de ces poids atomiques, une *périodicité* assez nette. On peut dresser un tableau où les corps simples sont distribués en lignes horizontales et colonnes verticales, et de telle façon que, dans chacune des lignes horizontales, les poids atomiques croissent de 2 unités à peu près quand on passe d'un élément au suivant. Les colonnes verticales contiennent en général des corps qui ont entre eux une réelle analogie chimique, et la même valence. Il y a cependant quelques exceptions.

On remarquera qu'il y a dans ce tableau des places vides. Elles étaient plus nombreuses qu'aujourd'hui, à l'époque où la classification a été établie; la découverte du *gallium* (1875), du *scandium* (1879), du *germanium* (1885), sont venues combler certaines d'entre elles, et les propriétés des nouveaux métaux ont été reconnues voisines de celles que M. Mendelejeff avait assignées, par des considérations théoriques, aux corps alors inconnus qui devaient occuper ces places.

La tentative de M. Mendelejeff présente donc un intérêt réel. Sans insister sur ce sujet, nous donnerons le tableau dit *des périodes*.

L'hydrogène est à part. Les chiffres de la première ligne horizontale représentent la valence manifestée par les corps de la colonne correspondante dans leurs principales combinaisons. On remarquera qu'un certain nombre d'éléments échappent à la classification.

Les corps simples sont désignés par leurs symboles. (Voir le tableau des poids atomiques, p. 49.)

H = 1.

1	2	3	4	3	2	1			
Li 7,01	Gl 9,08	Bo 10,9	C 11,07	Az 14,01	O 15,96	Fl 19,06			
Na 22,99	Mg 23,94	Al 27,04	Si 28	P 30,96	S 31,98	Cl 35,37			
K 39,03	Ca 39,91	Sc 43,97	Ti 50,25	V 51,1	Cr 52,45	Mn 54,8	Fe 55,88	Ni 58,6	Co 58,6
Cu 63,18	Zn 64,88	Ga 69,9	Ge 72,4	As 74,9	Se 78,87	Br 79,76			
Rb 85,2	Sr 87,3	Y 89,6	Zr 90,4	Nb 93,7	Mo 95,9	»	Ru 103,5	Rh 104,1	Pd 106,2
Ag 107,66	Cd 111,7	In 113,4	Sn 117,35	Sb 119,6	Te 127,7	I 126,54			
Cs 132,7	Ba 136,86	La 138,5	Ce 141,2	Di 145	»	»			
»	»	Yb 172,6	»	Ta 182	W 183,6	»	Os 195	Ir 192,5	Pt 194,3
Au 196,2	Hg 199,8	Tl 203,7	Pb 206,39	Bi 207,5	»	»			
»	»	»	Th 231,96	»	U 239,8	»			

EXERCICES

1. — *Quel est le volume du mélange d'oxygène et d'hydrogène qui résulterait de la décomposition de p grammes d'eau, ce volume étant supposé mesuré à t°, sous la pression H.*

On sait que le volume du mélange est les $\frac{3}{2}$ du volume de l'hydrogène résultant de la décomposition, et que l'eau contient $\frac{1}{9}$ de son poids d'hydrogène. Le poids spécifique de l'hydrogène, à $t°$, sous la pression H, est égal à $0,089 \times \frac{1}{1+\alpha t} \times \frac{H}{760}$.

Le volume occupé par $\frac{p}{9}$ grammes d'hydrogène sera donc égal à

$$\frac{p}{9} \times \frac{(1+\alpha t) \times 760}{0,089 \times H},$$

et le volume cherché sera

$$\frac{3}{2} \times \frac{p}{9} \times \frac{(1+\alpha t) \times 760}{0,089 \times H}.$$

2. — *Quel est le volume d'air humide, d'état hygrométrique e, à la température t, sous la pression H, qu'il faudrait employer pour brûler complètement l'hydrogène résultant de l'attaque de p grammes de zinc par l'acide sulfurique étendu?*

L'équation

$$\underset{}{SO^4H^2} + \underset{66}{Zn} = SO^4Zn + \underset{2}{H^2}$$

montre que l'attaque du zinc dégage un poids d'hydrogène égal à $\frac{1}{33}$ du poids de zinc employé. L'hydrogène exigeant, pour sa combustion complète, 8 fois son poids d'oxygène, il faudra fournir un poids $\frac{8p}{33}$ d'oxygène; l'air contient les $\frac{23}{100}$ de son poids d'oxygène (97). Le poids d'air sec contenant $\frac{8p}{33}$ grammes d'oxygène est donc $\frac{100}{23} \times \frac{8p}{33}$. Mais 1 litre d'air humide, dans les conditions de l'énoncé, contient un poids d'air sec exprimé en grammes par $1,293 \times \frac{H - \frac{3}{8} eF}{760} \times \frac{1}{1 + \alpha t}$, si F désigne la force élastique maxima de la vapeur d'eau à $t°$. Le volume cherché sera donc exprimé en litres par

$$\frac{100}{23} \times \frac{8 \times p}{33} \times \frac{760 \times (1 + \alpha t)}{1,293 \times \left(H - \frac{3}{8} F\right)}.$$

3. — *Quel poids de cuivre faudrait-il employer pour retenir complètement l'oxygène contenu dans V mètres cubes d'air sec à t°, sous la pression H ?*

L'oxygène constitue les $\frac{21}{100}$ du volume de l'air. V mètres cubes d'air contiennent donc $\frac{V \times 21}{100}$ mètres cubes d'oxygène dont le poids, dans les conditions de l'énoncé, est exprimé en kilogrammes par $\frac{V \times 21}{100} \times 1,430 \times \frac{1}{1 + \alpha t} \times \frac{H}{760}$. La réaction du cuivre sur l'oxygène au rouge est représentée par l'équation

$$\underset{63,5}{Cu} + \underset{16.}{O} = CuO$$

Le poids de cuivre à employer est donc les $\frac{63,5}{16}$ de celui de l'oxygène, ce qui donne pour le nombre cherché,

$$\frac{63,5}{16} \times \frac{21 \times V}{100} \times \frac{1,430 \times H}{(1 + \alpha t) \times 760}.$$

4. — *On décompose par la chaleur* p *grammes de chlorate de potassium; on demande le poids de chlorure de potassium et le volume d'oxygène obtenus, ce volume étant mesuré sur une cuve contenant de l'eau saturée d'oxygène, à t° sous la pression* H^{mm} ?

La décomposition complète est représentée par l'équation

$$\underset{122,5}{ClO^3K} = \underset{74,5}{ClK} + \underset{48.}{O^3}$$

Le poids de chlorure de potassium obtenu est donc $\frac{74,5}{122,5}$

$\times p$ grammes, et le poids d'oxygène $\frac{48 \times p}{122,5}$ grammes. Soit F la force élastique de la vapeur saturante à $t°$. La pression de l'oxygène recueilli sur la cuve à eau sera $H-F$; le poids spécifique de l'oxygène étant dans les conditions de l'expérience, $1,430 \times \frac{H-F}{760} \times \frac{1}{1+\alpha t}$ grammes, le volume cherché sera exprimé en litres, par

$$\frac{48 \times p \times 760 \times (1+\alpha t)}{122,5 \times 1,430 \times (H-F)}.$$

5. — *On introduit dans un eudiomètre* 100 *volumes d'un mélange d'air et d'oxygène, et on ajoute* 200 *volumes d'hydrogène : après l'explosion, il reste un résidu gazeux* V ; *on demande la composition du mélange.*

On remarquera d'abord que le résidu comprendra l'azote de l'air et de l'hydrogène, car le volume de ce gaz introduit dans l'appareil serait suffisant pour déterminer la combustion sans résidu gazeux, si le gaz examiné était de l'oxygène pur. Soit x le volume de l'air, y le volume de l'oxygène, on a :

$$x + y = 100. \tag{1}$$

Le volume d'azote contenu dans l'air est $\frac{79}{100}x$; le volume d'hydrogène disparu est $\frac{2 \times 21}{100}x + 2y$. On doit donc avoir :

$$V = \frac{79}{100}x + 200 - \left(\frac{2 \times 21}{100}x + 2y\right)$$

$$V - 200 = \frac{37}{100}x - 2y. \tag{2}$$

En résolvant les équations (1) et (2), on obtient

$$\left\{\begin{aligned} x &= \frac{100\,V}{237} \\ y &= \frac{100 \times (237 - V)}{237}. \end{aligned}\right.$$

Remarque. — Le problème n'est possible que si le nombre donné V est inférieur à 237. La valeur limite $V = 237$ correspond au cas où les 100 volumes introduits seraient de l'air pur. (Voir l'analyse eudiométrique de l'air, 96.)

6. — *On introduit dans un eudiomètre* 100 *volumes d'un mélange d'oxydes azoteux et azotique et on ajoute* 100 *volumes d'hy-*

drogène. Après l'explosion on constate un résidu V. *Quelle est la composition du mélange?*

L'oxyde azotique ne fait pas explosion avec l'hydrogène, et la quantité d'hydrogène introduite serait suffisante pour s'emparer de tout l'oxygène de l'oxyde azoteux, puisque celui-ci contient son volume d'azote et la moitié de son volume d'oxygène (214). Le résidu se compose donc : 1° d'un volume d'azote égal au volume d'oxyde azoteux inconnu, soit x ; 2° de l'oxyde azotique, soit y; 3° de l'excès d'hydrogène, soit $100-x$, puisque l'oxyde azoteux exige pour sa combustion son volume d'hydrogène. On a donc :

$$V = x + y + 100 - x$$

(1) $$y = V - 100.$$

D'ailleurs on doit avoir

(2) $$x + y = 100,$$

d'où

$$x = 200 - V$$
$$y = V - 100.$$

Remarque. — Le problème n'est possible que si le nombre donné V est compris entre 100 et 200. Ces deux limites correspondent au cas où le gaz examiné serait entièrement constitué par de l'oxyde azoteux, ou par de l'oxyde azotique.

7. — *Quel poids de manganèse naturel à* n *p.* 100 *de bioxyde pur faudra-t-il faire agir sur l'acide chlorhydrique pour que le chlore formé, passant sur de la chaux, puisse fournir* P *kilogrammes de chlorure de chaux? On admettra que la réaction du chlore sur la chaux est représentée par l'équation*

(1) $$\underset{4\times 35,5}{4Cl} + 3[Ca(OH)^2] = \underbrace{Cl^2Ca + 2[CaHClO^2] + 2H^2O}_{\substack{\text{Chlorure de chaux.}\\ 364}}$$

La préparation du chlore est représentée par l'équation

$$\underset{87}{MnO^2} + 4ClH = Cl^2Mn + 2H^2O + \underset{2\times 35,5}{Cl^2}$$

et l'équation (1) montre que $2 \times 35,5$ de chlore fournissent 182 de chlorure de chaux. Donc, 87 de manganèse pur donnent 182 de chlorure de chaux. Mais le manganèse employé ne contient que $\frac{n}{100}$ de manganèse pur. Pour avoir 182 kilogrammes de chlorure de chaux, il faudra donc prendre $\frac{100}{n} \times 87$ du produit impur. Pour avoir un poids P de chlorure, il faudra donc prendre $\frac{100}{n} \times 87 \times \frac{P}{182}$ kilogrammes du manganèse naturel.

8. — *On prend comme matières premières, dans une opération pour la fabrication de l'acide chlorhydrique, un acide sulfurique à n p. 100 de SO^4H^2, et un chlorure de sodium impur à n' p. 100 de chlorure, dont les impuretés ne sont pas constituées par des chlorures d'autres métaux. On demande :*

1° *Le poids de chlorure qu'il faudra faire réagir sur 100 kilogrammes d'acide;*

2° *Le volume d'acide chlorhydrique obtenu à 0°,760mm ;*

3° *Le volume d'eau qu'il faudra employer pour condenser ce gaz de manière à avoir une dissolution à 20° Baumé, contenant 32 p. 100 d'acide pur?*

La réaction qui donne naissance à l'acide chlorhydrique est représentée (129) par

$$\underset{98}{SO^4H^2} + \underset{117}{2ClNa} = SO^4Na^2 + \underset{73.}{2.ClH}$$

1° Le poids de chlorure à employer est les $\frac{117}{98}$ du poids de l'acide, les produits étant supposés purs. Mais 100 kilogrammes de l'acide employé ne contiennent que n kilogrammes d'acide pur. Il faudrait donc, sur cet acide, faire réagir $\frac{n \times 117}{98}$ kilogrammes de chlorure pur. Comme le produit utilisé contient $\frac{n'}{100}$ de son poids de chlorure seulement, il faudra en employer un poids égal à $\frac{100}{n'} \times \frac{n \times 117}{98}$ kilogrammes.

2° 117 kilogrammes de chlorure de sodium donnent 73 kilogrammes d'acide chlorhydrique. $\frac{100}{n'} \times \frac{n}{98} \times 117$ donneront $\frac{100}{n'} \times \frac{n}{98} \times 73$ kilogrammes. Le poids du mètre cube d'acide chlorhydrique à 0°,760mm, est $1^{Kgr},614$. Le volume cherché est exprimé, en mètres cubes, par le nombre $\frac{100}{n'} \times \frac{n}{98} \times \frac{73}{1,614}$.

3° La dissolution à préparer contient 32 p. 100 d'acide, donc 68 p. 100 d'eau. Pour absorber les $\frac{100 \times n \times 73}{n' \times 98}$ kilogrammes d'acide, il faudra $\frac{68}{32} \times \frac{100 \times n \times 73}{n' \times 98}$ kilogrammes d'eau.

Application. — Faisons $n = 65$, $n' = 90$, il vient : 1° : 86Kgr de chlorure ; 2° : 33^{mc} d'acide chlorhydrique ; 3° : 114^{l} d'eau.

9. — *On traite par l'eau de chlore* n *centimètres cubes d'une solution ammoniacale capable de dégager* m *fois son volume de gaz (supposé à* 0°,760^{mm}*). On demande :*

1° *Quel sera le volume d'azote mis en liberté, ce gaz étant mesuré sur la cuve d'eau, à* t°, *sous la pression* H.

2° *Quel sera le poids du chlorure d'ammonium formé.*

La réaction est représentée (257) par l'équation

$$\begin{array}{llll} 3Cl + & 4AzH^3 = & 3(Cl.AzH^4) + & Az \\ & 4 \times 17 & 3 \times 53,5 & 14 \\ & = 108 & = 160,5 & \end{array}$$

1° Le volume du gaz ammoniac dégagé par les n^{cc} de la solution est exprimé en litres par $\dfrac{m \times n}{1000}$; son poids en grammes sera $\dfrac{m \times n}{1000} \times 0,77$, le poids du litre de ce gaz étant 0^{gr},77. Or, la réaction donne un poids d'azote égal aux $\dfrac{14}{108}$ du poids du gaz ammoniac, soit, ici, $\dfrac{14}{108} \times \dfrac{m \times n}{1000} \times 0^{gr},77$. Le poids spécifique de l'azote dans les conditions de l'expérience est $1^{gr},256 \times \dfrac{H - F}{760} \times \dfrac{1}{1 + \alpha t}$. Le volume cherché sera donc exprimé en litres par

$$\frac{14}{108} \times \frac{m \times n \times 0,77}{1000} \times \frac{760 \times (1 + \alpha t)}{1,256 \times (H - F)}.$$

2° Le poids du sel ammoniac formé est les $\dfrac{160,5}{108}$ du poids du gaz ammoniac employé. Ce poids sera exprimé en grammes, par

$$\frac{160.5}{108} \times \frac{m \times n \times 0,77}{1\,000}.$$

10. — *On chauffe dans un creuset* 150 *grammes de fleur de soufre avec* 280 *grammes de limaille de fer. Quelle est la composition du mélange gazeux qu'on obtiendra en traitant par l'acide sulfurique étendu le résultat de l'opération? On suppose qu'il n'y a pas eu de perte de soufre, et que les gaz sont mesurés à* 0°,760^{mm}.

La réaction du fer sur le soufre est représentée par

$$\begin{array}{ll} Fe + & S = SFe \\ 56 & 32. \end{array}$$

Les 280 grammes de limaille de fer exigeraient 160 grammes de soufre. Il n'y aura donc que $\frac{150}{160} \times 280$ de fer combiné au soufre, ce qui donnera $150 + \frac{150}{160} \times 280 = 412^{gr},5$ de sulfure. Il restera $280 - \frac{150}{160} \times 280 = \frac{2800}{160} = 17^{gr},5$ de fer libre.

Or on a :

$$SO^4H^2 + Fe = SO^4Fe + H^2$$
$$56 \qquad 2.$$

$$SO^4H^2 + SFe = SO^4Fe + SH^2$$
$$88 \qquad 34.$$

Les $17^{gr},5$ de fer donneront $\frac{1}{28} \times 17^{gr},5$ d'hydrogène, ou en litres, $\frac{17,5}{28 \times 0,089} = 7$ litres d'hydrogène. Les $412^{gr},5$ de sulfure donneront $\frac{17}{44} \times 412^{gr},5$ d'acide sulfhydrique, ou $\frac{17 \times 412.5}{44 \times 1,54} = 103$ litres (le poids spécifique de l'acide sulfhydrique est $1^{gr},54$). Le volume total des gaz est donc 110 litres. Cherchons la composition en centièmes : nous aurons pour l'hydrogène, $\frac{700}{110} = 6,36$

et pour l'acide sulfurique, $\frac{10\,300}{110} = 93,63.$

11. — *On réduit complètement par le charbon 1 kilogramme d'acide sulfurique; on dirige les gaz qui se dégagent dans un récipient de* V *litres de capacité, contenant* v *litres d'eau et refroidi. On demande :*

1° *La pression finale;*
2° *La composition du mélange dissous.*

On donne le coefficient de solubilité α *de l'anhydride carbonique, et le coefficient de solubilité* β *de l'anhydride sulfureux ; les poids spécifiques à* $0°,760^{mm}$ *sont* 1,97 *pour le gaz carbonique et* 2,87 *pour le gaz sulfureux.*

L'équation qui rend compte de la réaction est la suivante (168) :

$$C + 2SO^4H^2 = CO^2 + 2SO^2 + 2H^2O$$
$$2 \times 98 \qquad 44 \qquad 128.$$

Pour 1 kilogramme d'acide réduit, on aura donc :

$\frac{11}{49}$ kil. d'anhydride carbonique, représentant $\frac{11}{49\times 1,97}=0^{mc},114=114^{l.}$

$\frac{32}{49}$ — sulfureux, — $\frac{32}{49\times 2,87}=0^{mc},227=227^{l.}$

Nous admettrons que le volume de l'eau n'est pas augmenté par la dissolution des gaz. Nous aurons alors, en appelant x la pression finale du gaz cabonique et y celle du gaz sulfureux :

Avant la dissol. :

Gaz carbonique.			Gaz sulfureux.		
114^{l}	sous	760^{mm}	227^{l}	sous	760^{mm}

Après (19) :

$\alpha v+V-v$ $=(\alpha-1)v+V$	— x	$\beta v+V-v$ $=(\beta-1)v+V$	— y

D'où en appliquant la loi de Mariotte,

$$114\times 760=[(\alpha-1)v+V]x$$
$$227\times 760=[(\beta-1)v+V]y$$

$$x=\frac{114\times 760}{(\alpha-1)v+V},\qquad y=\frac{227\times 760}{(\beta-1)v+V}$$

et pour la pression finale,

$$H=x+y.$$

2° Composition du gaz dissous. Le liquide contient :

Anhydride carbonique : αv litres sous la pression x;
— sulfureux : βv — — y;

si on fait dégager ces gaz et qu'on les amène à la même pression, 760 par exemple, leurs volumes deviendront :

gaz carbonique : $a=\frac{\alpha v\times x}{760}$

— sulfureux : $b=\frac{\beta v\times y}{760}$.

Pour la composition en centièmes, nous aurons :

$$SO^2:\quad \frac{100\times\alpha v\times x}{(a+b)\times 760}=\frac{100\,\alpha x}{\alpha x+\beta y}$$

$$CO^2:\quad \frac{100\times\beta\times v\times y}{(a+b)\times 760}=\frac{100\,\beta y}{\alpha x+\beta y}.$$

12. — *Sachant que l'acide à 55° Baumé contient 70 p. 100 d'acide SO^4H^2 et l'acide à 66° 81,7 p. 100, on demande quel poids d'eau met en liberté la concentration de 100 kilogrammes d'acide entre 55° et 66°.*

100 kilogrammes d'acide à 55° Baumé contiennent, d'après l'énoncé, 70 kilogrammes de SO^4H^2 et 30 kilogrammes d'eau. Dans l'acide à 66°, $81^{Kgr},7$ de SO^4H^2 sont associés à $18^{Kgr},3$ d'eau. Pour 70 kil. de SO^4H^2, l'acide à 66° contiendra donc $\frac{70 \times 18,3}{81,7} = 15^{Kgr},6$ d'eau. La différence $30 - 15^{Kgr},6 = 14,4$ représente donc la quantité d'eau qu'il a fallu chasser pour concentrer 100 kilogrammes d'acide à 55°.

13. — *On mesure à 0° et sous la pression H, n centimètres cubes d'air pur et sec, qu'on introduit dans un tube en V renversé dont les deux branches reposent sur le mercure, et contiennent de l'eau de chaux. On fait passer des étincelles jusqu'à ce que tout l'oxygène ait disparu. On demande quelle sera l'augmentation de poids de l'eau de chaux.*

Le poids de l'air considéré est exprimé en grammes par

$$n \times \frac{1,293}{1000} \times \frac{H}{760}.$$

Il contient un poids d'oxygène égal à

$$\frac{23}{100} \times \frac{n}{1000} \times 1,293 \times \frac{H}{760}.$$

La réaction est la suivante :

$$Ca(OH)^2 + \underset{108}{Az^2O^5} = (AzO^3)^2Ca + H^2O.$$

L'augmentation de poids de l'eau de chaux provient donc de la fixation des éléments de Az^2O^5. Or, dans 108 d'anhydride il y a 80 d'oxygène. La quantité d'anhydride correspondant à l'oxygène contenu dans l'air sera donc exprimée, en grammes, par $\frac{108 \times 23 \times n \times 1,293 \times H}{80 \times 100 \times 1000 \times 760}$; c'est justement l'augmentation de poids cherchée.

Application. — $n = 100^{cc}$; on trouve comme résultat $0^{gr},039$.

14. — *On décompose totalement de l'éthylène par le chlore ; on obtient de l'acide chlorhydrique gazeux et un dépôt de charbon. On demande, dans le cas où on opère sur 1^{mc} d'éthylène, mesuré à 0° et à 760^{mm} :*

1° *Quel volume de chlore, mesuré à 0° et sous 760mm, il faudra employer.*

2° *Quel volume d'acide chlorhydrique, mesuré à 0° et 760mm, on obtiendra.*

3° *Quel poids de charbon sera mis en liberté.*

On sait qu'à 0° et 760mm, 1 litre de chlore pèse 3gr,18; 1 litre d'acide chlorhydrique pèse 1gr,635; 1 litre d'éthylène pèse 1gr,254; 1 litre d'hydrogène pèse 0gr,08958. (École centrale, concours de 1885.)

La réaction est représentée par l'équation

$$C^2H^4 + Cl^4 = 2C + 4ClH.$$

C^2H^4 représente 2 volumes, Cl^4 4 volumes. Il faudra donc employer 2 mètres cubes de chlore pour effectuer la réaction.

1 mètre cube d'éthylène pèse 1Kgr,254.

L'éthylène contient $\frac{4}{28}$ ou $\frac{1}{7}$ de son poids d'hydrogène. Le poids de l'acide chlorhydrique formé est égal au poids de l'hydrogène, ou $\frac{1.254}{7}$ augmenté du poids des deux mètres cubes de chlore ou 6Kgr,36, c'est-à-dire 6Kgr,539. Le volume correspondant est $\frac{6.539}{1,635} = 3^{mc},999$ ou 4 mètres cubes.

D'ailleurs, on peut remarquer que 4ClH représente 8 volumes, c'est-à-dire un volume 4 fois plus grand que celui de C^2H^4.

28 d'éthylène contiennent 24 de charbon; le dépôt produit dans l'expérience pèsera donc : $\frac{24}{28} \times 1,254 = 1^{Kgr},075$.

15. — 100 *volumes d'un mélange d'oxyde de carbone et d'hydrogène sont introduits dans un eudiomètre avec* 100 *volumes d'oxygène; on excite l'étincelle. Il reste* 75 *volumes d'un gaz dont* 25 *sont absorbables par la potasse et* 50 *par le phosphore. On demande la composition du mélange.*

L'oxyde de carbone donne, par combustion dans l'oxygène, un volume d'anhydride carbonique égal au sien (327). Le résidu gazeux après l'explosion contenant 25 volumes de gaz carbonique, il y avait 25 volumes d'oxyde de carbone dans le mélange initial, et par conséquent 75 d'hydrogène.

Vérification. — 25 volumes d'oxyde de carbone ont exigé 12v,5 d'oxygène pour brûler; 75 volumes d'hydrogène ont exigé 37v,5 d'oxygène; la somme est 50; il doit donc rester 50 volumes d'oxygène inemployé.

16. — *On introduit dans l'eudiomètre 100 volumes d'un gaz carboné de composition inconnue, avec 400 volumes d'oxygène. Après le passage de l'étincelle il reste 300 volumes de gaz, dont 200 absorbables par la potasse et 100 par le phosphore. Déduire de ces données la composition du carbure.*

Les 200 volumes absorbables par la potasse, et qui sont constitués par de l'anhydride carbonique, correspondent à 100 volumes de vapeur de carbone, et 200 d'oxygène (337) : on avait introduit 400 volumes de ce dernier gaz, il en reste 100 après l'étincelle, donc il en a disparu 100 qui ont formé de l'eau avec l'hydrogène du carbure. 100 volumes de ce gaz contiennent 100 volumes de carbone et 200 volumes d'hydrogène ; c'est la composition de l'éthylène (380).

17. — *On réduit par le charbon 100 grammes d'oxyde de cuivre, et on reçoit le gaz carbonique produit dans 1 litre d'eau où l'on a fait dissoudre 100 grammes de potasse caustique. On demande le poids de carbonate de potassium formé, et le poids de la potasse non saturée par l'acide, s'il en reste.*

L'équation

$$2CuO + C = CO^2 + 2Cu$$

montre que

158gr d'oxyde de cuivre donnent 44gr d'anhydride carbonique.
100gr — donneront $\frac{44 \times 100}{158}$.

La saturation de la potasse par ce gaz est représentée par l'équation

$$CO^2 + 2KOH = CO^3K^2 + H^2O$$

d'après laquelle

44gr d'anhydride saturent 112gr de potasse et donnent 138gr de carbonate
$44 \times \frac{100}{158}$ $\qquad 112 \times \frac{100}{158} = 70^{gr},88 \qquad 138 \times \frac{100}{158} = 87^{gr},34.$

Il restera $100 - 70,88 = 29^{gr},12$ de potasse.

18. — *On fait passer un courant de chlore sur 10 grammes d'un alliage de cuivre et d'argent ; quand l'action est terminée, on reprend le produit par l'eau jusqu'à ce que rien ne se dissolve plus ; on fait ensuite passer un courant d'hydrogène pur et sec sur le résidu solide placé dans un tube chauffé, et on reçoit le gaz qui sort du tube dans 100 centimètres cubes d'une dissolution de potasse contenant 47 grammes d'alcali* (K^2O) *par litre ; on trouve* *qu'à la fin de l'opération il n'y a plus que* $0^{gr},79$ *d'alcali libre dans les 100 centimètres cubes de liqueur. Déduire de ces résultats le titre de l'alliage.*

On a obtenu par l'action du chlore un mélange de chlorures Cl^2Cu et ClAg, dont le premier seul est soluble ; le résidu est du chlorure d'argent, dont la réduction par l'hydrogène est représentée par l'équation

$$ClAg + H = ClH + Ag.$$

D'où :

$143^{gr},5$ de chlorure d'argent donnent $36^{gr},5$ d'acide chlorhydrique. Les 100 centimètres cubes de liqueur alcaline contiennent $4^{gr},7$ d'oxyde ; la saturation par l'acide chlorhydrique répond à l'équation

$$K^2O + 2ClH = 2ClK + H^2O,$$

d'où :

73^{gr} d'acide saturent 94^{gr} d'oxyde.

Dans l'expérience il a disparu $4,7 - 0,79 = 3^{gr},91$ d'alcali, qui correspondent à $3,91 \times \frac{73}{94}$ d'acide chlorhydrique, et à

$$3,91 \times \frac{73}{94} \times \frac{143,5}{36,5} \text{ de chlorure d'argent ;}$$

or, pour $143^{gr},5$ de chlorure il y a 108 d'argent ; le poids d'argent de l'alliage est donc

$$3,91 \times \frac{73}{94} \times \frac{143,5}{36,5} \times \frac{108}{143,5} = \frac{3,91 \times 2 \times 108}{94} = 8^{gr},98.$$

Le titre de l'alliage est donc 0,898.

19. — *On plonge une lame de cuivre dans une dissolution d'azotate d'argent et on l'y laisse jusqu'à précipitation complète ; le poids d'azotate d'argent contenu dans la dissolution étant 5 grammes, on demande l'augmentation de poids de la lame de cuivre.*

La réaction est représentée (456) par l'équation

$$\begin{array}{llll} Cu + & 2AzO^3Ag = & (AzO^3)^2Cu + & 2Ag \\ 63 & 2 \times 170 & & 2 \times 108 \\ & = 340 & & = 216. \end{array}$$

Pour 340^{gr} d'azotate d'argent la lame de cuivre gagne $216 - 63 = 153^{gr}$

5 — — — $\frac{153 \times 5}{340} = 2^{gr},25.$

20. — *On traite par la chaleur 100 grammes d'un mélange de bicarbonates de potassium et de sodium; on obtient 12 litres d'anhydride carbonique mesurés à 0°,760^{mm}. On demande la quantité de chacun des sels contenus dans le mélange.*

Les réactions sont représentées par les équations suivantes (499):

$$2CO^3HK = CO^3K^2 + H^2O + CO^2$$
$$2 \times 100 \qquad\qquad 44^{gr}, \text{ ou } 22^l,2$$

$$2.CO^3HNa = CO^3Na^2 + H^2O + CO^2$$
$$2 \times 84 \qquad\qquad 44^{gr}, \text{ ou } 22^l,2.$$

Soit x le poids de carbonate monopotassique, y le poids de carbonate monosodique du mélange, on a :

$$x + y = 100$$
$$\frac{11,1x}{100} + \frac{11,1y}{84} = 12.$$

On tire de là, en résolvant les équations,

$$x = 57,43$$
$$y = 42,57.$$

TABLE DES MATIÈRES

CHAPITRE PREMIER

Préliminaires.

ÉTATS DIVERS DE LA MATIÈRE. — OBJET DE LA CHIMIE

CHAPITRE II

Lois fondamentales de la chimie. — Équivalents. — Poids atomiques.

CHAPITRE III

Nomenclature. — Notation.

CHAPITRE IV

Notions sur les réactions. — Thermochimie.

CHAPITRE V

Hydrogène.

CHAPITRE VI

Oxygène. — Eau.

OZONE. — EAU OXYGÉNÉE

CHAPITRE VII

Azote. — Air atmosphérique.

CHAPITRE VIII

Fluor. — Chlore. — Brome. — Iode.

CHAPITRE IX

Soufre. — Sélénium. — Tellure.

CHAPITRE X

Composés de l'azote. — Phosphore. — Arsenic. — Antimoine.

CHAPITRE XI

Carbone. — Silicium.

CHAPITRE XII

Bore.

CHAPITRE XIII

Gaz de la houille. — Flamme.

CHAPITRE XIV

Les métaux.

CHAPITRE XV

Oxydes métalliques. — Potasse. — Soude. — Chaux.

CHAPITRE XVI

Sels.

CHAPITRE XVII

Sulfures métalliques.

CHAPITRE XVIII

Chlorures.

CHAPITRE XIX

Sulfates. — Aluns.

CHAPITRE XX

Azotates. — Poudre.

CHAPITRE XXI

Carbonates.

CHAPITRE XXII

Principes de la métallurgie du fer. — Fontes. — Aciers.

CHAPITRE XXIII

Composition des substances organiques.

CHAPITRE XXIV

Caractères généraux et classification des substances organiques.

APPENDICE

SAINT-CLOUD. — IMPRIMERIE BELIN FRÈRES.

www.ingramcontent.com/pod-product-compliance
Ingram Content Group UK Ltd.
Pitfield, Milton Keynes, MK11 3LW, UK
UKHW020256230726
13925UKWH00001B/77